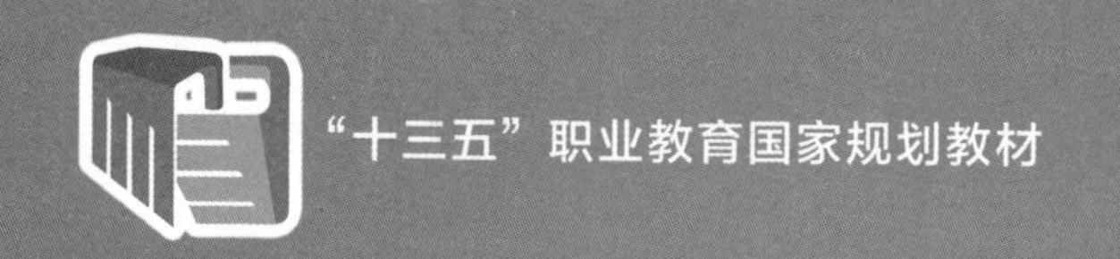

工业和信息化精品系列教材

计算机应用基础

（Windows 10+Office 2016）

（微课版）（第3版）

史小英 高海英 ◎ 主编

刘娜 姚锋刚 李永锋 李娟 ◎ 副主编

人民邮电出版社

北京

图书在版编目（CIP）数据

计算机应用基础 : Windows 10+Office 2016 : 微课版 / 史小英, 高海英主编. -- 3版. -- 北京 : 人民邮电出版社, 2024.1
工业和信息化精品系列教材
ISBN 978-7-115-62107-8

Ⅰ. ①计… Ⅱ. ①史… ②高… Ⅲ. ①Windows操作系统－教材②办公自动化－应用软件－教材 Ⅳ. ①TP316.7②TP317.1

中国国家版本馆CIP数据核字(2023)第119345号

内 容 提 要

本书以微型计算机为基础，全面系统地介绍计算机基础知识及其基本操作。全书共 12 个项目，主要内容包括了解计算机基础知识、学习计算机系统知识、认识 Windows 10、管理计算机中的资源、编辑 Word 文档、排版文档、制作 Excel 表格、计算和分析 Excel 数据、制作幻灯片、设置并放映演示文稿、使用计算机网络和做好计算机维护等。

本书采用了项目任务式的讲解方式，并参考了全国计算机等级考试一级计算机基础及 MS Office 应用考试大纲的要求，训练学生的计算机操作能力及培养学生的信息素养。书中大多数任务以“任务要求+相关知识+任务实现”的结构进行讲解，各项目末安排了课后练习，以便学生对所学知识进行练习和巩固。

本书适合作为普通高等院校、高等职业院校及职业本科院校各专业学生的计算机基础教材或参考书，也适合作为微软办公软件国际认证（MOS）或全国计算机等级考试一级计算机基础及 MS Office 应用考试的参考书。

◆ 主　　编　史小英　高海英
副 主 编　刘　娜　姚锋刚　李永锋　李　娟
责任编辑　赵　亮
责任印制　王　郁　彭志环
◆ 人民邮电出版社出版发行　　北京市丰台区成寿寺路 11 号
邮编　100164　　电子邮件　315@ptpress.com.cn
网址　https://www.ptpress.com.cn
三河市兴达印务有限公司印刷
◆ 开本：787×1092　1/16
印张：18.5　　2024 年 1 月第 3 版
字数：533 千字　　2025 年 1 月河北第 7 次印刷

定价：59.80 元

读者服务热线：(010)81055256　印装质量热线：(010)81055316
反盗版热线：(010)81055315
广告经营许可证：京东市监广登字 20170147 号

第3版前言

随着互联网应用技术的飞速发展以及互联网普及率的持续攀升，信息技术和计算机已经在各行各业中实现了应用和普及，给人们的工作、生活模式以及社会生产带来了巨大的改变。信息技术和计算机的发展，促使社会全面实现信息化，其作用和意义已超出了科学和技术层面，触及了社会文化层面。因此，能够运用计算机进行信息处理已成为每位大学生必备的基本能力。

党的二十大报告提出：教育、科技、人才是全面建设社会主义现代化国家的基础性、战略性支撑。必须坚持科技是第一生产力、人才是第一资源、创新是第一动力，深入实施科教兴国战略、人才强国战略、创新驱动发展战略，开辟发展新领域新赛道，不断塑造发展新动能新优势。在党的领导下，我们实现了第一个百年奋斗目标，全面建成了小康社会，正在向着第二个百年奋斗目标迈进。我国主动顺应信息革命时代浪潮，以信息化培育新动能，用数字新动能推动新发展，数字技术不断创造新的可能。

“计算机应用基础”作为一门高职院校公共基础课，要求学生不仅应该掌握计算机的基本操作技能，还应该掌握互联网特有的文化和思维方式，其学习的用途和意义是重大的。为了适应技术技能型人才对计算机应用基础的需求，编者通过社会调研和毕业生反馈，综合考虑了计算机应用技术发展的新动态与计算机应用基础教育的实际情况，采用任务驱动、案例教学的理念精心设计本书内容，激发学生学习兴趣。本书可作为微软办公软件国际认证（MOS）和全国计算机等级考试一级计算机基础及 MS Office 应用考试的参考教材。

本书的内容

本书内容紧跟主流技术，采用任务驱动方式开展教学，尤其注重培养学生的实践能力和创新意识。本书包括以下 6 个部分的内容。

- 计算机基础知识（项目一～项目四）。该部分主要讲解计算机的发展、计算机中信息的表示和存储、多媒体技术、计算机系统的组成、鼠标和键盘的使用、Windows 10 基础知识、Windows 10 工作环境的定制、汉字输入法、文件和文件夹资源的管理、程序和硬件资源的管理等。
- Word 2016 文字处理（项目五、项目六）。该部分主要通过编辑学习计划、招聘启事、公司简介、图书采购单、考勤管理规范和毕业论文等文档，详细讲解 Word 2016 的基本操作、字体格式的设置、段落格式的设置、图片的插入与设置、表格的使用和图文混排的方法以及编辑目录和长文档等文档制作与编辑的相关知识。
- Excel 2016 电子表格（项目七、项目八）。该部分主要通过制作学生成绩表、产品价格表、产品销售测评表、员工绩效表和销售分析表等表格，详细讲解 Excel 2016 的基本操作、输入数据、设置工作表格式、使用公式与函数进行运算、筛选和数据分类汇总、用图表分析数据和打印工作表的相关知识。

- PowerPoint 2016 演示文稿（项目九、项目十）。该部分主要通过制作工作总结演示文稿、产品上市策划演示文稿、市场分析演示文稿和课件演示文稿，详细讲解 PowerPoint 2016 的基本操作，为幻灯片添加文字、图片和表格等对象的方法，以及设置幻灯片的切换效果、动画效果、放映效果和打包演示文稿等知识。
- 计算机网络应用（项目十一）。该部分主要讲解计算机网络基础知识、Internet 基础知识和应用 Internet 等知识。
- 系统维护与安全（项目十二）。该部分主要讲解维护磁盘与计算机系统、防范计算机病毒等知识。

本书的特色

本书具有以下特色。

（1）任务驱动，目标明确。采用"任务要求→任务实现"的结构组织内容，讲解时结合情景式教学模式，将相关知识点融入任务，学生可以边思、边学、边练、边创新，增强学生处理相同问题的能力。

（2）讲解深入浅出，实用性强。本书突出实用性及可操作性，对重点概念和操作技能进行详细讲解，对关键点进行配图说明。在讲解过程中，通过各种"提示"和"注意"为学生提供一些解决问题的方法，帮助学生掌握更为全面的知识，并引导学生尝试更好、更快地完成工作任务的方法等。

（3）重构教学内容，改革教学方式。本书提供教学内容微课视频，学生只需扫描书中提供的各个二维码，便可以查看相关知识。编者还同步推出了实验教材《计算机应用基础上机指导与习题集（Windows 10+Office 2016）（第3版）》，以提升学生的实际应用技能。该实验教材可与本书配套使用，帮助学生实现由"课堂学习"向"课后自学"过渡。

本书的平台支撑

本书提供 PPT 教学课件、微课视频、实例素材、效果文件、课后练习答案等教学资源，读者可通过扫描书中的二维码随时观看微课视频和获取课后练习答案。此外，读者可在人邮教育社区网站（www.ryjiaoyu.com）下载相关教学资源。

本书由西安航空职业技术学院史小英、高海英任主编，刘娜、姚锋刚、李永锋、李娟任副主编。其中，史小英编写了项目一；高海英编写了项目三、项目七、项目八；刘娜编写了项目九、项目十、项目十二；姚锋刚编写了项目五、项目六；李永锋编写了项目四、项目十一；李娟编写了项目二。由于编者水平有限，书中难免存在不足，恳请广大读者和专家不吝赐教。

编者

2023 年 6 月

目录

项目一 了解计算机基础知识

电子计算机简称计算机，俗称电脑（Computer），是20世纪人类最伟大的发明之一，它的出现使人类迅速步入了信息社会。计算机是一门科学，同时也是一种能够按照指令，对各种数据和信息进行自动加工和处理的电子设备，因此，掌握以计算机为核心的信息技术的应用，已成为各行业对从业人员的基本素质要求之一。本项目将通过3个任务，介绍计算机的基础知识，包括计算机的发展、计算机中信息的表示和存储，以及多媒体技术等，为后面项目的学习奠定基础。

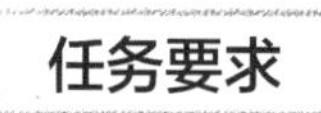

课堂学习目标

- 认识计算机的发展
- 了解计算机中信息的表示和存储
- 认识多媒体技术

任务一　认识计算机的发展

任务要求

肖磊上大学时选择了与计算机相关的专业，他平时在生活中也会使用计算机，然而计算机的功能很强大，远不止他目前所知道的。作为一名计算机相关专业的学生，肖磊迫切地想要了解计算机是如何诞生与发展的，计算机有哪些功能和分类，计算机在信息技术中充当着怎样的角色，计算机的未来发展又会是怎样的。

本任务要求了解计算机的诞生及发展过程，认识计算机的特点、应用和分类，了解计算机的发展趋势，并熟悉信息技术的相关概念。

任务实现

（一）了解计算机的诞生及发展过程

17 世纪，德国数学家莱布尼茨发明了二进制，为计算机内部数据的表示创造了条件。20 世纪初，电子技术飞速发展。1904 年，英国电气工程师弗莱明研制出真空二极管。1906 年，美国科学家德 · 福雷斯特发明真空三极管，为计算机的诞生奠定了基础。

20 世纪 40 年代后期，西方国家的工业技术迅猛发展，迫于计算能力的需要，宾夕法尼亚大学电子工程系的教授莫克利和他的研究生埃克特设计的世界上第一台计算机——电子数字积分计算机（Electronic Numerical Integrator And Computer，ENIAC）诞生了，如图 1-1 所示。

图 1-1　ENIAC

微课 1-1　计算机的诞生及发展

ENIAC 的主要元件是电子管，每秒可完成 5 000 次加法运算，300 多次乘法运算，比当时运算最快的计算工具要快 300 倍。ENIAC 重 30 多吨，占地 170m^2，采用了 18 000 多个电子管、1 500 多个继电器、70 000 多个电阻和 10 000 多个电容，耗电功率为 150kW。虽然 ENIAC 的体积庞大、性能不佳，但它的出现具有划时代的意义，开创了电子技术发展的新时代——计算机时代。

同一时期，ENIAC 项目组的一个美籍匈牙利研究人员冯·诺依曼开始研制离散变量自动电子计算机（Electronic Discrete Variable Automatic Computer，EDVAC），该计算机是当时运算最快的计算机，其主要设计理论是二进制和存储程序方式，因此人们把该理论称为冯·诺依曼体系结构，并沿用至今，冯·诺依曼也被誉为“现代电子计算机之父”。

从第一台计算机 ENIAC 诞生至今的几十年，计算机技术成为发展最快的现代技术之一，根据计算机所采用的物理器件，可以将计算机的发展划分为 4 个阶段，如表 1-1 所示。

表 1-1　计算机发展的 4 个阶段

阶段	划分年代	采用的元器件	运算速度（每秒指令数）	主要特点	应用领域
第一代计算机	1946—1957 年	电子管	几千条	主存储器采用磁鼓，体积庞大、耗电量大、运算速度低、可靠性较差和内存容量小	国防及科学研究工作
第二代计算机	1958—1964 年	晶体管	几万～几十万条	主存储器采用磁芯，开始使用高级程序及操作系统，运算速度提高、体积减小	工程设计、数据处理
第三代计算机	1965—1970 年	中小规模集成电路	几十万～几百万条	主存储器采用半导体存储器，集成度高、功能增强和价格下降	工业控制、数据处理
第四代计算机	1971 年至今	大规模、超大规模集成电路	上千万～万亿条	计算机走向微型化，性能大幅度提高，软件也越来越丰富，为网络化创造了条件。计算机逐渐走向人工智能化，并采用了多媒体技术，具有听、说、读和写等功能	工业、生活等各个方面

（二）认识计算机的特点、应用和分类

随着科学技术的发展，计算机已被广泛应用于各个领域，在人们的生活和工作中起着重要的作用。下面介绍计算机的特点、应用和分类。

1. 计算机的特点

计算机具有如此强大的功能，是由它的特点所决定的。计算机主要有以下 6 个特点。

- 运算速度快。计算机的运算速度指的是单位时间内执行指令的条数，一般以每秒能执行多少条指令来描述。早期的计算机由于技术限制，工作频率较低，而随着集成电路技术的发展，计算机的运算速度得到飞速提升，目前世界上已经有超过每秒百亿亿次运算速度的计算机。
- 计算精度高。计算机的计算精度取决于采用机器码（二进制码）的字长，即常说的 8 位、16 位、32 位和 64 位等，字长越长，有效位数就越多，精度也就越高。如果将 10 位十进制数转换成机器码，便可以轻而易举地取得几百亿分之一的精度。
- 逻辑判断准确。除了计算功能外，计算机还具有数据分析和逻辑判断能力，高级计算机还具有推理、诊断和联想等模拟人类思维的能力，因此计算机俗称“电脑”。而具有准确、可靠的逻辑判断能力是计算机能够实现信息处理自动化的重要原因之一。
- 存储能力强大。计算机具有许多存储记忆载体，可以将运行的数据、指令程序和运算的结果存储起来，供计算机本身或用户使用，还可即时输出文字、图像、声音和视频等各种信息。例如，要在大型图书馆人工查阅书目犹如大海捞针，而采用计算机管理后，所有的图书目录及索引都存储在计算机中，这时查找一本图书只需要几秒钟。
- 自动化程度高。计算机内具有运算单元、控制单元、存储单元和输入输出单元，计算机可以按照编写的程序（一组指令）实现工作自动化，不需要人的干预，而且还可反复执行。例如，企业生产车间及流水线管理中的各种自动化生产设备，正是因为植入了计算机控制系统才使工厂生产自动化成为可能。
- 具有网络与通信功能。计算机网络技术可以将不同城市、不同国家的计算机连在一起，形成一个计算机网，在网上的所有计算机用户都可以共享资料和交流信息，从而改变人类的交流方式和信息获取方式。

提 示　**除此之外，计算机还具有可靠性高和通用性强等特点。**

2. 计算机的应用

在计算机诞生的初期，计算机主要应用于科研和军事等领域，负责的工作内容主要针对大型的高科技研发活动。随着社会的发展和科技的进步，计算机的性能不断提高，在社会的各个领域都得到了广泛的应用。

计算机的应用可以概括为以下 7 个方面。

- 科学计算。科学计算即通常所说的数值计算，是指利用计算机完成科学研究和工程设计中提出的一系列复杂的数学问题的计算。计算机不仅能进行数字运算，还可以解答微积分方程及不等式。由于计算机具有较快的运算速度，对于以往人工难以完成甚至无法完成的数值计算，计算机都可以完成，如气象资料分析和卫星轨道的测算等。目前，基于互联网的云计算，甚至具有每秒千万亿次的超强运算能力。
- 数据处理和信息管理。对大量的数据进行分析、加工和处理等工作早已开始使用计算机来完成，这些数据不仅包括“数”，还包括文字、图像和声音等数据形式。现代计算机运算速度快、存储容量大，使得计算机在数据处理和信息加工方面的应用十分广泛，如企业的财务管理、设备管理、资料和人事档案的文字处理等。利用计算机进行信息管理，为实现办公自动化和管理自动化创造了有利条件。
- 过程控制。过程控制也称为实时控制，它是指利用计算机对生产过程和其他过程进行自动监测及自动控制设备工作状态的一种控制方式，被广泛应用于各种工业环境中，并替代人在危险、有害的环境中作业，不受疲劳等因素的影响，完成人所不能完成的有高精度和高速度要求的操作，从而节省大量的人力、物力，并大大提高经济效益。

- 人工智能。人工智能（Artificial Intelligence，AI）是指设计智能的计算机系统，让计算机模拟人类的某些智力活动，如“学习”“识别图形和声音”“推理过程”“适应环境”等。目前，人工智能主要应用在智能机器人、机器翻译、医疗诊断、故障诊断、案件侦破和经营管理等方面。
- 计算机辅助。计算机辅助也称为计算机辅助工程应用，是指利用计算机协助人们完成各种设计工作。计算机的辅助功能是目前正在迅速发展并不断取得成果的重要应用领域，主要包括计算机辅助设计（Computer Aided Design，CAD）、计算机辅助制造（Computer Aided Manufacturing，CAM）、计算机辅助教育（Computer Based Education，CBE）、计算机辅助教学（Computer Assisted Instruction，CAI）和计算机辅助测试（Computer Aided Testing，CAT）等。
- 网络通信。网络通信是计算机技术与现代通信技术相结合的产物，是指利用计算机网络实现信息的传递功能，随着网络技术的快速发展，人们可以在不同地区和国家间进行数据的传递，并可通过计算机网络进行各种商务活动。
- 多媒体技术。多媒体技术（Multimedia Technology）是指计算机对文字、数据、图形、图像、动画和声音等多种媒体信息进行综合处理和管理，使用户可以通过多种感官与计算机进行实时信息交互的技术。多媒体技术拓宽了计算机的应用领域，使计算机广泛应用于教育、广告宣传、视频会议、服务业和文化娱乐业等领域。

提示

CAD是指利用计算机来帮助设计人员完成具体设计任务、提高设计工作的自动化程度和质量的一门技术。目前，CAD广泛应用于机械、电子、汽车、纺织、服装、建筑和工程建设等各个领域。CAM是指利用计算机进行生产规划、管理和控制产品制造的过程的一门技术。随着生产技术的发展，CAD和CAM功能可以融为一体。CAI是指利用计算机实现教学功能的一种现代化教育形式，计算机可代替教师帮助学生学习，并能不断改善学生学习效果，提高教师教学水平和教学质量，学生可通过与计算机的交互活动达到学习目的。

3. 计算机的分类

计算机的种类非常多，划分的方法也有很多种。

微课 1-2 计算机的分类

按计算机的用途，计算机可分为专用计算机和通用计算机两种。其中，专用计算机是指为适应某种特殊需要而设计的计算机，如计算导弹弹道的计算机等。因为这类计算机都增强了某些特定功能，忽略了一些次要要求，所以有高速度、高效率、使用面窄和专机专用的特点。通用计算机广泛应用于一般科学运算、学术研究、工程设计和数据处理等领域，具有功能多、配置全、用途广和通用性强等特点，目前市场上销售的计算机大多属于通用计算机。

按计算机的性能、规模和处理能力，计算机可以分为巨型机、大型机、中型机、小型机和微型机5类，具体介绍如下。

- 巨型机。巨型机（见图1-2）也称超级计算机或高性能计算机，是运算速度最快、处理能力最强的计算机，是为少数部门的特殊需要而设计的。通常，巨型机多用于国家高科技领域和尖端技术研究，是一个国家科研实力的体现，现有的巨型机运算速度大多可以达到每秒一万亿次。2014年6月，在德国莱比锡市发布的世界超级计算机500强排行榜上，中国超级计算机系统“天河二号”位居榜首，其浮点运算速度达到每秒33.86千万亿次。中国新一代百亿亿次超级计算机“天河三号”于2018年正式上线投用，2022年入选国际超算组织“TOP500”榜单。可以看出，如今我国在计算机、芯片领域已取得了显著成就。

- 大型机。大型机（见图 1-3）或称大型主机，其特点是运算速度快、存储量大和通用性强，主要针对计算量大、信息流通量多、通信能力强的用户，如银行、政府部门和大型企业等。目前，生产大型机的公司主要有 IBM 等。
- 中型机。中型机的性能低于大型机，其特点是处理能力强，常用于中小型企业。
- 小型机。小型机是指采用精简指令集处理器，性能和价格介于微型机和大型机的一种高性能 64 位计算机。小型机的特点是结构简单、可靠性高和维护费用低，常用于中小型企业。随着微型机的飞速发展，小型机最终被微型机取代的趋势已非常明显。

图 1-2　巨型机

图 1-3　大型机

- 微型机。微型机是应用最普及的机型，占了计算机总数中的绝大部分，而且价格低、功能齐全，被广泛应用于机关、学校、企事业单位和家庭。微型机按结构和性能可以划分为单片机、单板机、个人计算机（PC）、工作站和服务器等。其中，个人计算机又可分为台式计算机和便携式计算机（如笔记本电脑）两类，分别如图 1-4 和图 1-5 所示。

图 1-4　台式计算机

图 1-5　笔记本电脑

提 示　**工作站是一种高端的通用微型机，它可以提供比个人计算机更强大的性能，通常配有高分辨率的大屏、多屏显示器及容量很大的内部存储器和外部存储器，并具有极强的信息和高性能的图形、图像处理功能，主要用于图像处理和计算机辅助设计领域。服务器是提供计算服务的设备，它可以是大型机、小型机或高档微型机，在网络环境下，根据服务器提供的服务类型不同，可分为文件服务器、数据库服务器、应用程序服务器和 Web 服务器等。**

（三）了解计算机的发展趋势

从计算机的发展历史来看，计算机的体积越来越小、耗电量越来越小、速度越来越快、性能越来越佳、价格越来越低、操作越来越容易。

1. 计算机的发展方向

未来计算机的发展呈现出巨型化、微型化、网络化和智能化 4 个趋势。

微课 1-3 计算机的发展趋势

- 巨型化。巨型化是指计算机的计算速度更快、存储容量更大、功能更强大和可靠性更高。巨型化计算机的应用范围主要包括天文、天气预报、军事和生物仿真等，这些领域需进行大量的数据处理和运算，需要性能强的计算机才能完成。
- 微型化。随着超大规模集成电路的进一步发展，个人计算机将更加微型化。膝上型、书本型、笔记本型和掌上型等微型化计算机将不断涌现，并受到越来越多的用户的喜爱。
- 网络化。随着计算机的普及，计算机网络也逐步深入人们工作和生活的各个方面。通过计算机网络，人们可以连接地球上分散的计算机，然后共享各种分散的计算机资源。计算机网络逐步成为人们工作和生活中不可或缺的事物，计算机网络化可以让人们足不出户就能获得大量的信息以及与世界各地的人们进行通信、网上贸易等。
- 智能化。早期，计算机只能按照人的意愿和指令处理数据，而智能化的计算机能够代替人的脑力劳动，具有类似人的智能，如能听懂人的语言、能看懂各种图形、可以自己学习等，即计算机可以进行知识的处理，从而代替人的部分工作。未来的智能化计算机将会代替甚至超越人某些方面的脑力劳动。

2. 未来新一代计算机芯片技术

由于计算机中最重要的核心部件是芯片，因此计算机芯片技术的不断发展是推动计算机未来发展的动力。英特尔（Intel）公司的创始人之一戈登·摩尔在 1965 年预言了计算机集成技术的发展规律，那就是每 18 个月在同样面积的芯片中集成的晶体管数量将翻一番，而成本将下降一半。

几十年来，计算机芯片的集成度严格按照摩尔定律进行发展，不过该技术的发展并不是无限的。因为计算机采用电流作为数据传输的信号，而电流主要靠电子的迁移而产生，电子最基本的通路是原子；一个原子的直径大约等于 1nm，目前芯片的制造工艺已经达到了 5nm 甚至更小，也就是说一条传输电流的导线的直径即 5 个原子并排的长度。那么最终晶体管的尺寸将接近纳米级，即达到一个原子的直径长度。但是这样的电路是极不稳定的，因为电流极易造成原子迁移，电路也会中断。

由于晶体管计算机存在上述物理极限，因而世界上许多国家在很早的时候就开始了各种非晶体管计算机的研究，如超导计算机、生物计算机、光子计算机和量子计算机等，这类计算机也被称为第五代计算机或新一代计算机，它们能在更大程度上仿真人的智能，这类技术是目前世界各国计算机发展技术研究的重点。

（四）熟悉信息技术的相关概念

以计算机技术、通信技术和网络技术为核心的信息技术深入影响了人类社会的各个领域，对人类的生活和工作方式产生了巨大的影响，随着科学技术的不断进步，信息技术将得到更深、更广和更快的发展。

1. 信息与信息技术

信息在不同的领域有不同的定义，一般来说，信息是对客观世界中各种事物的运动状态和变化的反映。简单地说，信息是经过加工的数据，或者说信息是数据处理的结果，信息泛指人类社会传播的一切内容，如音讯、消息、通信系统传输和处理的对象等。在信息化社会，信息已成为对科技发展日益重要的资源。

信息技术（Information Technology，IT）是一门综合的技术，人们对信息技术的定义因其使用的目的、范围和层次的不同而有所不同。联合国教科文组织对信息技术的定义为“应用在信息加工和处理中的科学，技术与工程的训练方法和管理技巧和应用；计算机及其与人、机的相互作用，与人相应的社会、经济和文化等诸种事物”，该定义强调的是信息技术的现代化应用与高科技含量，主要指一系列与计算机相关的技术。狭义的信息技术是指对信息进行采集、传输、存储、加工和表达的各种技术的总称。

信息技术主要是指应用计算机科学和通信技术来设计、开发、安装和实施信息系统及应用软件，主要包括传感技术、通信技术、计算机技术和控制技术。

- 传感技术。传感技术是用于从自然信源获取信息，并对之进行处理（变换）和识别的一门多学科交叉的现代科学与工程技术，它涉及传感器、信息处理和识别的规划设计、开发、建造、测试、应用及评价改进等活动。传感技术、通信技术和计算机技术一起被称为信息技术的三大支柱，其主要任务是扩展人类收集信息的功能。目前，传感技术领域已经发展了一大批敏感元件，例如，通过照相机、红外和紫外等光波波段的敏感元件来帮助人们提取肉眼所见不到的重要信息，也可通过超声和次声传感器来帮助人们获得人耳听不到的信息。
- 通信技术。通信技术又称通信工程，主要研究的是通信过程中的信息传输和信号处理的原理和应用。目前，通信技术得到飞速发展，从传统的电话、电报、收音机和电视到如今的移动通信（手机）、传真、卫星通信、光纤通信和无线电话等现代通信方式，使数据和信息的传递效率得到大大提高，通信技术已成为办公自动化的支撑技术。
- 计算机技术。计算机技术是信息技术的核心内容，其主要研究任务是扩展人的思维器官处理信息和决策的功能，计算机技术作为一个完整系统所运用的技术，主要包括系统结构技术、系统管理技术、系统维护技术和系统应用技术等。近年，计算机技术同样获得飞速发展，尤其是随着多媒体技术的发展，计算机的体积越来越小，但应用功能越来越强大。
- 控制技术。控制技术是应用计算机参与控制并借助一些辅助部件与被控对象相联系，以获得一定控制目的面而构成的系统。这里的计算机通常指各种规模的数字计算机，如微型、大型的通用或专用计算机。辅助部件主要指输入/输出接口、检测装置和执行装置等。

总的来说，现代信息技术是涉及内容十分广泛的技术群，它包括微电子技术、光电子技术、通信技术、网络技术、感测技术、控制技术和显示技术等。此外，物联网和云计算作为信息技术新的高度和形态被提出，并得到了发展。根据中国物联网校企联盟的定义，物联网为当下大多数技术与计算机互联网技术的结合，它能更快、更准确地收集、传递、处理和执行信息，是科技的最新呈现形式与应用。

2. 信息化社会

信息化社会也称为信息社会，是脱离工业化社会以后，信息将起主要作用的社会。一般认为，信息化是指以计算机信息技术和传播手段为基础的信息技术和信息产业在经济和社会发展中的作用日益加强，并发挥主导作用的动态发展过程。信息化社会是指以信息产业在国民经济中的比重、信息技术在传统产业中的应用程度和信息基础设施建设水平为主要标志的社会。

在信息化社会，人类借助计算机与通信技术，处理信息的能力和传输信息的速度得到快速提升，信息社会的交流在很大程度上围绕信息网络及其服务中心开展，因此信息网络已成为信息化社会的基础设施。进入 21 世纪后，世界各国都在加强信息化建设，而信息化建设又推动了计算机科学技术与信息化社会的发展，促进了计算机文化的产生，并改变了人类的工作方式和生活方式，从而产生了移动电子商务、无纸化办公、远程教学、网络会议和网上购物等新的生活理念。

如今，计算机技术水平是衡量信息化社会人才素质的重要标志，计算机文化的普及程度也标志着一个国家的综合发展水平，并将影响整个国家的信息化进程。因此，只有掌握计算机技术与计算机文化，才能真正适应信息化社会的建设需要，才能创造出更加灿烂辉煌的人类文明。

提 示 **信息高速公路就是把信息的快速传输比喻为“高速公路”，它的实质是高速度、大容量和多媒体的信息传输网络。信息高速公路在全世界的建设与实施，标志着人类正在走向信息社会化。**

3. 信息安全

现代信息技术给人类带来了高效、方便的信息服务，同时也使人类信息环境面临许多前所未有的难题，如隐私权问题、知识产权问题、竞争问题和信息安全问题等。在理解信息技术带来的实际的和潜在的不良影响后，只有加强信息道德教育和规范网络行为，才能真正地对其不利方面进行预防和抵制。

信息安全包括信息本身的安全和信息系统的安全，可以从以下 4 个方面来理解信息安全和加强信息安全意识。

- 数据安全。在输入、处理和统计数据过程中，计算机硬件出现故障，或人为的误操作，以及计算机病毒和黑客的入侵等会造成数据损坏和丢失现象，可通过使用数据加密技术和安装杀毒软件等方式来避免这类危害。
- 计算机安全。国际标准化组织（ISO）对计算机安全的定义是“为数据处理系统建立采取的技术和管理的安全保护，保护计算机硬件、软件和数据不因偶然或恶意的原因而遭到破坏、更改和泄露”。计算机安全中最重要的是数据存储的安全，其面临的主要威胁包括计算机病毒、非法访问和硬件损坏等。
- 信息系统安全。信息系统安全是指信息网络中的硬件、软件和系统数据要受到保护，不能遭到破坏或泄露，以确保信息系统能够持续、可靠地运行，信息服务不中断。
- 法律保护。为了加强对计算机信息系统的安全保护和安全管理，我国先后制定了多部关于信息安全的法律法规，包括《中华人民共和国计算机信息系统安全保护条例》《计算机信息网络国际联网安全保护管理办法》《互联网信息服务管理办法》《信息网络传播权保护条例》等。

任务二　了解计算机中信息的表示和存储

任务要求

肖磊知道利用计算机技术可以采集、存储和处理各种用户信息，也可将这些用户信息转换成用户可以识别的文字、声音或音视频进行输出。然而，让肖磊疑惑的是，这些信息在计算机内部是如何表示的呢？该如何对信息进行量化呢？肖磊认为，只有学习好这方面的知识，才能更好地使用计算机。

本任务要求认识计算机中的数据及其单位，了解数制及其转换，认识二进制数的运算，并了解计算机中字符的编码规则。

任务实现

（一）认识计算机中的数据及其单位

在计算机中，各种信息都是以数据的形式出现的，对数据进行处理后产生的结果为信息，因此数据是计算机中信息的载体。数据本身没有意义，只有经过处理和描述，才有实际意义。例如，单独一个数据“32℃”并没有实际意义，但如果表示为“今天的气温是32℃”时，这条信息就有意义了。

计算机中处理的数据可分为数值数据和非数值数据（如字母、汉字和图形等）两大类，无论什么类型的数据，在计算机内部都是以二进制的形式来存储和运算的。计算机在与外部交流时会采用人们熟悉和便于阅读的形式表示数据，如十进制数、文字和图形等，它们之间的转换则由计算机系统来完成。

在计算机内存储和运算数据时，通常涉及的数据单位有以下3种。

- 位（bit）。计算机中的数据都是以二进制来表示的，二进制代码只有“0”“1”两个数码，采用多个数码（0和1的组合）来表示一个数，其中的每一个数码称为1位。位是计算机中最小的数据单位。
- 字节（Byte）。在对二进制数据进行存储时，以8位二进制代码为一个单元存放在一起，称为1个字节，即1 Byte =8 bit。字节是计算机中信息组织和存储的基本单位，也是计算机体系结构的基本单位。在计算机中，通常用B（字节）、KB（千字节）、MB（兆字节）、GB（吉字节）、TB（太字节）为单位来表示存储器（如内存、硬盘和U盘等）的存储容量或文件的大小。存储容量指存储器中能够包含的字节数，存储单位B、KB、MB、GB和TB的换算关系如下。

1 KB（千字节）=1 024 B（字节）=2^{10}B（字节）
1 MB（兆字节）=1 024 KB（千字节）=2^{20}B（字节）
1 GB（吉字节）=1 024 MB（兆字节）=2^{30}B（字节）
1 TB（太字节）=1 024 GB（吉字节）=2^{40}B（字节）

- 字长。人们将计算机一次能够并行处理的二进制代码的位数称为字长。字长是衡量计算机性能的重要指标，字长越长，数据所包含的位数越多，计算机的数据处理速度越快。计算机的字长通常是字节的整倍数，如 8 位、16 位、32 位、64 位和 128 位等。

（二）了解数制及其转换

数制是指用一组固定的符号和统一的规则来表示数值的方法。其中，按照进位方式计数的数制称为进位计数制。在日常生活中，人们习惯用的进位计数制是十进制，而计算机则使用二进制；除此以外，还包括八进制和十六进制等。顾名思义，二进制就是逢二进一的数值表示方法，以此类推，十进制就是逢十进一的数值表示方法，八进制就是逢八进一的数值表示方法。

微课 1-4 数制及其转换

进位计数制中每个数码的数值不仅取决于数码本身，还取决于该数码在数中的位置，如十进制数 828.41，整数部分的第 1 个数码“8”处在百位，表示 800，第 2 个数码“2”处在十位，表示 20，第 3 个数码“8”处在个位，表示 8，小数点后第 1 个数码“4”处在十分位，表示 0.4，小数点后第 2 个数码“1”处在百分位，表示 0.01。也就是说，数码处在不同位置所代表的数值是不同的，数码在一个数中的位置称为数制的数位。数制中数码的个数称为数制的基数，十进制数有 0、1、2、3、4、5、6、7、8、9 共 10 个数码，其基数为 10。在每个数位上的数码所代表的数值等于该数位上的数码乘以一个固定值，该固定值称为数制的位权数，数码所在的数位不同，其位权数也有所不同。

无论在何种进位计数制中，数值都可写成按位权展开的形式，如十进制数 828.41 可写成：

$828.41=8\times100+2\times10+8\times1+4\times0.1+1\times0.01$

或者，

$828.41=8\times10^{2}+2\times10^{1}+8\times10^{0}+4\times10^{-1}+1\times10^{-2}$

上式为数值按位权展开的表达式，其中 10^{i}称为十进制数的位权数，其基数为 10。使用不同的基数，便可得到不同的进位计数制。设 R 表示基数，则称为 R 进制，使用 R 个基本的数码，R^{i}就是位权数，其加法运算规则是“逢 R 进一”，则任意一个 R 进制数 D 均可以展开表示为：

$$(D)_R=\sum_{i=-m}^{n-1}K_i\times R^i$$

上式中的 K_i为第 i 位的系数，可以为 0,1,2,⋯,R−1 中的任何一个数，R^{i}表示第 i 位的权。表 1-2 所示为计算机中常用的几种进位计数制的表示。

表 1-2 计算机中常用的几种进位计数制的表示

进位计数制	基数	基本符号（采用的数码）	权	形式表示
二进制	2	0,1	2^{i}	B
八进制	8	0,1,2,3,4,5,6,7	8^{i}	O
十进制	10	0,1,2,3,4,5,6,7,8,9	10^{i}	D
十六进制	16	0,1,2,3,4,5,6,7,8,9,A,B,C,D,E,F	16^{i}	H

通过表 1-2 可知，对于数据 4A9E，从使用的数码可以判断出其为十六进制数，而对于数据 492，如何判断其属于哪种数制呢？在计算机中，为了区分不同进制的数，可以用括号加数制基数下标的方式来表示不同数制的数。例如，$(492)_{10}$表示十进制数，$(1001.1)_{2}$表示二进制数，$(4A9E)_{16}$表示十六

进制数，也可以用带有字母的形式分别表示为（492）$_D$、（1001.1）$_B$和（4A9E）$_H$。在程序设计中，为了区分不同进制的数，常在数字后直接加英文字母后缀，如492D、1001.1B等。

表1-3所示为上述几种常用数制的对照关系。

表1-3　常用数制对照关系

十进制数	二进制数	八进制数	十六进制数
0	0000	0	0
1	0001	1	1
2	0010	2	2
3	0011	3	3
4	0100	4	4
5	0101	5	5
6	0110	6	6
7	0111	7	7
8	1000	10	8
9	1001	11	9
10	1010	12	A
11	1011	13	B
12	1100	14	C
13	1101	15	D
14	1110	16	E
15	1111	17	F

提示　**通过表1-3可以看出，采用不同的数制表示同一个数时，基数越大，则使用的位数越少，如十进制数12，需要4位二进制数来表示，需要2位八进制数来表示，只需1位十六进制数来表示。所以，在一些C语言的程序中，常采用八进制和十六进制来表示数据。**

下面将具体介绍4种常用数制之间的转换方法。

1．非十进制数转换为十进制数

将二进制数、八进制数和十六进制数转换为十进制数时，只需用该数制的各位数乘以各自对应的位权数，然后将乘积相加。用按位权展开的方法即可得到对应的结果。

【例1-1】将二进制数10110转换成十进制数。

先将二进制数10110按位权展开，然后将乘积相加，转换过程如下所示。

$(10110)_2=(1\times2^4+0\times2^3+1\times2^2+1\times2^1+0\times2^0)_{10}$

$=(16+4+2)_{10}$

$=(22)_{10}$

【例1-2】将八进制数232转换成十进制数。

先将八进制数232按位权展开，然后将乘积相加，转换过程如下所示。

$(232)_8=(2\times8^2+3\times8^1+2\times8^0)_{10}$

$=(128+24+2)_{10}$

$=(154)_{10}$

【例1-3】将十六进制数232转换成十进制数。

先将十六进制数232按位权展开，然后将乘积相加，转换过程如下所示。

$(232)_{16}=(2\times16^2+3\times16^1+2\times16^0)_{10}$

$=(512+48+2)_{10}$

$=(562)_{10}$

2. 十进制数转换成其他进制数

将十进制数转换成二进制数、八进制数和十六进制数时，可将数字分成整数和小数分别转换，然后再拼接起来。

例如，将十进制数转换成二进制数时，整数部分采用“除 2 取余倒读法”，即将该十进制数除以 2，得到一个商和余数（K_0），再将商除以 2，又得到一个新的商和余数（K_1），如此反复，直到商是 0 时得到余数（K_{n-1}），然后将得到的各次余数，以最后的余数为最高位，最初的余数为最低位，依次排列，即 $K_{n-1}\cdots K_1 K_0$，这就是该十进制数对应的二进制数的整数部分。

小数部分采用“乘 2 取整正读法”，即将十进制的小数乘 2，取乘积中的整数部分作为相应二进制小数点后最高位 K_{-1}，取乘积中的小数部分反复乘 2，逐次得到 $K_{-2}\ K_{-3}\cdots K_{-m}$，直到乘积的小数部分为 0 或位数达到所需的精确度要求为止，然后把每次乘积所得的整数部分由上而下（即从小数点自左往右）依次排列起来，（$K_{-1}\ K_{-2}\cdots K_{-m}$）即所求的二进制数的小数部分。

同理，将十进制数转换成八进制数时，整数部分除以 8 取余；小数部分乘 8 取整；将十进制数转换成十六进制数时，整数部分除以 16 取余，小数部分乘 16 取整。

提 示　在进行小数部分的转换时，有些十进制小数不能转换为有限位的二进制小数，此时只有用近似值表示。例如，$(0.57)_{10}$ 不能用有限位二进制数表示，如果要求保留 5 位小数近似值，则得到 $(0.57)_{10}\approx(0.10010)_2$。

【例 1-4】将十进制数 225.625 转换成二进制数。

用“除 2 取余倒读法”进行整数部分转换，再用“乘 2 取整正读法”进行小数部分转换，具体转换过程如下所示。

$(225.625)_{10}=(11100001.101)_2$

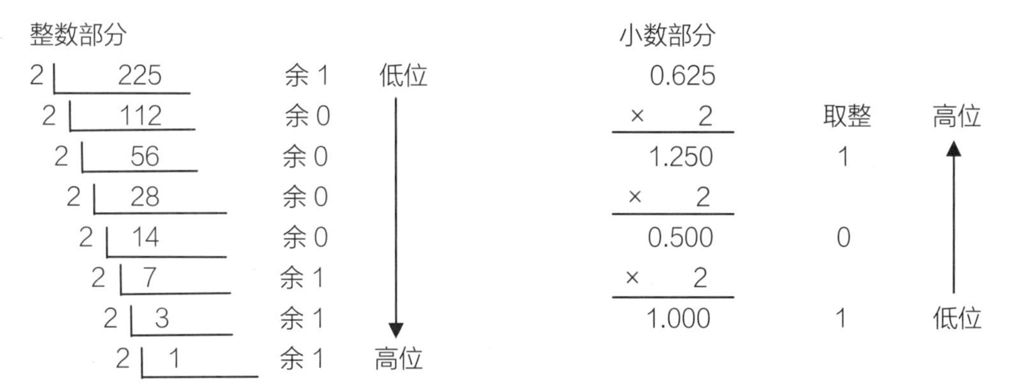

3. 二进制数转换成八进制数、十六进制数

二进制数转换成八进制数所采用的转换原则是“3 位分一组”，即以小数点为界，整数部分从右向左每 3 位为一组，若最后一组不足 3 位，则在最高位前面添 0 补足 3 位，然后将每组中的二进制数按位权相加得到对应的八进制数；小数部分从左向右每 3 位分为一组，最后一组不足 3 位时，尾部用 0 补足 3 位，然后按照顺序写出每组二进制数对应的八进制数。

【例 1-5】将二进制数 1101001.101 转换为八进制数。

转换过程如下所示。

二进制数　001　101　001 . 101

八进制数　1　5　1　.　5

得到的结果为：$(1101001.101)_2 = (151.5)_8$

二进制数转换成十六进制数所采用的转换原则与上面类似，采用的转换原则是“4 位分一组”，即以小数点为界，整数部分从右向左、小数部分从左向右每 4 位一组，不足 4 位用 0 补齐。

【例 1-6】将二进制数 101110011000111011 转换为十六进制数。

转换过程如下所示。

二进制数　0010　1110　0110　0011　1011

十六进制数　2　E　6　3　B

得到的结果为：$(101110011000111011)_2 = (2E63B)_{16}$

4. 八进制数、十六进制数转换成二进制数

八进制数转换成二进制数的转换原则是“一分为三”，即从八进制数的低位开始，将每一位上的八进制数写成对应的 3 位二进制数。如有小数部分，则从小数点开始，分别向左右两边按上述方法进行转换。

【例 1-7】将八进制数 162.4 转换为二进制数。

转换过程如下所示。

八进制数　1　6　2　.　4

二进制数　001　110　010　.　100

得到的结果为：$(162.4)_8 = (001110010.100)_2$

十六进制数转换成二进制数的转换原则是“一分为四”，即把每一位上的十六进制数写成对应的 4 位二进制数。

【例 1-8】将十六进制数 3B7D 转换为二进制数。

转换过程如下所示。

十六进制数　3　B　7　D

二进制数　0011　1011　0111　1101

得到的结果为：$(3B7D)_{16} = (0011101101111101)_2$

（三）认识二进制数的运算

计算机内部采用二进制表示数据，其主要原因是技术实现简单、易于进行转换、运算法则简单，可以方便地利用逻辑代数分析和设计计算机的逻辑电路等。下面将对二进制的算术运算和逻辑运算进行简要介绍。

1. 二进制的算术运算

二进制的算术运算也就是通常所说的四则运算，包括加、减、乘、除，运算比较简单，其具体运算规则如下。

- 加法运算。按“逢二进一”法，向高位进位，运算规则为：0+0=0、0+1=1、1+0=1、1+1=10。例如，$(10011.01)_2+(100011.11)_2=(110111.00)_2$。
- 减法运算。减法实质上是加上一个负数，主要应用于补码运算，运算规则为：0-0=0、1-0=1、0-1=1（向高位借位，结果本位为 1）、1-1=0。例如，$(110011)_2-(001101)_2=(100110)_2$。
- 乘法运算。乘法运算与常见的十进制数对应的运算规则类似，运算规则为：0×0=0、1×0=0、0×1=0、1×1=1。例如，$(1110)_2\times(1101)_2=(10110110)_2$。
- 除法运算。除法运算也与十进制数对应的运算规则类似，运算规则为：0÷1=0、1÷1=1，而 0÷0 和 1÷0 是无意义的。例如，$(1101.1)_2\div(110)_2=(10.01)_2$。

2. 二进制的逻辑运算

计算机所采用的二进制数 1 和 0 可以代表逻辑运算中的“真”与“假”、“是”与“否”和“有”与“无”。二进制的逻辑运算包括“与”“或”“非”“异或”4 种，具体介绍如下。

- “与”运算。“与”运算又称为逻辑乘，通常用符号“×”“∧”“·”来表示。其运算规则为：0

∧0=0、0∧1=0、1∧0=0、1∧1=1。通过上述运算规则可以看出，当两个参与运算的数中有一个数为0时，其结果也为0，此时是没有意义的，只有当数中的数值都为1时，结果为1，即只有当所有的条件都符合时，逻辑结果才为肯定值。例如，假定某一个公益组织规定加入成员的条件是女性与慈善家，那么只有既是女性又是慈善家的人才能加入该组织。

- “或”运算。“或”运算又称为逻辑加，通常用符号“+”或“∨”来表示。其运算规则为：0∨0=0、0∨1=1、1∨0=1、1∨1=1。该运算规则表明只要有一个数为1，则结果就是1。例如，假定某一个公益组织规定加入成员的条件是女性或慈善家，那么只要符合其中任意一个条件或两个条件都符合即可加入该组织。
- “非”运算。“非”运算又称为逻辑否，通常是在逻辑变量上加上画线来表示，如变量为A，则其“非”运算结果用$\overline{A}$表示。其运算规则为：$\overline{0}$=1、$\overline{1}$=0。例如，假定A变量表示男性，$\overline{A}$就表示非男性。
- “异或”运算。“异或”运算通常用符号“⊕”表示，其运算规则为：0⊕0=0、0⊕1=1、1⊕0=1、1⊕1=0。该运算规则表明：当逻辑运算中变量的值不同时，结果为1；而变量的值相同时，结果为0。

（四）了解计算机中字符的编码规则

编码就是利用计算机中的0和1两个代码的不同长度表示不同信息的一种约定方式。由于计算机是以二进制的形式存储和处理数据的，因此只能识别二进制编码信息，数字、字母、符号、汉字、语音和图形等非数值信息都要用特定规则进行二进制编码才能进入计算机。对于西文字符和汉字，由于形式的不同，使用的编码也不同。

1. 西文字符的编码

在计算机中对字符进行编码，通常采用ASCII和Unicode两种编码。

- ASCII。美国信息交换标准码（American Standard Code for Information Interchange，ASCII）是基于拉丁字母的一套编码系统，主要用于显示现代英语和其他西欧语言，它被国际标准化组织指定为国际标准（ISO 646标准）。ASCII使用7位二进制数来表示所有大写和小写字母，数字0~9、标点符号，以及在美式英语中使用的特殊控制字符，共有2^7=128个不同的编码值，可以表示128个不同字符的编码，如表1-4所示。其中，低4位$b_3b_2b_1b_0$用作行编码，而高3位$b_6b_5b_4$用作列编码，其中有95个编码对应计算机键盘上的符号或其他可显示或打印的字符，另外33个编码被用作控制码，用于控制计算机某些外部设备的工作特性和某些计算机软件的运行情况。例如，字母A的编码为二进制数1000001，对应十进制数65或十六进制数41。

表1-4 7位ASCII

低4位	高3位 $b_6b_5b_4$							
$b_3b_2b_1b_0$	000	001	010	011	100	101	110	111
0000	NUL	DLE	SP	0	@	P	`	p
0001	SOH	DC1	!	1	A	Q	a	q
0010	STX	DC2	"	2	B	R	b	r
0011	ETX	DC3	#	3	C	S	c	s
0100	EOT	DC4	$	4	D	T	d	t
0101	ENQ	NAK	%	5	E	U	e	u
0110	ACK	SYN	&	6	F	V	f	v
0111	BEL	ETB	'	7	G	W	g	w
1000	BS	CAN	(	8	H	X	h	x
1001	HT	EM	)	9	I	Y	i	y

续表

低4位 $b_3b_2b_1b_0$	高3位 $b_6b_5b_4$							
	000	001	010	011	100	101	110	111
1010	LF	SUB	*	:	J	Z	j	z
1011	VT	ESC	+	;	K	[	k	{
1100	FF	FS	,	<	L	\	l	|
1101	CR	GS	−	=	M	]	m	}
1110	SO	RS	.	>	N	^	n	~
1111	SI	US	/	?	O	_	o	DEL

- Unicode。Unicode 也是一种国际标准编码，采用两个字节编码，能够表示世界上所有书写语言中可能用于计算机通信的文字和其他符号。目前，Unicode 在网络、Windows 和大型软件中得到应用。

2. 汉字的编码

在计算机中，汉字信息的传播和交换必须有统一的编码才不会造成混乱和差错。因此，计算机中处理的汉字是指包含在国家或国际组织制定的汉字字符集中的汉字。常用的汉字字符集包括 GB 2312、GB 18030、GBK 和 CJK 编码等。为了使每个汉字有一个全国统一的代码，我国颁布了汉字编码的国家标准，即 GB 2312—80《信息处理交换用汉字编码字符集 基本集》，这个字符集是目前国内所有汉字系统的统一标准。

汉字的编码方式主要有以下 4 种。

- 输入码。输入码也称外码，是指为了将汉字输入计算机而设计的代码，包括音码、形码和音形码等。
- 区位码。区位码将中文中常用的汉字、数字、符号等字符进行了分类编码。区位码将编码表分为 94 个区，每个区对应 94 个位。区位码用 4 位数字编码，前两位叫作区码，后两位叫作位码，如汉字“中”的区位码为 5448。
- 国标码。国标码采用两个字节表示一个汉字，将汉字区位码中的十进制区号和位号分别转换成十六进制数，再分别加上 20H，就可以得到该汉字的国际码。例如，“中”字的区位码为 5448，区号 54 对应的十六进制数为 36，加上 20H，即为 56H，而位号 48 对应的十六进制数为 30，加上 20H，即为 50H，所以“中”字的国标码为 5650H。
- 机内码。在计算机内部进行存储与处理所使用的代码，称为机内码。对汉字系统来说，汉字机内码规定在汉字国标码的基础上，每字节的最高位置为 1，每字节的低 7 位为汉字信息。将国标码的两个字节编码分别加上 80H（即 10000000B），便可以得到机内码，如汉字“中”的机内码为 D6D0H。

任务三 认识多媒体技术

任务要求

肖磊所在的学校近期要组织一场活动，作为该活动的组织者之一，肖磊负责搜集活动中需要的背景音乐并为活动过程录制视频；同时领导还要求肖磊在活动结束后将这些多媒体视频文件发布到学校的网站上。为了能够更加顺利地完成这项任务，肖磊特意了解了关于多媒体技术的相关信息。

本任务要求认识媒体与多媒体技术，了解多媒体技术的特点，认识多媒体计算机的硬件和软件，并了解常用的多媒体文件格式。

任务实现

（一）认识媒体与多媒体技术

媒体（Medium）主要有两层含义：一是指存储信息的实体（媒质），如磁盘、光盘、磁带和半导体存储器等；二是指传递信息的载体（媒介），如文本、声音、图形、图像、视频、音频和动画等。

多媒体（Multimedia）是由单媒体复合而成的，融合了两种或两种以上的人机交互式信息交流和传播媒体。多媒体不仅是指文本、声音、图形、图像、视频、音频和动画这些媒体信息本身，还包含处理和应用这些媒体信息的一整套技术，称之为多媒体技术。多媒体技术是指能够同时获取、处理、编辑、存储和演示两种以上不同类型信息的媒体技术。在计算机领域，多媒体技术就是用计算机实时地综合处理图、文、声和像等信息的技术，这些多媒体信息在计算机内都是被转换成 0 和 1 的数字化信息进行处理的。

多媒体技术的快速发展和应用将极大地推动许多产业的变革和发展，并逐步改变人类社会的生活与工作方式。多媒体技术的应用已渗透人类社会的各个领域，它不仅覆盖了计算机的绝大部分应用领域，同时还在教育与培训、商务演示、咨询服务、信息管理、宣传广告、电子出版物、游戏与娱乐、广播与电视等领域中得到普遍应用。此外，可视电话和视频会议等也为人们提供了更全面的信息服务。目前，多媒体技术主要包括音频技术、视频技术、图像技术、图像压缩技术和通信技术。

（二）了解多媒体技术的特点

多媒体技术主要具有以下 5 种特点。

- 多样性。多媒体技术的多样性是指信息载体的多样性，计算机所能处理的信息从最初的数值、文字、图形已扩展到音频和视频等多种媒体。
- 集成性。多媒体技术的集成性是指以计算机为中心综合处理多种信息媒体，使其集文字、声音、图形、图像、音频和视频于一体。此外，多媒体处理工具和设备的集成能够为多媒体系统的开发与实现营造一个理想的集成环境。
- 交互性。多媒体技术的交互性是指计算机允许用户进行交互操作，并提供多种交互控制功能，用户从被动获取信息和使用信息变为主动，人机操作界面也得到改善。
- 实时性。多媒体技术的实时性是指计算机需要同时处理声音、文字和图像等多种信息，其中声音和视频还要求实时处理，从而计算机应具有能够对多媒体信息进行实时处理的软硬件环境的支持。
- 协同性。多媒体技术的协同性是指多媒体中的每一种媒体都有其特性，因此各媒体信息之间必须有机配合，并协调一致。

（三）认识多媒体计算机的硬件和软件

一个完整的多媒体系统是由多媒体硬件系统和多媒体软件系统两个部分构成的。下面主要针对多媒体计算机系统，介绍多媒体计算机的硬件和软件。

微课 1-5 多媒体计算机的硬件

1. 多媒体计算机的硬件

多媒体计算机的硬件除了包括计算机常规硬件外，还包括声音/视频处理器、多种媒体输入/输出设备及信号转换装置、通信传输设备及接口装置等。具体来说，主要包括以下 3 种硬件项目。

- 音频卡。音频卡即声卡，它是多媒体技术中基本的硬件组成部分之一，是实现声波/数字信号相互转换的一种硬件，其基本功能是把来自话筒、磁带、光盘的原始声音信号加以转换，从而输出到耳机、扬声器、扩音机和录音机等声响设备，也可通过乐器数字接口（MIDI）进行声音输出。

- 视频卡。视频卡也叫视频采集卡，用于将模拟摄像机、录像机、LD（激光）视盘机和电视机输出的视频数据或者视频和音频的混合数据输入计算机，并转换成计算机可识别的数字数据。视频采集卡按照其用途可以分为广播级视频采集卡、专业级视频采集卡和民用级视频采集卡。
- 各种外部设备。在多媒体处理过程中会用到的外部设备主要包括摄像机/录放机、数字照相机/头盔显示器、扫描仪、激光打印机、光盘驱动器、光笔/鼠标/传感器/触摸屏、话筒/喇叭、传真机（FAX）和可视电话机等。

2. 多媒体计算机的软件

多媒体计算机的软件种类较多，根据功能可以分为多媒体操作系统、媒体处理系统工具和用户应用软件3种。

- 多媒体操作系统。多媒体操作系统应具有实时任务调度、多媒体数据转换和同步控制、多媒体设备的驱动和控制，以及图形用户界面管理等功能。目前，计算机中安装的Windows已完全具备上述功能。
- 媒体处理系统工具。媒体处理系统工具主要包括媒体创作软件工具、多媒体节目写作工具和媒体播放工具，以及其他各类媒体处理工具，如多媒体数据库管理系统等。
- 用户应用软件。用户应用软件是根据多媒体系统终端用户要求定制的应用软件，目前国内外已经开发出了很多服务于图形、图像、音频和视频处理的软件，通过这些软件，用户可以创建、收集和处理多媒体素材，制作出丰富多样的图形、图像和动画。目前，比较流行的用户应用软件有Photoshop、Illustrator、3ds Max、Authorware、CorelDRAW和PowerPoint等，每种软件都各有所长，在多媒体处理过程中可以综合运用。

提 示

声音播放软件包括Windows自带的录音机播放软件和Windows Media Player等，动画播放软件有Flash Player、Windows Media Player等，视频播放软件有Windows Media Player和暴风影音等。

（四）了解常用的多媒体文件格式

在计算机中，利用多媒体技术可以将声音、文字和图像等多种媒体信息进行综合式交互处理，并以不同的文件类型进行存储，下面分别介绍常用的多媒体文件格式。

1. 音频文件格式

在多媒体系统中，语音和音乐是必不可少的，存储声音信息的文件格式有多种，包括WAV、MIDI、MP3等，具体如表1-5所示。

表1-5 常见的音频文件格式

文件格式	文件扩展名	相关说明
WAV	.wav	WAV文件来源于对声音模拟波形的采样，主要针对话筒和录音机等外部音源录制，经声卡转换成数字化信息，播放时再还原成模拟信号由扬声器输出。这种波形文件是最早的数字音频格式。WAV文件支持多种采样的频率和样本精度的声音数据，并支持声音数据文件的压缩，通常文件较大，主要用于存储简短的声音片段
MIDI	.mid/.rmi	乐器数字接口（Musical Instrument Digital Interface，MIDI）是乐器和电子设备之间进行声音信息交换的一组标准规范。MIDI文件并不像WAV文件那样记录实际的声音信息，而是记录一系列的指令，即记录的是关于乐曲演奏的内容，可通过FM合成法和波表合成法来生成。MIDI文件比WAV文件存储的空间要小得多，且易于编辑节奏和音符等音乐元素，但整体效果不如WAV文件，且过于依赖MIDI硬件质量
MP3	.mp3	MP3采用MPEG Layer 3标准对音频文件进行有损压缩，压缩比高，音质接近CD唱盘，制作简单，且便于交换，适用于网上传播，是目前使用较多的一种格式

2. 图像文件格式

图像是多媒体中最基本和最重要的数据之一，包括静态图像和动态图像。其中，静态图像又可分为矢量图形和位图图像两种，动态图像又可分为视频和动画两种。常见的静态图像文件格式如表 1-6 所示。

表 1-6 常见的静态图像文件格式

文件格式	文件扩展名	相关说明
BMP	.bmp	BMP（Bitmap）是 Windows 中的标准图像文件格式，它采用位映射存储格式，除了图像深度可选以外，不采用其他任何压缩，因此，BMP 文件所占用的空间很大
GIF	.gif	图像交互格式（Graphics Interchange Format，GIF）文件的数据是经过压缩的，而且是采用了可变长度等压缩算法。在一个 GIF 文件中可以储存多幅彩色图像，如果把储存于一个文件中的多幅图像数据逐幅读出并显示到屏幕上，就可构成一种最简单的动画。GIF 文件主要用于保存网页中需要高传输速率的图像文件
TIFF	.tiff	标记图像文件格式（Tag Image File Format，TIFF）是一种灵活的位图格式，主要用来存储包括照片和艺术图在内的图像，它是一种当前流行的高位彩色图像文件格式
JPEG	.jpg/.jpeg	JPEG 是第一个国际图像压缩标准，它能够在提供良好的压缩性能的同时，提供较好的重建质量，被广泛应用于图像、视频处理领域。“.jpeg”“.jpg”等格式文件指的是图像数据经压缩后形成的文件，主要用于网上传输
PNG	.png	可移植的网络图像格式（PNG）是一种网络图像文件存储格式，其设计目的是试图替代 GIF 和 TIFF 文件格式，一般应用于 JAVA 程序和网页中
WMF	.wmf	WMF 是 Windows 中常见的一种图像文件格式，属于矢量文件格式，具有文件小、图案造型化的特点，其呈现的图形往往较粗糙

3. 视频文件格式

视频文件一般比其他媒体文件要大一些，比较占用存储空间。常见的视频文件格式如表 1-7 所示。

表 1-7 常见的视频文件格式

文件格式	文件扩展名	相关说明
AVI	.avi	AVI 是由微软公司开发的一种数字视频文件格式，允许视频和音频同步播放，但由于 AVI 文件没有限定压缩标准，因此不同压缩标准生成的 AVI 文件，必须使用相应的解压缩算法才能播放
MOV	.mov	MOV 是 Apple 公司开发的一种音频、视频文件格式，具有跨平台和存储空间小等特点，已成为目前数字媒体软件技术领域的工业标准
MPEG	.mpeg	MPEG 是运动图像压缩算法的国际标准，它能在保证影像质量的基础上，采用有损压缩算法减少运动图像中的冗余信息，压缩效率较高、质量好，它包括 MPEG-1、MPEG-2 和MPEG-4 等在内的多种视频文件格式
ASF	.asf	ASF 是微软公司开发的一种可直接在网上观看视频节目的视频文件压缩格式，其优点有支持本地或网络回放、支持可扩充的媒体类型、支持部件下载及扩展性强等
WMV	.wmv	WMV 是微软公司针对 Quick Time 之类的技术标准而开发的一种视频文件格式，可使用 Windows Media Player 播放，是目前比较常见的视频文件格式

提 示 **由于音频和视频等多媒体信息的数据量非常庞大，为了便于存取和交换，在多媒体计算机系统中通常对其进行压缩，使用时再将数据进行解压缩还原。数据压缩分为无损压缩和有损压缩两种。其中，无损压缩的压缩率比较低，但能够确保解压后的数据不失真；而有损压缩则是以损失文件中某些信息为代价来获取较高的压缩率的压缩方式。**

课后练习

查看答案与解析

（1）1946 年诞生的世界上第一台电子计算机是（　　）。

A. UNIVAC-I　　B. EDVAC
C. ENIAC　　D. IBM

（2）第二代计算机的划分年代是（　　）。

A. 1946—1957 年　　B. 1958—1964 年
C. 1965—1970 年　　D. 1971 年至今

（3）以下对信息特征的描述中，不正确的是（　　）。

A. 信息是一成不变的东西
B. 所有信息都必须依附于某种载体，但是，载体本身并不是信息
C. 同一信息能同时或异时、同地或异地被多个人共享
D. 只要有物质存在，有事物运动，就会有它们的运动状态和方式，就会有信息存在

（4）1 KB 的准确数值是（　　）。

A. 1 024 Byte　　B. 1 000 Byte　　C. 1 024 bit　　D. 1 024 MB

（5）关于数制的转换中，下列叙述正确的是（　　）。

A. 采用不同的数制表示同一个数时，基数（*R*）越大，则使用的位数越少
B. 采用不同的数制表示同一个数时，基数（*R*）越大，则使用的位数越多
C. 不同数制采用的数码是各不相同的，没有一个数码是一样的
D. 进位计数制中每个数码的数值不仅取决于数码本身

（6）十进制数 55 转换成二进制数等于（　　）。

A. 111111　　B. 110111　　C. 111001　　D. 111011

（7）与二进制数 101101 等值的十六进制数是（　　）。

A. 2D　　B. 2C　　C. 1D　　D. B4

（8）二进制数 111+1 等于（　　）B。

A. 10000　　B. 100　　C. 1111　　D. 1000

（9）一个汉字的机内码与它的国标码之间的差是（　　）。

A. 2020H　　B. 4040H　　C. 8080H　　D. AOAOH

（10）多媒体信息不包括（　　）。

A. 动画、影像　　B. 文字、图像　　C. 声卡、光驱　　D. 音频、视频

项目二　学习计算机系统知识

计算机系统由硬件系统和软件系统组成。硬件是计算机赖以工作的实体，相当于人的身躯。软件是计算机的精髓，相当于人的思想和灵魂。它们共同协作运行应用程序并处理各种实际问题。本项目将通过3个任务，介绍计算机的硬件系统和软件系统，以及计算机系统中鼠标和键盘这两种重要的输入设备的基本使用方法。

课堂学习目标

- 认识计算机的硬件系统
- 认识计算机的软件系统
- 使用鼠标和键盘

计算机系统由硬件系统和软件系统两部分组成，如图 2-1 所示。在一台计算机中，硬件和软件两者缺一不可。计算机软硬件之间是一种相互依靠、相辅相成的关系：如果没有软件，计算机便无法正常工作（通常将没有安装任何软件的计算机称为“裸机”）；如果没有硬件的支持，计算机软件便没有运行的环境，再优秀的软件也无法把它的性能体现出来。因此，计算机硬件是计算机软件的物质基础，计算机软件必须建立在计算机硬件的基础上才能运行。

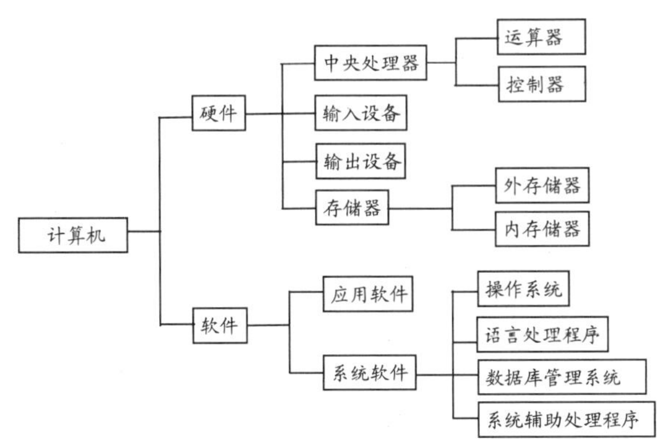

图 2-1　计算机的组成

任务一　认识计算机的硬件系统

任务要求

随着计算机的普及，使用计算机的人也越来越多，肖磊跟其他大多数使用计算机的人一样，并不是很了解计算机是如何工作的，计算机内部的硬件结构是怎样的，计算机的软件程序有哪些。

本任务要求认识计算机的基本结构，了解计算机的工作原理，并认识微型计算机的硬件组成，如主机及主机内部的硬件，显示器、键盘和鼠标等外部设备。

（一）认识计算机的基本结构

尽管各种计算机在性能和用途等方面有所不同，但是其基本结构都遵循冯·诺依曼体系结构，因此人们便将符合这种设计的计算机称为冯·诺依曼计算机。

微课 2-1 计算机的基本结构

冯·诺依曼计算机主要由运算器、控制器、存储器、输入设备和输出设备 5 个部分组成，这 5 个组成部分的职能和相互关系如图 2-2 所示。从图 2-2 中可知，计算机工作的核心是控制器、运算器和存储器 3 个部分。其中，控制器是计算机的指挥中心，它根据程序执行每一条指令，并向存储器、运算器及输入/输出设备发出控制信号，控制计算机自动地、有条不紊地进行工作；运算器是在控制器的控制下对存储器里所提供的数据进行各种算术运算（加、减、乘、除）、逻辑运算（与、或、非）和其他处理（存数、取数等），控制器与运算器构成了中央处理器（Central Processing Unit，CPU），被称为“计算机的心脏”；存储器是计算机的记忆装置，它以二进制的形式存储程序和数据，可以分为内存储器和外存储器，内存储器是影响计算机运行速度的主要结构之一，外存储器主要有光盘、软盘和 U 盘等，存储器中能够存放的最大信息数量称为存储容量，常见的存储单位有 KB、MB、GB 和 TB 等。

输入设备是计算机中重要的人机接口，用于接收用户输入的命令和程序等信息，并负责将命令转换成计算机能够识别的二进制代码，并放入内存中，输入设备主要包括键盘、鼠标等。输出设备用于将计算机处理的结果以人们可以识别的信息形式输出，常用的输出设备有显示器和打印机等。

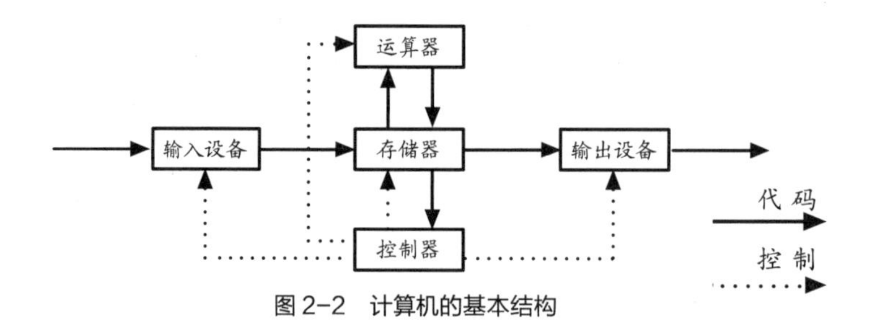

图 2-2　计算机的基本结构

（二）了解计算机的工作原理

根据冯·诺依曼体系结构，计算机内部以二进制的形式表示和存储指令及数据，要让计算机工作，就必须先把程序编写出来，然后将编写好的程序和原始数据存入存储器中，接下来计算机在不需要人员干预的情况下，自动逐条读取并执行指令。因此，计算机只能执行指令并被指令控制。

指令是指挥计算机工作的指示和命令，程序是一系列按一定顺序排列的指令。每条指令通常由操作码和操作数两部分组成，操作码表示运算性质，操作数指参与运算的数据及其所在的单元地址。执行程序和指令的过程就是计算机的工作过程。

计算机执行一条指令时，首先从存储单元地址中读取指令，并把它暂存到 CPU 内部的指令寄存器；然后由指令译码器分析该指令（译码），即根据指令中的操作码确定计算机应进行什么操作；最后执行指令，即根据指令分析结果，由控制器发出完成操作所需的一系列控制电位，以便指挥计算机有关部件完成这一操作，同时还为读取下一条指令做好准备，重复上述过程，直至指令结束。

（三）认识微型计算机的硬件组成

微课 2-2 微型计算机的硬件组成

计算机硬件是指计算机中看得见、摸得着的一些实体设备。从外观上看，微型计算机主要由主机、显示器、鼠标和键盘等部分组成。其中，主机背面有许多插孔和接口，用于接通电源和连接键盘和鼠标等外部设备；而主机箱内包括主机电源、显卡、光驱、CPU、主板、内存和硬盘等硬件。图 2-3 所示为微型计算机的外观组成及主机内部硬件。

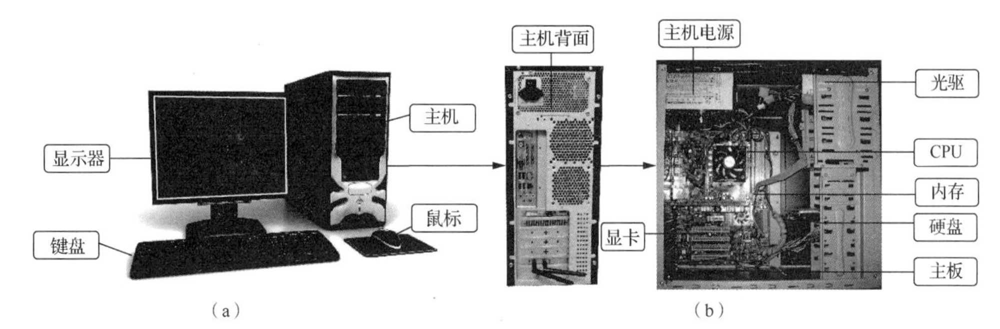

图 2-3 微型计算机的外观组成和主机内部硬件

下面将按类别分别对微型计算机的主要硬件进行详细介绍。

1. 微处理器

微处理器是由一片或少数几片大规模集成电路组成的中央处理器（Central Processing Unit，CPU），这些电路执行控制部件和算术逻辑部件的功能。CPU 既是计算机的指令中枢，也是系统的最高执行单位，如图 2-4 所示。

图 2-4 CPU

CPU 主要负责指令的执行，作为计算机系统的核心组件，在计算机系统中占有举足轻重的地位，也是影响计算机系统运算速度的重要结构。目前，CPU 的生产厂商主要有 Intel、AMD、威盛（VIA）和龙芯（Loongson），市场上主要销售的 CPU 产品有 Intel 和 AMD。

2. 主板

主板（Main Board）也称为“母板”（Mother Board）或“系统板”（System Board），它是机箱中最重要的电路板，如图 2-5 所示。主板上布满了各种电子元器件、插座、插槽和各种外部接口，它可以为计算机的所有部件提供插槽和接口，并通过其中的线路统一协调所有部件的工作。

主板上主要的芯片包括基本输入/输出系统（BIOS）芯片和南北桥芯片。其中，BIOS 芯片是一块矩形的存储器，里面存有与该主板搭配的基本输入/输出系统程序，能够让主板识别各种硬件，还可以设置引导系统的设备和调整 CPU 外频等，如图 2-6 所示。南北桥芯片通常由南桥芯片和北桥芯片组成，南桥芯片主要负责硬盘等存储设备和 PCI 总线之间的数据流通，北桥芯片主要负责处理 CPU、内存和显卡三者间的数据流通。

图 2-5 主板

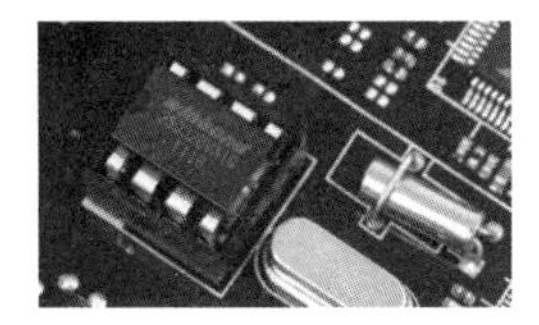

图 2-6 主板上的 BIOS 芯片

提示 **主板上的插槽包括内存插槽、CPU 插槽和各种扩展插槽，主要用于安装能够进行插拔的配件，如内存条、显卡和声卡等。**

3. 总线

总线（Bus）是计算机各种功能部件之间传送信息的公共通信干线，主机的各个部件通过总线相连接，外部设备通过相应的接口电路与总线相连接，从而形成了计算机硬件系统。因此，总线被形象地比喻为“高速公路”。按照计算机所传输的信息类型，总线可以划分为数据总线、地址总线和控制总线，分别用来传输数据、地址和控制信号。

- 数据总线。数据总线用于在 CPU 与随机存取存储器（RAM）之间来回传送需处理、储存的数据。
- 地址总线。地址总线上传送的是 CPU 向存储器、I/O 接口设备发出的地址信息。
- 控制总线。控制总线用来传送控制信息，这些控制信息包括 CPU 对内存和输入/输出接口的读写信号、输入/输出接口对 CPU 提出的中断请求等信号，以及 CPU 对输入/输出接口的回答与响应信号、输入/输出接口的各种工作状态信号和其他各种功能控制信号。

目前，常见的总线标准有 ISA 总线、PCI 总线、AGP 总线和 EISA 总线。

4. 内存

计算机中的存储器包括内存储器和外存储器两种，其中，内存储器也叫主存储器，简称“内存”。内存是计算机中用来临时存放数据的地方，也是 CPU 处理数据的中转站，内存的容量和存取速度直接影响 CPU 处理数据的速度，图 2-7 所示为内存条。内存主要由内存芯片、电路板和金手指等部分组成。

图 2-7　内存条

从工作原理上说，内存一般采用半导体存储单元，包括随机存取存储器（RAM），只读存储器（ROM）和高速缓冲存储器（Cache）。平常所说的内存通常是指随机存取存储器，它既可以被读取数据，也可以写入数据，当计算机电源关闭时，存于其中的数据会丢失；只读存储器的信息只能读出，一般不能写入，即使停电导致计算机电源关闭，这些数据也不会丢失，如 BIOS ROM；高速缓冲存储器是指介于 CPU 与内存的高速存储器，通常由静态随机存取存储器（SRAM）构成。

内存按工作性能分类，主要有 DDR SDRAM、DDR2 SDRAM、DDR3 SDRAM、DDR4 SDRAM 和 DDR5 SDRAM 等，目前市场上的主流内存为 DDR4 及 DDR5，DDR4 的最低工作频率标准为 1600MHz，最高为 3200 MHz；DDR5 的最低工作频率标准为 4800MHz，最高可达 6400MHz。一般而言，内存容量越大，越有利于系统的运行。

5. 外存

外存储器简称“外存”，是指除计算机内存及 CPU 缓存以外的存储器，此类存储器一般断电后仍然能保存数据，常见的外存储器有硬盘、光盘和可移动存储设备（如 U 盘等）。

- 硬盘。硬盘（见图 2-8）是计算机中最大的存储设备，通常用于存放永久性的数据和程序。硬盘的内部结构比较复杂，主要由主轴电机、盘片、磁头和传动臂等部件组成，在硬盘中通常将磁性物质附着在盘片上，并将盘片安装在主轴电机上，当硬盘开始工作时，主轴电机带动盘片一起转动，在盘片表面的磁头将在电路和传动臂的控制下移动，并将指定位置的数据读取出来，或将数据存储到指定位置。硬盘容量是选购硬盘的主要性能指标之一，包括总容量、单盘容量和盘片数 3 个参数，其中，总容量是表示硬盘能够存储多少数据的一项重要指标，通常以 GB 为单位，目前主流的硬盘容量从 40 GB 到 4 TB 不等。此外，硬盘接口的类型，主要有 ATA 和 SATA 两种。
- 光盘。光盘驱动器简称光驱（见图 2-9），光驱用来存储数据的介质称为光盘，光盘以光信息作为存储的载体并用来存储数据，其特点是容量大、成本低和保存时间长。光盘可分为不可擦写光盘（即只读型光盘，如 CD-ROM、DVD-ROM 等）、可擦写光盘（如 CD-RW、DVD-RAM 等）。目前，CD 光盘的容量约 700 MB，DVD 光盘的容量约 4.7 GB。
- 可移动存储设备。可移动存储设备包括移动 USB 盘（简称 U 盘）和移动硬盘等，这类设备即插即用，容量也能满足人们的需求，是计算机必不可少的附属配件。图 2-10 所示为 U 盘。

图 2-8　硬盘

图 2-9　光驱

图 2-10　U 盘

6. 输入设备

输入设备是向计算机输入数据和信息的设备，是用户和计算机系统之间进行信息交换的主要装置，用于将数据、文本和图形等转换为计算机能够识别的二进制代码并将其输入计算机。键盘、鼠标、摄像头、扫描仪、光笔、手写输入板、游戏杆和语音输入装置等都属于输入设备。下面介绍常用的 3 种输入设备。

- 鼠标。鼠标是计算机的主要输入设备之一，因为其外形与老鼠类似，所以被称为“鼠标”。根据鼠标按键可以将鼠标分为三键鼠标和两键鼠标，根据鼠标的工作原理可以将其分为机械鼠标和光电鼠标。另外，还有无线鼠标和轨迹球鼠标。
- 键盘。键盘也是计算机的主要输入设备，是用户和计算机进行交流的工具，用户可以利用键盘直接向计算机输入各种字符和命令，简化计算机的操作。不同生产厂商所生产出的键盘型号各不相同，目前常用的键盘有 107 个键。
- 扫描仪。扫描仪是利用光电技术和数字处理技术，以扫描方式将图形或图像信息转换为数字信号的设备，其主要功能是扫描输入文字和图像。

7. 输出设备

输出设备是计算机硬件系统的终端设备，用于将各种计算结果数据或信息转换成用户能够识别的字符、图像和声音等形式。常见的输出设备有显示器、打印机、绘图仪、影像输出系统、语音输出系统和磁记录设备等。下面介绍常用的 4 种输出设备。

- 显示器。显示器是计算机的主要输出设备，其作用是将显卡输出的信号（模拟信号或数字信号）以肉眼可见的形式表现出来。目前主要有两种显示器，一种是液晶显示器（LCD），另一种是使用阴极射线管的显示器（CRT 显示器），如图 2-11 所示。LCD 是目前市场上的主流显示器，具有无辐射危害、屏幕不会闪烁、工作电压低、功耗小、重量轻和体积小等优点，但 LCD 的画面颜色逼真度不及 CRT 显示器。显示器的尺寸包括 17 英寸（1 英寸=2.54 厘米）、19 英寸、20 英寸、22 英寸、24 英寸和 26 英寸等。
- 音箱。音箱在音频设备中的作用类似于显示器，可直接连接到声卡的音频输出接口中，并将声卡传输的音频信号输出为人们可以听到的声音。

图 2-11　CRT 显示器和 LCD 显示器

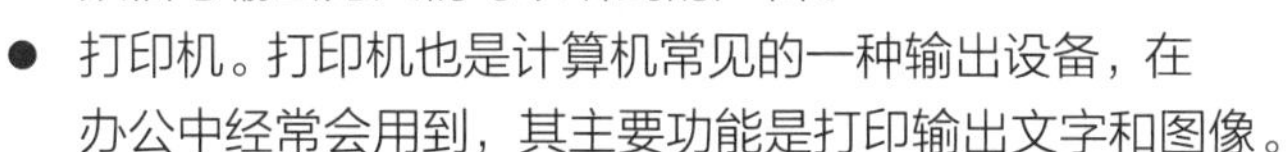

- 打印机。打印机也是计算机常见的一种输出设备，在办公中经常会用到，其主要功能是打印输出文字和图像。
- 耳机。耳机是一种音频设备，它接收媒体播放器或接收器所发出的信号，利用扬声器将其转化成人们可以听到的音波。

提 示　**显卡又称显示适配器或图形加速卡，其功能主要是将计算机中的数字信号转换成显示器能够识别的信号（模拟信号或数字信号），再将显示的数据进行处理和输出，可分担 CPU 的图形处理工作。声卡将声音进行数字信号处理并输出到音箱或其他声音输出设备，目前集成声卡（声卡以芯片的形式集成到主板中）是市场的主流声卡。**

任务二 认识计算机的软件系统

任务要求

肖磊为了学习需要，购买了一台计算机，负责给他组装计算机的工作人员告诉他，新买的计算机中除了已安装操作系统软件外，其他软件暂时都没有安装，可以在需要使用时再安装。

本任务要求了解计算机软件的定义，认识系统软件，并认识一些常用的应用软件。

任务实现

（一）了解计算机软件的定义

计算机软件（Computer Software）简称“软件”，是指计算机系统中的程序及其文档。程序是计算机的处理对象和处理规则的描述，是按照一定顺序执行的、能够完成某一任务的指令集合，而文档则是为了便于了解程序所需的说明性资料。

计算机之所以能够按照用户的要求运行，是因为计算机采用了程序设计语言（计算机语言），该语言是人与计算机之间沟通时需要使用的语言，用于编写计算机程序，计算机可通过计算机程序控制工作流程，从而完成特定的任务。可以说，程序设计语言是计算机软件的基础和组成部分。

计算机软件总体分为系统软件和应用软件两大类。

（二）认识系统软件

系统软件是指控制和协调计算机及外部设备，支持应用软件开发和运行的系统，其主要功能是调度、监控和维护计算机系统，同时负责管理计算机系统中各种独立的硬件，使它们可以协调工作。系统软件是应用软件运行的基础，所有应用软件都是在系统软件上运行的。

系统软件主要分为操作系统、语言处理程序、数据库管理系统和系统辅助处理程序等，具体介绍如下。

- 操作系统。操作系统（Operating System，OS）是计算机系统的指挥调度中心，它可以为各种程序提供运行环境。常见的操作系统有DOS、Windows、UNIX和Linux等。
- 语言处理程序。语言处理程序是为用户设计的编程服务软件，用来编译、解释和处理各种程序所使用的计算机语言，是人与计算机相互交流的一种工具，包括机器语言、汇编语言和高级语言3种。计算机只能直接识别和执行机器语言，因此要在计算机上运行高级语言程序就必须配备语言翻译程序，翻译程序本身是一组程序，不同的高级语言都有相应的翻译程序。
- 数据库管理系统。数据库管理系统（Database Management System，DBMS）是一种操作和管理数据库的大型软件，它是连接用户和操作系统的数据管理软件，也是用于建立、使用和维护数据库的管理软件，把不同性质的数据进行组织，以便能够有效地查询、检索和管理这些数据。常用的数据库管理系统有SQL Server、Oracle和Access等。
- 系统辅助处理程序。系统辅助处理程序也被称为软件研制开发工具或支撑软件，主要有编辑程序、调试程序、装备和连接程序等，这些程序的作用是维护计算机的正常运行，如Windows中自带的磁盘整理程序等。

微课2-3 认识应用软件

（三）认识应用软件

应用软件是指一些具有特定功能的软件，是为解决各种实际问题而编制的程序，包括各种程序设计语言，以及用各种程序设计语言编制的应用程序。计算机中的应用软件种类非常繁多，这些软件能够帮助用户完成特定的任务。例如，要编辑一篇文章可以使用 Word；要制作一份报表，用户可以使用 Excel。表 2-1 列举了一些主要应用领域的应用软件，用户可以结合工作或生活的需要进行选择。

表 2-1　主要应用领域的应用软件

软件种类	举例
办公	Microsoft Office、WPS Office
图形处理与设计	Photoshop、3ds Max 和 AutoCAD
程序设计	Java、Visual Studio、C/C++
图文浏览	ACDSee、Adobe Reader、超星图书阅览器、ReadBook
翻译与学习	金山词霸、金山快译、金山打字通
多媒体播放和处理	Windows Media Player、酷狗音乐、会声会影、Premiere
网页开发	Dreamweaver
磁盘分区	Fdisk、PartitionMagic
数据备份与恢复	Fdisk、Norton Ghost、FindData
网络通信	腾讯 QQ、Foxmail、微信
上传与下载	CuteFTP、FlashGet、迅雷
计算机病毒防护	金山毒霸、360 杀毒、木马克星

任务三　使用鼠标和键盘

任务要求

小燕获得了一份办公室行政的工作，工作中经常需要整理大量的文件资料，有中文的也有英文的，在录入过程中，小燕由于不太熟悉键盘和指法，不仅录入速度很慢，而且还经常录入错误，这严重影响了工作效率。小燕听办公室的同事说要想快速打字，必须用好鼠标和键盘，而且打字时不但要会打，还要实现“盲打”。

本任务要求掌握鼠标的基本操作，以及键盘的使用。

任务实现

（一）掌握鼠标的基本操作

操作系统进入图形化时代后，鼠标就成为计算机必不可少的输入设备。启动计算机后，首先使用的便是鼠标操作，因此鼠标操作是初学者必须掌握的基本技能。

1. 手握鼠标的方法

鼠标左边的按键称为鼠标左键，鼠标右边的按键称为鼠标右键，鼠标中间可以滚动的按键称为鼠标中键或鼠标滚轮。手握鼠标的正确方法是：食指和中指分别自然放置在鼠标的左键和右键上，拇指横向放于鼠标左侧，无名指和小指放在鼠标的右侧，拇指与无名指及小指轻轻握住鼠标，手掌心轻轻贴住鼠标后部，手腕自然垂放在桌面上，食指控制鼠标左键，中指控制鼠标右键和鼠标滚轮，如图 2-12 所示。当需要使用鼠标滚动页面时，用中指滚

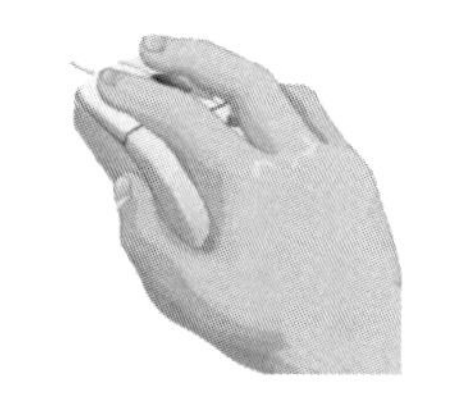

图 2-12　握鼠标的方法

动鼠标滚轮即可。

微课 2-4　鼠标的 5 种基本操作

2. 鼠标的 5 种基本操作

鼠标的基本操作包括移动定位、单击、拖动、右击和双击 5 种，具体操作如下。

- 移动定位。移动定位鼠标的方法是握住鼠标，在光滑的桌面或鼠标垫上随意移动，此时，在显示屏幕上的鼠标指针会同步移动，将鼠标指针移到桌面上的某一对象上停留片刻，这就是定位操作，对象被定位时通常会出现相应的提示信息。
- 单击。单击的方法是先移动鼠标，将鼠标指针指向某个对象，然后用食指按下鼠标左键后快速松开。单击操作常用于选择对象，被选择的对象会高亮显示。
- 拖动。拖动是指将鼠标指针指向某个对象后按住鼠标左键不放，然后通过移动鼠标把对象从所处屏幕中的一个位置拖动到另一个位置，最后释放鼠标左键，这个过程也被称为“拖曳”。拖曳操作常用于移动对象。
- 右击。右击就是单击鼠标右键，方法是用中指按一下鼠标右键，再松开鼠标右键。右击操作常用于打开与对象相关的快捷菜单。
- 双击。双击是指用食指快速、连续地按鼠标左键两次，双击操作常用于启动某个程序、执行任务和打开某个窗口或文件夹。

注意　**在连续两次按下鼠标左键的过程中，不能移动鼠标。另外，在移动鼠标时，鼠标指针可能不会一次就移动到指定位置，当手臂感觉伸展不方便时，可提起鼠标使其离开桌面，再把鼠标放到易于移动的位置上继续移动，这个过程中鼠标实际上经历了“移动、提起、放下、再移动”，鼠标指针的移动便是依靠这一系列动作完成的。**

（二）掌握键盘的使用

键盘是计算机中重要的输入设备，用户必须掌握各个按键的作用和指法，才能达到快速输入的目的。

1. 认识键盘的结构

以常用的 107 键键盘为例，键盘按照各键功能的不同可以分为功能键区、主键盘区、编辑键区、小键盘区和状态指示灯 5 个部分，如图 2-13 所示。

图 2-13　键盘的 5 个部分

- 主键盘区。主键盘区用于输入文字和符号，包括字母键、数字键、符号键、控制键和 Windows 功能键，共 5 排 61 个键。其中，字母键【A】~【Z】用于输入 26 个英文字母；数字键【0】~【9】用于输入相应的数字和符号。每个数字键由上下两种字符组成，又称为双字符键，单独按这些键，将输入下档字符，即数字；如果按住【Shift】键不放再按该键，将输入上档字符，即特殊符号；符号键除了 键位于主键盘区的左上角外，其余都位于主键盘区的右侧，与数字键一样，每个符号键也由上下两种不同的字符组成。各控制键和 Windows 功能键的作用如表 2-2 所示。

表 2-2 各控制键和 Windows 功能键的作用

按键	作用
【Tab】键	Tab 是英文“Tabulator”的缩写，也称制表定位键。每按一次该键，鼠标光标向右移动 8 个字符，常用于文字处理中的对齐操作
【Caps Lock】键	大写字母锁定键，系统默认状态下输入的英文字母为小写字母，按下该键后输入的英文字母为大写字母，再次按下该键可以取消大写字母锁定状态
【Shift】键	主键盘区左右各有一个，功能完全相同，主要用于输入上档字符，以及用于字母键的大写英文字母的输入。例如，按【Shift】键不放再按【A】键，可以输入大写字母“A”
【Ctrl】键和【Alt】键	分别在主键盘区左右下角各有一个，常与其他键组合使用，在不同的应用软件中，其作用也各不相同
【Space】（空格）键	【Space】键位于主键盘区的下方，其上面无刻记符号，每按一次该键，将在鼠标光标当前位置上产生一个空字符，同时鼠标光标向右移动一个位置
【BackSpace】键	退格键。每按一次该键，可使鼠标光标向左移动一个位置，若鼠标光标位置左边有字符，将删除该位置上的字符
【Enter】键	回车键。它有两个作用：一是确认并执行输入的命令；二是在输入文字时按此键，鼠标光标移至下一行行首
Windows 功能键	主键盘区左右各有一个 键，该键上刻有 Windows 窗口图案，称为“开始菜单”键，在 Windows 中，按下该键后将弹出“开始”菜单；主键盘右下角的 键称为“快捷菜单”键，在 Windows 中，按该键后会弹出相应的快捷菜单，其功能相当于右击

- 编辑键区。编辑键区主要用于编辑过程中的光标控制，各键的作用如图 2-14 所示。

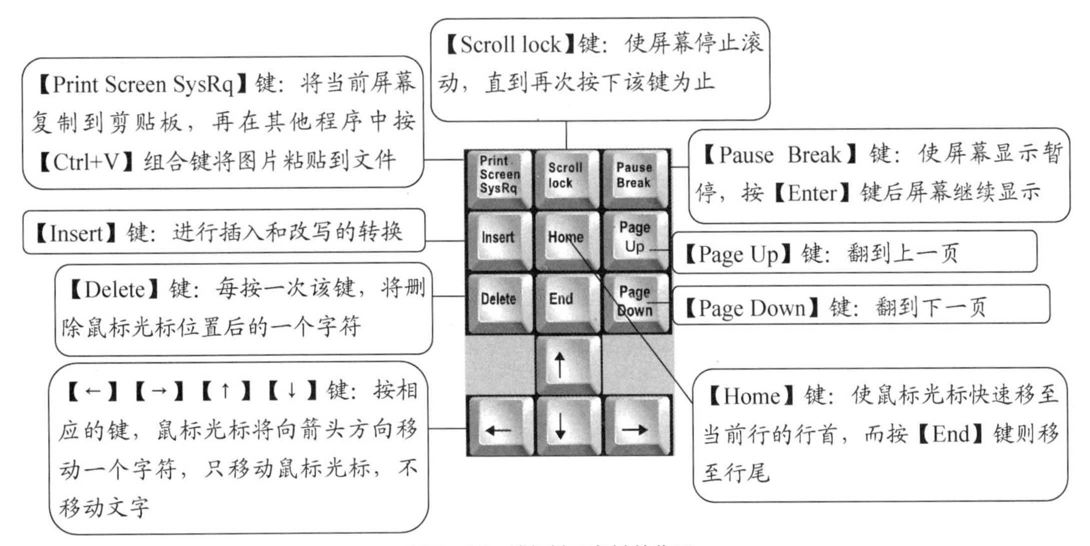

图 2-14 编辑键区各键的作用

- 小键盘区。小键盘区主要用于快速输入数字及进行鼠标光标移动控制，常适用于银行、企事业单位等。当要使用小键盘区输入数字时，应先按左上角的【Num Lock】键，此时状态指示灯区第 1 个指示灯亮，表示此时为数字状态，然后进行输入即可。

- 状态指示灯区。状态指示灯区主要用来提示小键盘区的工作状态、大小写状态及滚屏锁定键的状态。
- 功能键区。功能键区位于键盘的顶端，其中【Esc】键用于把已输入的命令或字符取消，在一些应用软件中常起到退出的作用；【F1】～【F12】键称为功能键，在不同的软件中，各个键的功能有所不同，一般在程序窗口中按【F1】键可以获取该程序的帮助信息；【Power】键、【Sleep】键和【Wake Up】键分别用来控制电源、转入睡眠状态和唤醒睡眠状态。

2. 键盘的操作与指法练习

首先，正确的打字姿势（见图2-15）可以提高打字速度、降低疲劳程度，这点对初学者非常重要。正确的打字姿势包括：身体坐正，双手自然放在键盘上，腰部挺直，上身微前倾；双脚的脚尖和脚跟自然地放在地面上，大腿自然平直；座椅的高度与计算机键盘、显示器的放置高度要适宜，一般以双手自然垂放在键盘上时肘关节略高于手腕为宜，显示器的高度可以参照操作者坐下后，屏幕中心低于眼睛注视水平线10°～20°的位置。

准备打字时，将左手的食指放在【F】键上，右手的食指放在【J】键上，这两个键下方各有一个突起的小横杠，用于左右手的定位，除拇指外的手指按顺序分别放置在相邻的8个基准键上，双手的拇指放在【Space】键上，8个基准键是指主键盘区的第2排字母键中的【A】【S】【D】【F】【J】【K】【L】【;】8个键，如图2-16所示。

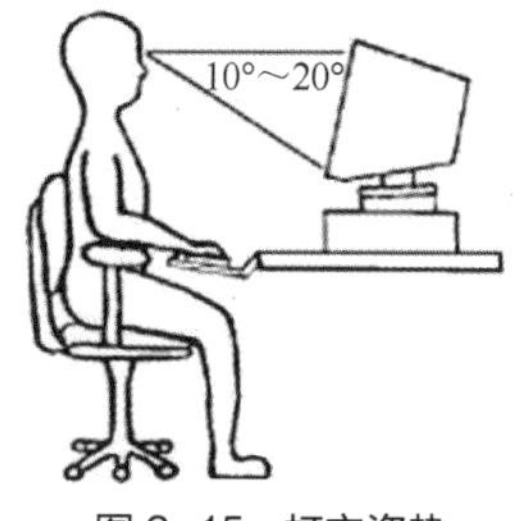

图2-15　打字姿势

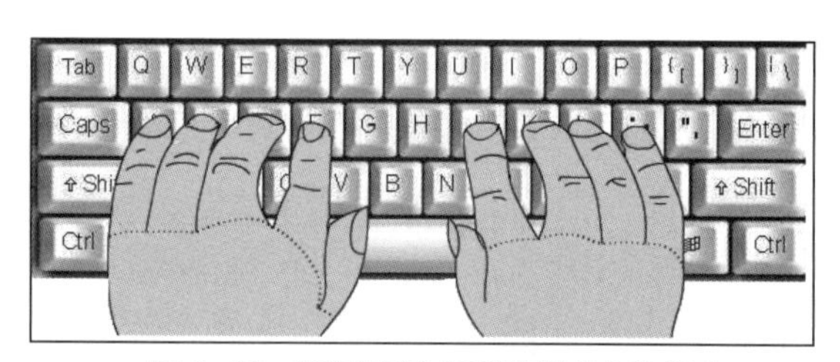

图2-16　准备打字时手指在键盘上的位置

打字时键盘的指法分区是：除拇指外，其余8个手指各有一定的活动范围，把字符键划分成8个区域，每个手指负责该区域字符的输入，如图2-17所示。按键的要点及注意事项包括以下6点。

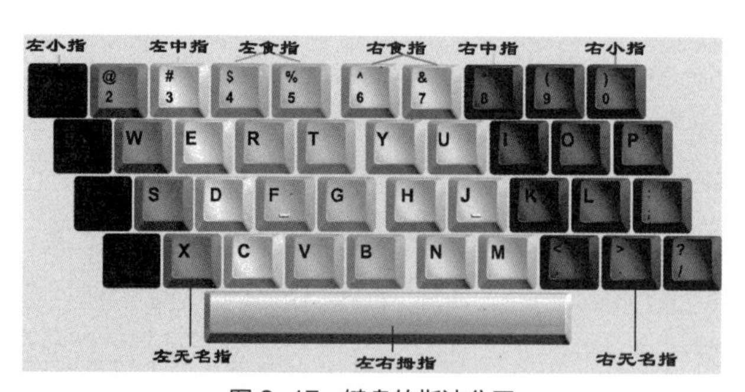

图2-17　键盘的指法分区

- 手腕要平直，胳膊应尽可能保持不动。
- 要严格按照手指的键位分工按键，不能随意按键。
- 按键时以手指指尖垂直向键位用力，并立即反弹，不可太用力。
- 左手按键时，右手手指应放在基准键上保持不动；右手按键时，左手手指也应放在基准键上保持不动。
- 按键后手指要迅速返回相应的基准键。
- 不要长时间按住一个键不放，同时按键时应尽量不看键盘，以养成盲打的习惯。

【例 2-1】将手指轻放在基准键上，固定手指位置。为了提高录入速度，一般要求不看键盘，集中视线于文稿，养成科学合理的盲打习惯。练习时可以一边打字一边默念，便于快速记忆各个键，下面我们练习输入各组字符。（注：下面的练习可以在计算机关闭状态下进行，也可以启动计算机，再打开计算机中自带的记事本程序进行输入练习，具体方法可参见项目三中的讲解内容）。

微课 2-5　键盘的指法练习

（1）基准键练习。将左食指放在【F】键上，右食指放在【J】键上，其余手指（除拇指外）分别放在相应的基准键上，然后以“原地踏步”的方式练习下面各组字母键。练习过程中注意每组练习间有两个空格，同时练习时要培养按键的感觉，如要输入字母 a，先将手指放置在 8 个基准键上，两手拇指放在【Space】键上，准备好后先用左小指敲一下键盘上的【A】键，此时【A】键被按下又迅速弹回，字母 a 已显示在屏幕上了。

ffff　jjjj　dddd　kkkk　ssss　llll　aaaa　;;;;　fdsa　asdf　dsaf　sdfa　;klj　kjl;　lkj;
;jkl　jdk;　fds;　jkda　kjld　ads;　jkld　dal;　jdfl　jdkl　sadf　jkl;　dskj　jkld　fdks

（2）左食指的指法练习。左食指主要控制【R】【T】【F】【G】【V】【B】键，每按完一次都回到【F】键上。练习下面各组字母键。

fgfg　ftft　gtgt　rtrt　vbvb　bgbg　vfvf　rftg　vfbg　ftrg　fvbg　tfgb　frtg　vfbg
vgbf　frtf　vgft　bgtr　vfrt　vftb　gfrb　vgtb　vfrg　rtfb　rtbv　rtff　fvgg　vvfr

（3）右食指的指法练习。右食指主要控制【Y】【U】【H】【J】【N】【M】键，练习下面各组字母键。

jhjh　juju　hyhy　jmjm　hnhn　jnjn　juju　jyjy　jhjh　huhu　hmhm　yunm
hujy　juyh　jmnh　jnmh　jhmn　juhy　jhum　jnhy　humn　yjnm　jhyn　hjmn

（4）左、右中指的指法练习。左中指主要控制【E】【D】【C】键，右中指控制【I】【K】【,】键，练习下面各组键。

cde　dce　cde　cee　dcc　cdee　ikk　ik,　ik,　,ki　ki,　ik,　dec　ki,　cde　dde
dik　de,　cik　dike　ki,d　dike　cike　kedc　icd　kie　c,e　ikde　cike　cid,　ik,d

（5）左、右无名指的指法练习。左无名指主要控制【W】【S】【X】键，右无名指控制【O】【L】【.】键，练习下面各组键。

wsx　swx　xsw　wxs　xws　sxw　ol.　.lo　l.o　.ol　ool
wsxo　l.sw　ol.s　xol.　wso　olw　wos.　xolw　xo.wl　olwx　xows　ols.

（6）左、右小指的指法练习。左小指主要控制【Q】【A】【Z】键，右小指控制【P】【;】【/】键，练习下面各组键。

qaz　zaq　aqz　zqa　p;/　/;p　;p/　pp;
ap;q　z/p;　p;q/　zp;q　/;pq　zp;a　/p;q　zp;a　p;az　;qpz　p;az　qap;

（7）数字键的指法练习。数字的输入方法与字母相似，只是输入时移动距离比字母长，且比字母的输入难度大。输入数字时左手控制【1】【2】【3】【4】【5】键，右手控制【6】【7】【8】【9】【0】键。例如，若要输入 1234，应先将双手放置在基准键上，然后将左手抬离键盘而右手不动，再用左小指迅速按【1】键后迅速回到基准键上，用同样的方法输入 234 即可。数字的输入较困难，应认真练习，始终要坚持手指按键完毕后就返回基准键上。练习下面各组键。

1234　5432　6789　0987　7890　4321　5432　6890　1398　1239　0982　1398
0983　2302　4328　9882　2891　2564　6843　8921　7815　6358　6583　6839

（8）指法综合练习。如果是大小写字母混合输入的情况，当大写字母在右手控制区时，左小指按住【Shift】键不放，右手按字母键，然后同时松开并返回基准。同样，如果输入的大写字母在左手控制区，则用右小指按住【Shift】键，左手按字母键，然后回到基准键。根据上述方法进行下面的大小写字母混合输入练习。

A cover for British Vogue, shot by Peter Lindbergh, quickly followed and a new supermodel was born.

课后练习

查看答案与解析

（1）计算机的硬件系统主要包括运算器、控制器、存储器、输出设备和（　　）。
A. 键盘　　B. 鼠标
C. 输入设备　　D. 显示器

（2）在计算机指令中，指参与运算的数据及其所在的单元地址的是（　　）。
A. 地址码　　B. 源操作数
C. 操作数　　D. 操作码

（3）计算机的系统总线是计算机各部件间传递信息的公共通道，它分为（　　）。
A. 数据总线和控制总线
B. 数据总线、控制总线和地址总线
C. 地址总线和数据总线
D. 地址总线和控制总线

（4）下列叙述中，错误的是（　　）。
A. 内存储器一般由 ROM、RAM 和 Cache 组成
B. 一旦断电，RAM 中存储的数据就会全部丢失
C. CPU 可以直接存取硬盘中的数据
D. 断电后存储在 ROM 中的数据也不会丢失

（5）能直接与 CPU 交换信息的存储器是（　　）。
A. 硬盘存储器　　B. 光盘驱动器　　C. 内存储器　　D. 软盘存储器

（6）英文缩写 ROM 的中文译名是（　　）。
A. 高速缓冲存储器　　B. 只读存储器
C. 随机存取存储器　　D. 光盘

（7）下列设备组中，全部属于外部设备的一组是（　　）。
A. 打印机、移动硬盘、鼠标　　B. CPU、键盘、显示器
C. SRAM 内存条、光盘驱动器、扫描仪　　D. U 盘、内存储器、硬盘

（8）下列软件中，属于应用软件的是（　　）。
A. Windows 10　　B. Excel 2016　　C. UNIX　　D. Linux

（9）下列关于软件的叙述中，错误的是（　　）。
A. 计算机软件系统由程序和相应的文档资料组成
B. Windows 是系统软件
C. PowerPoint 2016 是应用软件
D. 使用高级程序设计语言编写的程序，要转换成计算机中的可执行程序，必须经过编译

（10）键盘上的【Caps Lock】键称为（　　）。
A. 上档键　　B. 回车键
C. 大小写字母锁定键　　D. 退格键

项目三 认识Windows 10

Windows 10是由Microsoft（微软）公司开发的一款跨平台操作系统，应用于计算机和平板电脑等设备，也是当前主流的微机操作系统之一。Windows 10相比较早前的操作系统，在易用性和安全性方面有了极大的提升，除了针对云服务、智能移动设备、自然人机交互等新技术进行了融合，还对固态硬盘、生物识别、高分辨率屏幕等硬件进行了完善与优化。本项目将通过4个典型任务，介绍Windows 10的基本操作，包括启动与退出、窗口与菜单操作、对话框操作、工作环境定制和使用汉字输入法等内容。

课堂学习目标

- 了解Windows 10
- 操作窗口、对话框与“开始”菜单
- 定制Windows 10工作环境
- 设置汉字输入法

任务一 了解 Windows 10

任务要求

小赵是一名大学毕业生，获得了一份办公室行政工作，上班第一天发现公司计算机的所有操作系统都是 Windows 10，在界面外观上与学校使用的 Windows 7 有较大差异。为了日后高效工作，小赵决定先熟悉一下 Windows 10。

本任务要求了解操作系统的概念、功能与种类，了解 Windows 的发展史，掌握启动与退出 Windows 10 的方法，并熟悉 Windows 10 的桌面组成。

任务实现

（一）了解操作系统的概念、功能与种类

在认识 Windows 10 前，先了解操作系统的概念、功能与种类。

1．操作系统的概念

操作系统（Operating System，OS）是一种系统软件，用于管理计算机系统的硬件资源与软件资源，控制程序的运行，改善人机操作界面，为其他应用软件提供支持等，从而使计算机系统所有资源被最大限度地应用，并为用户提供方便、有效和友善的服务界面。操作系统是一个庞大的管理控制程序，它直接运行在计算机硬件上，是最基本的系统软件，也是计算机系

统软件的核心，同时还是靠近计算机硬件的第一层软件，其地位如图 3-1 所示。

用户

应用软件（如飞机订票软件等）

操作系统（如Windows 10等）

计算机硬件（裸机）

图 3-1　操作系统的地位

2. 操作系统的功能

通过前面介绍的操作系统的概念可以看出，操作系统的功能是控制和管理计算机的硬件资源和软件资源，从而提高计算机的利用率，方便用户使用。具体来说，它包括以下 6 个方面的管理功能。

- 进程与处理机管理。通过操作系统进程与处理机管理模块来确定对处理机的分配策略，实施对进程或线程的调度和管理，包括调度（作业调度、进程调度）、进程控制、进程同步和进程通信等内容。
- 存储管理。存储管理的实质是对存储空间的管理，主要指对内存的管理。操作系统的存储管理负责将内存单元分配给需要内存的程序以便让程序执行，在程序执行结束后再将程序占用的内存单元收回以便再使用。此外，存储管理还要保证各用户进程之间互不影响，保证用户进程不破坏系统进程，并提供内存保护。
- 设备管理。设备管理指对硬件设备的管理，包括对各种输入/输出设备的分配、启动、完成和回收。
- 文件管理。文件管理又称信息管理，指利用操作系统的文件管理子系统，为用户提供方便、快捷、可以共享、受保护的文件使用环境，包括文件存储空间管理、文件操作、目录管理、读写管理和存取控制等。
- 网络管理。随着计算机网络功能的不断加强，网络应用不断深入人们生活的各个方面，因此操作系统必须具备进行数据传输和网络安全防护的功能。
- 用户界面管理。操作系统是计算机与用户之间的接口，因此，操作系统必须为用户提供一个良好的用户界面。

3. 操作系统的种类

操作系统可以从以下 3 个角度分类。

- 从用户角度分类，操作系统可分为 3 种：单用户、单任务（如 DOS）；单用户、多任务（如 Windows 9x）；多用户、多任务（如 Windows 7、Windows 10）。
- 从硬件的规模角度分类，操作系统可分为微型机操作系统、中小型机操作系统和大型机操作系统 3 种。
- 从系统操作方式的角度分类，操作系统可分为批处理操作系统、分时操作系统、实时操作系统、PC 操作系统、网络操作系统和分布式操作系统 6 种。

目前微机上常见的操作系统有 DOS、OS/2、UNIX、Linux、Windows 和 Netware 等，虽然操作系统的形态非常多样，但所有的操作系统都具有并发性、共享性、虚拟性和不确定性 4 个基本特征。

提 示

多用户就是在一台计算机上可以建立多个用户，单用户就是在一台计算机上只能建立一个用户。如果用户在同一时间可以运行多个应用程序（每个应用程序被称作一个任务），则这样的操作系统被称为多任务操作系统；如果用户在同一时间只能运行一个应用程序，则这样的操作系统被称为单任务操作系统。

（二）了解 Windows 的发展史

微软自 1985 年推出 Windows 以来，其版本从运行在 DOS 下的 Windows 3.0，发展到 Windows XP、Windows 7、Windows 8 和 Windows 10。Windows 的发展主要经历了以下 10 个阶段。

- Windows 是由微软在 1983 年 11 月宣布研发，并在 1985 年 11 月发行的，它的发行标志着计算机开始进入图形用户界面时代。1987 年 11 月正式在市场上推出 Windows 2.0，增强了键盘和鼠标界面。

- 1990 年 5 月发布了 Windows 3.0，它是第一个在家用和办公室市场上取得立足点的版本。
- 1992 年 4 月发布了 Windows 3.1，它只能在保护模式下运行，并且要求在至少配置了 1 MB 内存的 286 或 386 处理器的 PC 上运行。1993 年 7 月发布的 Windows NT 是第一个支持 Intel 386、486 和 Pentium CPU 的 32 位保护模式的版本。
- 1995 年 8 月发布了 Windows 95，它具有需要较少硬件资源的优点，是一个完整的、集成化的 32 位操作系统。
- 1998 年 6 月发布了 Windows 98，它具有许多加强功能，包括执行效能提高、更好的硬件支持及扩大了网络功能。
- 2000 年 2 月发布的 Windows 2000 是由 Windows NT 发展而来的，同时从该版本开始，正式抛弃了 Windows 9x 的内核。
- 2001 年 10 月发布了 Windows XP，它在 Windows 2000 的基础上增强了安全特性，同时提高了验证盗版的技术水平，Windows XP 是易用的操作系统之一。此后，于 2006 年发布了 Windows Vista，它具有华丽的界面和炫目的特效。
- 2009 年 10 月发布了 Windows 7，该版本吸收了 Windows XP 的优点，已成为当前市场上的主流操作系统之一。
- 2012 年 10 月发布了 Windows 8，该版本采用全新的用户界面，被应用于个人计算机和平板电脑上，且启动速度更快、占用内存更少，并兼容 Windows 7 所支持的软件和硬件。
- Windows 10 是微软于 2015 年发布的版本，自 2014 年 10 月 1 日开始公测。Windows 10 有七种不同版本，分别是家庭版、企业版、教育版、移动版、移动企业版及针对物联网设备和嵌入式系统设计的版本。

（三）掌握启动与退出 Windows 10 的方法

在计算机上安装 Windows 10 后，启动计算机便可进入 Windows 10 的操作界面。

1. 启动 Windows 10

开启计算机主机箱和显示器的电源开关，Windows 10 将载入内存，接着开始对计算机的主板和内存等进行检测，系统启动完成后将进入 Windows 10 欢迎界面；若只有一个用户且没有设置用户密码，则直接进入系统桌面。如果系统存在多个用户且设置了用户密码，则需要选择用户并输入正确的密码后才能进入系统桌面。

2. 认识 Windows 10 桌面

启动 Windows 10 后，在屏幕上即可看到 Windows 10 桌面。在默认情况下，Windows 10 桌面由桌面图标、鼠标指针、任务栏和语言栏 4 个部分组成，如图 3-2 所示。下面分别对这 4 部分进行讲解。

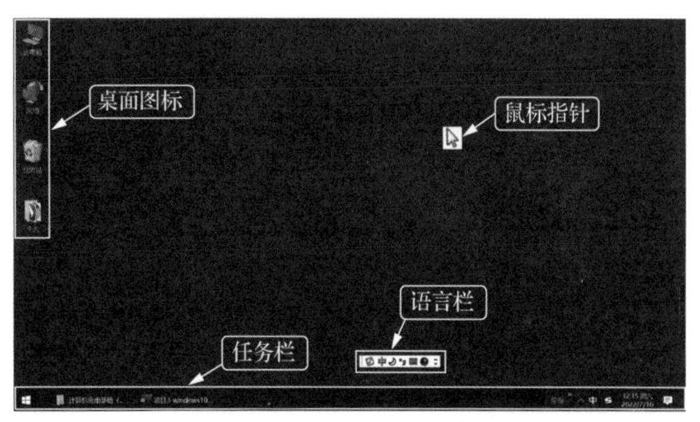

图 3-2　Windows 10 桌面

- 桌面图标。桌面图标一般是程序或文件的快捷方式，程序或文件的快捷方式左下角有一个小箭头。安装新软件后，桌面上一般会增加相应的快捷方式“腾讯 QQ”的快捷方式。除此之外，桌面图标一般还包括“此电脑”图标、“网络”图标、“回收站”图标等系统图标。双击桌面上的某个图标可以打开该图标对应的窗口。

- 鼠标指针。在 Windows 10 中，鼠标指针在不同的状态下有不同的形状，这样可直观地告诉用户当前可进行的操作或系统状态。鼠标指针形态及其表示的状态如表 3-1 所示。

表 3-1　鼠标指针形态及其表示的状态

鼠标指针	表示的状态	鼠标指针	表示的状态	鼠标指针	表示的状态
	正常选择		调整对象垂直大小		精确调整对象
	帮助选择		调整对象水平大小		文本输入状态
	后台处理		等比例调整对象 1		禁用状态
	忙碌状态		等比例调整对象 2		手写状态
	移动对象		候选		超链接选择

- 任务栏。任务栏在默认情况下位于桌面的最下方，由“开始”按钮、任务区、显示桌面和通知区域 4 个部分组成，如图 3-3 所示。

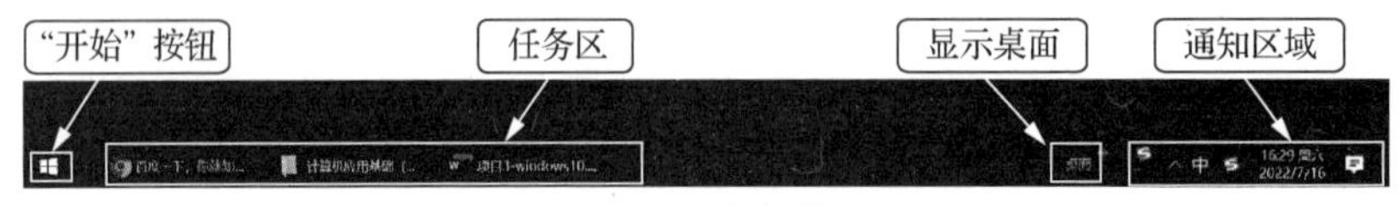

图 3-3　任务栏

- 语言栏。在 Windows 10 中，语言栏一般浮在桌面上，用于选择系统所用的语言和输入法。单击语言栏右上角的“最小化”按钮，可将语言栏最小化。对于最小化后的语言栏，可以通过单击“显示语言栏”按钮将其还原为原始状态。

3. 退出 Windows 10

计算机操作结束后需要退出 Windows 10。

【例 3-1】下面介绍正确退出 Windows 10 并关闭计算机的方法。

（1）保存文件或数据，然后关闭所有打开的应用程序。

（2）单击“开始”按钮，在打开的“开始”菜单中单击“电源”按钮，在打开的列表中选择“关机”，如图 3-4 所示。

（3）关闭显示器的电源。

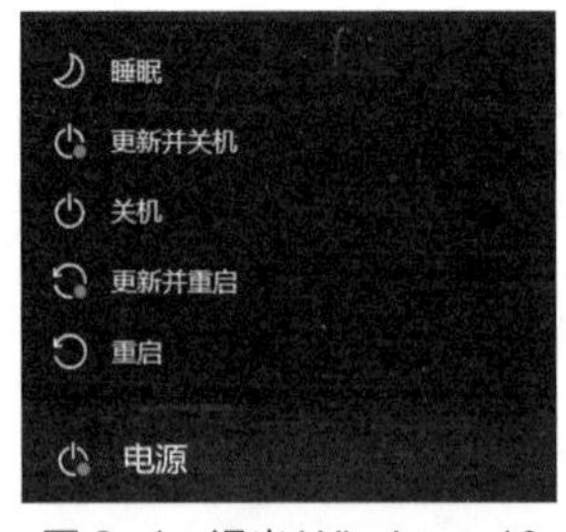

图 3-4　退出 Windows 10

提 示　**如果计算机出现死机或故障等问题，可以尝试重新启动计算机，方法是：单击“电源”按钮，在打开的列表中选择“重启”。注意，如果计算机鼠标无法操作时，可尝试利用机箱上的重启按钮进行重启操作。**

任务二　操作窗口、对话框与“开始”菜单

任务要求

小赵现在使用的计算机，之前是别人使用的。小赵想知道这台计算机中都有哪些文件和软件，于是就打开“此电脑”窗口，开始一一查看各磁盘中有什么文件，以便日后进行分类管理。后来，小赵双击了桌面上的几个图标，运行了桌面软件，还通过“开始”菜单启动了几个软件，这时小赵准备切换到之前浏览的窗口继续查看文件，发现之前打开的窗口怎么都找不到，此时该怎么办呢？

本任务要求认识 Windows 10 窗口、对话框和“开始”菜单，掌握窗口的基本操作、熟悉对话框各组成部分的操作，同时掌握利用“开始”菜单启动程序的方法。

相关知识

（一）Windows 10 窗口

在 Windows 10 中，几乎所有的操作都要在窗口中完成，在窗口中的相关操作一般是通过鼠标和键盘来进行的。例如，双击桌面上的“此电脑”图标，将打开“此电脑”窗口，如图 3-5 所示，这是一个典型的 Windows 10 窗口，各个组成部分的作用介绍如下。

- 标题栏。标题栏位于窗口顶部，右侧有控制窗口大小和关闭窗口的按钮。
- 菜单栏。菜单栏主要用于存放各种操作命令，要执行菜单栏上的操作命令，只需单击对应的菜单名称，然后在弹出的菜单中选择某个命令。在 Windows 10 中，常用的菜单类型主要有菜单、子菜单和快捷菜单（右击弹出的菜单），快捷菜单如图 3-6 所示。

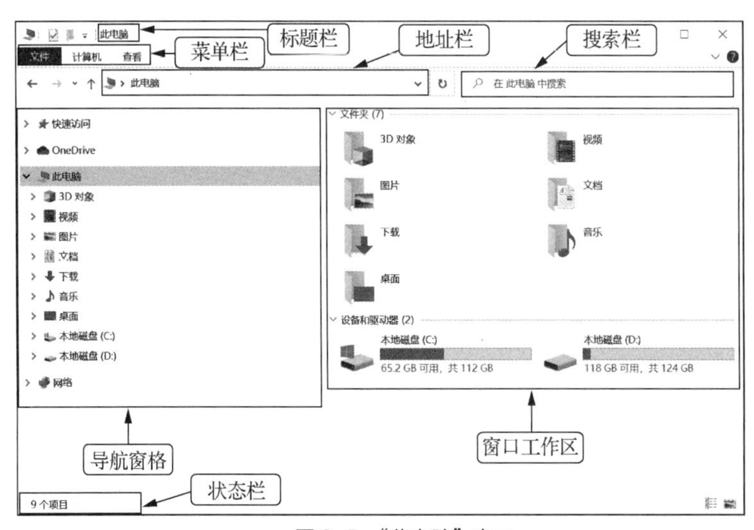

图 3-5　“此电脑”窗口

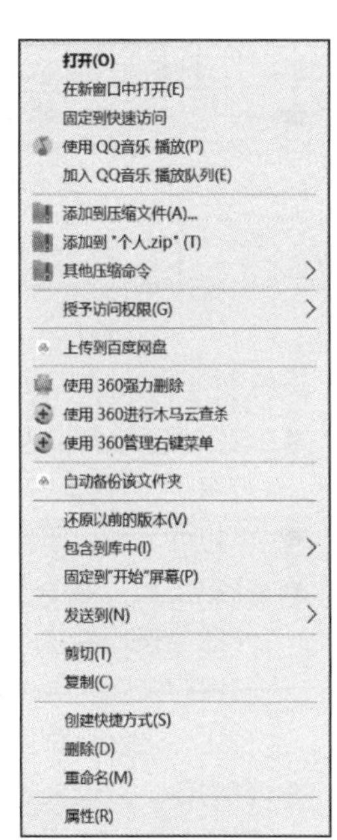

图 3-6　快捷菜单

- 地址栏。地址栏显示当前窗口文件在系统中的位置。其左侧包括“返回”按钮和“前进”按钮，用于打开最近浏览过的窗口。

- 搜索栏。搜索栏用于快速搜索计算机中的文件。
- 导航窗格。单击导航窗格中的对象，可快速切换或打开相应窗口。
- 窗口工作区。窗口工作区用于显示当前窗口中存放的文件和文件夹内容。
- 状态栏。状态栏用于显示计算机的配置信息或当前窗口中选择对象的信息。

提 示 **在菜单中有一些常见的符号标记。其中，字母标记表示该命令的快捷键。✓标记表示已将该命令选中并应用，同时其他相关的命令也将同时存在，可以同时应用。●标记表示已将该命令选中并应用，同时其他相关的命令将不再起作用。…标记表示执行该命令后，将打开一个对话框，可以进行相关的参数设置。**

（二）Windows 10 对话框

对话框实际上是一种特殊的窗口，Windows 执行某些命令后将打开一个用于对该命令或操作对象进行下一步设置的窗口，用户可通过选择选项或输入数据来进行设置。选择不同的命令，所打开的对话框也各不相同，但其中包含的参数类型是类似的。图 3-7 所示为 Windows 10 对话框中各组成元素的名称。

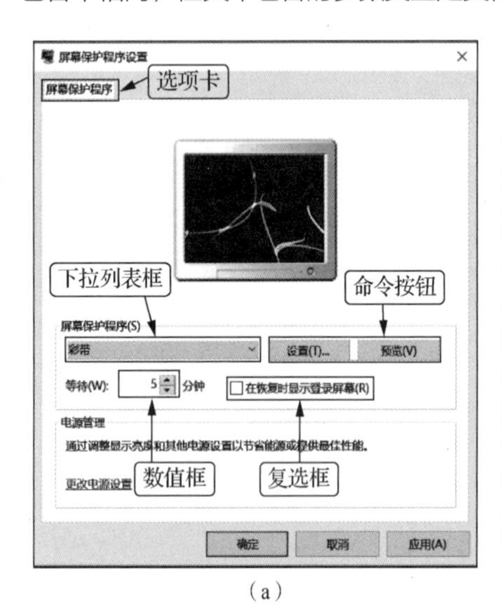

（a）

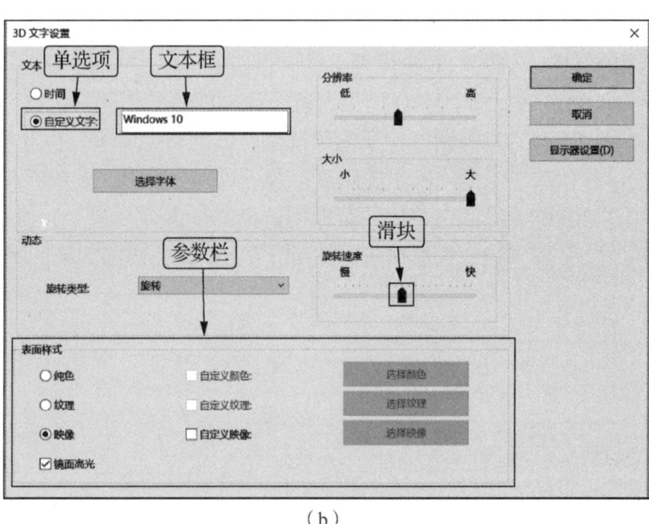

（b）

图 3-7　Windows 10 对话框中各组成元素的名称

- 选项卡。当对话框中有很多内容时，Windows 10 将对话框按类别分成几个选项卡，每个选项卡都有一个名称，并依次排列在一起，单击其中一个选项卡，将会显示相应的内容。
- 下拉列表框。单击下拉列表框右侧的按钮⌄，将打开下拉列表，从中可以选择所需的选项。
- 命令按钮。命令按钮用来执行某一操作，如[设置(T)...]、[预览(V)]和[应用(A)]等都是命令按钮。单击某一命令按钮将执行与其名称相应的操作，一般单击对话框中的[确定]按钮，表示关闭对话框，并保存全部的更改内容；单击[取消]按钮，表示关闭对话框，但不保存任何更改内容；单击[应用(A)]按钮，表示保存所有更改内容，但不关闭对话框。
- 数值框。数值框是用来输入具体数值的。图 3-7 左侧所示的“等待”数值框用于输入屏幕保护激活的时间。用户可以直接在数值框中输入具体数值，也可以通过单击数值框右侧的“调整”按钮⬍调整数值。单击▲按钮可按固定步长增加数值，单击▼按钮可按固定步长减小数值。
- 复选框。复选框是一个小的方框，用来表示是否选择该选项，可同时选择多个选项。当复选框没有被选中时外观为☐，被选中时外观为☑。若要单击选中或撤销选中某个复选框，只需单击该复选框前的方框。

- 单选项。单选项是一个小圆圈，用来表示是否选择该选项，只能选择选项组中的一个选项。当单选项没有被选中时外观为 ，被选中时外观为 。若要单击选中或撤销选中某个单选项，只需单击该单选项前的圆圈。
- 文本框。文本框在对话框中为一个空白方框，主要用于输入文字。
- 滑块。有些选项是通过左右或上下拉动滑块来设置相应数值的。
- 参数栏。参数栏主要用于将当前选项卡中用于设置某一效果的参数放在一个区域，以方便使用。

（三）“开始”菜单

单击桌面任务栏左下角的“开始”按钮，即可打开“开始”菜单，计算机中几乎所有的应用都可在“开始”菜单中启动。“开始”菜单是操作计算机的重要门户，即使桌面上没有显示的文件或程序，在“开始”菜单中也能轻松找到。“开始”菜单主要组成部分如图 3-8 所示。

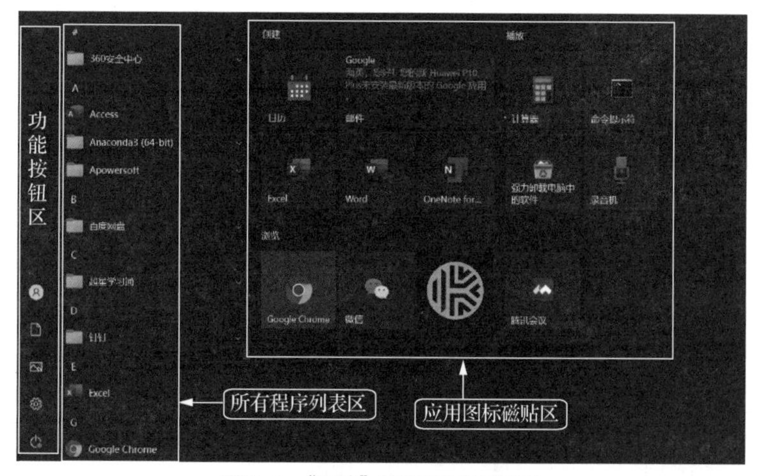

图 3-8 “开始”菜单主要组成部分

Windows 10“开始”菜单分为左、中、右三个部分：左边为功能按钮区，中间为所有程序列表区，右边为应用图标磁贴区。在所有程序列表区和应用图标磁贴区都有一个滚动条，在默认情况下是不显示的，只有将鼠标指针移动到滚动条区域时才会显示。

任务实现

（一）管理窗口

下面将举例讲解打开窗口及窗口中的对象、最大化或最小化窗口、移动和调整窗口、排列窗口、切换窗口和关闭窗口。

1. 打开窗口及窗口中的对象

在 Windows 10 中，每当用户启动一个程序、打开一个文件或文件夹时都将打开一个窗口，而一个窗口中包括多个对象；打开某个对象后又可能打开相应的窗口，该窗口中可能又包括其他不同的对象。

微课 3-1 打开窗口及窗口中的对象

【例 3-2】打开“此电脑”窗口中“本地磁盘(C：)”下的 Windows 目录。

（1）双击桌面上的“此电脑”图标，或在“此电脑”图标上右击，在弹出的快捷菜单中选择“打开”命令，将打开“此电脑”窗口。

（2）双击“此电脑”窗口中的“本地磁盘(C：)”图标，或选择“本地磁盘(C：)”图标后按【Enter】键，打开“本地磁盘(C：)”窗口，如图3-9（a）所示。

（3）双击“本地磁盘(C：)”窗口中的“Windows”文件夹，即可进入Windows目录查看，如图3-9（b）所示。

（4）单击地址栏左侧的“返回”按钮，将返回上一级“本地磁盘(C：)”窗口。

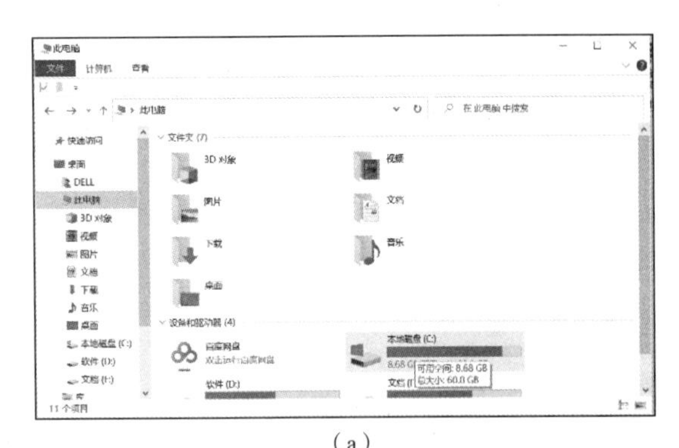

（a）

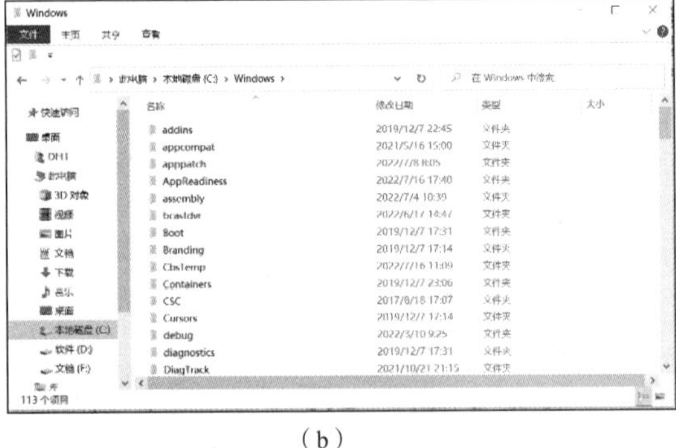

（b）

图3-9　打开窗口及窗口中的对象

2. 最大化或最小化窗口

最大化窗口即将当前窗口放大到整个屏幕显示，这样可以显示更多的窗口内容。最小化窗口即将当前窗口以图标形式缩放到任务栏的任务区。

【例3-3】打开“此电脑”窗口中“本地磁盘(C：)”下的Windows目录，然后将窗口最大化，再最小化显示，最后还原窗口。

微课3-2　最大化或最小化窗口

（1）打开“此电脑”窗口，再依次双击打开“本地磁盘(C：)”下的Windows目录。

（2）单击窗口标题栏右侧的“最大化”按钮 □，此时窗口将铺满整个显示屏幕，同时“最大化”按钮 □ 将变成“还原”按钮 ⧉；单击“还原”按钮 ⧉ 即可将最大化窗口还原成原始大小。

（3）单击窗口右上角的“最小化”按钮 —，此时该窗口将隐藏显示，并在任务栏的任务区中显示 Windows 图标；单击该图标，窗口将还原到屏幕显示状态。

> **提示**　双击窗口的标题栏也可最大化窗口，再次双击可将窗口从最大化状态恢复到原始大小。

3. 移动和调整窗口

打开窗口后，有些窗口会遮盖屏幕上的其他窗口内容，为了查看被遮盖的内容，需要适当移动窗口的位置或调整窗口大小。

【例3-4】将桌面上的当前窗口移至桌面的左侧，呈半屏显示，再调整窗口的大小。

微课3-3　移动和调整窗口

（1）打开“此电脑”窗口，再打开“本地磁盘(C：)”下的Windows目录。

（2）在窗口标题栏上按住鼠标不放，拖曳窗口，当拖曳到目标位置后释放鼠标即可移动窗口位置。将窗口向屏幕上方拖曳到顶部时，窗口会最大化显示；向屏幕最左侧拖曳时，窗口会半屏显示在桌面左侧；向屏幕最右侧拖曳时，窗口会半屏显示在桌面右侧。图 3-10 所示为将窗口拖至桌面左侧变成半屏显示的效果。

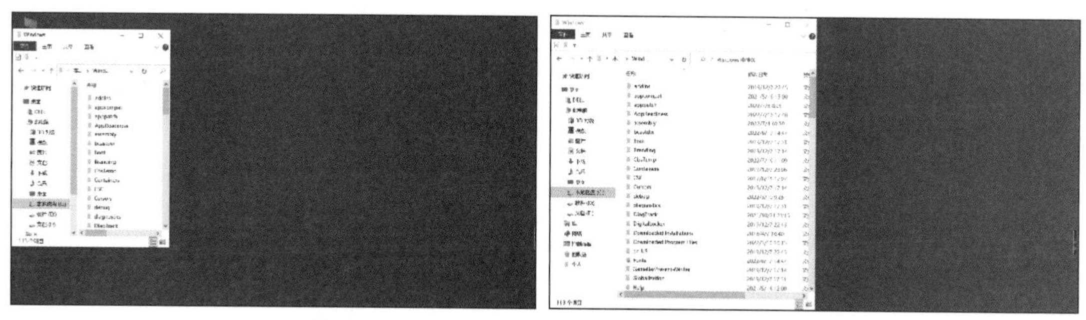

图 3-10 将窗口拖至桌面左侧变成半屏显示的效果

（3）将鼠标指针移至窗口的外边框上，当鼠标指针变为⇔或⇕形状时，按住鼠标不放拖曳窗口变为需要的大小时释放鼠标即可调整窗口大小。

（4）将鼠标指针移至窗口的 4 个角上，当其变为⤢或⤡形状时，按住鼠标不放拖曳窗口到需要的大小时释放鼠标，可使窗口的长宽按比例缩放。

注意  **窗口最大化后不能进行窗口的位置移动和大小调整操作。**

4. 排列窗口

在使用计算机的过程中常常需要打开多个窗口，如既要用 Word 编辑文档，又要打开浏览器查询资料等。当打开多个窗口后，为了使桌面更加整洁，可以对打开的窗口进行层叠、堆叠和并排等操作。

【例 3-5】将打开的所有窗口进行层叠排列显示，然后撤销层叠排列。

（1）在任务栏空白处右击，弹出图 3-11 所示的快捷菜单，选择“层叠窗口”命令，即可以层叠的方式排列窗口，层叠窗口如图 3-12 所示。

（2）层叠窗口后拖曳某一个窗口的标题栏可以将该窗口拖至其他位置，并切换为当前窗口。

（3）在任务栏空白处右击，在弹出的快捷菜单中选择“撤销层叠所有窗口”命令，恢复至原来的显示状态。

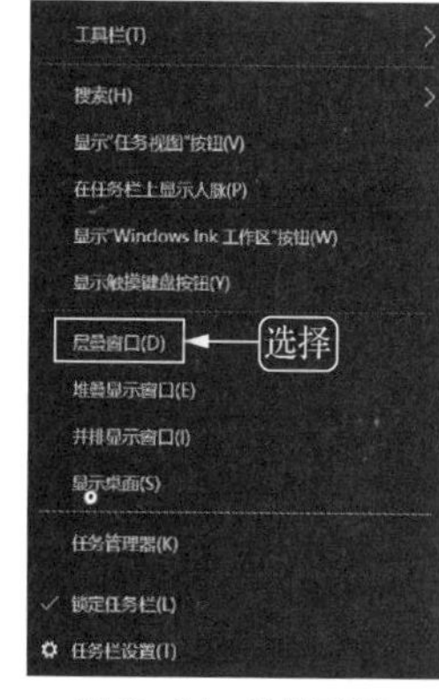

图 3-11 快捷菜单

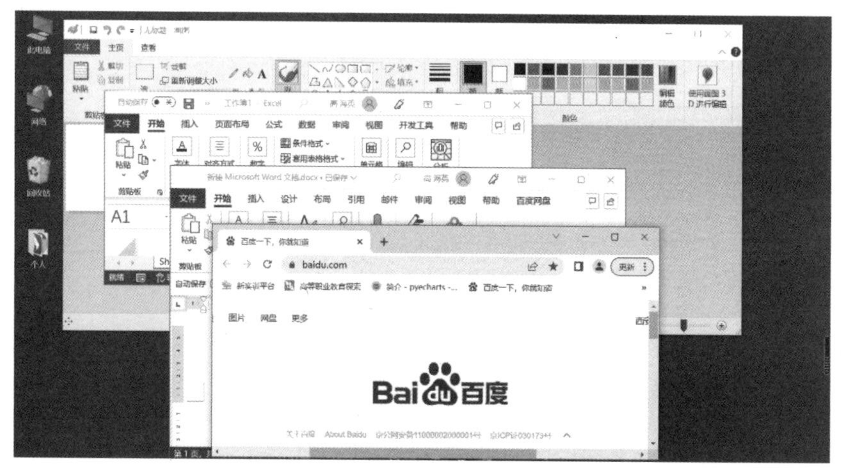

图 3-12 层叠窗口

微课 3-4 排列窗口

5. 切换窗口

无论打开多少个窗口，当前窗口只有一个，且所有的操作都是针对当前窗口进行的。切换窗口除了可以通过单击窗口完成，在 Windows 10 中还提供了以下切换方法。

- 通过任务栏中的图标切换。将鼠标指针移至任务区中的某个任务图标上，此时将展开所有打开的该类型文件的缩略图，单击某个缩略图即可切换到该窗口，在切换时，其他同时打开的窗口将自动变为透明效果，如图 3-13 所示。

图 3-13　通过任务栏中的图标切换

- 按【Alt+Tab】组合键切换。按【Alt+Tab】组合键后，屏幕上将出现任务切换栏，系统当前打开的窗口都以缩略图的形式在任务切换栏中排列出来，如图 3-14 所示，此时按住【Alt】键不放，再反复按【Tab】键，将显示一个白色方框，并在所有缩略图之间轮流切换，当方框移动到需要的窗口缩略图上后释放【Alt】键，即可切换到该窗口。

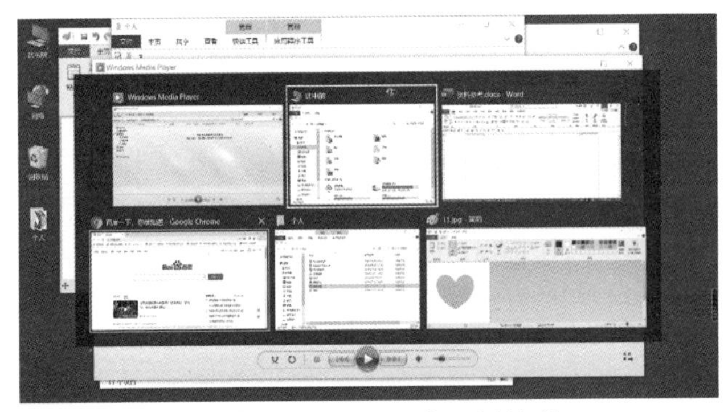

图 3-14　按【Alt+Tab】组合键切换

- 按【Win+Tab】组合键切换。在按【Win+Tab】组合键时，将打开桌面历史活动记录。通过鼠标单击相应活动记录，即可切换打开的窗口，如图 3-15 所示。

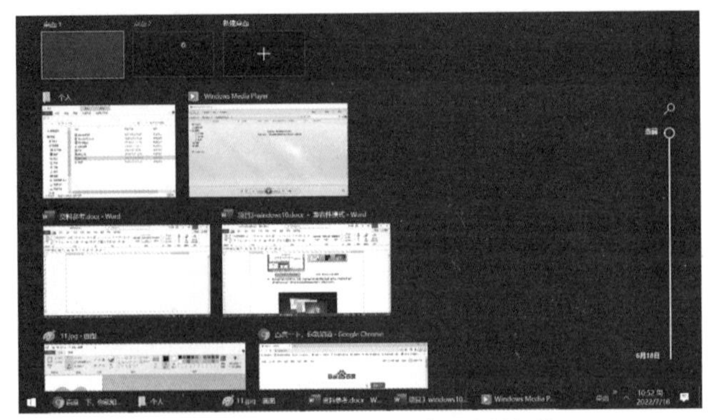

图 3-15　按【Win+Tab】组合键切换

6. 关闭窗口

对窗口的操作结束后要关闭窗口。关闭窗口有以下 5 种方法。

- 单击窗口标题栏右上角的“关闭”按钮×。
- 在窗口的标题栏上右击，在弹出的快捷菜单中选择“关闭”命令。
- 将鼠标指针指向某个任务缩略图后单击右上角的×按钮。
- 将鼠标指针移动到任务栏中需要关闭窗口的任务图标上右击，在弹出的快捷菜单中选择“关闭窗口”命令或“关闭所有窗口”命令。
- 按【Alt+F4】组合键。

（二）利用“开始”菜单启动程序

启动应用程序有多种方法，比较常用的是在桌面上双击应用程序的快捷方式和在“开始”菜单中选择启动的程序。下面介绍在“开始”菜单中启动应用程序的方法。

【例 3-6】通过“开始”菜单启动“腾讯 QQ”程序。

（1）单击“开始”按钮，打开“开始”菜单，如图 3-16 所示，此时可以先在“开始”菜单的所有程序列表区根据字母顺序查找字母 T。

（2）在字母 T 列表中，选择“腾讯软件”选项，在显示的列表中单击展开程序，再选择“腾讯 QQ”程序，如图 3-17 所示。

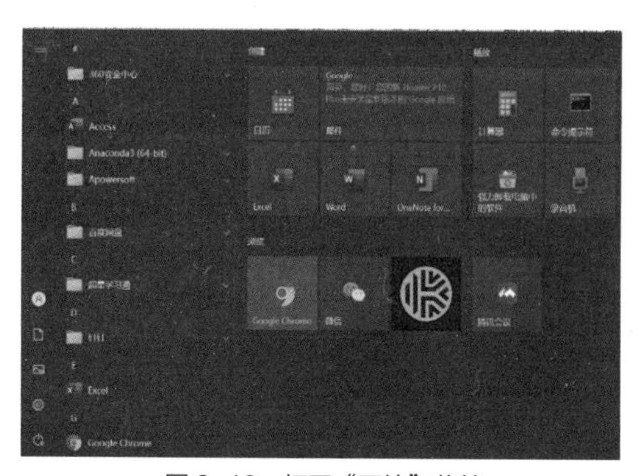

图 3-16　打开“开始”菜单

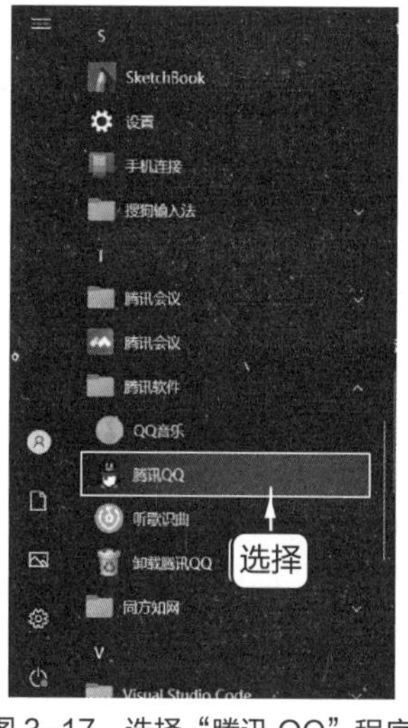

图 3-17　选择“腾讯 QQ”程序

微课 3-5　利用“开始”菜单启动程序

任务三　定制 Windows 10 工作环境

任务要求

小赵使用计算机进行办公有一段时间了，为了提高资源使用效率和便于操作，小赵准备对操作系统的工作环境进行个性化定制。具体要求如下。

- 在桌面上显示“计算机”和“控制面板”图标，然后将“计算机”图标样式更改为样式。
- 查找系统提供的应用程序“calc.exe”，并在桌面上建立快捷方式，快捷方式名为“My 计算器”。
- 在桌面上添加“日历”桌面小工具。

- 应用“Windows 10”主题作为桌面背景，设置图片每隔1小时更换一次，选择契合度为“拉伸”。
- 设置屏幕保护程序的等待时间为“60”分钟，屏幕保护程序为“彩带”。
- 设置任务栏属性，实现自动隐藏任务栏。
- 创建一个名为“公用”的账户。

图3-18所示为进行上述设置后的新的桌面效果。

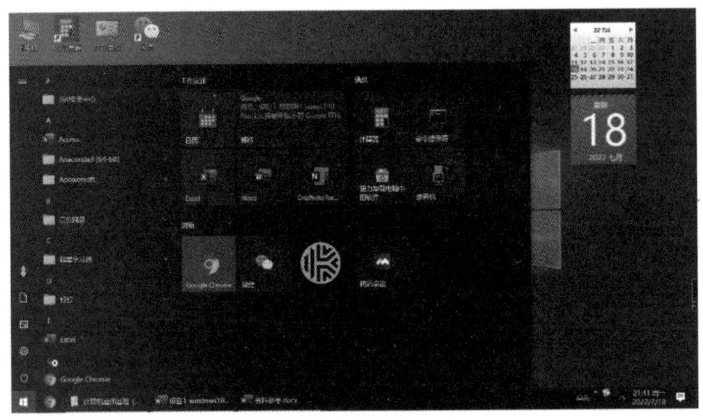

图3-18　桌面效果

相关知识

（一）创建快捷方式的方法

前面介绍了利用“开始”菜单启动程序的方法，在Windows 10中还可以通过创建快捷方式来快速启动某个程序。创建快捷方式的常用方法有两种，即创建桌面快捷方式，以及将常用程序固定到任务栏。

1. 创建桌面快捷方式

桌面快捷方式是指桌面图标左下角带有符号，双击这类图标可以快速访问或打开某个程序，因此创建桌面快捷方式可以提高办公效率。用户可以根据需要在桌面上添加应用程序、文件或文件夹的快捷方式，其方法有如下两种。

- 在“此电脑”窗口中找到文件或文件夹后右击，在弹出的快捷菜单中选择“发送到”子菜单下的“桌面快捷方式”命令。
- 在桌面空白区域或打开“此电脑”窗口中的目标位置右击，在弹出的快捷菜单中选择“新建”子菜单下的“快捷方式”命令，打开图3-19所示的“创建快捷方式”对话框，单击 浏览(R)... 按钮，选择要创建快捷方式的程序文件，然后单击 下一页(N) 按钮，输入快捷方式的名称，单击“完成”按钮，完成创建。

2. 将常用程序固定到任务栏

将常用程序固定到任务栏的常用方法有以下两种。

- 在桌面上或“开始”菜单中的程序启动快捷方式上右击，在弹出的快捷菜单中选择“更多”子菜单中的“固定到任务栏”命令。
- 如果要将已打开的程序固定到任务栏，可在任务栏的程序图标上右击，在弹出的快捷菜单中选择“固定到任务栏”命令，如图3-20所示。

如果要将任务栏中不再使用的程序图标解锁（即取消显示），可在要解锁的程序图标上右击，在弹出的快捷菜单中选择“从任务栏取消固定”命令。

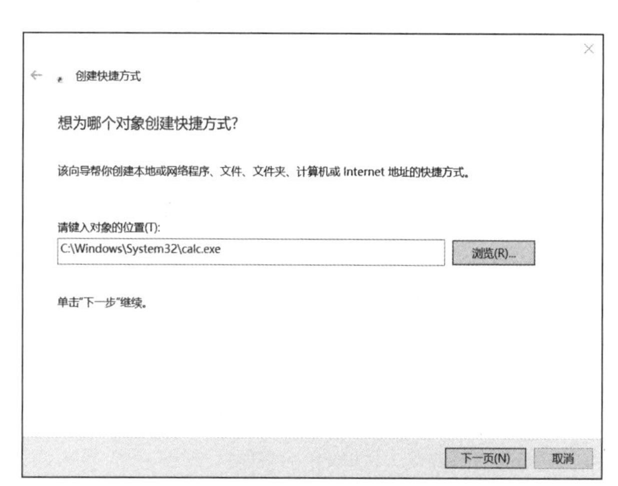

图 3-19 “创建快捷方式”对话框

图 3-20 将程序固定到任务栏

提 示 **图 3-20 所示的快捷菜单又称为“跳转列表”，即在该菜单上方列出了用户最近使用过的程序或文件，以方便用户快速打开。另外，单击在“开始”菜单中指向程序右侧的箭头，也可以弹出相对应的“跳转列表”。**

（二）认识个性化设置窗口

在桌面上的空白区域右击，在弹出的快捷菜单中选择“个性化”命令，将打开图 3-21 所示的个性化设置窗口，可以对 Windows 10 进行个性化设置。其主要功能及参数设置介绍如下。

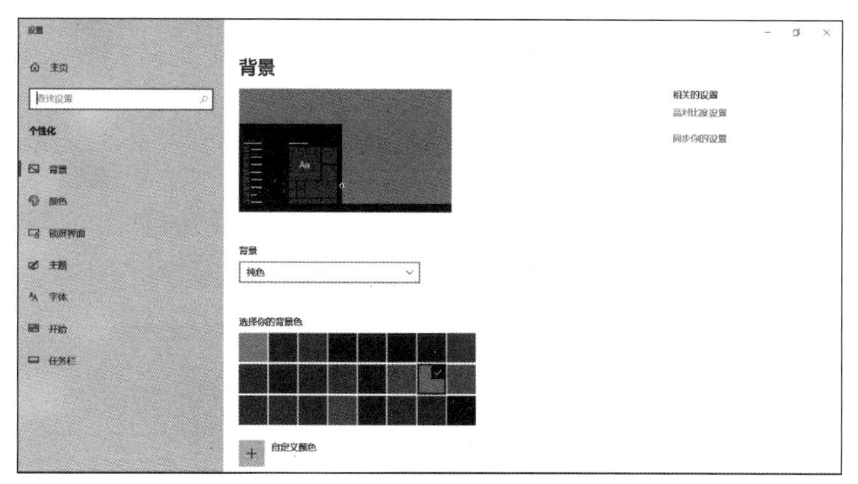

图 3-21 个性化设置窗口

- 设置背景。在个性化设置窗口中单击“背景”图标，在“背景”设置界面中可以将背景设置为“纯色”“图片”“幻灯片放映”，并可以设置“选择契合度”。
- 设置颜色。在个性化设置窗口中单击“颜色”图标，在“颜色”设置界面中可以设置“默认 Windows 模式”“默认应用模式”“主题色”等。

- 设置锁屏界面。在个性化设置窗口中单击“锁屏界面”图标，在“锁屏界面”设置界面中可以设置锁屏界面的图片。在“锁屏界面”设置界面中单击“屏幕保护程序设置”超链接，打开“屏幕保护程序设置”对话框，在“屏幕保护程序”下拉列表中选择一个程序选项，然后在“等待”数值框中输入屏幕保护等待的时间，若单击选中“在恢复时显示登录屏幕”复选框，则表示当需要从屏幕保护程序恢复正常显示时，将显示登录 Windows 屏幕，如果用户账户设置了密码，则需要输入正确的密码才能进入桌面。

任务实现

（一）添加和更改桌面系统图标

安装好 Windows 10 后第一次进入操作系统界面时，桌面上只显示“回收站”图标，此时可以通过设置来添加和更改桌面系统图标。

微课 3-6　添加和更改桌面系统图标

【例 3-7】在桌面上显示“控制面板”图标，显示并更改“计算机”图标。

（1）在桌面上右击，在弹出的快捷菜单中选择“个性化”命令，打开个性化设置窗口，切换到“主题”设置界面。

（2）单击“桌面图标设置”超链接，在打开的“桌面图标设置”对话框中的“桌面图标”栏中单击选中要在桌面上显示的系统图标复选框，若撤销选中某图标则表示取消显示，这里单击选中“计算机”和“控制面板”复选框，如图 3-22 所示，并撤销选中“允许主题更改桌面图标”复选框，其作用是应用其他主题后，图标样式仍然不变。

（3）在中间列表框中选择“此电脑”图标，单击 更改图标(H)... 按钮，在打开的“更改图标”对话框中选择图标样式，如图 3-23 所示。

（4）依次单击 确定 按钮，应用设置。

图 3-22　选择要显示的桌面图标

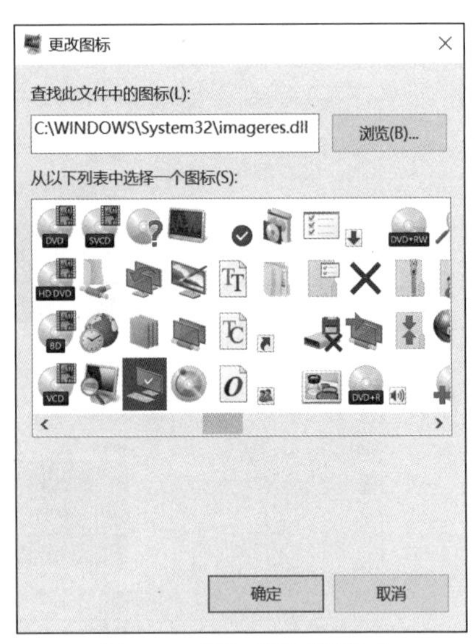

图 3-23　更改桌面图标样式

提 示　**在桌面空白区域右击，在弹出的快捷菜单中的“排序方式”子菜单中选择相应的命令，可以按照名称、大小、项目类型、修改日期 4 种方式自动排列桌面图标。**

（二）创建桌面快捷方式

创建的桌面快捷方式只是一个快速启动图标，它并不会改变文件原有的位置，因此若删除桌面快捷方式，不会删除原文件。

【例 3-8】为系统自带的计算器应用程序创建桌面快捷方式。

（1）单击“开始”按钮，打开“开始”菜单，在所有程序列表区中查找“计算器”程序。

（2）在找到“计算器”程序后，按住鼠标左键，将“计算器”图标拖曳到桌面空白处，如图 3-24 所示。

（3）在桌面上创建的“计算器”图标上右击，在弹出的快捷菜单中选择“重命名”命令，输入“My 计算器”，按【Enter】键，完成创建，效果如图 3-25 所示。

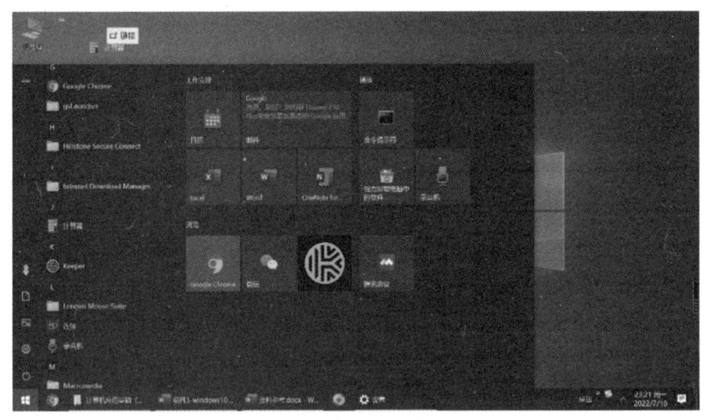

图 3-24　拖曳“计算器”图标至桌面

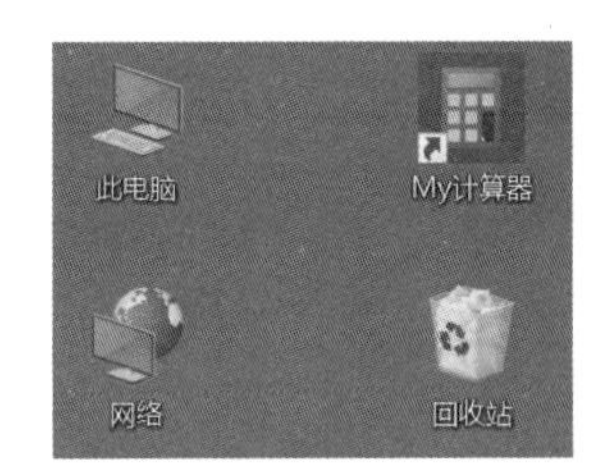

图 3-25　创建桌面快捷方式的效果

（三）添加桌面小工具

Windows 7 为用户提供了一些桌面小工具程序，但在 Windows 10 中如果要添加桌面小工具需要先下载并安装 Gadgets Revived，然后才能使用桌面小工具。

【例 3-9】添加日历桌面小工具。

（1）打开百度浏览器搜索“Gadgets Revived”，找到 Gadgets Revived 官网。

（2）在官网下载程序并进行安装。

（3）安装好后，在桌面空白处右击，在弹出的快捷菜单中可以看到“小工具”命令。

（4）单击“小工具”，显示桌面小工具后，在“日历”图标上右击，弹出快捷菜单，选择“添加”命令。这时“日历”就显示在桌面上了，如图 3-26 所示。“日历”显示后，可以设置图标为“较大尺寸”“较小尺寸”两种样式，并能调整其在桌面上的位置。

图 3-26　显示在桌面上的日历

（四）应用主题并设置桌面背景

在 Windows 10 中可通过为桌面背景应用主题，让其更加美观。

【例 3-10】应用系统自带的“Windows 10”主题，并对背景图片的参数进行相应设置。

（1）在个性化设置窗口中的“主题”设置界面中的“更改主题”列表中单击并应用“Windows 10”主题，此时背景和窗口颜色等都会发生相应的改变。

（2）在个性化设置窗口中单击“背景”图标，切换到“背景”设置界面，此时列表框中的图片即为“Windows 10”系列，在“背景”下拉列表中选择“幻灯片放映”选项。

（3）在“图片切换频率”下拉列表中选择“1 小时”选项，如图 3-27 所示。若单击选中“无序播放”复选框，将按设置的间隔随机切换，这里保持默认设置，即按列表中图片的排序切换。

（4）在“选择契合度”下拉列表中选择“拉伸”。返回桌面，查看最终效果。

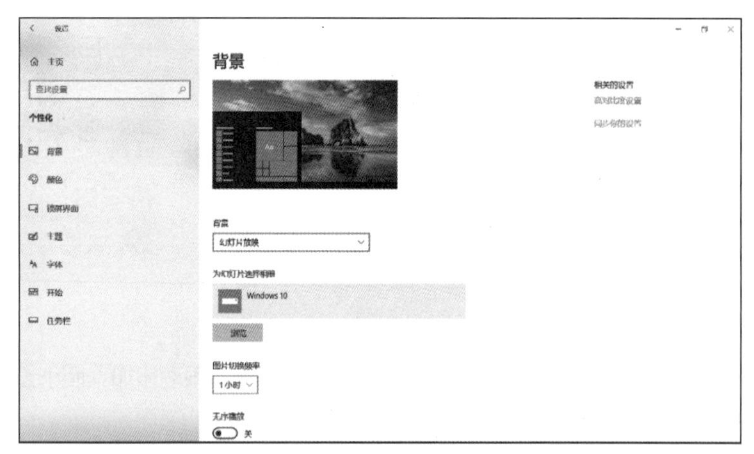

图 3-27　设置图片切换频率

微课 3-9　应用主题并设置桌面背景

（五）设置屏幕保护程序

在一段时间不操作计算机时，屏幕保护程序可以使屏幕暂停显示或以动画显示，让屏幕上的图像或字符不会长时间停留在某个固定位置上，从而保护显示器屏幕。

【例 3-11】设置“彩带”样式的屏幕保护程序。

（1）在个性化设置窗口中单击“锁屏界面”图标，打开“锁屏界面”设置界面，单击“屏幕保护程序设置”超链接，打开“屏幕保护程序设置”对话框。

（2）在“屏幕保护程序”下拉列表中选择保护程序的样式，这里选择“彩带”选项，在“等待”数值框中输入屏幕保护等待的时间，这里设置为“60”分钟，单击选中“在恢复时显示登录屏幕”复选框，如图3-28所示。

（3）单击 确定 按钮，关闭对话框。

图3-28　设置屏幕保护程序

（六）自定义任务栏和“开始”菜单

【例3-12】设置自动隐藏任务栏并自定义“开始”菜单的功能。

（1）在个性化设置窗口中单击“任务栏”图标，打开“任务栏”设置界面。

（2）单击设置“锁定任务栏”按钮为“开”，设置“在桌面模式下自动隐藏任务栏”按钮为“开”，设置“任务栏在屏幕上的位置”为“底部”。

（3）单击“开始”图标，打开“开始”菜单设置界面。单击设置“在‘开始’菜单中显示应用列表”按钮为“开”，设置“显示最近添加的应用”按钮为“开”。如图3-29所示。

（4）单击“选择哪些文件夹显示在‘开始’菜单上”超链接，打开“选择哪些文件夹显示在‘开始’菜单上”界面，将“设置”“文档”“下载”“图片”按钮设为“开”，如图3-30所示。

（5）打开“开始”菜单，查看设置效果。

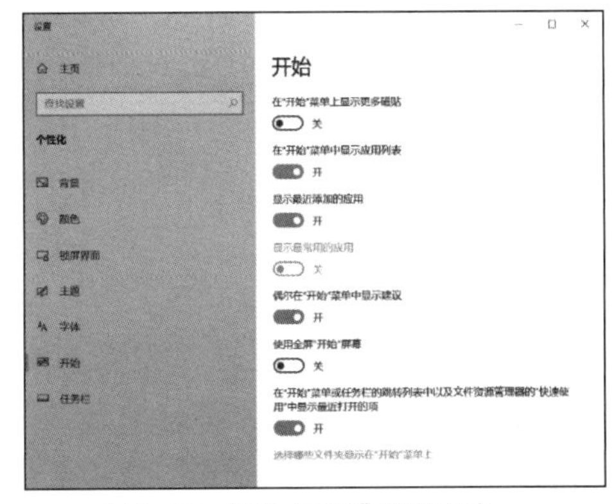

图3-29　设置“开始”菜单样式

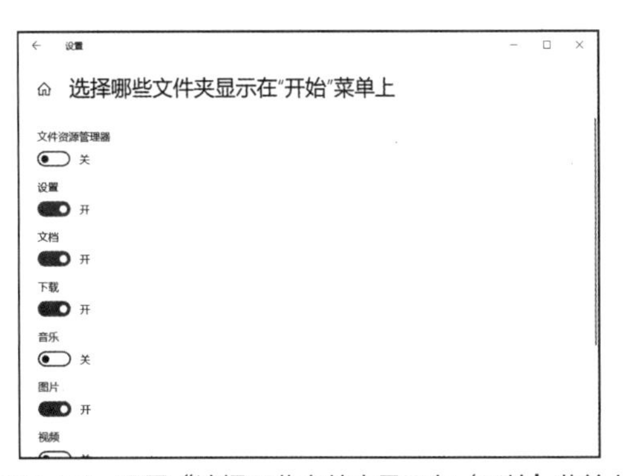

图3-30　设置“选择哪些文件夹显示在‘开始’菜单上”

（七）设置 Windows 10 用户账户

在 Windows 10 中可以多个用户使用同一台计算机，只需为每个用户建立一个独立的账户，每个用户可以用自己的账号登录 Windows 10，并且多个用户之间的 Windows 10 设置是相对独立，且互不影响的。

微课 3-12　设置 Windows 10 用户账户

【例 3-13】设置账户的图像样式并创建一个新账户。

（1）单击“开始”菜单中的“设置”选项，打开“Windows 设置”窗口，如图 3-31 所示。

（2）单击“账户”图标，打开“账户信息”设置界面，为当前账户创建头像。单击“从现有图片中选择”，在打开的对话框中选择“花朵.jpeg”。

（3）单击“选择图片”按钮，应用后的效果如图 3-32 所示。

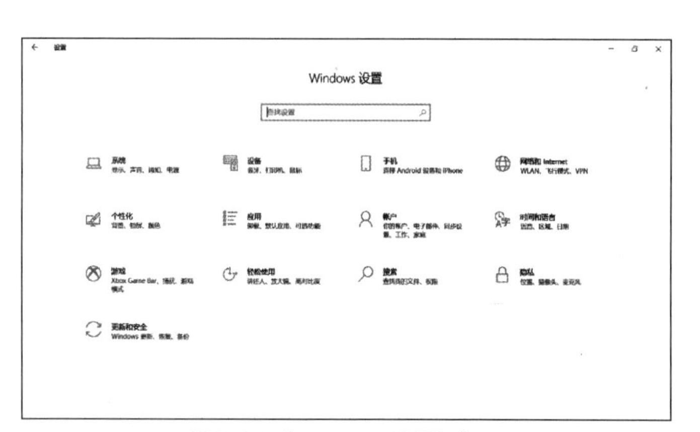

图 3-31　“Windows 设置”窗口

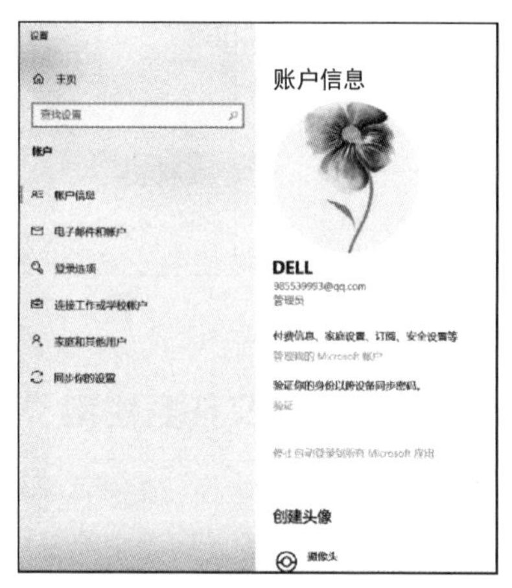

图 3-32　创建头像后的账户信息

（4）在“设置”窗口单击“家庭和其他用户”图标，打开“家庭和其他用户”设置界面，单击“将其他人添加到这台电脑”前面的“+”，如图 3-33 所示。在打开的窗口中依次选择“我没有这个人的登录信息”“添加一个没有 Microsoft 账户的用户”，打开“为这台电脑创建用户”窗口。输入账户名称“公用”，并设置相应的密码，完成账户的创建，如图 3-34 所示。

（5）单击“公用”账户，单击“更改账户类型”按钮，打开“更改账户类型”对话框，选择“标准用户”，单击“确定”按钮，完成设置。

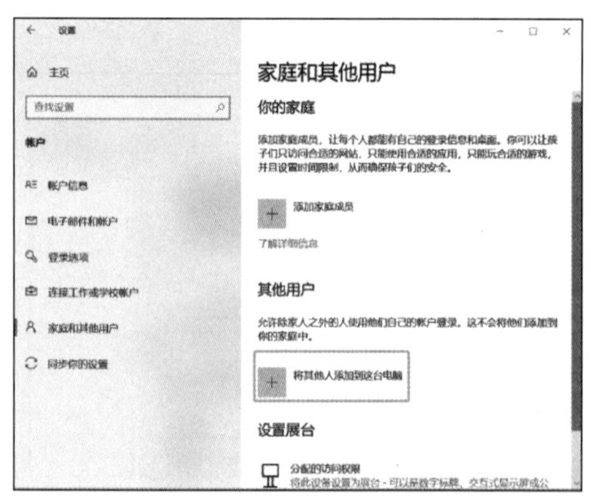

图 3-33　添加其他用户

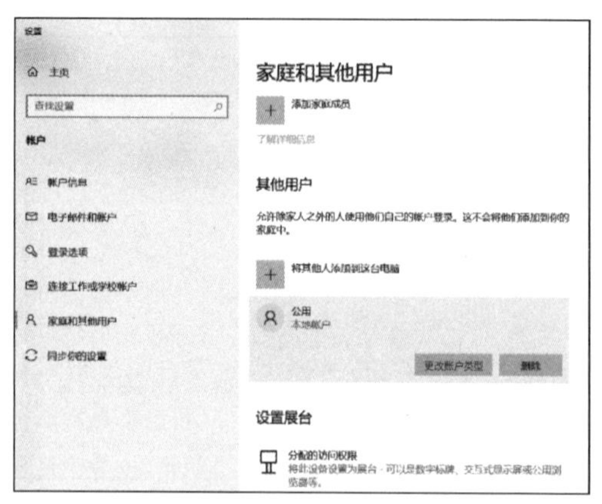

图 3-34　添加公用账户

提 示 在图 3-33 中单击某一账户图标，在打开的“更改账户”窗口中单击相应的超链接，也可以更改账户的类型，或者更改账户名称、更改密码、删除账户等。

任务四 设置汉字输入法

任务要求

小赵准备使用计算机中的记事本程序制作一个备忘录，用于记录最近几天要做的工作，以便随时进行查看，在制作之前小赵还需要对计算机中的输入法进行相关的管理和设置。具体要求如下。

- 添加“微软五笔”输入法。
- 为“微软拼音”输入法设置切换快捷键为【Ctrl+Shift+1】组合键。
- 将桌面上的“汉仪楷体简”字体安装到计算机中并进行查看。
- 使用“微软拼音”输入法在桌面上创建“备忘录”记事本文档，内容如下。

  3 月 15 日上午　　　　接待蓝宇公司客户
  3 月 16 日下午　　　　给李主管准备出差携带的资料★
  3 月 16 日—3 月 17 日　　准备市场调查报告

图 3-35 所示为进行设置后的输入法列表及“备忘录”文档效果。

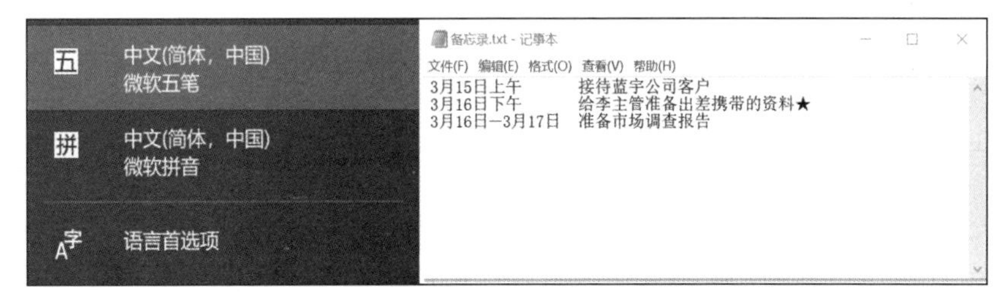

图 3-35　输入法列表及“备忘录”文档效果

相关知识

（一）汉字输入法的分类

在计算机中要输入汉字，需要使用汉字输入法才能进行。汉字输入法是指输入汉字的方式。常用的汉字输入法有微软拼音输入法、搜狗拼音输入法和微软五笔输入法等。这些输入法按编码的不同可以分为音码、形码和音形码 3 类。

- 音码。音码利用汉字的读音特征进行编码，通过输入拼音字母来输入汉字。例如，“计算机”一词的拼音编码为“jisuanji”，这类输入法包括微软拼音输入法和搜狗拼音输入法等，它们都具有简单、易学，以及会拼音即会汉字输入的特点。
- 形码。形码利用汉字的字形特征进行编码。例如，“计算机”一词的五笔编码为“ytsm”，这类输入法的输入速度较快、重码少，且不受方言限制，但需记忆大量编码，如微软五笔输入法。
- 音形码。音形码既可以利用汉字的读音特征，又可以利用字形特征进行编码，如智能 ABC 输入法等。音码与形码相互结合，取长补短，既减少了重码，又无须记忆大量编码。

提 示 **有时汉字的编码和汉字并非完全对应的，如在拼音输入法状态下输入“da”，此时便会出现“大”“打”“答”等多个具有相同读音的汉字。这些具有相同编码的汉字或词组就是重码，称之为同码字。出现重码时需要用户自己选择需要的汉字，因此，选择重码较少的输入法可以提高输入速度。**

（二）认识语言栏

在 Windows 10 中，输入法统一是在语言栏中进行管理的。在语言栏中可以进行以下 4 种操作。

- 当鼠标指针移动到语言栏最左侧的图标上时，鼠标指针变成✥形状，此时可以在桌面上任意移动语言栏。
- 单击语言栏中的“输入法”按钮，可以选择需切换的输入法，选择后该图标将变成选择的输入法的图标。
- 单击语言栏中的“帮助”按钮，则可以打开语言栏帮助信息。
- 单击语言栏右侧的“选项”按钮，打开“选项”列表，在其中可以对输入法进行设置。

（三）认识汉字输入法的状态条

要输入汉字，必须先切换至汉字输入法，其方法是：单击语言栏中的“输入法”按钮，再选择所需的汉字输入法，或者按住【Ctrl】键不放，再依次按【Shift】键在不同的输入法之间切换。切换至某一种汉字输入法后，将弹出其对应的汉字输入法状态条。图 3-36 所示为搜狗拼音输入法的状态条，各图标的作用介绍如下。

- 输入法图标。输入法图标用来显示当前输入法图标，单击其可以切换至其他输入法。
- 中/英文切换图标。单击该图标，可以在中文输入法与英文输入法之间切换。当图标为**中**时表示中文输入状态，当图标为**英**时表示英文输入状态。按【Shift】键也可在中文输入法和英文输入法之间快速切换。
- 全/半角切换图标。单击该图标可以在全角●和半角◗之间切换，在全角状态下输入的字母、符号和数字均占一个汉字（两个字节）的位置，而在半角状态下输入的字母、符号和数字只占半个汉字（一个字节）的位置。图 3-37 所示为在全角和半角状态下输入效果的对比。

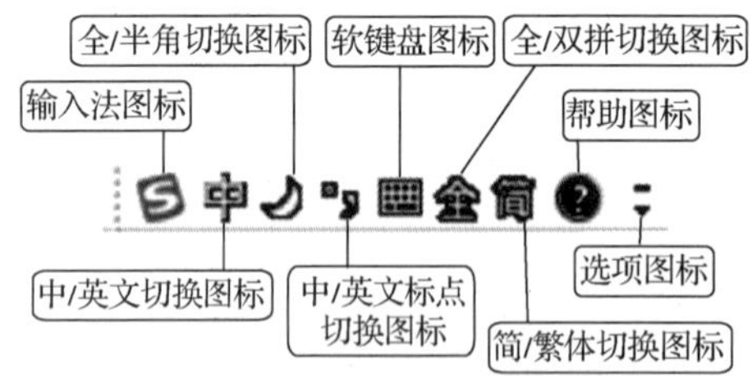

图 3-36 搜狗拼音输入法的状态条

１２３ａｂｃ　123abc

图 3-37 在全角和半角状态下输入效果的对比

- 中/英文标点切换图标。默认状态下的图标用于输入中文标点符号，单击该图标，变为图标，此时可输入英文标点符号。
- 软键盘图标。通过软键盘可以输入特殊符号、标点符号和数字序号等多种字符。其方法是：单击软键盘图标，在弹出的列表中选择一种符号的类型，此时将打开相应的软键盘，直接单击软键盘中相应的按钮或按键盘上对应的键，都可以输入对应的字符。需要注意的是，若要输入的特殊符号是上档字符时，只需按住【Shift】键不放，按相应的键。输入完成后要单击右上角的×按钮退出软键盘，否则会影响正常输入。

- 全/双拼切换图标。默认状态下为全拼输入模式，单击图标后，图标变成 **双** 代表开启了双拼输入模式；再进行单击，当图标变成 **全** 代表切换回了全拼输入模式。
- 简/繁体切换图标。默认状态下为简体字输入模式，单击图标后，图标变成 **繁** 代表开启了繁体字输入模式；再进行单击，当图标变成 **简** 代表切换回了简体字输入模式。
- 帮助图标。单击 ❓ 图标，可以打开“语言栏帮助”对话框。
- 选项图标。单击 ❓ 图标右侧的选项按钮 ▼ 后弹出列表，可以对输入法进行参数设置，如图 3-38 所示。

图 3-38 “选项”列表

（四）拼音输入法的输入方式

使用拼音输入法时，直接输入汉字的拼音编码，然后输入汉字前的数字或直接单击需要的汉字便可输入。当输入的汉字编码的同码字较多时，便不能在状态条中全部显示出来，此时可通过按【+】键向后翻页，按【-】键向前翻页，通过查找的方式来选择需要输入的汉字。

为了提高用户的输入速度，目前大部分拼音输入法都提供了全拼输入、简拼输入和混拼输入等多种输入方式，各种输入方式介绍如下。

- 全拼输入。全拼输入是按照汉语拼音输入，和书写汉语拼音一致。例如，要输入“文件”，只需一次性输入“wenjian”，然后在弹出的汉字状态条中选择。
- 简拼输入。简拼输入是取各个汉字的第一个拼音字母，对于包含复合声母，如 zh、ch、sh 的音节，也可以取前两个拼音字母。例如，要输入“掌握”，只需输入“zhw”，然后在弹出的汉字状态条中选择。
- 混拼输入。混拼输入综合了全拼输入和简拼输入的特点，即在输入的拼音中既有全拼也有简拼。使用的规则是：对两个音节以上的词语，一部分用全拼，一部分用简拼。如要输入“电脑”，只需输入“diann”，然后在弹出的汉字状态条中选择。

任务实现

（一）添加和删除输入法

Windows 10 中集成了多种汉字输入法，但不是所有的汉字输入法都显示在语言栏的输入法列表中，此时可以通过添加输入法将适合自己的输入法显示出来。

【例 3-14】在 Windows 10 语言栏的输入法列表中添加“微软五笔”输入法，再将“微软拼音”输入法删除。

微课 3-13 添加和删除输入法

（1）单击在语言栏中的“选项”按钮，在弹出的快捷菜单中选择“设置”命令，打开“语言”设置界面后，在“首选语言”中单击“中文(简体，中国)”，如图 3-39 所示。

（2）单击“选项”按钮，打开“语言选项：中文(简体，中国)”设置界面，单击“添加键盘”选项，在打开的子列表中单击“微软五笔”，添加“微软五笔”输入法的效果如图 3-40 所示。

（3）单击“微软拼音”输入法，单击“删除”按钮。“微软拼音”输入法便被删除了。

（4）单击语言栏中的输入法图标，查看添加和删除输入法后的效果。

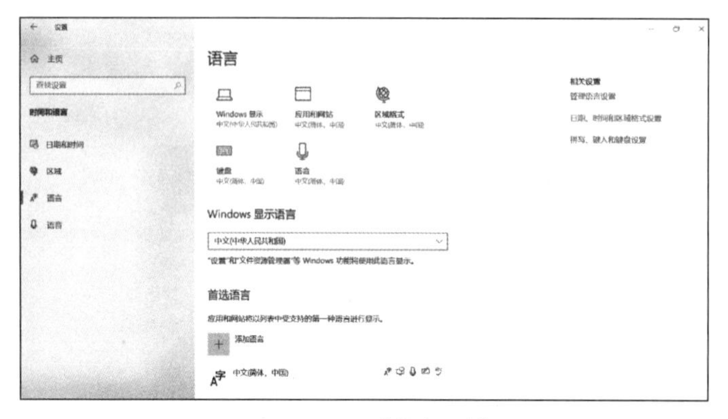

图 3-39　设置“首选语言”

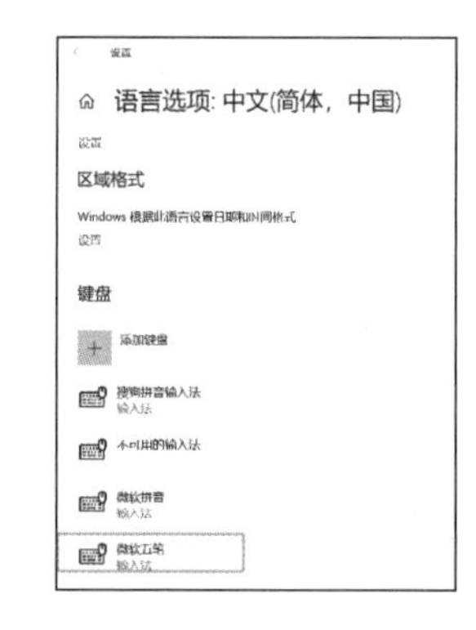

图 3-40　添加“微软五笔”输入法的效果

> **注意**　**通过上面的方法删除的输入法并不会真正从操作系统中删除，而是取消其在输入法列表中的显示，所以删除后还可通过添加输入法的方式将其重新显示在输入法列表中。**

（二）设置输入法切换快捷键

为了便于快速切换至所需输入法，可以为输入法设置切换快捷键。

【例 3-15】设置“微软拼音”输入法的快捷键。

微课 3-14　设置输入法切换快捷键

（1）单击语言栏中的“选项”按钮，在弹出的快捷菜单中选择“设置”命令，打开“语言”设置界面。

（2）在“相关设置”中单击“拼写、键入和键盘设置”超链接。在“输入”设置界面中，单击“高级键盘设置”超链接，接着单击“输入语言热键”超链接，打开“文本服务和输入语言”对话框。在对话框中选择要设置切换快捷键的输入法选项，这里选择图 3-41 所示的输入法选项，然后单击下方的“更改按键顺序”按钮。

（3）打开“更改按键顺序”对话框，单击选中“启用按键顺序”复选框，然后在下方的两个下拉列表中选择所需的快捷键，这里设置为【Ctrl+Shift+1】组合键，如图 3-42 所示。

（4）依次单击 确定 按钮，应用设置。

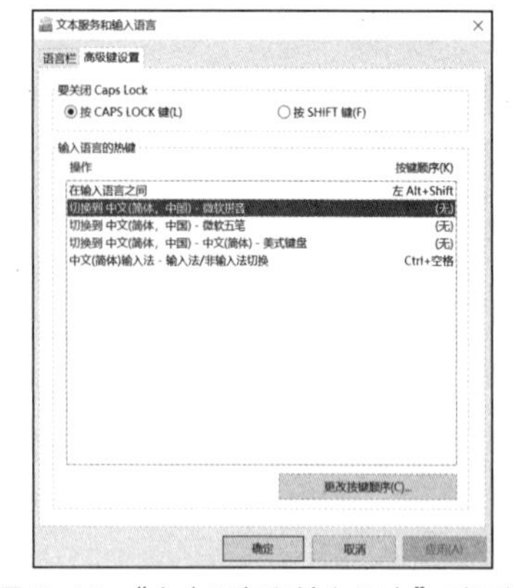

图 3-41　“文本服务和输入语言”对话框

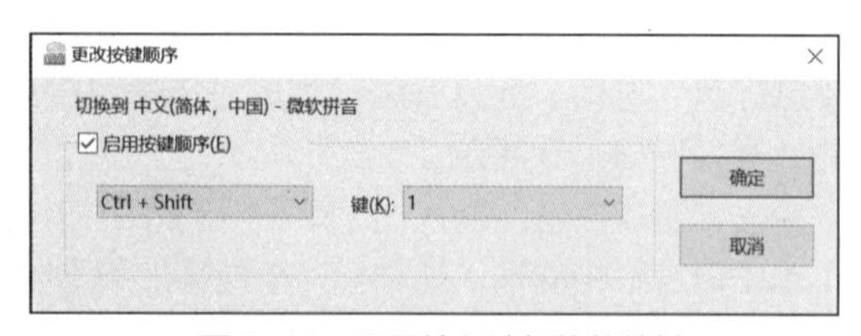

图 3-42　设置输入法切换快捷键

（三）安装与卸载字体

Windows 10 中自带了一些字体，其安装文件在系统盘（一般为 C 盘）下的“Windows”文件夹下的“Fonts”子文件夹中。用户也可根据需要安装和卸载字体文件。

【例 3-16】安装“汉仪楷体简”字体，并卸载不再使用的字体。

（1）在桌面上的“汉仪楷体简”字体文件上右击，在弹出的快捷菜单中选择“安装”命令，如图 3-43 所示。

（2）打开“正在安装字体”提示对话框，安装结束后将自动关闭该提示对话框，同时结束字体的安装。

（3）打开“此电脑”窗口，双击打开 C 盘，再依次双击打开“Windows”文件夹和“Fonts”子文件夹，在打开的“Fonts”文件夹窗口中可以查看系统中已安装的所有字体，选择不再使用的字体文件后右击，在弹出的快捷菜单中选择“删除”命令，如图 3-44 所示，即可将该字体文件从系统中卸载。

微课 3-15 安装与卸载字体

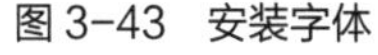
图 3-43 安装字体

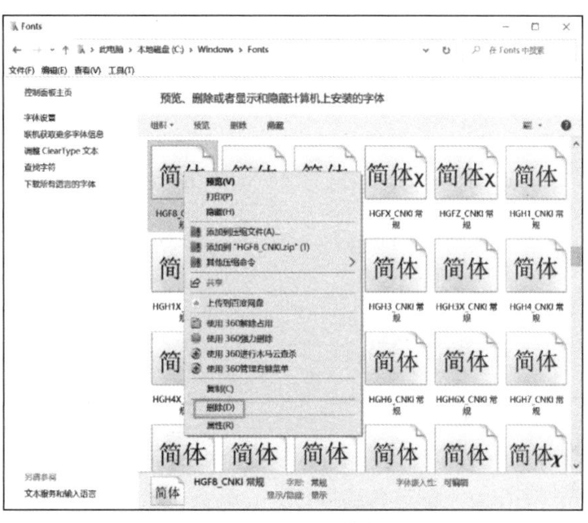

图 3-44 删除字体

（四）使用微软拼音输入法输入汉字

添加输入法后，即可进行汉字的输入，这里将以微软拼音输入法为例，对输入方法进行介绍。

【例 3-17】启动记事本程序，创建一个“备忘录”文档并使用微软拼音输入法输入任务要求中的备忘录内容。

（1）在桌面上的空白区域单击鼠标右键，在弹出的快捷菜单中选择“新建”/“文本文档”命令，此时将在桌面上新建一个名为“新建文本文档.txt”的文件，且文件名呈可编辑状态。

（2）单击语言栏中的“输入法”按钮，选择“微软拼音”输入法，然后输入编码“beiwanglu”，此时在汉字状态条中将显示出所需的“备忘录”文本，如图 3-45 所示。

（3）单击汉字状态条中的“备忘录”或直接按【Space】键输入文本“备忘录”，再次按【Enter】键完成输入。

（4）双击桌面上新建的“备忘录”记事本文件，启动记事本程序，在编辑区单击出现一个插入点，按【3】键输入数字“3”，按【Ctrl+Shift】组合键切换至“微软拼音”输入法，输入编码“yue”，单击状态条中的“月”或按【Space】键输入文本“月”。

微课 3-16 使用微软拼音输入法输入汉字

图 3-45　输入“备忘录”

（5）输入数字“15”，再输入编码“ri”，按【Space】键输入“日”字，再输入简拼编码“shwu”，单击状态条中的“上午”或按【Space】键输入词组“上午”，如图 3-46 所示。

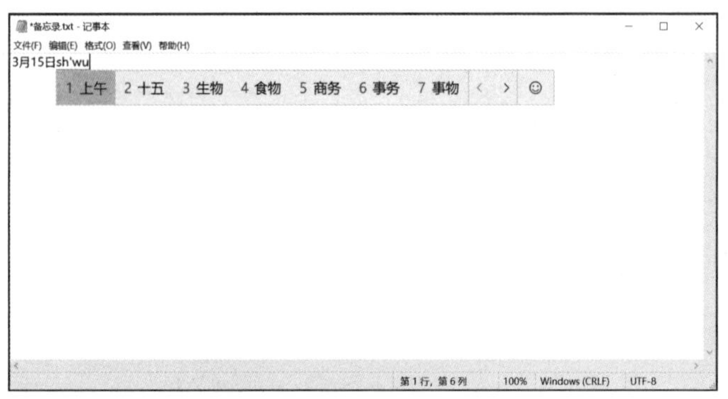

图 3-46　输入词组“上午”

（6）连续按多次【Space】键，输入空字符串，接着使用微软拼音输入法输入后面的内容，输入过程中按【Enter】键可分段换行。

（7）在“资料”文本右侧单击定位插入点，单击微软拼音输入法状态条上的“符号”图标，在打开的列表中选择“特殊符号”选项，选择“★”特殊符号，如图 3-47 所示。

（8）单击“符号”对话框右上角的 × 按钮关闭，在记事本程序中选择“文件”/“保存”命令，保存文档，如图 3-48 所示。关闭记事本程序，完成操作。

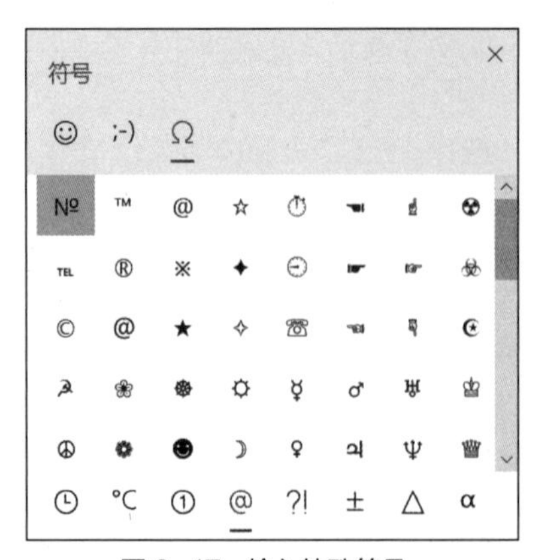

图 3-47　输入特殊符号

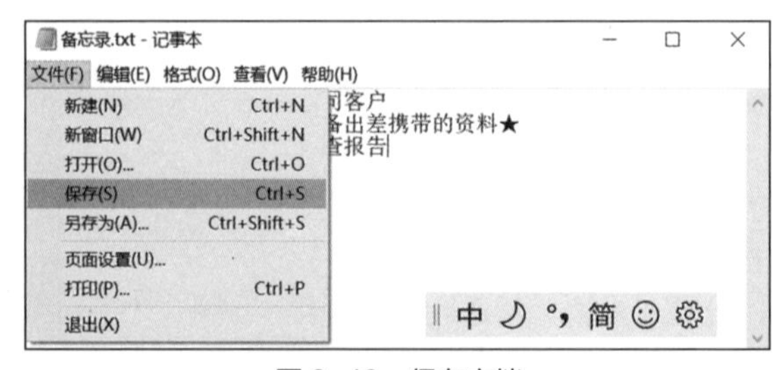

图 3-48　保存文档

课后练习

1. 选择题

（1）计算机操作系统的作用是（　　）。

A. 对计算机的所有资源进行控制和管理，为用户使用计算机提供方便

B. 对源程序进行翻译

C. 对用户数据文件进行管理

D. 对汇编语言程序进行翻译

（2）计算机的操作系统是（　　）。

A. 计算机中使用最广的应用软件　　B. 计算机系统软件的核心

C. 微机的专用软件　　D. 微机的通用软件

（3）以下对 Windows 10 的叙述中，错误的是（　　）。

A. 可支持鼠标操作　　B. 可同时运行多个程序

C. 不支持即插即用　　D. 桌面上可同时显示多个窗口

（4）单击窗口标题栏右侧的 – 按钮后，会（　　）。

A. 将窗口关闭　　B. 打开一个空白窗口

C. 使文档窗口独占屏幕　　D. 使当前窗口缩小

2. 操作题

（1）设置桌面背景，设置图片契合度为“填充”。

（2）设置使用“鲜花”主题预览桌面。

（3）设置屏幕保护程序的等待时间为“60”分钟。

（4）设置屏幕保护程序为“气泡”。

（5）设置“开始”菜单属性为“全屏显示开始菜单”。

（6）在桌面上建立 C 盘的快捷方式，快捷方式名为“C 盘”。

（7）将输入法切换为微软拼音输入法，并在打开的记事本中输入“今天是我的生日”。

项目四 管理计算机中的资源

在使用计算机的过程中，对文件、文件夹、程序和硬件等资源的管理是非常重要的。本项目将通过两个任务，介绍在Windows 10中如何利用资源管理器来管理计算机中的文件和文件夹，包括对文件和文件夹进行新建、移动、复制、重命名及删除等操作，并介绍如何安装程序和打印机硬件，以及如何使用计算器、画图程序等附件程序。

课堂学习目标

- 管理文件和文件夹资源
- 管理程序和硬件资源

任务一 管理文件和文件夹资源

任务要求

赵刚是某公司人力资源部的员工，主要负责人员招聘及日常办公室管理，为了适应管理上的需要，赵刚经常会在计算机中存放一些工作中的日常文档。为了方便使用，需要对相关的文件进行新建、重命名、移动、复制、删除、搜索和设置文件属性等操作。具体要求如下。

- 在G盘根目录下新建"办公"文件夹和"公司简介.txt""公司员工名单.xlsx"两个文件，再在新建的"办公"文件夹中创建"文档"和"表格"两个子文件夹。
- 将前面新建的"公司员工名单.xlsx"文件移动到"表格"子文件夹中，将"公司简介.txt"文件复制到"文档"文件夹中并修改文件名为"招聘信息.txt"。
- 删除G盘根目录下的"公司简介.txt"文件，然后在回收站查看，最后再进行还原。
- 搜索E盘下的所有JPG格式的图片文件。
- 将"公司员工名单.xlsx"文件的属性修改为只读。
- 新建一个"办公"库，将"表格"文件夹添加到"办公"库中。

相关知识

（一）文件管理的相关概念

在管理文件过程中，会涉及以下几个相关概念。

- 硬盘分区与盘符。硬盘分区是指将硬盘划分为几个独立的区域，这样可以更加方便地存储和管理数据。格式化是将分区划分成可以用来存储数据的单位。一般在安装系统时会对硬盘进行分区。盘符是 Windows 对磁盘存储设备设置的标识符，一般使用 26 个英文字母加上一个冒号“:”来标识，如“本地磁盘(C:)”，“C”就是盘符。

- 文件。文件是指保存在计算机中的各种信息和数据，计算机中的文件包括的类型很多，如文档、表格、图片、音乐和应用程序等。在默认情况下，文件在计算机中是以图标形式显示的，它由文件图标、文件名称和文件扩展名 3 部分组成，如 作息时间表.docx 表示为一个 Word 文件，其扩展名为.docx。
- 文件夹。文件夹用于保存和管理计算机中的文件，其本身没有任何内容，却可放置多个文件和子文件夹，让用户能够快速地找到需要的文件。文件夹一般由文件夹图标和文件夹名称两部分组成。
- 文件路径。在对文件进行操作时，除了要知道文件名，还需要指出文件所在的盘符和文件夹，即文件在计算机中的位置，这又被称为文件路径。文件路径包括相对路径和绝对路径两种。其中，相对路径以“.”（表示当前文件夹）、“..”（表示上级文件夹）或文件夹名称（表示当前文件夹中的子文件名）开头；绝对路径是指文件或目录在硬盘上存放的绝对位置，如“D:\图片\标志.jpg”表示“标志.jpg”文件是在 D 盘的“图片”目录中。
- 资源管理器。资源管理器是指计算机窗口左侧的导航窗格，它将计算机资源分为收藏夹、库、家庭组、计算机和网络等类别，可以方便用户更好、更快地组织、管理及应用资源。打开资源管理器的方法为：双击桌面上的“此电脑”图标或右击“开始”按钮（在弹出的快捷菜单中选择“文件资源管理器”命令），打开“文件资源管理器”对话框，单击导航窗格中各类别图标，便可按层级展开文件夹，选择需要的文件夹后，其右侧将显示相应的文件内容，如图 4-1 所示。

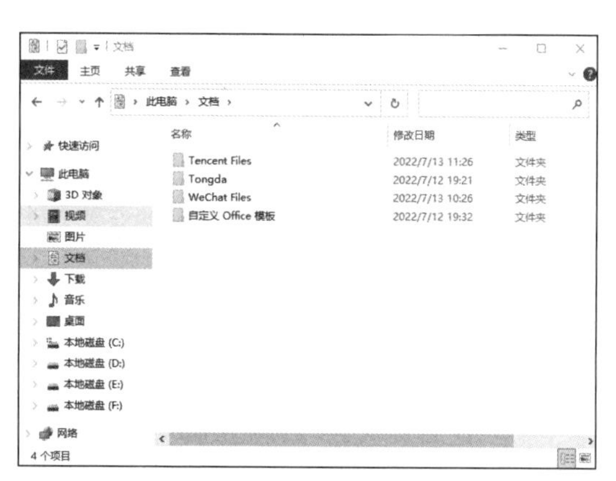

图 4-1　文件资源管理器

提 示　**为了便于查看和管理文件，用户可根据当前窗口中文件和文件夹的数量、文件的类型更改当前窗口中的文件和文件夹的视图方式。其方法是：在打开的文件夹窗口中单击状态栏右侧的“在窗口中显示每一项的相关信息”按钮或“使用大缩略图显示项”按钮。**

（二）选择文件或文件夹的几种方式

对文件或文件夹进行复制和移动等操作前，要先选择文件或文件夹。选择的方法主要有以下 5 种。

- 选择单个文件或文件夹。直接单击文件或文件夹图标，被选择的文件或文件夹的周围将呈蓝色透明状。
- 选择多个相邻的文件或文件夹。可在窗口空白处按住鼠标左键不放，并拖曳鼠标框选需要选择的多个对象，再释放鼠标。

- 选择多个连续的文件或文件夹。单击第一个对象，按住【Shift】键不放，再单击最后一个对象，可选择两个对象及其中间的所有对象。
- 选择多个不连续的文件或文件夹。按住【Ctrl】键不放，再依次单击所要选择的文件或文件夹，可选择多个不连续的文件或文件夹。
- 选择所有文件或文件夹。直接按【Ctrl+A】组合键，或在“主页”菜单栏中单击“全部选择”命令，可以选择当前窗口中的所有文件或文件夹。

任务实现

（一）文件和文件夹的基本操作

文件和文件夹的基本操作包括新建、移动、复制、重命名、删除、还原和搜索等，下面将结合任务要求对操作方法进行讲解。

1. 新建文件或文件夹

新建文件是指根据计算机中已安装的程序类别，新建一个相应类型的空白文件。新建后可以双击打开文件，对文件内容进行编辑。如果需要将一些文件分类整理在一个文件夹中以便日后管理，此时就需要新建文件夹。

【例 4-1】新建 Excel 文件与文件夹。

微课 4-1　新建文件或文件夹

具体操作如下。

（1）双击桌面上的“此电脑”图标，打开“此电脑”窗口，双击“本地磁盘（G:）”图标，打开“本地磁盘（G:）”窗口。

（2）选择“主页”/“新建项目”/“文本文档”命令，如图 4-2 所示，或在窗口的空白处右击，在弹出的快捷菜单中选择“新建”/“文本文档”命令。

（3）系统将在文件夹中默认新建一个名为“新建文本文档”的文件，且文件名呈可编辑状态，切换到汉字输入法输入“公司简介”，然后单击空白处或按【Enter】键新建文档，新建的文档效果如图 4-3 所示。

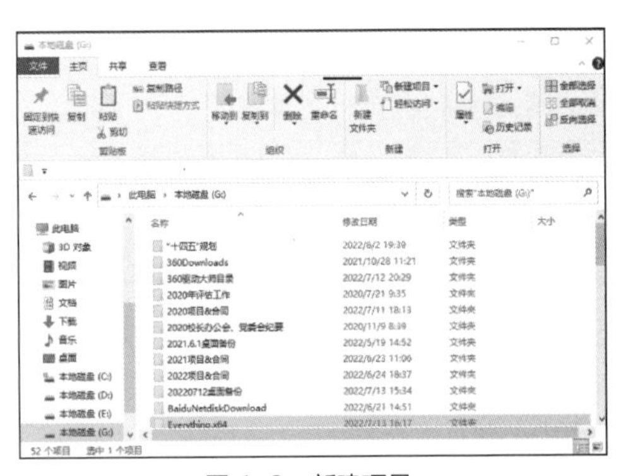

图 4-2　新建项目

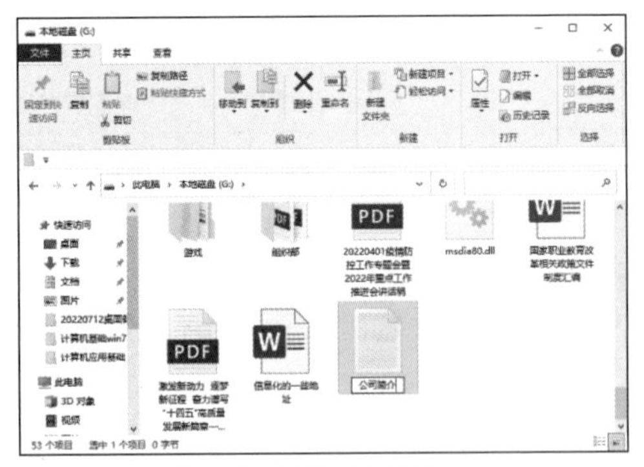

图 4-3　新建的文档效果

（4）选择“主页”/“新建项目”/“Microsoft Excel 工作表”命令，或在窗口的空白处右击，在弹出的快捷菜单中选择“新建”/“Microsoft Excel 工作表”命令，此时将新建一个 Excel 文件，输入文件名“公司员工名单”，按【Enter】键，效果如图 4-4 所示。

（5）选择“主页”/“新建项目”/“文件夹”命令，或在右侧窗口工作区中的空白处右击，在弹出的快捷菜单中选择“新建”/“文件夹”命令，或直接单击工具栏中的按钮，双击文件夹名称使其呈可编辑状态，并在文本框中输入“办公”，然后按【Enter】键，完成文件夹的新建，效果如图 4-5 所示。

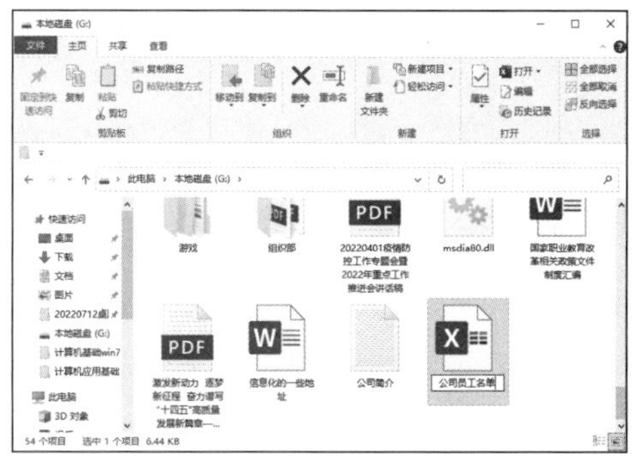

图 4-4 新建 Excel 工作表

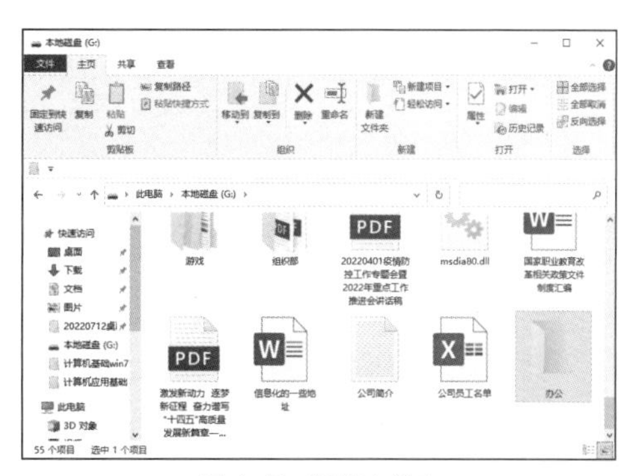

图 4-5 新建文件夹

（6）双击新建的“办公”文件夹，在打开的目录窗口中单击工具栏中的按钮，输入子文件夹名称“表格”后按【Enter】键，然后再新建一个名为“文档”的子文件夹，如图 4-6 所示。

（7）单击地址栏左侧的 ← 按钮，返回上一级窗口。

图 4-6 新建子文件夹

注意 **重命名文件时不要修改文件的扩展名部分，一旦修改可能导致文件无法正常打开，此时可将扩展名重新修改为正确格式。此外，文件名可以包含字母、数字和空格等，但不能有?、*、/、\、<、>、: 等。**

2. 移动、复制、重命名文件或文件夹

移动文件是将文件或文件夹移动到另一个文件夹中以便管理。复制文件相当于为文件做一个备份，原文件夹下的文件或文件夹仍然存在。重命名文件即为文件更换一个新的名称。

【例 4-2】移动“公司员工名单.xlsx”文件到目标位置，复制“公司简介.txt”文件到目标位置，并将复制的文件重命名为“招聘信息”。

具体操作如下。

（1）在导航窗格中单击“此电脑”图标，然后在导航窗格中选择“本地磁盘(G:)”图标。

（2）在右侧窗口中选择“公司员工名单.xlsx”文件，如图 4-7 所示，右键单击该文件，在弹出的快捷菜单中选择“剪切”命令，或选择“主页”/“剪切“命令（可直接按【Ctrl+X】组合键），将选择的文件剪切到剪贴板中，此时文件呈灰色透明显示效果。

（3）在导航窗格中单击“办公”文件夹，再选择“表格”文件夹，在右侧打开的“表格”窗口中右击，在弹出的快捷菜单中选择“粘贴”命令，或选择“主页”/“粘贴”命令（可直接按【Ctrl+V】组合键），如图 4-8 所示，即可将剪切到剪贴板中的“公司员工名单.xlsx”文件粘贴到“表格”窗口中，完成文件的移动，效果如图 4-9 所示。

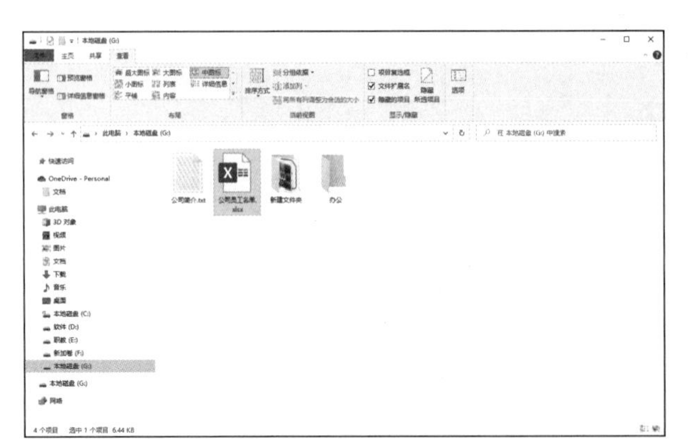

图 4-7　选择“公司员工名单.xlsx”文件

微课 4-2　移动、复制、重命名文件或文件夹

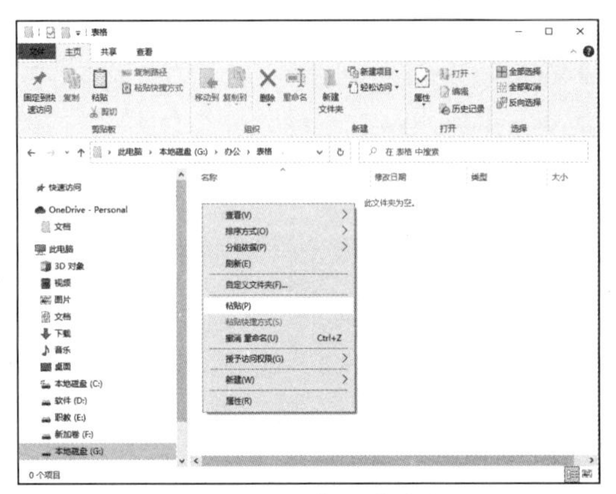

图 4-8　选择“粘贴”命令

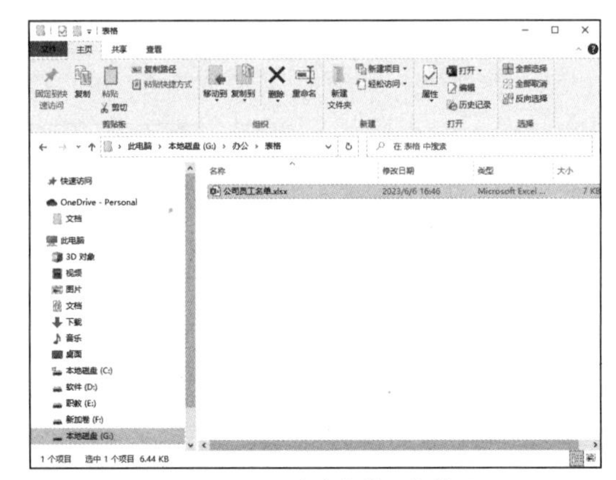

图 4-9　移动文件后的效果

（4）单击两次地址栏左侧的 ← 按钮，返回初始窗口，即可看到窗口中已没有“公司员工名单.xlsx”文件。

（5）选择“公司简介.txt”文件，右键单击该文件，在弹出的快捷菜单中选择“复制”命令，或选择“主页”/“复制”命令（可直接按【Ctrl+C】组合键），如图 4-10 所示，将选择的文件复制到剪贴板中，此时窗口中的文件不会发生任何变化。

（6）在导航窗格中选择“文档”文件夹，在右侧打开的“文档”窗口中右击，在弹出的快捷菜单中选择“粘贴”命令，或选择“主页”/“粘贴”命令（可直接按【Ctrl+V】组合键），即可将复制到剪贴板中的“公司简介.txt”文件粘贴到该窗口中，完成文件的复制，效果如图 4-11 所示。

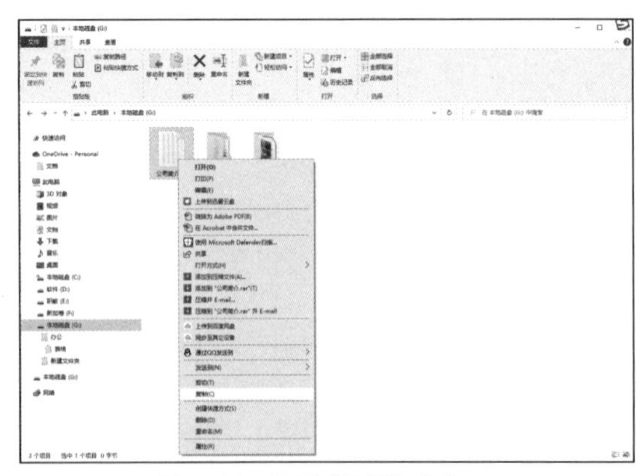

图 4-10　选择“复制”命令

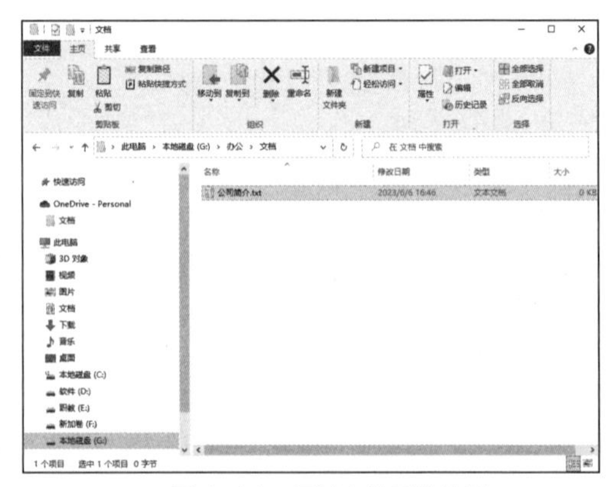

图 4-11　复制文件后的效果

（7）选择“公司简介.txt”文件，在其上右击，在弹出的快捷菜单中选择“重命名”命令，此时要重命名的文件名称部分呈可编辑状态，在其中输入新的名称“招聘信息”后按【Enter】键。

（8）在导航窗格中选择“本地磁盘（G:）”选项，可看到该磁盘根目录下的“公司简介.txt”文件仍然存在。

提示 **将选择的文件或文件夹拖曳到同一磁盘分区下的其他文件夹中或拖曳到左侧导航窗格中的某个文件夹选项上，就可以移动文件或文件夹，在拖曳过程中按住【Ctrl】键不放，则可实现复制文件或文件夹的操作。**

3. 删除和还原文件或文件夹

删除一些没有用的文件或文件夹，可以释放磁盘空间，同时也便于管理。删除文件或文件夹实际上是将其移动到回收站中，若误删除文件，还可以通过还原操作找回来。

微课 4-3　删除和还原文件或文件夹

【例 4-3】删除并还原删除的“公司简介.txt”文件。

具体操作如下。

（1）在导航窗格中选择“本地磁盘（G:）”选项，然后在右侧窗口中选择“公司简介.txt”文件。

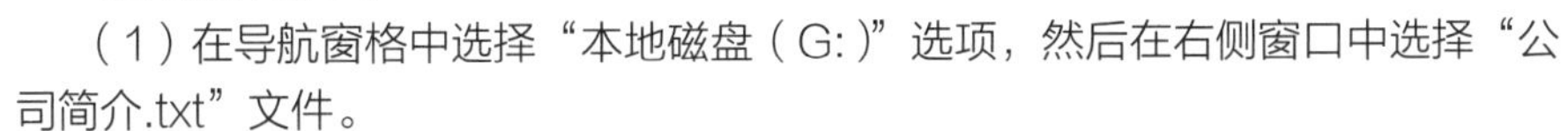

（2）在选择的文件图标上右击，在弹出的快捷菜单中选择“删除”命令，或按【Delete】键，即可删除选择的“公司简介.txt”文件。

（3）单击任务栏最右侧的“显示桌面”区域，切换至桌面，双击“回收站”图标，在打开的窗口中将看到最近删除的文件或文件夹等对象，选中要还原的“公司简介.txt”文件，单击“还原选定的项目”按钮，如图 4-12 所示，即可将其还原到被删除前的位置。或者右击要还原的文件，在弹出的快捷菜单中选择“还原”命令，如图 4-13 所示。

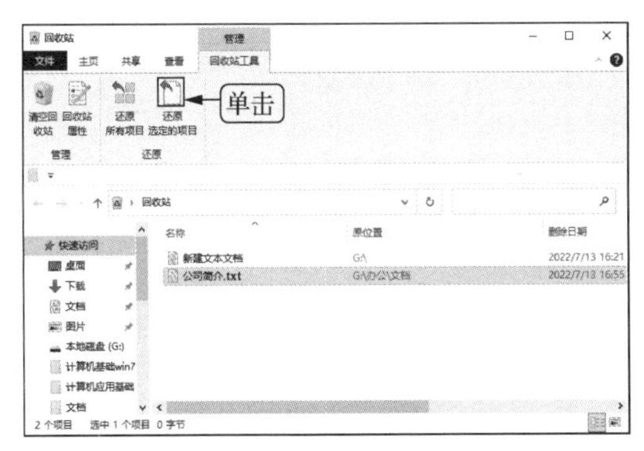

图 4-12　还原选定的项目

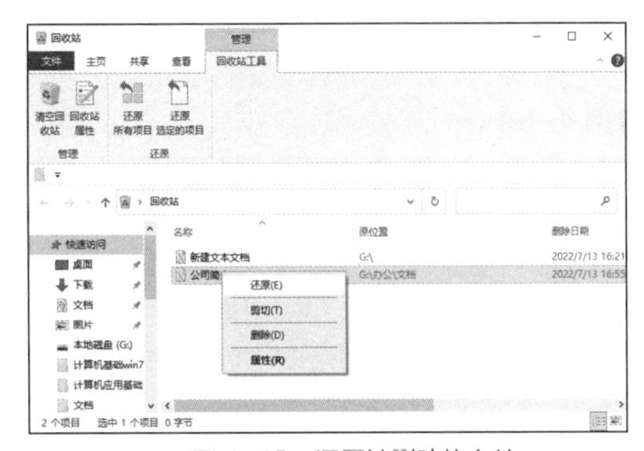

图 4-13　还原被删除的文件

提示 **选择文件后，按【Shift+Delete】组合键将不通过回收站，直接将文件从计算机中删除。此外，放入回站中的文件仍然会占用磁盘空间，在“回收站”窗口中单击工具栏中的按钮才能彻底删除文件。**

4. 搜索文件或文件夹

如果用户不知道文件或文件夹在磁盘中的位置，可以使用 Windows 10 的搜索功能来查找。搜索时如果不记得文件的名称，可以使用模糊搜索功能。其方法是：用通配符“*”来代表任意数量的任意字符，使用“? ”来代表某一位置上的任一个字母或数字，如“*.mp3”表示搜索当前位置下所有 MP3 格式的文件，而“pin?.mp3”则表示搜索当前位置下前 3 个字母为“pin”、第 4 位是任意字符的 MP3 格式的文件。

【例 4-4】搜索 E 盘中的 JPG 格式文件。

（1）用户只需在资源管理器窗口中打开需要搜索的位置，如需在所有磁盘中查找，则打开“此电脑”窗口，如需在某个磁盘分区或文件夹中查找，则打开具体的磁盘分区或文件夹窗口，这里打开 E 盘窗口。

（2）在窗口地址栏后面的搜索框中输入要搜索的文件信息，如这里输入“*.jpg”，如图 4-14 所示，系统会自动在搜索范围内搜索所有符合文件信息的对象，并在窗口工作区中显示搜索结果。

（3）根据需要，可以在“优化”组中选择“修改日期”“类型”“大小”“其他属性”选项来设置搜索条件，以缩小搜索范围。

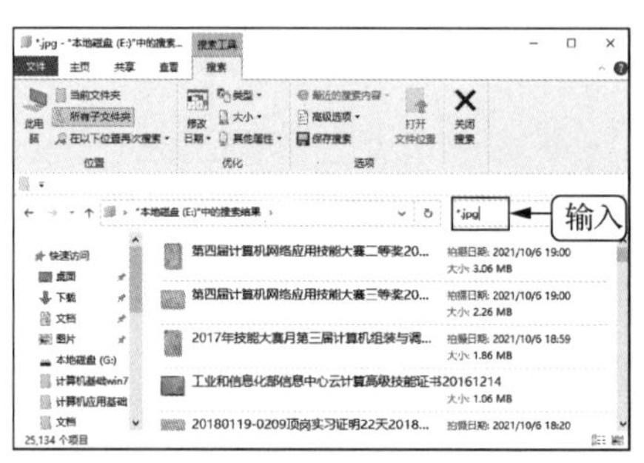

图 4-14　搜索 E 盘中的 JPG 格式文件

（二）设置文件和文件夹属性

文件属性主要包括隐藏属性、只读属性和归档属性 3 种。用户在查看磁盘文件的名称时，系统一般不会显示具有隐藏属性的文件名，具有隐藏属性的文件不能被删除、复制和更名，以起到保护作用；对于具有只读属性的文件，用户可以查看和复制，不会影响它的正常使用，但不能修改和删除，以避免意外删除和修改；文件被创建之后，系统会自动将其设置成归档属性，以便随时进行查看、编辑和保存。

【例 4-5】更改“公司员工名单.xlsx”文件的属性。

（1）打开“此电脑”窗口，再打开“G:\办公\表格”目录，在“公司员工名单.xlsx”文件上右击，在弹出的快捷菜单中选择“属性”命令，打开文件对应的属性对话框，如图 4-15 所示。

（2）在“常规”选项卡下的“属性”栏中选中“只读”复选框。

（3）单击 应用(A) 按钮，再单击 确定 按钮，完成文件属性的设置。如果要修改文件夹的属性，应用设置后还需打开图 4-16 所示的“高级属性”对话框，根据需要选择应用方式后单击 确定 按钮，即可设置相应的文件夹属性。

图 4-15　文件属性设置对话框

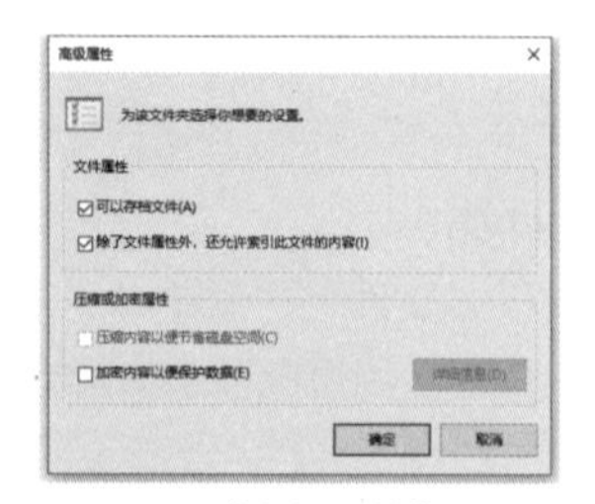

图 4-16　“高级属性”对话框

提 示　在图 4-15 所示的对话框中单击 高级(D)... 按钮可以打开“高级属性”对话框，在其中可以设置文件或文件夹的存档和加密属性。

（三）使用库

库是 Windows 10 中的一个新概念，其功能类似于文件夹，但它只是提供管理文件的索引，即用户可以通过库来直接访问，而不需要通过保存文件的位置去查找，所以文件并没有真正地被存放在库中。Windows 10 中自带了视频、图片、文档和音乐 4 个库，以便将常用文件资源添加到库中，用户也可以根据需要新建库文件夹。

微课 4-6　使用库

在 Windows 10 中，库默认不显示，若要将它显示出来时，需要手动操作。

（1）在桌面上双击“此电脑”图标，打开资源管理器，在窗口中单击“查看”选项卡，然后单击“选项”按钮，弹出“文件夹选项”对话框，如图 4-17 所示。

（2）单击“查看”选项卡，在“高级设置”列表框中勾选“显示库”复选框，单击“确定”按钮，如图 4-18 所示，完成设置。此时，在资源管理器左侧快捷方式区域可看到库，如图 4-19 所示。

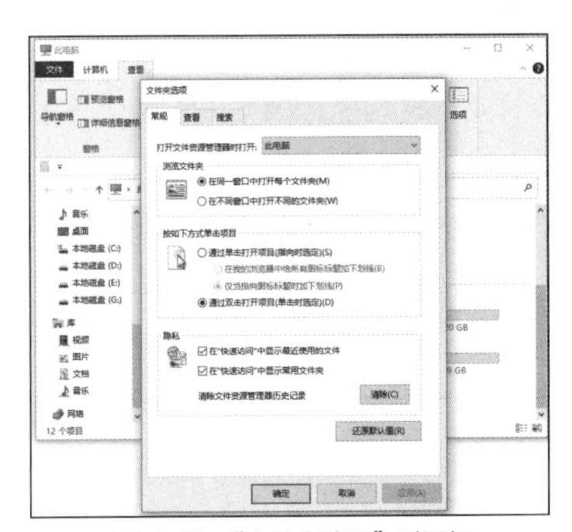

图 4-17　“文件夹选项”对话框

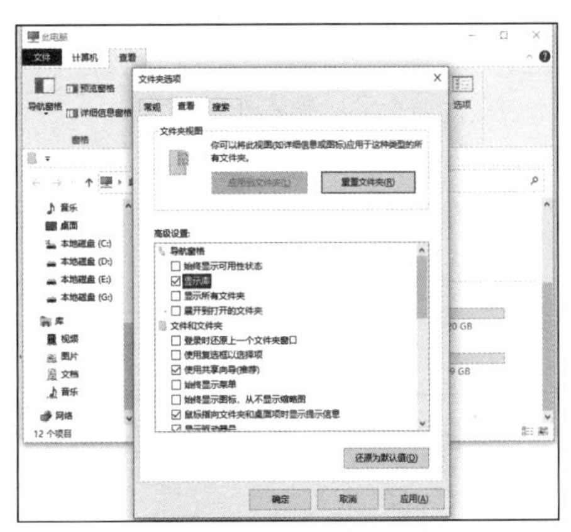

图 4-18　设置高级属性

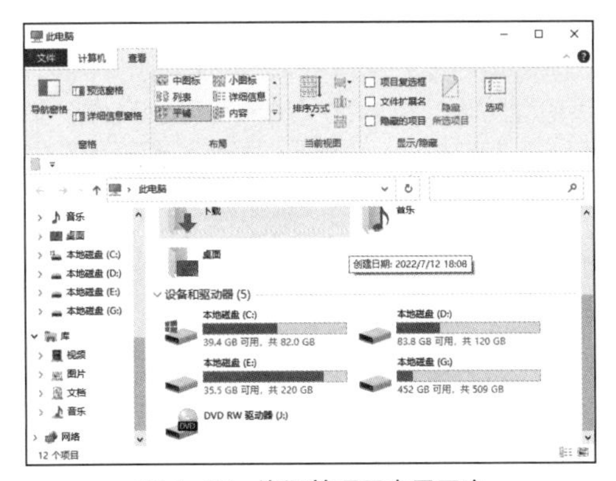

图 4-19　资源管理器中显示库

【例 4-6】 新建“办公”库，将“表格”文件夹添加到该库中。

（1）打开“此电脑”窗口，在导航窗格中单击“库”图标，打开库，此时在右侧窗口中将显示所有库，双击各个库便可打开进行查看。

（2）右击“库”图标，选择“新建”/“库”命令，输入库的名称“办公”，然后按【Enter】键，即可新建库，如图4-20所示。

（3）在导航窗格中选择“G:\办公”文件夹，选择要添加到库中的“表格”文件夹，然后选择“文件”/“包含到库中”/“办公”命令，即可将选择的文件夹中的文件添加到前面新建的“办公”库中，以后就可以通过“办公”库来查看文件了，效果如图4-21所示。用同样的方法还可将计算机中其他文件夹下的相关文件添加到库中。

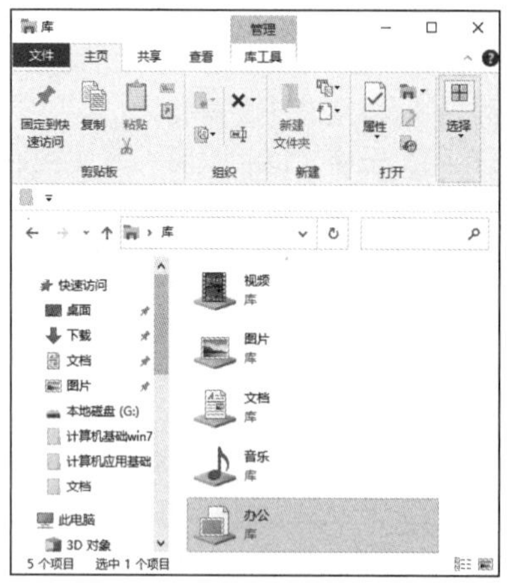

图4-20　新建库

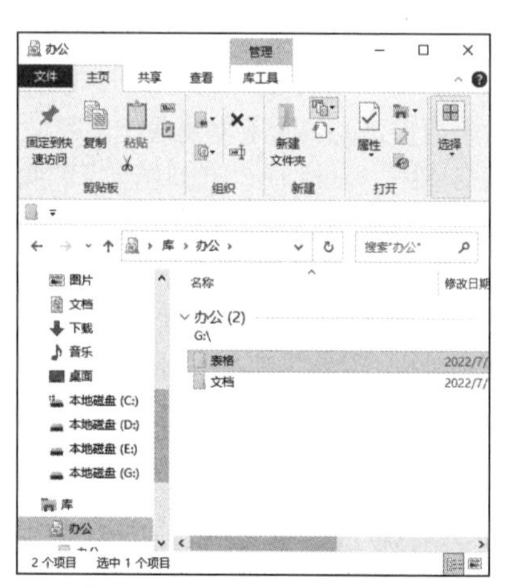

图4-21　将文件添加到库中

提示　**当不再需要使用库中的文件时，可以将其删除，删除方法是：在要删除文件的库上右击，在弹出的快捷菜单中选择“删除”命令。**

任务二　管理程序和硬件资源

任务要求

张燕成功应聘上了一家单位的前台岗位。该公司是新成立的，所有办公计算机都是新采购的。这天，张燕准备制作和打印一份客户接待登记表，同事给了她一份电子文件，张燕把文件复制到计算机后却发现无法打开，后来才发现这台计算机中没有安装Office软件，而且也没有安装打印机等硬件设备。因此，张燕只能自己动手来管理这台计算机中的程序和硬件等资源。

本任务要求掌握安装和卸载软件的方法，了解如何打开和关闭Windows功能，掌握如何安装打印机驱动程序和如何设置鼠标和键盘，以及如何使用Windows操作系统自带的多媒体播放器、画图程序和计算器等附件程序。

相关知识

（一）认识控制面板

控制面板中包含了不同的设置工具，用户可以通过控制面板对Windows 10进行设置，包括管理程序和打印机等资源。

选择“开始”/“Windows系统”/“控制面板”命令即可启动控制面板，其默认以“类别”方式显示，如图 4-22 所示。在“控制面板”窗口中单击不同的超链接即可进入相应的子分类设置窗口或打开参数设置对话框。单击 类别 按钮，在打开的下拉列表中选择“大图标”选项，可查看设置查看方式后的效果，图 4-23 所示为“大图标”查看方式。

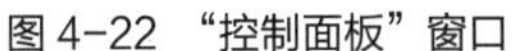
图 4-22 “控制面板”窗口

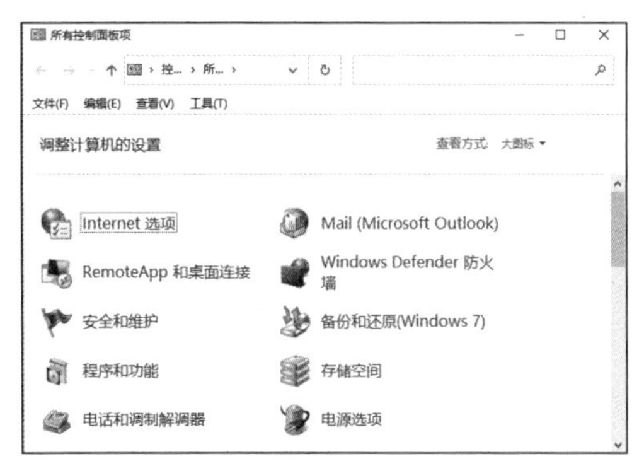

图 4-23 “大图标”查看方式

（二）计算机软件的安装注意事项

要安装软件，首先应获取软件的安装程序，有以下几种途径。

- 从软件销售商处购买安装光盘。光盘是存储软件和文件最好的媒介之一，用户可以从软件销售商处购买所需的安装光盘。
- 从网上下载安装程序。目前，许多的共享软件和免费软件都将其安装程序放置在网络上，通过网络，用户可以将所需的软件安装程序下载下来进行使用。
- 购买软件图书时获得赠送软件。一些软件方面的图书供应商常会以光盘的形式为读者提供一些小的软件程序，这些软件大都是免费的。

做好软件的安装准备工作后，即可开始安装软件。安装软件的一般方法及注意事项如下。

- 将安装光盘放入光驱，然后双击其中的“setup.exe”或“install.exe”文件（某些软件也可能是软件本身的名称），打开“安装向导”对话框，根据提示信息进行安装。某些安装光盘提供了智能化功能，只需将安装光盘放入光驱后，系统就会自动运行安装。
- 如果安装程序是从网上下载并存放在硬盘中的，则可在资源管理器中找到该安装程序的存放位置，双击其中的“setup.exe”或“install.exe”文件安装可执行文件，再根据提示进行操作。
- 软件一般安装在除系统盘的其他磁盘分区中，最好专门用一个磁盘分区来放置安装程序。杀毒软件和驱动程序等软件可安装在系统盘中。
- 在安装很多软件时要注意取消其开机启动选项，否则会默认将它们设置为开机启动软件，这样不但会影响计算机启动的速度，还会占用系统资源。
- 为确保安全，在网上下载的软件应事先进行查毒处理，然后再运行安装。

（三）计算机硬件的安装注意事项

硬件设备通常可分为即插即用型和非即插即用型两种。通常，将可以直接连接到计算机中使用的硬件设备称为即插即用型硬件，如 U 盘和移动硬盘等可移动存储设备。该类硬件不需要手动安装驱动程序，与计算机接口相连后系统可以自动识别，从而可以在系统中直接运行。

非即插即用型硬件是指连接到计算机后，需要用户自行安装驱动程序的计算机硬件设备，如打印机、扫描仪和摄像头等。要安装这类硬件，还需要准备与之配套的驱动程序，一般在购买硬件设备时由厂商提供安装程序。

任务实现

（一）安装和卸载应用程序

微课 4-7　安装和卸载应用程序

获取或准备好软件的安装程序后便可以开始安装软件，安装后的软件将会显示在“开始”菜单中的所有程序列表区中，部分软件还会自动在桌面上创建快捷启动图标。

【例 4-7】安装 Microsoft Office，并卸载计算机中不需要的软件。（本例以“微软中国官方商城”购买 Office365 服务为例）

（1）在网上搜索“微软中国官方商城”，在“软件”菜单下单击“office”，购买 Office365 账号后，单击“安装”按钮，即可下载应用程序，双击应用程序，进入安装界面直至安装成功，如图 4-24 所示。

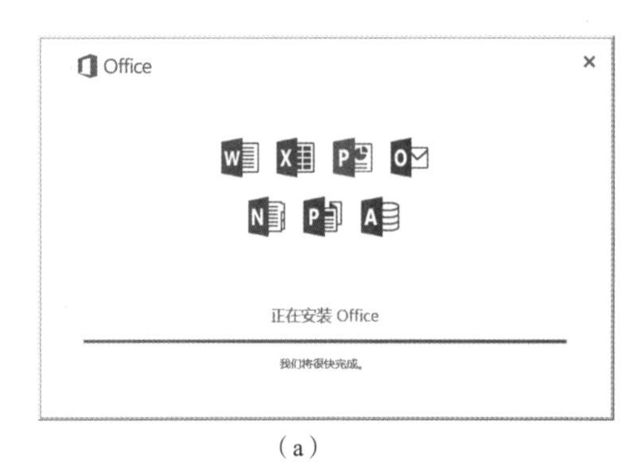

（a）

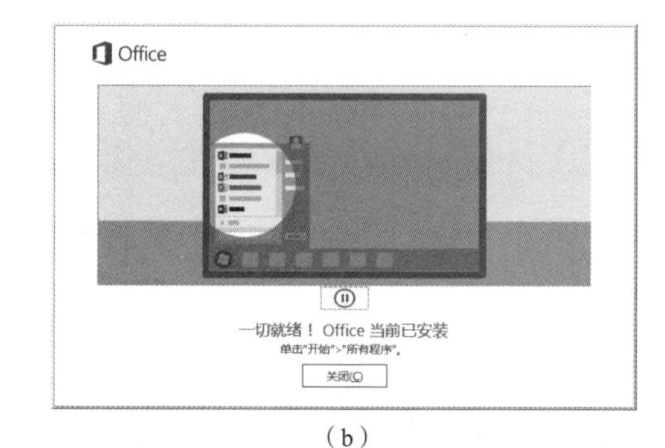

（b）

图 4-24　安装 Office365

（2）单击 Windows 10 的任务栏上默认固定图标，也可以在“开始”菜单的所有程序列表区中打开 Office365，如图 4-25 所示。

（3）选择“开始”/“设置”命令，打开“Windows 设置”窗口，选择“应用”打开“应用和功能”设置界面，如图 4-26 所示。在窗口中的“应用和功能”列表中可对相应程序进行修改和卸载等操作。

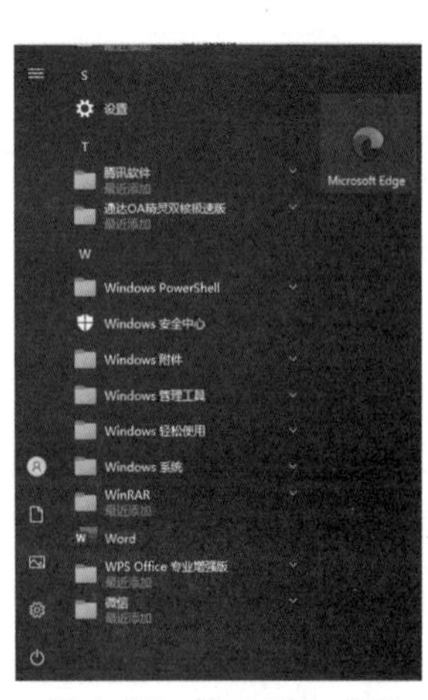

图 4-25　打开 Office365

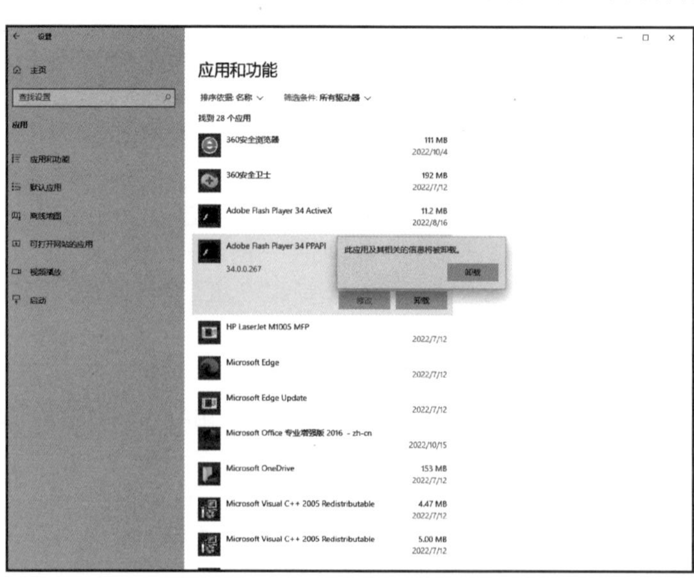

图 4-26　“应用和功能”设置界面

（4）在列表中选择要卸载的程序选项，然后单击工具栏中的 卸载 按钮，将打开确认是否卸载程序的提示对话框，单击 卸载 按钮即可确认并开始卸载程序。

提 示　软件自身提供了卸载功能的，可以在“开始”菜单中卸载，其方法是：选择“开始”/“所有程序”命令，在“所有程序”列表中展开程序文件夹，然后选择“卸载”等相关命令（若没有类似命令则通过控制面板进行卸载），再根据提示进行操作便可完成软件的卸载，有些软件在卸载后还会要求重启计算机以彻底删除该软件的安装文件。

（二）启用和关闭 Windows 功能

Windows 10 自带了一些组件程序及功能，包括 IE 浏览器、媒体功能、游戏和打印服务等，用户可根据需要通过打开和关闭操作来决定是否启用这些功能。

【例 4-8】启用 Windows 10 的 Windows Media Player 媒体功能。

微课 4-8　启用和关闭 Windows 功能

（1）选择“开始”/“Windows 系统”/“控制面板”命令，打开“所有控制面板项”窗口，在“大图标”查看方式下单击“程序和功能”超链接，在打开的“程序和功能”窗口中单击“启用或关闭 Windows 功能”超链接。

（2）系统检测 Windows 功能后，打开图 4-27 所示的“Windows 功能”对话框，在该对话框的列表框中显示了所有的 Windows 功能选项，如选项前的复选框显示为■，表示该功能中的某些子功能被启用；如选项前的复选框显示为☑，则表示该功能中的所有子功能都被启用。

（3）单击某个功能选项前的⊞标记，即可在展开的列表中显示该功能中的所有子功能选项，这里展开“媒体功能”选项，选中“Windows Media Player”复选框，则可启用媒体播放器功能，如图 4-28 所示。

（4）单击 确定 按钮，系统将打开提示对话框并显示该项功能的配置进度，完成后系统将自动关闭该对话框和“Windows 功能”窗口。

（5）Windows 功能更改后需要重新启动计算机，此时单击 立即重新启动(N) 按钮即可。

图 4-27　“Windows 功能”对话框

图 4-28　启用“Windows Media Player”媒体功能

（三）安装打印机硬件驱动程序

安装打印机，首先应将设备与计算机主机相连接，然后还需安装打印机的驱动程序。安装其他外部计算机设备时也可参考安装打印机的方法。

【例 4-9】连接打印机，然后安装打印机的驱动程序。

（1）不同的打印机有不同类型的端口，常见的有 USB、LPT 和 COM 端口，可参见打印机的使用说明书。将数据线的一端插入机箱后面相应的插口中，再将另一端与打印机接口相连，即可连接打印机，如图 4-29 所示，然后打开打印机的电源开关。

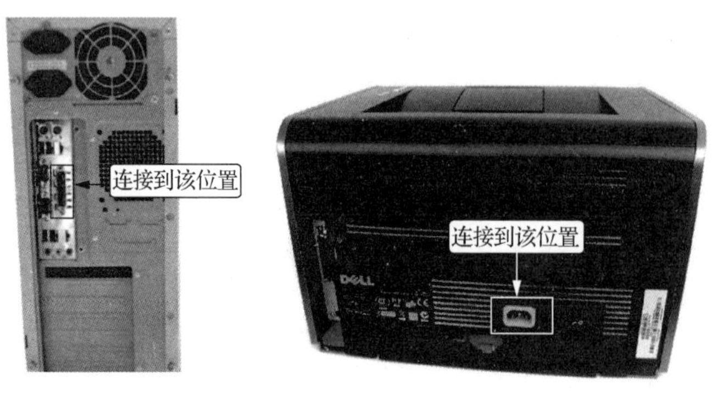

图 4-29 连接打印机

（2）选择“开始”/“Windows 系统”/“控制面板”命令，打开“所有控制面板项”窗口，单击“设备和打印机”超链接，打开“设备和打印机”窗口，单击添加打印机按钮，如图 4-30 所示。

（3）弹出“添加设备”窗口，系统会自动搜索可以添加的设备和打印机。若系统未找到需要添加的设备和打印机，可以单击“我所需的打印机未列出”超链接。在打开的“添加打印机”对话框中选择“通过手动设置添加本地打印机或网络打印机”单选项，如图 4-31 所示。

图 4-30 “设备和打印机”窗口

图 4-31 添加打印机

（4）单击下一页(N)按钮后，在打开的“选择打印机端口”界面中选择“使用现有的端口”单选项，在其后面的下拉列表中选择打印机连接的端口（一般使用默认端口设置），然后单击下一页(N)按钮，如图 4-32 所示。

（5）在打开的“安装打印机驱动程序”界面中的“厂商”列表框中选择打印机的生产厂商，在“打印机”列表框中选择安装打印机的型号，单击下一页(N)按钮，如图 4-33 所示。

（6）打开“选择要使用的驱动程序版本”界面，根据实际，本例选择“使用当前已安装的驱动程序（推荐）（U）”，单击下一页(N)按钮，打开“键入打印机名称”界面，在“打印机名称”文本框中输入名称，这里使用默认名称，单击下一页(N)按钮，如图 4-34 所示。

（7）系统开始安装驱动程序，安装完成后打开“打印机共享”界面，如果不需要共享打印机则单击选中“不共享这台打印机”单选项，单击下一页(N)按钮，如图 4-35 所示。

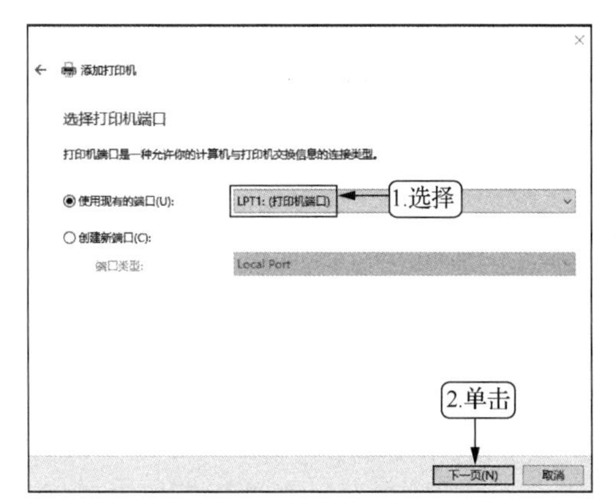

图 4-32　选择打印机端口

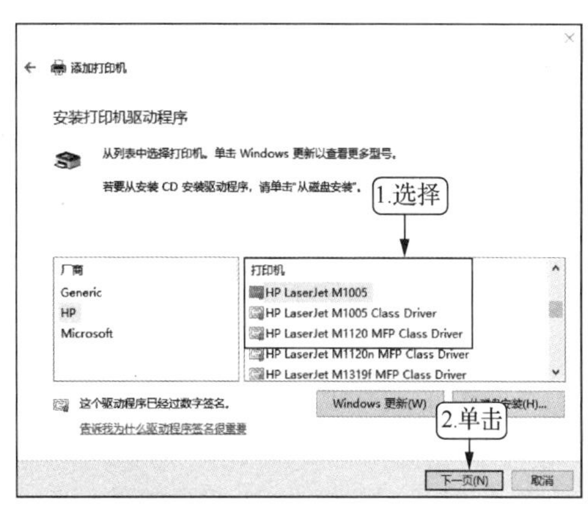

图 4-33　选择打印机厂商和型号

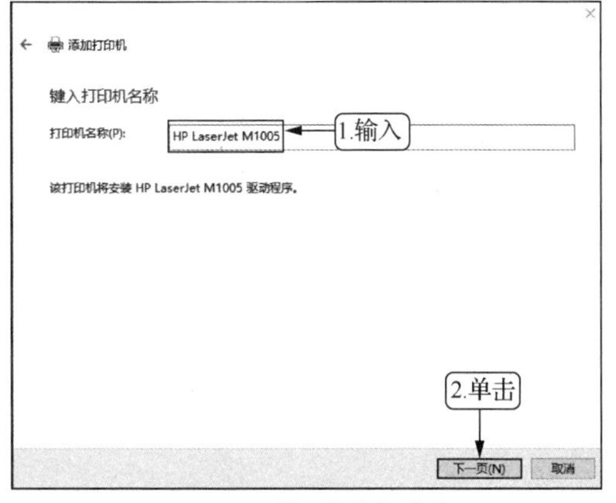

图 4-34　输入打印机名称

图 4-35　共享设置

（8）在打开的界面中单击选中“设置为默认打印机”复选框可设置其为默认的打印机，单击完成(F)按钮完成打印机的添加，如图 4-36 所示。

（9）打印机安装完成后，单击“开始”/“Windows 系统”/“控制面板”命令，打开“所有控制面板项”窗口，单击“设备和打印机”超链接，打开“设备和打印机”窗口，在打开的窗口中双击安装的打印机图标，即可根据打开的窗口查看打印机状态，包括查看当前打印内容、设置打印属性和调整打印选项等，如图 4-37 所示。

图 4-36　完成打印机的添加

图 4-37　查看安装的打印机

提 示　**如果要安装网络打印机，可在图 4-31 所示的对话框中选择“添加可检测到蓝牙、无线或网络的打印机”选项，系统将自动搜索与本机联网的所有打印机设备，选择打印机型号后将自动安装驱动程序。**

（四）设置鼠标和键盘

鼠标和键盘是计算机中重要的输入设备，用户可以根据需要对其参数进行设置。

1. 设置鼠标

设置鼠标主要包括调整双击的速度、更换鼠标指针样式以及设置鼠标指针选项等。

【例 4-10】设置鼠标指针样式方案为“Windows 黑色（系统方案）”，调节鼠标的双击速度和移动速度，并设置移动鼠标指针时会产生“移动轨迹”效果。

（1）选择“开始”/“Windows 系统”/“控制面板”命令，打开“所有控制面板项”窗口，单击“硬件和声音”超链接，在打开的窗口中单击“鼠标”超链接，如图 4-38 所示。

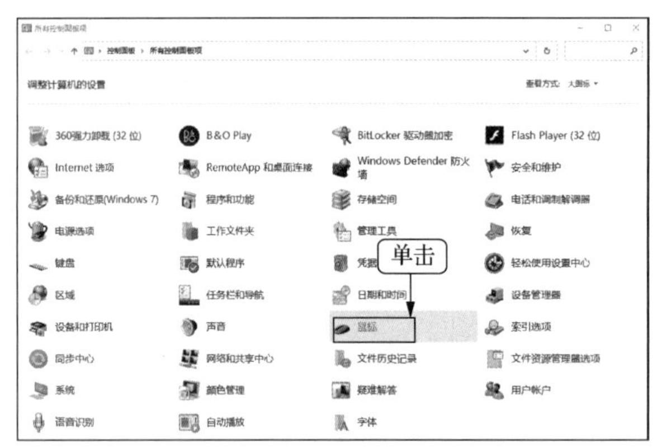

图 4-38　单击“鼠标”超链接

（2）在打开的“鼠标 属性”对话框中单击“鼠标键”选项卡，在“双击速度”栏中拖曳“速度”滑动条中的滑块可以调节双击速度，如图 4-39 所示。

（3）单击“指针”选项卡，然后单击“方案”栏中的下拉列表框的下拉按钮，在打开的下拉列表中选择鼠标样式方案，这里选择“Windows 黑色（系统方案）”选项，如图 4-40 所示。

图 4-39　调节鼠标双击速度

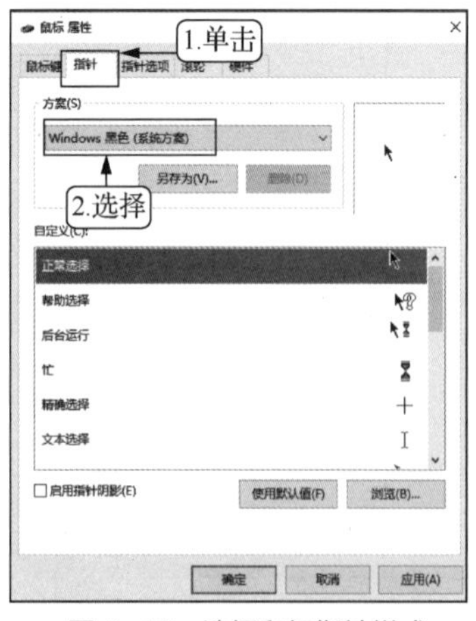

图 4-40　选择鼠标指针样式

（4）单击应用(A)按钮，此时鼠标指针样式变为设置后的样式。如果要自定义某个鼠标状态下的指针样式，则在“自定义”列表框中选择需单独更改样式的鼠标状态选项，然后单击浏览(B)...按钮进行选择。

（5）单击“指针选项”选项卡，在“移动”栏中拖曳滑块可以调整鼠标指针的移动速度，单击选中“显示指针轨迹”复选框，如图 4-41 所示，移动鼠标指针时会产生“移动轨迹”效果。

（6）单击确定按钮，完成对鼠标的设置。

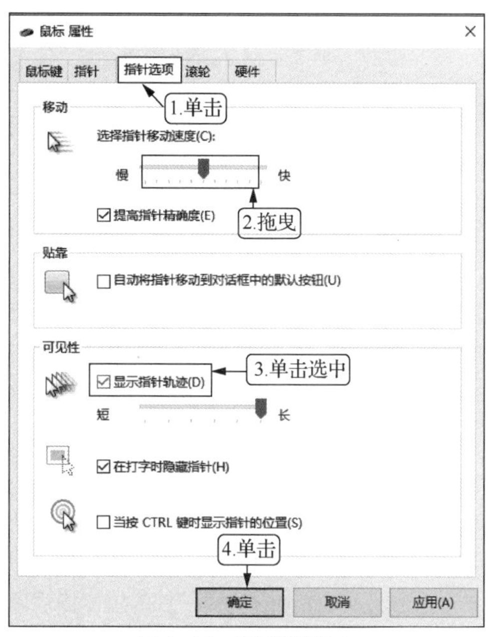

图 4-41　设置指针选项

提 示　**习惯用左手进行鼠标操作的用户，可以在“鼠标属性”对话框的“鼠标键”选项卡中单击选中“切换主要和次要的按钮”复选框，在其中设置交换鼠标左右键的功能，从而方便使用左手进行鼠标操作。**

2. 设置键盘

在 Windows 10 中，设置键盘主要是调整键盘的响应速度及光标的闪烁速度。

【例 4-11】设置缩短键盘重复输入一个字符的延迟时间，使重复输入字符的速度最快，并适当调整光标的闪烁速度。

微课 4-11　设置键盘

（1）选择“开始”/“Windows 系统”/“控制面板”命令，打开“所有控制面板项”窗口，在窗口右上角的“查看方式”下拉列表中选择“小图标”选项，如图 4-42 所示，切换至“小图标”查看方式。

（2）单击“键盘”超链接，打开图 4-43 所示的“键盘 属性”对话框，单击“速度”选项卡，向右拖曳“字符重复”栏中的“重复延迟”滑块，缩短键盘重复输入一个字符的延迟时间，如向左拖曳，则增加延迟时间；向右拖曳“重复速度”滑块，加快重复输入字符的速度。

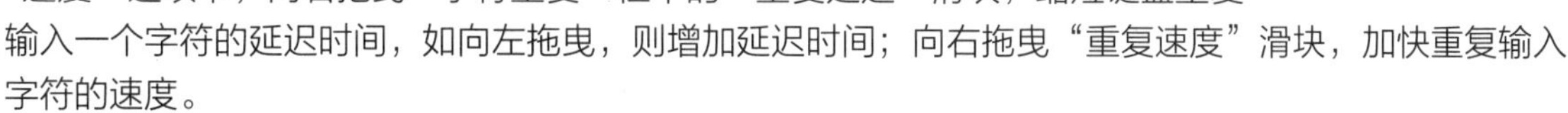

（3）在“光标闪烁速度”栏中拖曳滑块改变在文本编辑软件（如记事本）中插入点在编辑位置的闪烁速度，如通过向左拖曳滑块将光标闪烁速度设置为中等速度。

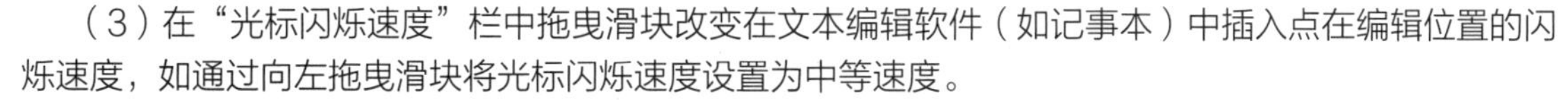

（4）单击确定按钮，完成设置。

图 4-42　选择“小图标”选项

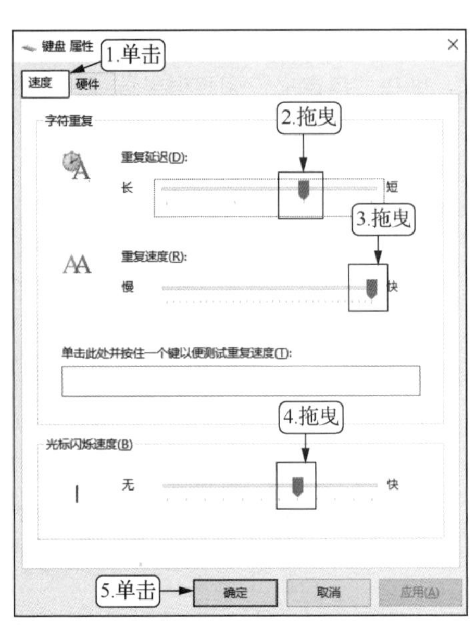

图 4-43　设置键盘属性

（五）使用附件程序

Windows 10 中提供了一系列的实用工具程序，包括多媒体播放器、画图程序和计算器等。下面简单介绍它们的使用方法。

1．使用多媒体播放器

Windows Media Player 是 Windows 10 中自带的一款多媒体播放器，使用它可以播放各种格式的音频文件和视频文件，还可以播放 VCD 和 DVD 电影。只需选择“开始”/“Windows 附件”/“Windows Media Player”命令，即可启动多媒体播放器，其界面如图 4-44 所示。

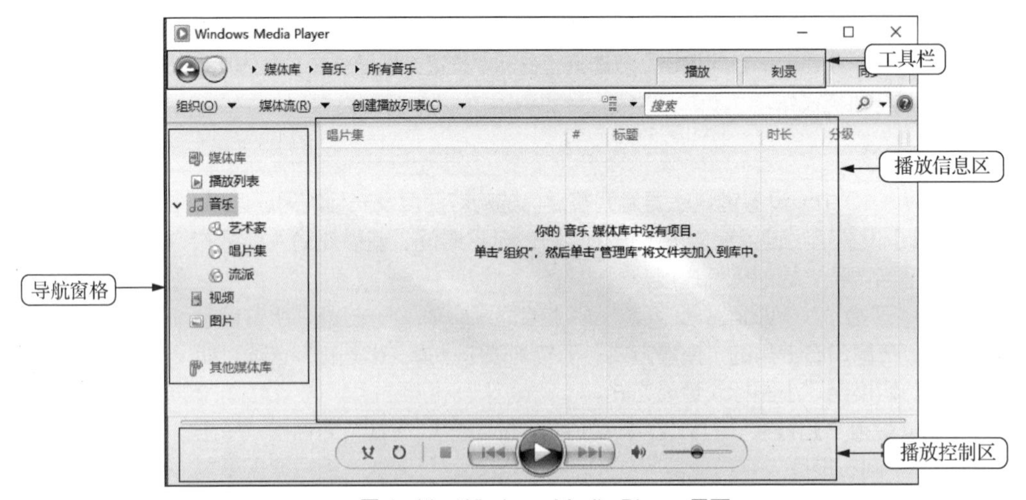

图 4-44　Windows Media Player 界面

播放音频文件或视频文件的方法主要有以下几种。

- 在工具栏中右击，在弹出的快捷菜单中选择“文件”/“打开”命令或按【Ctrl+O】组合键，在打开的“打开”对话框中选择需要播放的音频文件或视频文件，然后单击打开(O)按钮，即可在 Windows Media Player 中播放这些文件，如图 4-45 所示。

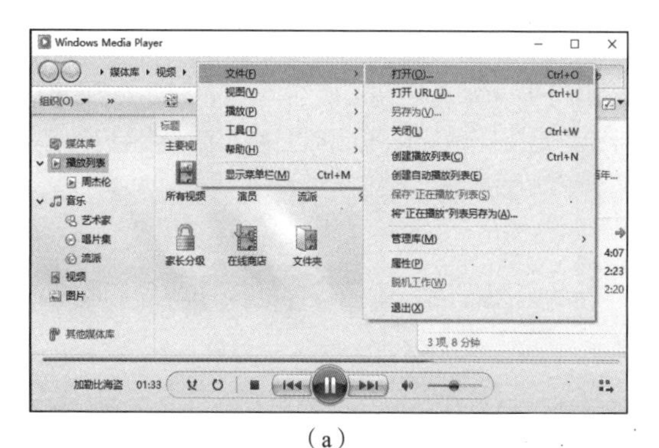

（a）

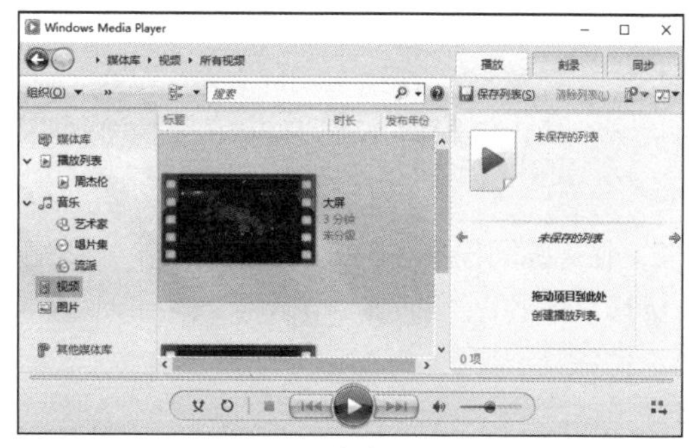

（b）

图 4-45　在默认的库视图下打开媒体文件

- 在窗口工具栏中右击，在弹出的快捷菜单中选择“视图”/“外观”命令，将播放器切换到“外观”模式，然后选择“文件”/“打开”命令，即可打开并播放计算机中的媒体文件，如图 4-46 所示。

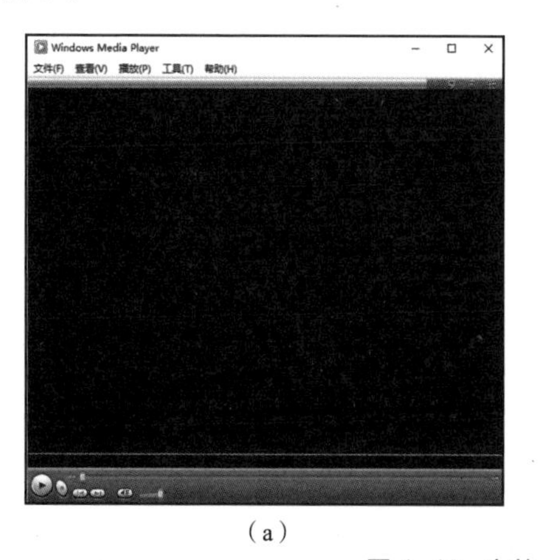

（a）

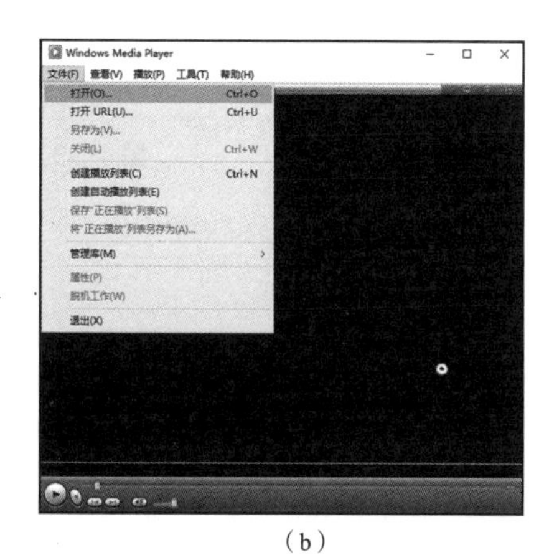

（b）

图 4-46　在外观视图下打开媒体文件

- Windows Media Player 支持直接播放光盘中的多媒体文件，其方法是：将光盘放入光驱中，然后在 Windows Media Player 的工具栏中右击，在弹出的快捷菜单中选择“播放”/“播放/DVD、VCD 或 CD 音频”命令。
- 使用媒体库可以将存放在计算机中不同位置的媒体文件集合在一起，通过媒体库，用户可以快速找到并播放相应的多媒体文件。其方法是：单击工具栏中的创建播放列表(C)按钮，在导航窗格的“播放列表”目录下将新建一个播放列表，输入播放列表名称后按【Enter】键确认创建，创建后选择导航窗格中的“音乐”选项，在“所有音乐”列表中拖曳需要的音乐到新建的播放列表中，如图 4-47 所示，添加后双击播放列表中的选项即可播放音乐，如图 4-48 所示。

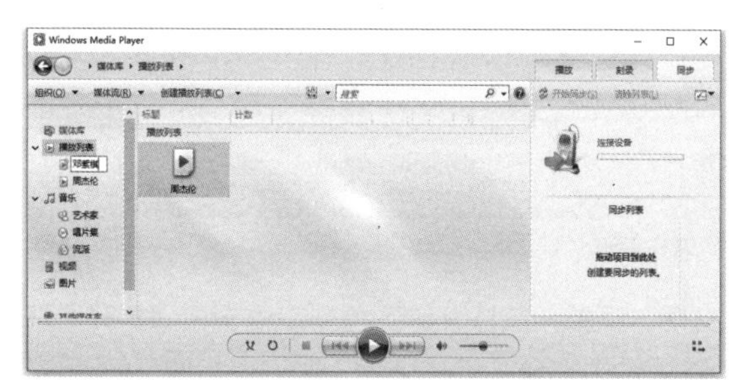

图 4-47　将音乐添加到播放列表

图 4-48　播放播放列表中的音乐

> **注意**　如果要播放视频或图片文件，Windows Media Player 将自动切换到“正在播放”视图模式，如果再切换到“媒体库”模式，将只能听见声音而无法显示视频和图片。

2. 使用画图程序

选择“开始”/“Windows 附件”/“画图”命令，启动画图程序，画图程序的操作界面如图 4-49 所示。

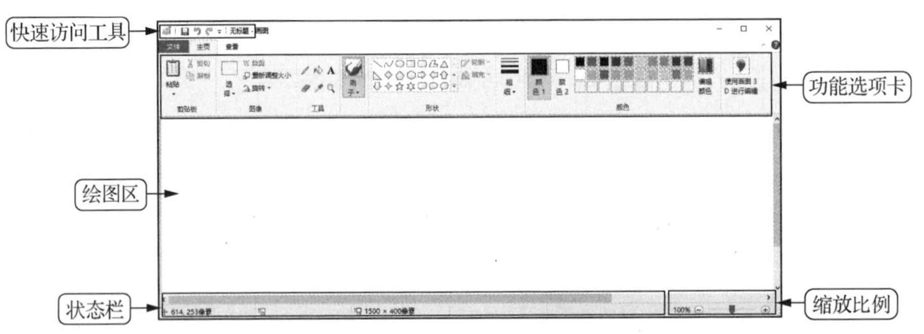

图 4-49　画图程序的操作界面

画图程序中所有绘制工具及编辑命令都集中在“主页”选项卡中，因此，画图所需的大部分操作都可以在功能区中完成。利用画图程序可以绘制各种简单形状的图形，也可以打开计算机中已有的图像文件进行编辑，其方法如下。

- 绘制图形。单击“形状”组中的各个按钮，然后在“颜色”组中选择一种颜色，移动鼠标指针到绘图区，按住鼠标左键不放并拖曳鼠标，便可以绘制出相应形状的图形，绘制图形后单击“工具”组中的“用颜色填充”按钮，然后在“颜色”组中选择一种颜色，单击绘制的图形，即可用颜色填充图形，效果如图 4-50 所示。

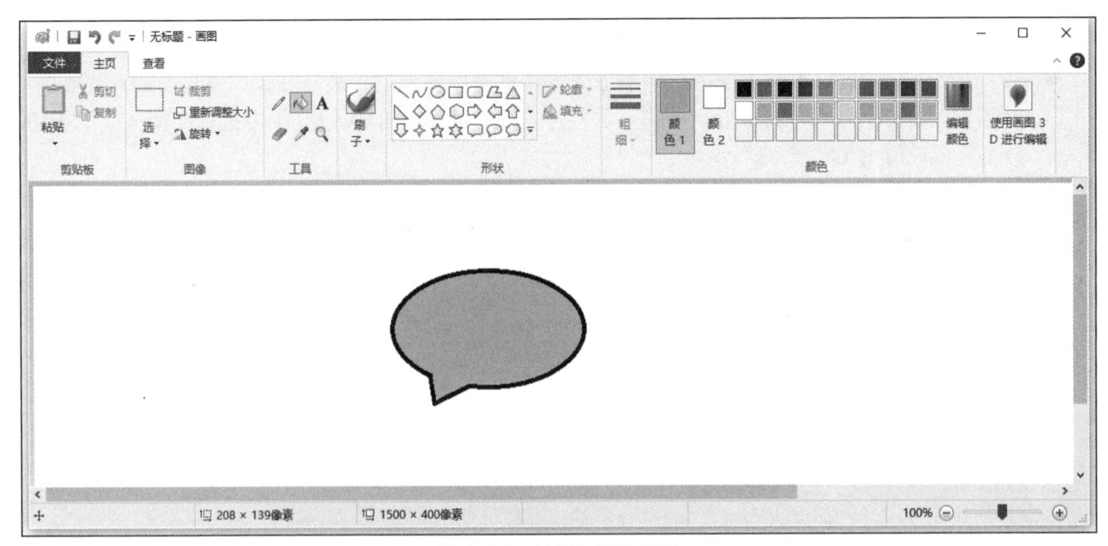

图 4-50　绘制和填充图形

- 打开和编辑图像文件。启动画图程序后单击“文件”菜单，在打开的下拉列表中选择“打开”选项或按【Ctrl+O】组合键，在打开的“打开”对话框中找到并选择图像，单击 打开(O) 按钮打开图像。打开图像后单击“图像”组中的 旋转 按钮，在打开的下拉列表中选择需要旋转的方向和角度，可以旋转图像，如图 4-51 所示；单击“图像”组中的“选择”按钮 下方的下拉按钮 ，在打开的下拉列表中选择“矩形选择”选项，在图像中按住鼠标左键不放并拖曳鼠标即可选择局部图像区域，选择图像后按住鼠标左键不放进行拖曳可以移动图像的位置，若单击“图像”组中的 裁剪 按钮，将自动裁剪掉多余的部分，留下被框选部分的图像。

图 4-51　打开并旋转图像

3. 使用计算器

当需要计算大量数据，而周围又没有合适的计算工具时，可以使用 Windows 10 自带的“计算器”程序。它除了有适合大多数人使用的标准计算模式以外，还有适合特殊情况的科学、绘图、程序员和日期计算等模式。

选择“开始”/“计算器”命令，默认将启动标准型计算器，如图 4-52 所示。标准型计算器的使用与现实中计算器的使用方法基本相同，只需使用鼠标指针单击操作界面中相应的按钮即可计算。对于标准型计算器不能完成的计算任务，可以选择“查看”菜单下其他类型的计算器，用于实现较复杂的数值计算。

图 4-52　标准型计算器

课后练习

1. 选择题

（1）在 Windows 10 中，选择多个连续的文件或文件夹，应首先选择第一个文件或文件夹，然后按（　　）键不放，再单击最后一个文件或文件夹。

A.【Tab】　　B.【Alt】
C.【Shift】　　D.【Ctrl】

（2）在 Windows 10 中，被放入回收站中的文件仍然占用（　　）。

A. 磁盘空间　　B. 内存空间
C. 软件空间　　D. 光盘空间

（3）Windows 10 中用于设置系统和管理计算机硬件的应用程序是（　　）。

A. 资源管理器　　B. 控制面板
C.“开始”菜单　　D.“此电脑”窗口

2. 操作题

（1）管理文件和文件夹，具体要求如下。

① 在计算机 D 盘下新建 FENG、WARM 和 SEED 3 个文件夹，再在 FENG 文件夹下新建 WANG 子文件夹，在该子文件夹中新建一个 JIM.txt 文件。

② 将 WANG 子文件夹下的 JIM.txt 文件复制到 WARM 文件夹中。

③ 将 WARM 文件夹中的 JIM.txt 文件设置为隐藏和只读属性。

④ 将 WARM 文件夹下的 JIM.txt 文件删除。

（2）利用计算器计算“(355+544−45)÷2”。

（3）利用画图程序绘制一个粉红色的心形图形，最后以“心形”为名保存到桌面。

（4）从网上下载搜狗拼音输入法的安装程序，然后安装到计算机中。

项目五　编辑 Word 文档

Word是微软公司推出的Office办公软件的核心组件之一，它是一个功能强大的文字处理软件。使用Word不仅可以进行简单的文字处理，还能制作出图文并茂的文档，以及进行长文档的排版和特殊版式的编排。本项目通过3个典型任务，介绍Word 2016的基本操作，包括启动与退出Word 2016、Word 2016工作界面的组成、操作Word文档、设置文档格式和图文混排等内容。

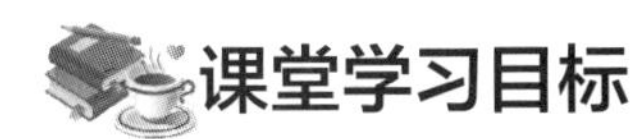

课堂学习目标

- 输入和编辑学习计划
- 编辑招聘启事
- 编辑公司简介

任务一　输入和编辑学习计划

任务要求

小赵是一名大学生，开学第一天，辅导老师要求大家针对大学期间的学习制订一份电子学习计划，以提高学习效率。接到任务后，小赵先思考了一下大致计划，形成大纲，然后利用 Word 2016 相关功能完成学习计划文档的编辑，编辑完成后的文档效果如图 5-1 右侧所示。辅导老师对学习计划的要求如下。

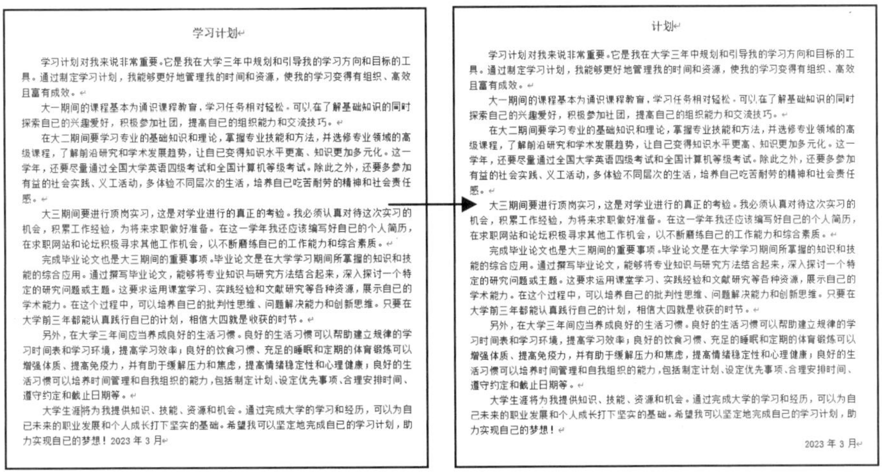

图 5-1　文档效果

- 新建一个空白文档，并将其以“学习计划”为名称进行保存。
- 在文档中通过空格或即点即输的方式输入图5-1左侧所示的文本。
- 将“2023年3月”文本移动到文档末尾右下角。
- 查找全文中的“自已” 并替换为“自己”。
- 将文档标题“学习计划”修改为“计划”。
- 撤销并恢复所做的修改，然后保存文档。

相关知识

（一）启动和退出Word 2016

在计算机中安装Office 2016后便可启动相应的组件，包括Word 2016、Excel 2016和PowerPoint 2016，各个组件的启动和退出方法相同。下面以启动和退出Word 2016为例进行讲解。

1. 启动Word 2016

Word 2016的启动很简单，与其他常见应用软件的启动方法相似，主要有以下3种启动方法。

- 选择“开始”/“Word 2016”命令。
- 创建了Word 2016的桌面快捷方式后，双击桌面上的快捷方式。
- 在任务栏中的任务区单击Word 2016图标。

2. 退出Word 2016

退出Word 2016主要有以下4种方法。

- 单击Word 2016窗口右上角的“关闭”按钮。
- 选择“文件”/“关闭”命令。
- 按【Alt+F4】组合键。
- 右击Word 2016窗口标题栏处，在弹出的快捷菜单中选择“关闭”命令。

（二）熟悉Word 2016工作界面

启动Word 2016后将进入其工作界面，如图5-2所示。下面对Word 2016工作界面中主要组成部分进行介绍。

1. 标题栏

标题栏位于Word 2016工作界面的顶端，用于显示程序名称和文档名称、右侧的“窗口控制”按钮组（包含“最小化”按钮、“最大化”按钮和“关闭”按钮），可分别用于最小化、最大化和关闭窗口。

2. 快速访问工具栏

快速访问工具栏中显示了一些常用的工具按钮，默认按钮有“保存”按钮、“撤销”按钮、“恢复”按钮。用户还可自定义按钮，只需单击该工具栏右侧的“自定义快捷访问工具栏”按钮，在打开的下拉列表中选择相应选项。

3. “文件”菜单

“文件”菜单中的内容与Office其他版本中的“文件”菜单类似，主要用于执行与该组件相关文档的新建、打开、保存等基本命令，单击“文件”菜单，打开的窗口右侧列出了用户经常使用的文档名称，选择“选项”命令，可打开“选项”对话框，在其中可对Word组件进行常规、显示、校对等多项设置。

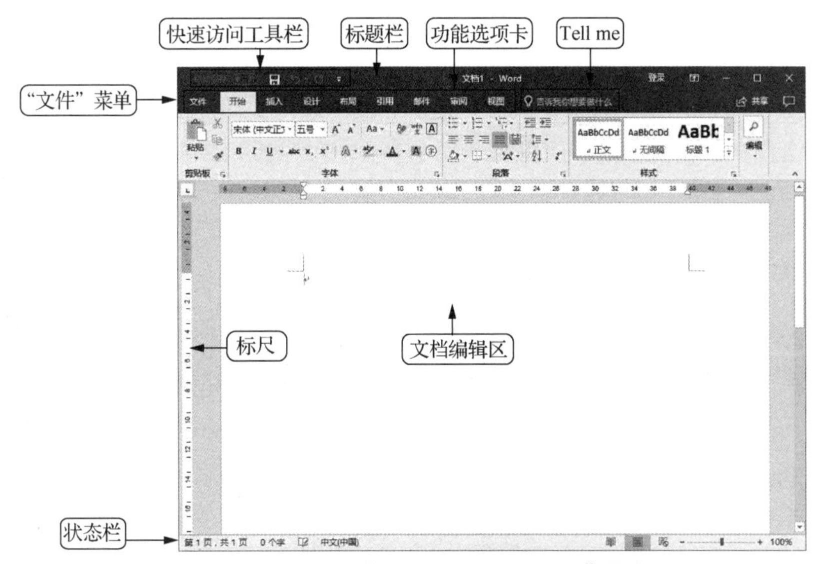

图 5-2 Word 2016 工作界面

4. 功能选项卡

Word 2016 默认包含 8 个功能选项卡，单击任一选项卡可打开对应的功能区，再单击其他选项卡可切换到相应的功能区，每个选项卡中分别包含了相应的功能组集合。

5. 标尺

标尺主要用于对文档内容进行定位，位于文档编辑区上侧的标尺称为水平标尺，位于其左侧的标尺称为垂直标尺，通过拖曳水平标尺中的缩进按钮还可快速调节段落的缩进和文档的边距。

6. 文档编辑区

文档编辑区指输入与编辑文本的区域，对文本进行的各种操作结果都显示在该区域中。新建一个空白文档后，在文档编辑区的左上角将显示一个闪烁的鼠标光标，称为插入点，该鼠标光标所在位置便是文本的起始输入位置。

7. 状态栏

状态栏位于工作界面的底端，主要用于显示当前文档的工作状态，包括当前页数、字数和输入状态等，右侧依次显示视图切换按钮和比例调节滑块。

8. Tell me 搜索框

Tell me 搜索框即告诉我你想要做什么，位于功能卡右侧，若有解决不了的问题可尝试在搜索框处输入并查找方案。例如，想显示标尺，直接输入“标尺”，按【Enter】键，标尺就设置好了。

提示 **单击“视图”选项卡，在“显示比例”组中单击“显示比例”按钮，可打开“显示比例”对话框调整显示比例，单击“100%”按钮，可使文档的显示比例变为 100%。**

（三）自定义 Word 2016 工作界面

由于 Word 工作界面大部分内容是默认的，用户可根据使用习惯和操作需要，定义一个适合自己的工作界面，其中包括自定义快速访问工具栏、自定义功能区、显示或隐藏文档中的元素等。

1. 自定义快速访问工具栏

为了操作方便，用户可以在快速访问工具栏中添加常用的命令按钮、删除不需要的命令按钮、改变快速访问工具栏的位置。

- 添加常用的命令按钮。单击快速访问工具栏右侧的按钮，在打开的下拉列表中选择常用的选项，如选择“打开”选项，可将该命令按钮添加到快速访问工具栏中。
- 删除不需要的命令按钮。在快速访问工具栏的命令按钮上右击，在弹出的快捷菜单中选择“从快速访问工具栏删除”命令，可将相应的命令按钮从快速访问工具栏中删除。
- 改变快速访问工具栏的位置。单击快速访问工具栏右侧的按钮，在打开的下拉列表中选择“在功能区下方显示”选项，可将快速访问工具栏显示到功能区下方；再在下拉列表中选择“在功能区上方显示”选项，可将快速访问工具栏还原到默认位置。

提 示　**在 Word 2016 工作界面中选择“文件”/“选项”命令，在打开的“Word 选项”对话框中单击“快速访问工具栏”选项卡，在其中也可根据需要自定义快速访问工具栏。**

2. 自定义功能区

在 Word 2016 工作界面中，用户可选择“文件”/“选项”命令，在打开的“Word 选项”对话框中单击“自定义功能区”选项卡，在其中根据需要显示或隐藏相应的功能选项卡、创建新的选项卡、在选项卡中创建组和重命名等，如图 5-3 所示。

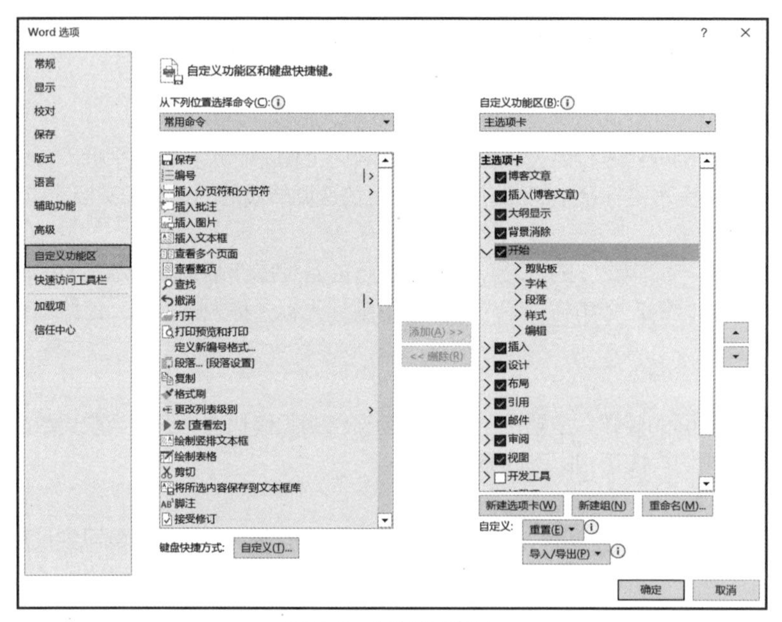

图 5-3　自定义功能区

- 显示或隐藏主选项卡。在“自定义功能区”列表框中单击选中或取消选中主选项卡对应的复选框，即可在功能区中显示或隐藏该主选项卡内容。
- 创建新的选项卡。在“自定义功能区”选项卡中单击新建选项卡(W)按钮，在“主选项卡”列表框中可创建“新建选项卡（自定义）”复选框，然后单击选中创建的复选框，再单击重命名(M)...按钮，在打开的“重命名”对话框的“显示名称”文本框中输入名称，单击确定按钮，可为新建的选项卡重命名。
- 在功能区中创建组。选择新建的选项卡，在“自定义功能区”选项卡中单击新建组(N)按钮，在选项卡下创建组，然后选择创建的组，再单击重命名(M)...按钮，在打开的“重命名”对话框的“符号”列表框中选择一个图标，并在“显示名称”文本框中输入名称，单击确定按钮，可为新建的组重命名。

- 在组中添加命令。选择新建的组，在“自定义功能区”选项卡的“从下列位置选择命令”列表框中选择需要的命令，然后单击 添加(A) >> 按钮即可将命令添加到组中。
- 删除自定义的命令。在“自定义功能区”选项卡的“自定义功能区”列表框中选中相应的主选项卡的复选框，然后单击 << 删除(R) 按钮即可将自定义的选项卡或组删除。若要一次性删除所有自定义的功能区，可单击 重置(E) ▾ 按钮，在打开的下拉列表中选择“重置所有自定义项”选项，在打开的提示对话框中单击 是(Y) 按钮，即可恢复 Word 2016 默认的功能区效果。

提 示　双击某个选项卡，或单击选项卡右端的“功能区最小化”按钮 ^ ，可将功能区最小化显示；再次双击某个选项卡，或单击选项卡右侧的“功能区最小化”按钮 ^ ，可将其显示为默认状态。

3. 显示或隐藏文档中的元素

Word 2016 的文本编辑区中包含多个元素，如标尺、网格线、导航窗格和滚动条等，编辑文本时可根据需要隐藏一些不需要的元素或将隐藏的元素显示出来。显示或隐藏文档中的元素的方法有两种。

- 在“视图”/“显示”组中单击选中或取消选中标尺、网格线和导航窗格元素对应的复选框，即可在文档中显示或隐藏相应的元素，如图 5-4 所示。
- 在“Word 选项”对话框中单击“高级”选项卡，向下拖曳对话框右侧的滚动条，在“显示”栏中单击选中或取消选中“显示水平滚动条”“显示垂直滚动条”“在页面视图中显示垂直标尺”复选框，也可在文档中显示或隐藏相应的元素，如图 5-5 所示。

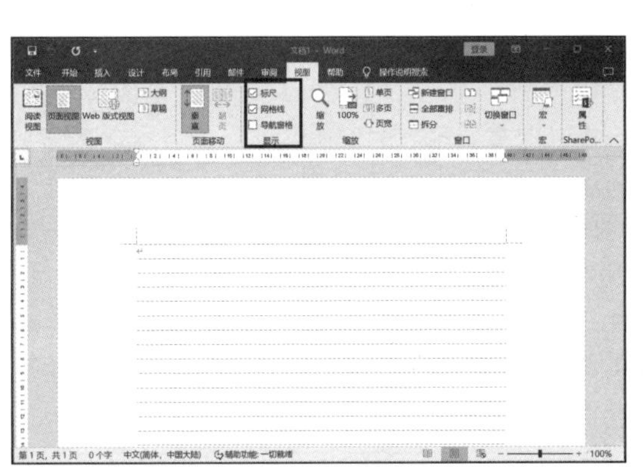

图 5-4　在“视图”选项卡中设置显示或隐藏文档中的元素

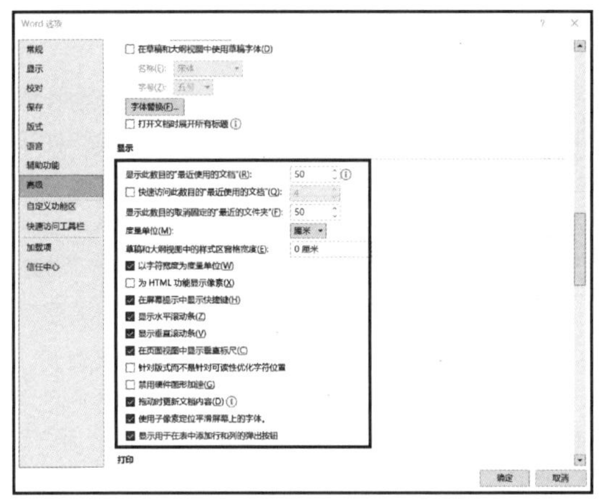

图 5-5　在“Word 选项”对话框中设置显示或隐藏文档中的元素

任务实现

（一）创建“学习计划”文档

微课 5-1　创建“学习计划”文档

启动 Word 2016 后，用户可根据需要手动创建符合要求的文档，其具体操作如下。

（1）选择“开始”/“Word 2016”命令，启动 Word 2016。

（2）选择“文件”/“新建”命令，在打开的窗口中选择“空白文档”选项新建文档，如图 5-6 所示，或在打开的任意文档中按【Ctrl+N】组合键也可新建文档。

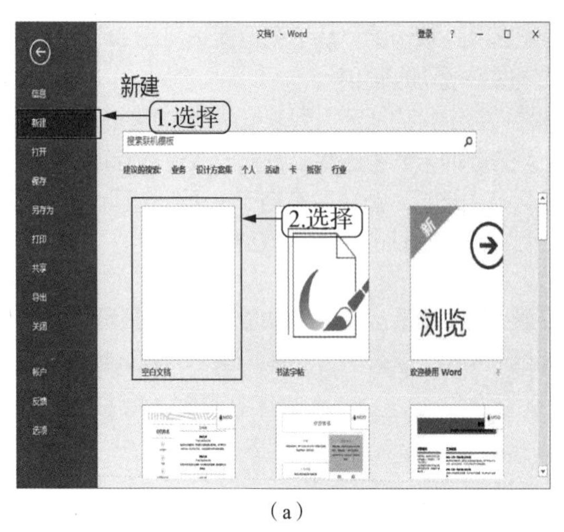

（a）

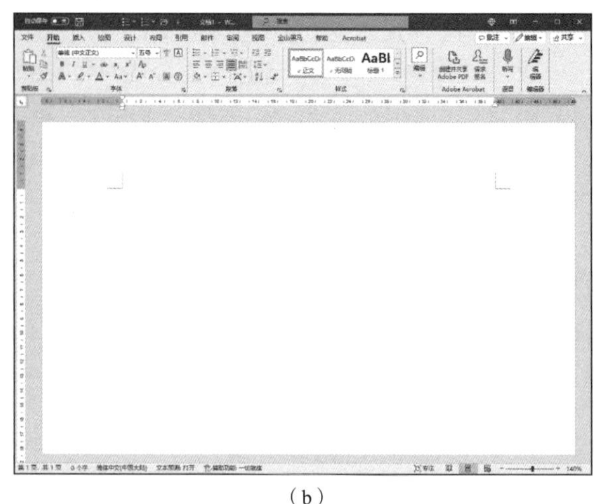

（b）

图 5-6　新建文档

提 示　**在窗口中间的“搜索联机模板”文本框中还可搜索更多的模板样式。例如，要搜索论文模板，输入“论文”后，单击“搜索”按钮，可联机查询到符合条件的多个模板。系统将下载该模板并新建文档，用户可根据提示在相应的位置输入新的文档内容。**

（二）输入文档文本

创建文档后就可以在文档中输入文本，运用 Word 的即点即输功能可轻松在文档中的不同位置输入需要的文本，其具体操作如下。

微课 5-2　输入文档文本

（1）将鼠标指针移至文档上方的中间位置，当鼠标指针变成I≡形状时双击，将插入点定位到此处。

（2）切换至中文输入法，输入文档标题“学习计划”文本。

（3）将鼠标指针移至文档标题下方左侧需要输入文本的位置，此时鼠标指针变成I≡形状，双击将插入点定位到此处，如图 5-7 所示。

（4）输入正文文本，按【Enter】键换行，使用相同的方法输入其他文本，完成学习计划文档的输入，效果如图 5-8 所示。

图 5-7　定位插入点

图 5-8　输入效果

（三）复制和移动文本

若要输入与文档中已有内容相同的文本，可使用复制操作；若要将所需文本内容从一个位置移动到另一个位置，可使用移动操作。下面具体介绍复制文本和移动文本。

1. 复制文本

复制文本是指在目标位置为原位置的文本创建一个副本，复制文本后，原位置和目标位置都将存在该文本。复制文本的方法有多种，下面分别进行介绍。

- 选择所需文本后，在“开始”/“剪贴板”组中单击“复制”按钮复制文本，定位到目标位置，在“开始”/“剪贴板”组中单击“粘贴”按钮粘贴文本。
- 选择所需文本后，在其上右击，在弹出的快捷菜单中选择“复制”命令，定位到目标位置后右击，在弹出的快捷菜单中选择“粘贴”命令粘贴文本。
- 选择所需文本后，按【Ctrl+C】组合键复制文本，定位到目标位置，按【Ctrl+V】组合键粘贴文本。
- 选择所需文本后，按住【Ctrl】键不放，将其拖曳到目标位置。

微课 5-3 复制和移动文本

2. 移动文本

移动文本是指将文本从原来的位置移动到文档中的其他位置，其具体操作如下。

（1）选择正文最后一段末的“2022 年 3 月”文本，在“开始”/“剪贴板”组中单击“剪切”按钮剪切，如图 5-9 所示，或按【Ctrl+X】组合键。

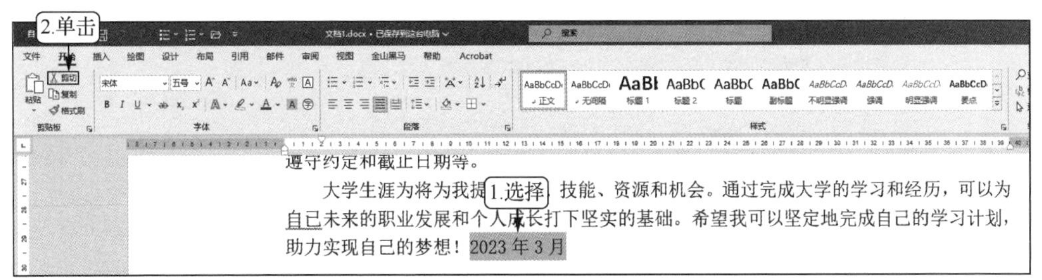

图 5-9 剪切文本

（2）在文档右下角双击定位插入点，在“开始”/“剪贴板”组中单击“粘贴”按钮，如图 5-10 所示，或按【Ctrl+V】组合键，即可移动文本。

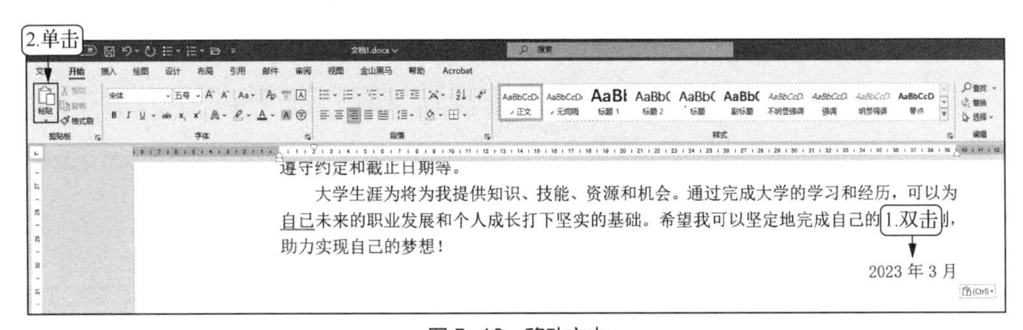

图 5-10 移动文本

提 示 **选择所需文本，将鼠标指针移至选择的文本上，按住鼠标左键直接将其拖曳到目标位置，释放鼠标后，可将选择的文本移至目标位置。**

（四）查找和替换文本

微课 5-4　查找和替换文本

当文档中多次出现某个文字或短句错误时，可使用查找与替换功能来检查和修改错误部分，以节省时间并避免遗漏，其具体操作如下。

（1）将插入点定位到文档开始处，在“开始”/“编辑”组中单击“替换”按钮，如图 5-11 所示，或按【Ctrl+H】组合键。

（2）打开“查找和替换”对话框，如图 5-12 所示，分别在“查找内容”和“替换为”文本框中输入“自已”和“自己”。

（3）单击 查找下一处(F) 按钮，即可看到文档中所查找到的第一个“自已”文本呈选中状态。

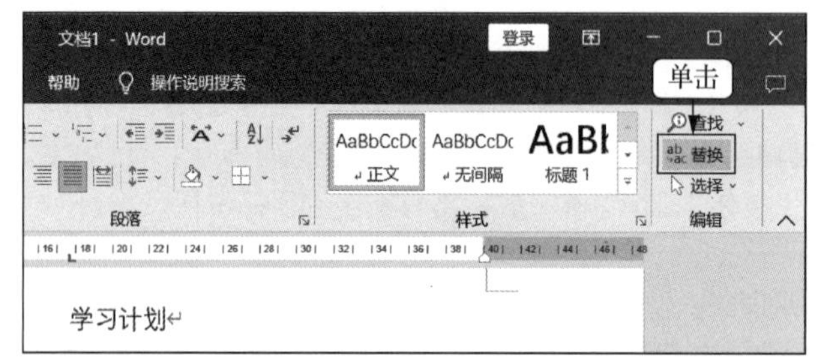

图 5-11　单击“替换”按钮

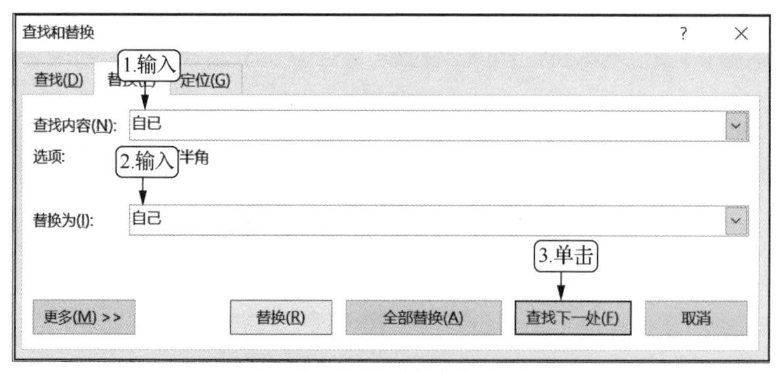

图 5-12　“查找和替换”对话框

（4）继续单击 查找下一处(F) 按钮，直至出现对话框提示已完成对文档的搜索，单击 确定 按钮，返回“查找和替换”对话框，单击 全部替换(A) 按钮，如图 5-13 所示。

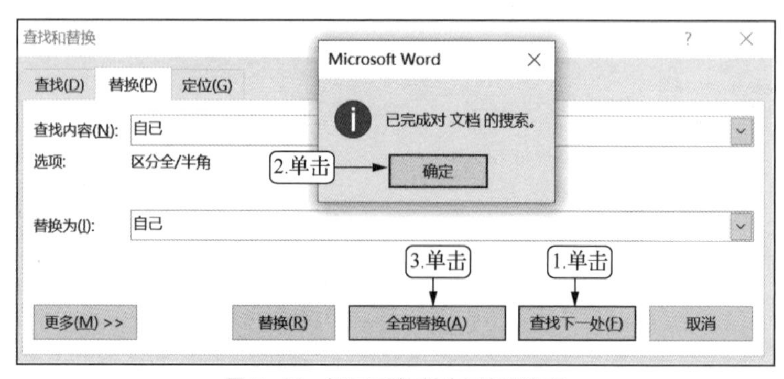

图 5-13　提示已完成对文档的搜索

（5）打开提示对话框，提示完成替换的次数，直接单击 确定 按钮即可完成替换，如图 5-14 所示。

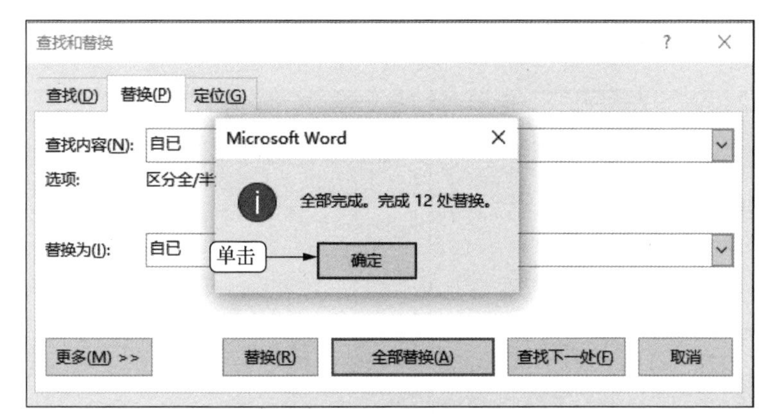

图 5-14 完成替换

（6）单击 关闭 按钮，关闭“查找和替换”对话框，如图 5-15 所示，此时在文档中即可看到“自已”已全部替换为“自己”，如图 5-16 所示。

图 5-15 关闭“查找和替换”对话框

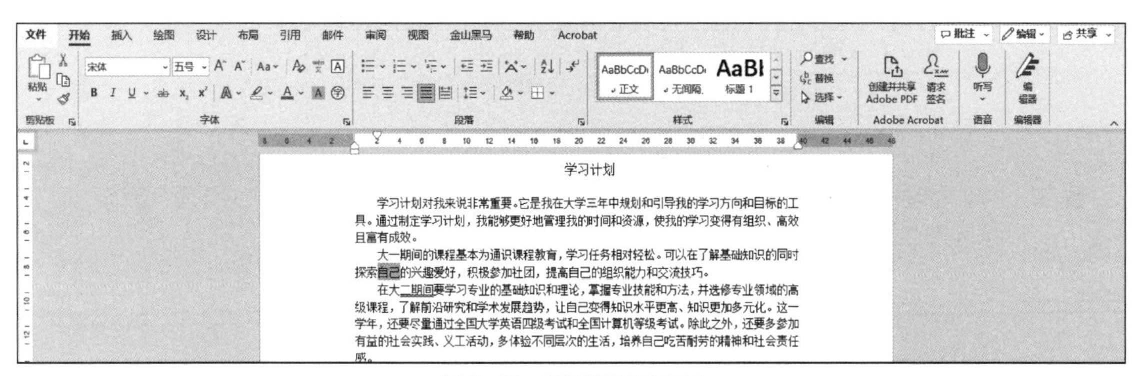

图 5-16 查看替换文本效果

（五）撤销与恢复操作

Word 2016 有自动记录功能，如果在编辑文档时执行了错误操作，可进行撤销，同时也可恢复被撤销的操作，其具体操作如下。

（1）将文档标题“学习计划”修改为“计划”。

（2）单击快速访问工具栏中的“撤销”按钮，如图 5-17 所示，或按

【Ctrl+Z】组合键，即可恢复到将“学习计划”修改为“计划”前的文档效果。

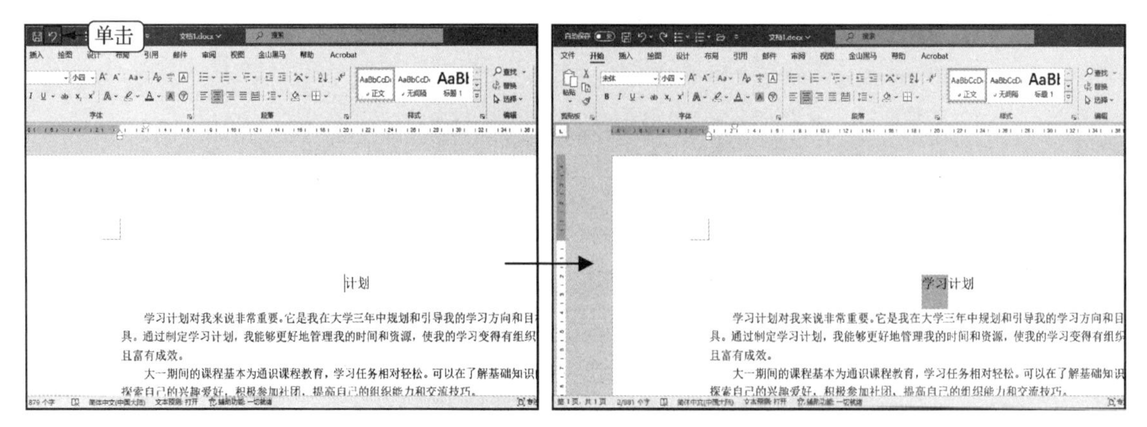

图 5-17 撤销操作

（3）单击“重复键入”按钮，如图 5-18 所示，或按【Ctrl+Y】组合键，便可以恢复到上一撤销操作前的文档效果。

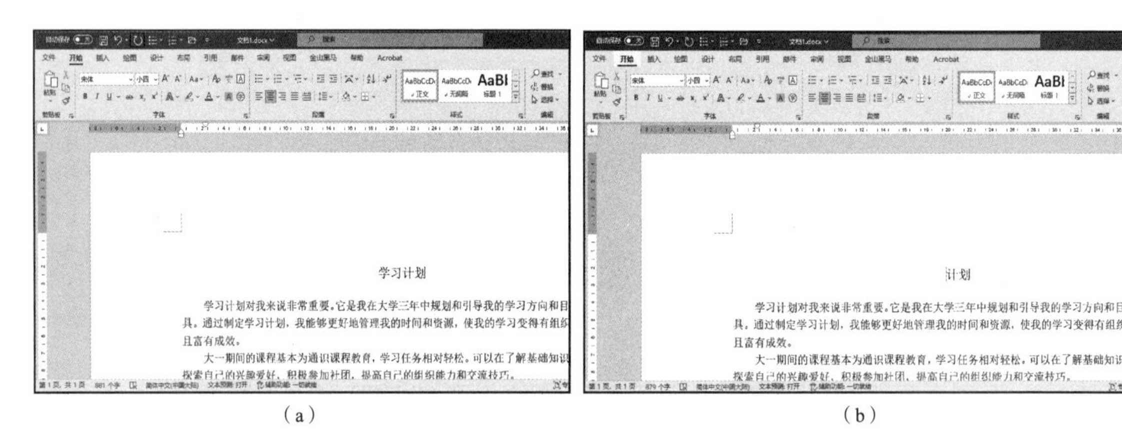

图 5-18 恢复操作

提 示　单击按钮右侧的下拉按钮，在打开的下拉列表中选择与撤销步骤对应的选项，系统将根据选择的选项自动将文档还原为执行该步骤之前的状态。

（六）保存“学习计划”文档

微课 5-6　保存“学习计划”文档

完成对文档的各种编辑操作后，将其保存在计算机中，使其以文件形式存在，便于对其进行查看和修改，其具体操作如下。

（1）选择“文件”/“另存为”命令，打开“另存为”对话框。

（2）在地址栏中选择文档的保存路径，在文件名文本框中输入文件的保存名称，完成后单击 保存(S) 按钮，如图 5-19 所示。

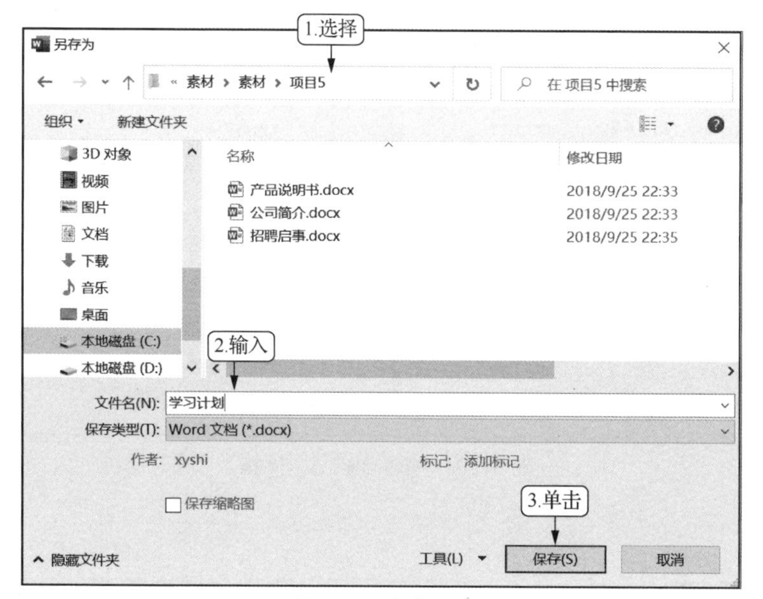

图 5-19　保存文档

提 示　**再次打开并编辑文档后，只需按【Ctrl+S】组合键，或单击快速访问工具栏中的“保存”按钮，或选择“文件”/“保存”命令，即可直接保存更改后的文档。**

任务二　编辑招聘启事

任务要求

小李在人力资源部工作。最近，公司因业务发展需要，新成立了销售部，该部门需要向社会招聘相关的销售人才，上级要求小李制作一份美观大方的招聘启事，便于在人才市场现场招聘时使用。接到任务后，小李找到相关负责人确认了招聘岗位和招聘人数，并进行了招聘启事的初步制作，最后利用 Word 2016 的相关功能进行设计，完成后参考效果如图 5-20 所示。制作招聘启事的相关要求如下。

- 设置标题格式为“华文琥珀、二号”，正文字号为“四号”。
- 二级标题格式为“四号、加粗、红色”，并为“数字业务”设置着重号。
- 设置标题居中对齐，最后三行文本右对齐，正文需要首行缩进两个字符。
- 设置标题段前和段后间距为“1 行”，设置二级标题的行间距为“多倍行距、3”。为二级标题统一设置项目符号“➢”。
- 为“岗位职责：”与“职位要求：”之间的文本内容添加“1.2.3.”样式的编号。
- 为邮寄地址和电子邮件地址设置字符边框和字符底纹。
- 为标题文本应用“深红”底纹。
- 为“岗位职责：”与“职位要求：”文本之间的段落应用“方框”边框样式，边框样式为双线样式，并设置底纹颜色为“白色，背景 1，深色 15%”。
- 设置完成后使用相同的方法为其他段落设置边框与底纹样式。
- 打开“加密文档”对话框，为文档加密，设置密码为“123456”。

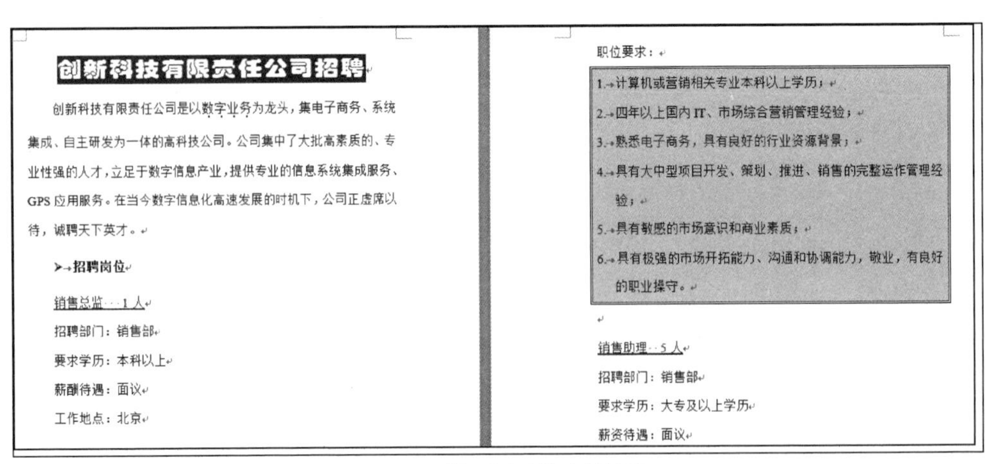
创新科技有限责任公司招聘

创新科技有限责任公司是以数字业务为龙头，集电子商务、系统集成、自主研发为一体的高科技公司。公司集中了大批高素质的、专业性强的人才，立足于数字信息产业，提供专业的信息系统集成服务、GPS 应用服务。在当今数字信息化高速发展的时机下，公司正虚席以待，诚聘天下英才。

➤ 招聘岗位

销售总监 1 人

招聘部门：销售部

要求学历：本科以上

薪酬待遇：面议

工作地点：北京

职位要求：

1. 计算机或营销相关专业本科以上学历；
2. 四年以上国内 IT、市场综合营销管理经验；
3. 熟悉电子商务，具有良好的行业资源背景；
4. 具有大中型项目开发、策划、推进、销售的完整运作管理经验；
5. 具有敏感的市场意识和商业素质；
6. 具有极强的市场开拓能力、沟通和协调能力，敬业，有良好的职业操守。

销售助理 5 人

招聘部门：销售部

要求学历：大专及以上学历

薪资待遇：面议

图 5-20 “招聘启事”文档效果

（一）认识字符格式

字符和段落格式主要通过“字体”和“段落”组，以及“字体”和“段落”对话框进行设置。选择相应的字符或段落文本，然后在“字体”或“段落”组中单击相应按钮，便可快速设置常用字符或段落格式。“字体”和“段落”组如图 5-21 所示。

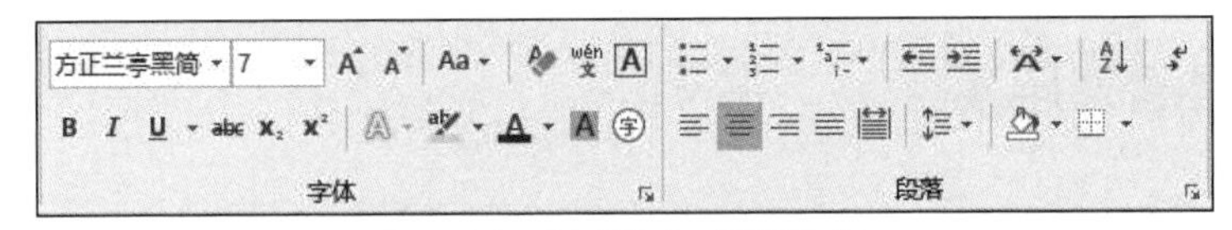

图 5-21 “字体”和“段落”组

其中，“字体”组和“段落”组右下角都有一个“对话框启动器”图标，单击该图标将打开对应的对话框，在其中可进行更为详细的设置。

（二）自定义编号起始值

在使用段落编号的过程中，有时需要重新定义编号的起始值。可先选择应用了编号的段落，在其上右击，在弹出的快捷菜单中选择“设置编号值”命令，即可在打开的对话框中输入新编号列表的起始值或选择继续编号，如图 5-22 所示。

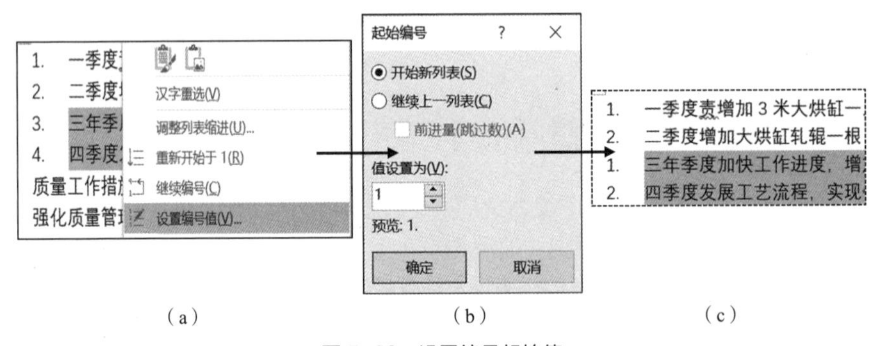

图 5-22 设置编号起始值

（三）自定义项目符号样式

Word 2016 中默认提供了一些项目符号样式，若要使用其他符号或计算机中的图片文件作为项目符号，可在“开始”/“段落”组中单击“项目符号”按钮 右侧的下拉按钮，在打开的下拉列表中选择“定义新项目符号”选项，然后在打开的对话框中单击 符号(S)... 按钮，打开“符号”对话框，选择需要的符号即可；在“定义新项目符号”对话框中单击 图片(P)... 按钮，再在打开的对话框中选择计算机中的图片文件，单击“插入”按钮，则可将计算机中的图片文件作为项目符号。设置项目符号样式如图 5-23 所示。

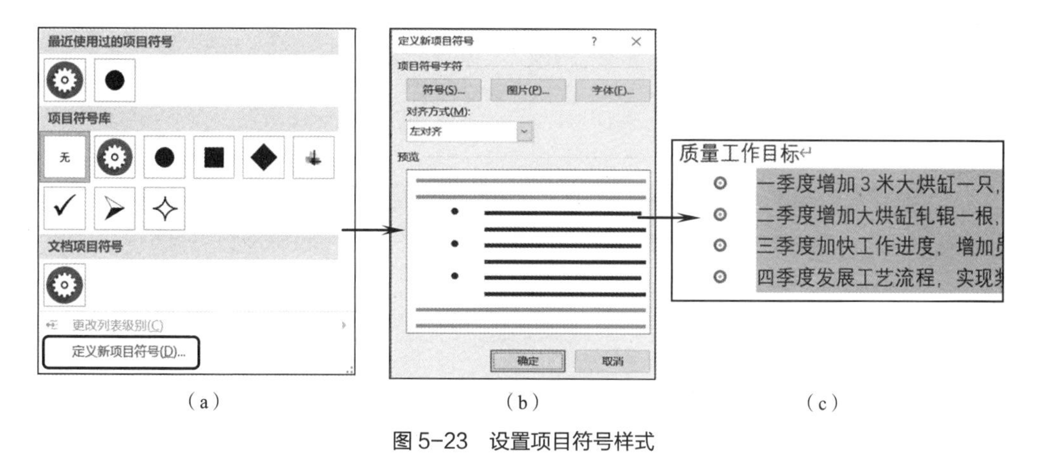

图 5-23 设置项目符号样式

任务实现

微课 5-7 打开文档

（一）打开文档

要查看或编辑保存在计算机中的文档，必须先打开该文档。下面打开“招聘启事”文档，其具体操作如下。

（1）选择“文件”/“打开”命令，或按【Ctrl+O】组合键。

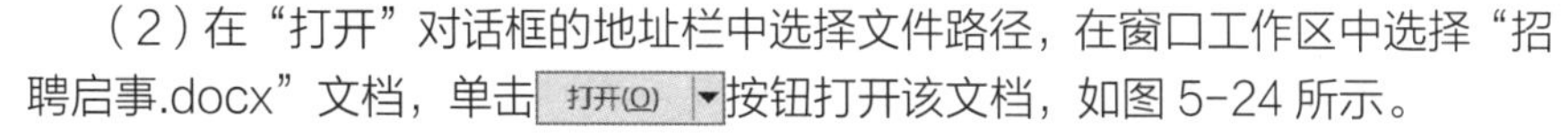

（2）在“打开”对话框的地址栏中选择文件路径，在窗口工作区中选择“招聘启事.docx”文档，单击 打开(O) 按钮打开该文档，如图 5-24 所示。

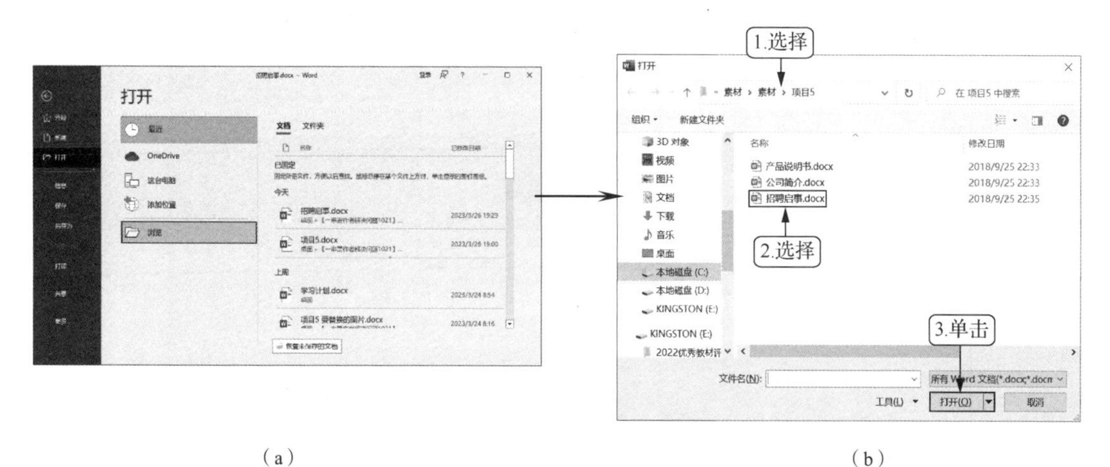

图 5-24 打开文档

（二）设置字体格式

在 Word 文档中，文本内容包括汉字、字母、数字和符号等。设置字体格式包括更改文字的字体、字号和颜色等，这些设置可以使文字更加突出、文档更加美观。

1. 使用浮动工具栏设置

微课 5-8 设置字体格式

在 Word 中选择文本时，将出现一个半透明的工具栏，即浮动工具栏，在浮动工具栏中可快速设置字体、字号、字形、对齐方式、文本颜色和缩进级别等格式，其具体操作如下。

（1）打开“招聘启事.docx”文档，选择标题文本，将鼠标指针移动到浮动工具栏上，单击下拉按钮，在“字体”下拉列表中选择“华文琥珀”选项，如图 5-25 所示。

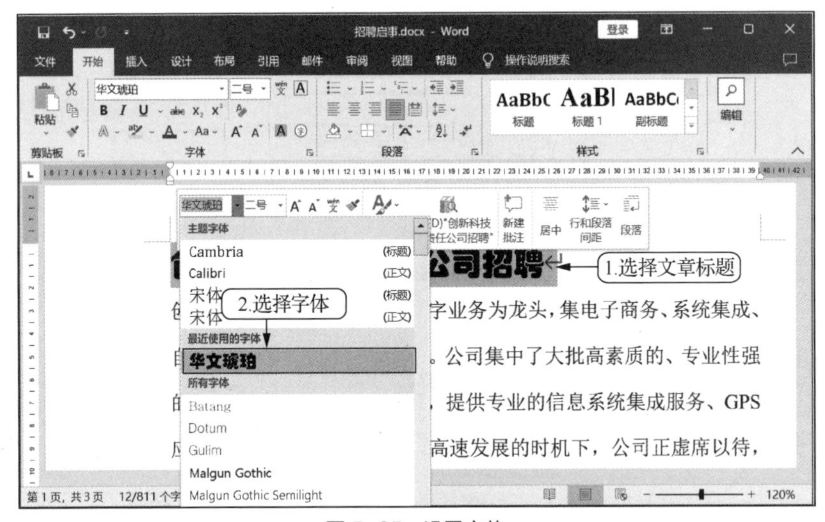

图 5-25 设置字体

（2）单击“字号”下拉按钮，在“字号”下拉列表中选择“二号”选项，如图 5-26 所示。

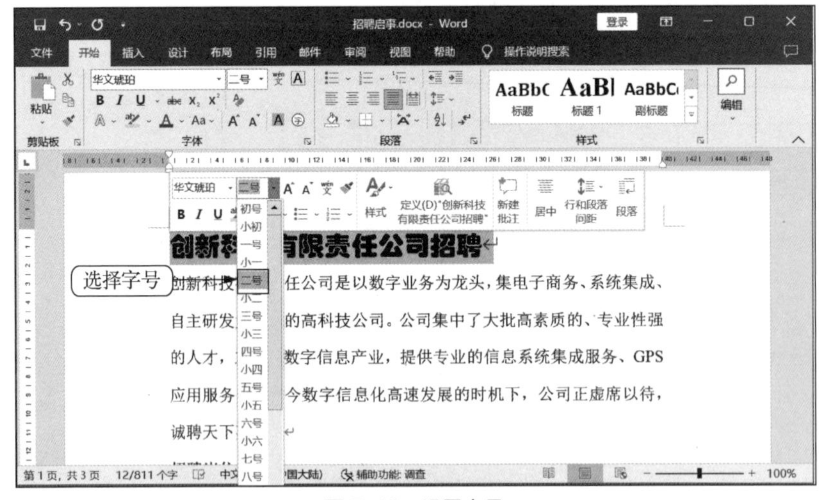

图 5-26 设置字号

2. 使用“字体”组设置

“字体”组的使用方法与浮动工具栏相似，都是选择文本后在其中单击相应的按钮，或在相应的下拉列表中选择所需的选项进行字体设置，其具体操作如下。

（1）选择除标题文本外的文本内容，在“开始”/“字体”组的“字号”下拉列表中选择“四号”选项，如图 5-27 所示。

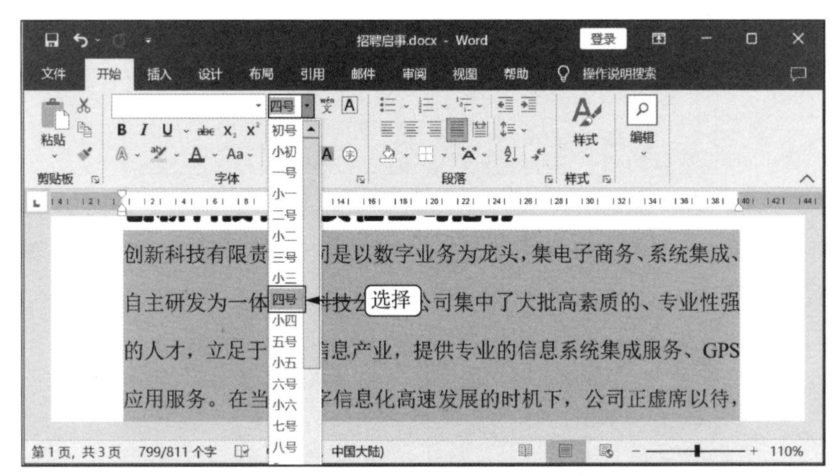

图 5-27　设置字号

（2）选择“招聘岗位”文本，在按住【Ctrl】键的同时选择“招聘岗位”文本，在“开始”/“字体”组中单击“加粗”按钮 **B**，如图 5-28 所示。

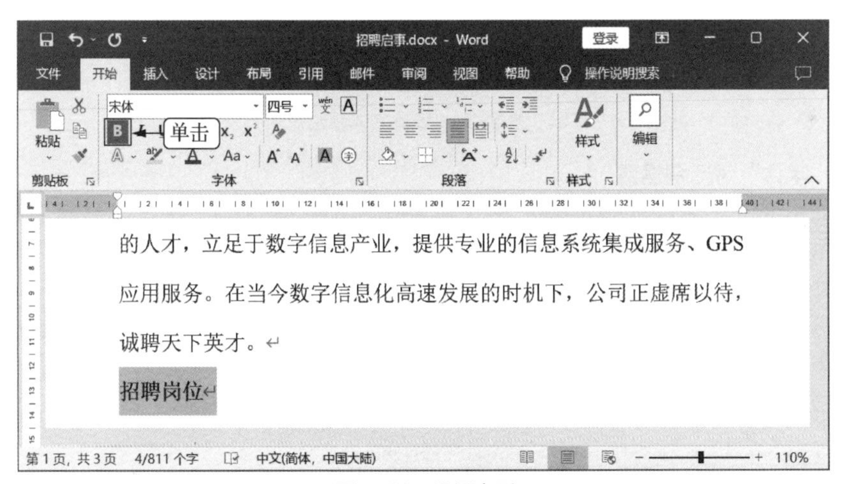

图 5-28　设置字形

（3）选择“销售总监　1 人”文本，按住【Ctrl】键的同时选择“销售助理　5 人”文本，在“字体”组中单击“下划线”按钮 **U** 右侧的下拉按钮，在打开的下拉列表中选择“粗线”选项，如图 5-29 所示。

提 示　在“字体”组中单击“删除线”按钮 abc，可为选择的文字添加删除线效果；单击“下标”按钮 x_2 或“上标”按钮 x^2，可将选择的文字设置为下标或上标；单击“增大字体”按钮 A 或“缩小字体”按钮 A，可将选择的文字字号增大或缩小。

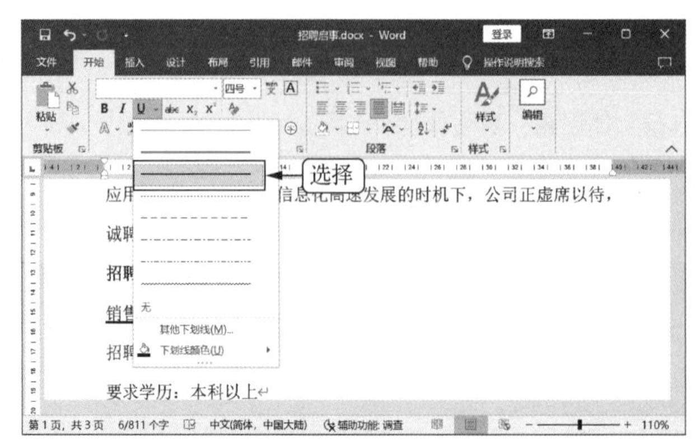

图 5-29　设置下划线

（4）在“字体”组中单击“字体颜色”按钮A右侧的下拉按钮，在打开的下拉列表中选择“深红”选项，如图 5-30 所示。

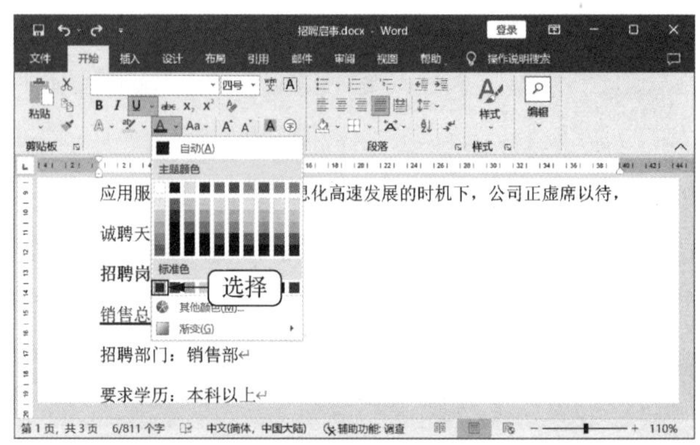

图 5-30　设置字体颜色

3. 使用“字体”对话框设置

在“字体”组的右下角有一个小图标，即“对话框启动器”图标，单击该图标可打开“字体”对话框，其中提供了与该组相关的更多选项，如设置间距和添加着重号等，其具体操作如下。

（1）选择标题文本，在“字体”组右下角单击“对话框启动器”图标。

（2）在打开的“字体”对话框中单击“高级”选项卡，在“缩放”下拉列表中输入数据“120%”，在“间距”下拉列表中选择“加宽”选项，其后的“磅值”数值框将自动显示为“1 磅”，如图 5-31 所示，完成后单击 确定 按钮。

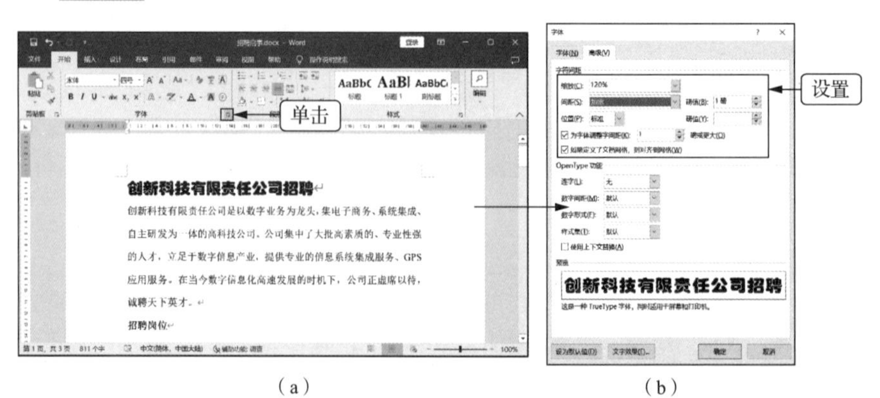

（a）　　（b）

图 5-31　设置字符间距

（3）选择“数字业务”文本，在“字体”组右下角单击“对话框启动器”图标，在打开的“字体”对话框中单击“字体”选项卡，在“着重号”下拉列表中选择“.”选项，完成后单击 确定 按钮，如图 5-32 所示。

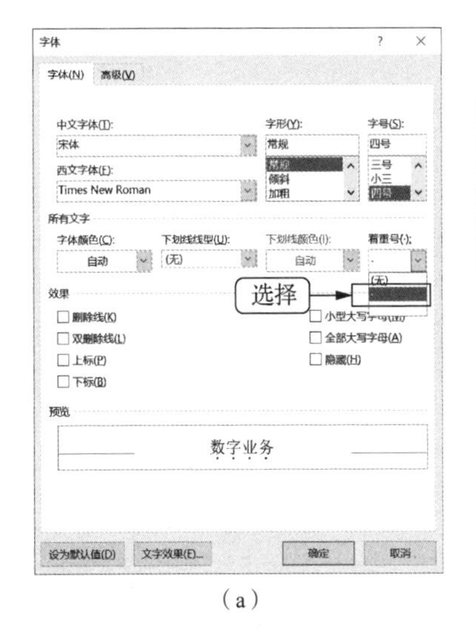

（a）

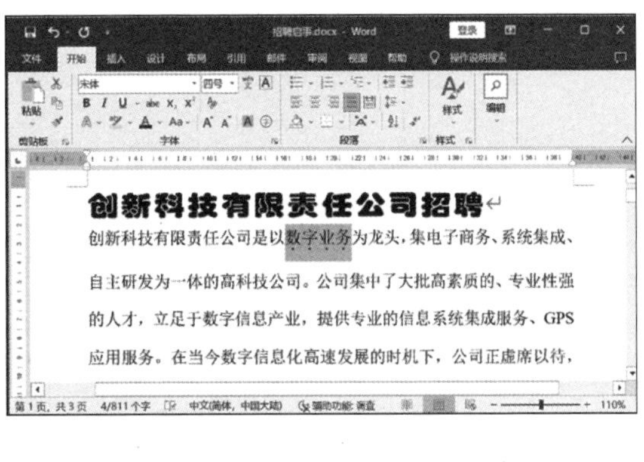

（b）

图 5-32 设置着重号

（三）设置段落格式

段落是文字、图形和其他对象的集合。回车符“↵”是段落的结束标记。设置段落格式，如设置段落对齐方式、段落缩进、行间距和段间距等，可以使文档的结构更清晰、层次更分明。

微课 5-9 设置段落对齐方式

1. 设置段落对齐方式

Word 中的段落对齐方式包括左对齐、居中对齐、右对齐、两端对齐（默认对齐方式）和分散对齐 5 种，在浮动工具栏和“段落”组中单击相应的对齐按钮，可设置不同的段落对齐方式，其具体操作如下。

（1）选择标题文本，在“段落”组中单击“居中”按钮，如图 5-33 所示。

（2）选择最后 3 行文本，在“段落”组中单击“右对齐”按钮，如图 5-34 所示。

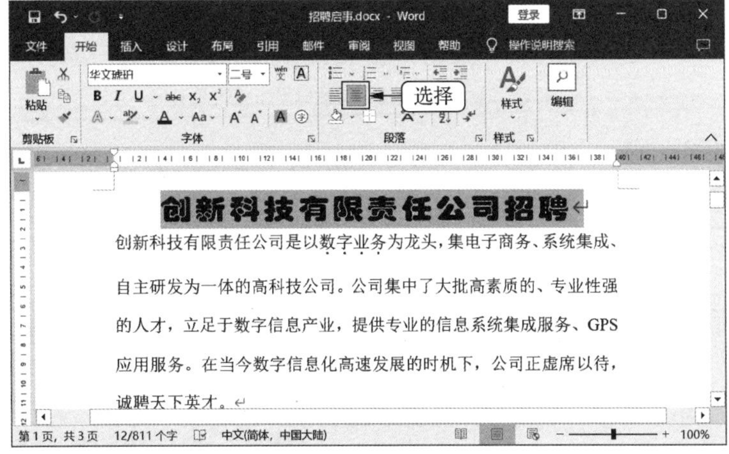

图 5-33 设置居中对齐

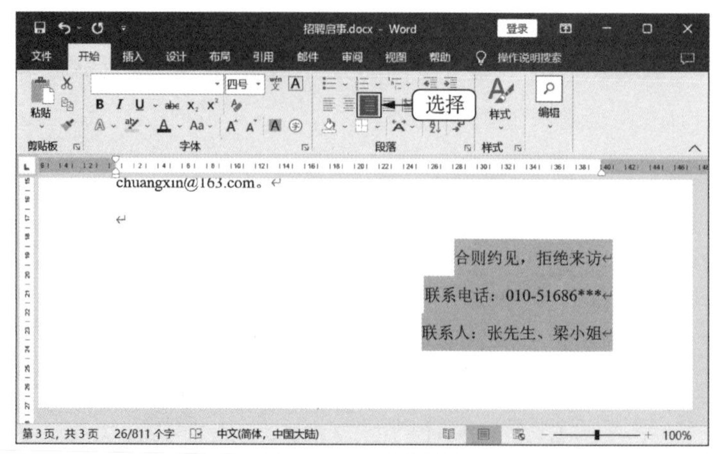

图 5-34　设置右对齐

2. 设置段落缩进

段落缩进是指段落左右两边文字与页边距之间的距离，包括左缩进、右缩进、首行缩进和悬挂缩进。为了精确地设置各种缩进量的值，可在“段落”对话框中进行设置，其具体操作如下。

微课 5-10　设置段落缩进

（1）选择除标题和最后 3 行外的文本内容，在“段落”组右下角单击“对话框启动器”图标。

（2）在打开的“段落”对话框中单击“缩进和间距”选项卡，在“特殊”下拉列表中选择“首行缩进”选项，其后的“缩进值”数值框中将自动显示 “2 字符”，完成后单击 确定 按钮，返回文档中，查看效果，如图 5-35 所示。

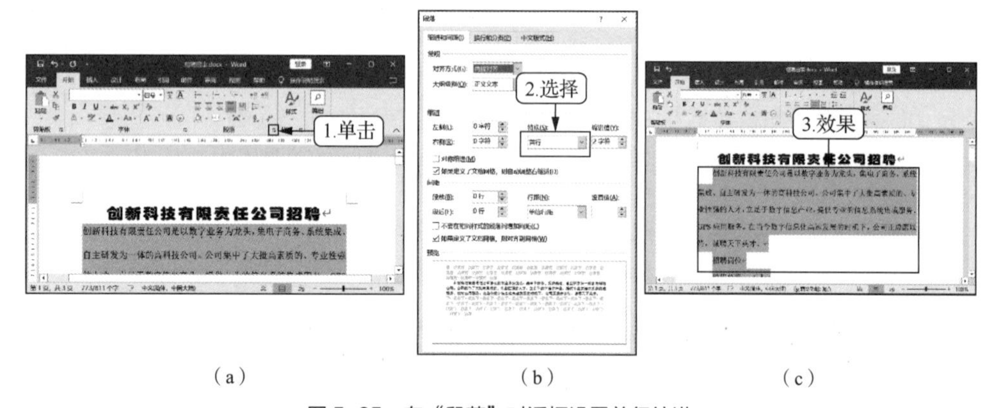

（a）　（b）　（c）

图 5-35　在“段落”对话框设置首行缩进

3. 设置行间距和段间距

行间距是指段落中一行文字底部到下一行文字顶部的间距，而段间距是指相邻两段之间的距离，包括段前和段后的距离。Word 默认的行间距是单倍行距，用户可根据实际需要在“段落”对话框中设置 1.5 倍行距或 2 倍行距等，其具体操作如下。

微课 5-11　设置行间距和段间距

（1）选择标题文本，在“段落”组右下角单击“对话框启动器”图标，打开“段落”对话框，单击“缩进和间距”选项卡，在“间距”栏的“段前”和“段后”数值框中分别输入“1 行”，完成后单击 确定 按钮，如图 5-36 所示。

（2）选择“招聘岗位”文本，按住【Ctrl】键的同时选择“应聘方式”文本，在“段落”组右下角单击“对话框启动器”图标，打开“段落”对话框，单击“缩进和间距”选项卡，在“行距”下拉列表中选择“多倍行距”选项，其后的“设置值”数值框中将自动显示数值为“3”，完成后单击 确定 按钮，如图 5-37 所示。

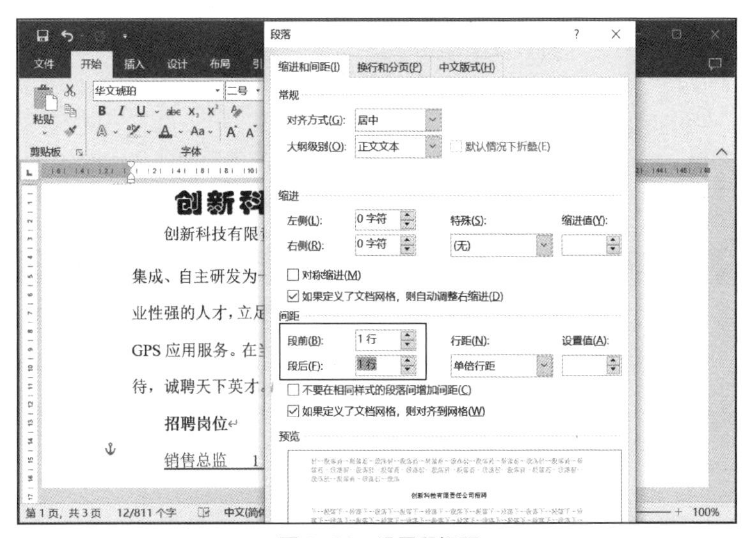

图 5-36 设置段间距

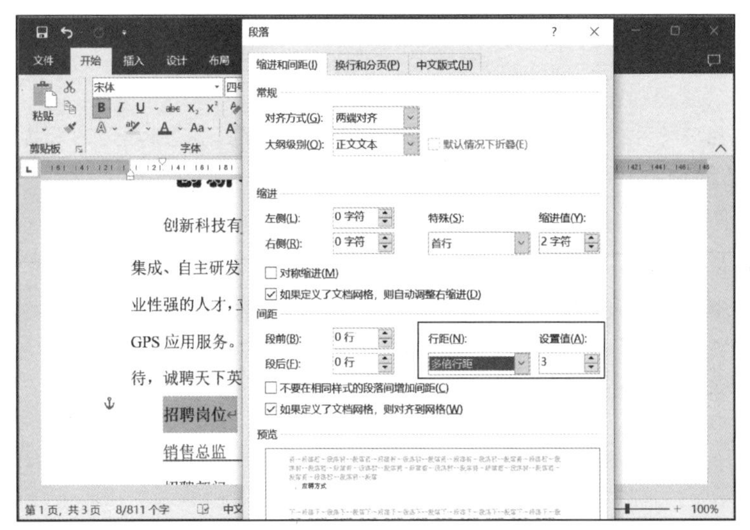

图 5-37 设置行间距

（3）返回文档中，可看到设置行间距和段间距后的效果。

提 示 **在“段落”对话框的“缩进和间距”选项卡中可对段落的对齐方式、左右边距缩进量和段落间距进行设置；单击“换行和分页”选项卡，可对分页、行号和断字等进行设置；单击“中文版式”选项卡，可对中文文稿的特殊版式进行设置，如按中文习惯控制首尾字符、允许标点溢出边界等。**

（四）设置项目符号和编号

使用项目符号与编号功能，可为并列关系的段落添加●、★和◆等项目符号，也可添加“1. 2. 3.”或“A. B. C.”等编号，还可组成多级列表，使文档层次分明、条理清晰。

1. 设置项目符号

在“段落”组中单击“项目符号”按钮☰，可添加默认样式的项目符号；若单击“项目符号”按钮☰右侧的下拉按钮▾，在打开的下拉列表的“项目符号库”栏中可选择更多的项目符号样式，其具体操作如下。

（1）选择“招聘岗位”文本，按住【Ctrl】键的同时选择“招聘岗位”文本。

（2）在“段落”组中单击“项目符号”按钮☰右侧的下拉按钮▾，在打开的下拉列表的“项目符号库”栏中选择“✧”选项，返回文档查看设置项目符号后的效果，如图5-38所示。

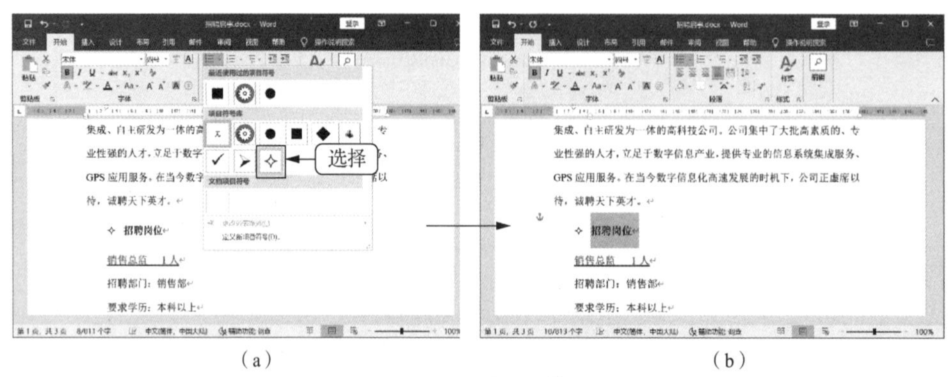

（a）　（b）

图5-38　设置项目符号

提示　**添加项目符号后，“项目符号库”栏下的“更改列表级别”选项将呈可编辑状态，在其子列表中可调整当前项目符号的级别。**

2. 设置编号

编号主要用于设置一些按一定顺序排列的项目，如操作步骤或合同条款等。设置编号的方法与设置项目符号相似，即在“段落”组中单击“编号”按钮☰添加默认样式的编号，或单击该按钮右侧的下拉按钮▾，在打开的下拉列表中选择所需的编号样式，其具体操作如下。

（1）选择“岗位职责：”与“职位要求：”之间的文本内容，在“段落”组中单击“编号”按钮☰右侧的下拉按钮▾，在打开的下拉列表的“编号库”栏中选择“1. 2. 3.”选项。

（2）使用相同的方法在文档中依次设置其他位置的编号样式，如图5-39所示。

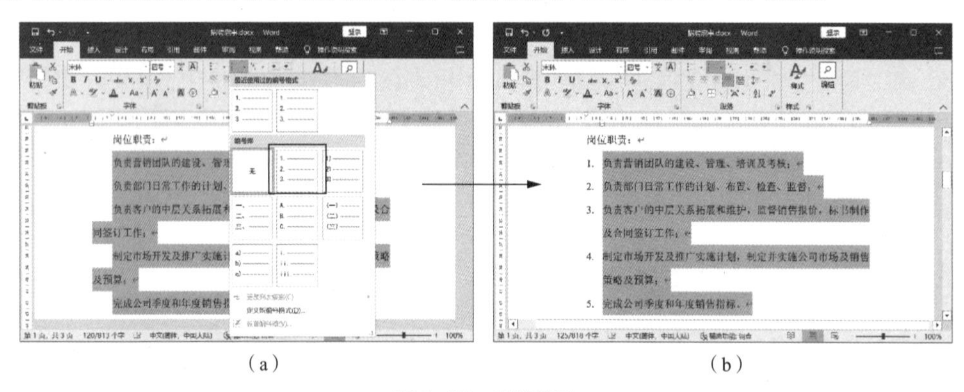

（a）　（b）

图5-39　设置编号

提 示　**多级列表在展示同级文档内容时，还可显示下一级文档内容。它常用于长文档中。设置多级列表的方法为：选择要应用多级列表的文本，在“段落”组中单击“多级列表”按钮，在打开的下拉列表的“列表库”栏中选择多级列表样式。**

（五）设置边框与底纹

在 Word 文档中不仅可以为字符设置默认的边框和底纹，还可以为段落设置更漂亮的边框与底纹。

1. 为字符设置边框与底纹

微课 5-14　为字符设置边框与底纹

在“字体”组中单击“字符边框”按钮A或“字符底纹”按钮A，可为字符设置相应的边框与底纹效果，其具体操作如下。

（1）同时选择邮寄地址和电子邮件地址，然后在“字体”组中单击“字符边框”按钮A设置字符边框，如图 5-40 所示。

（2）在“字体”组中单击“字符底纹”按钮A，设置字符底纹，如图 5-41 所示。

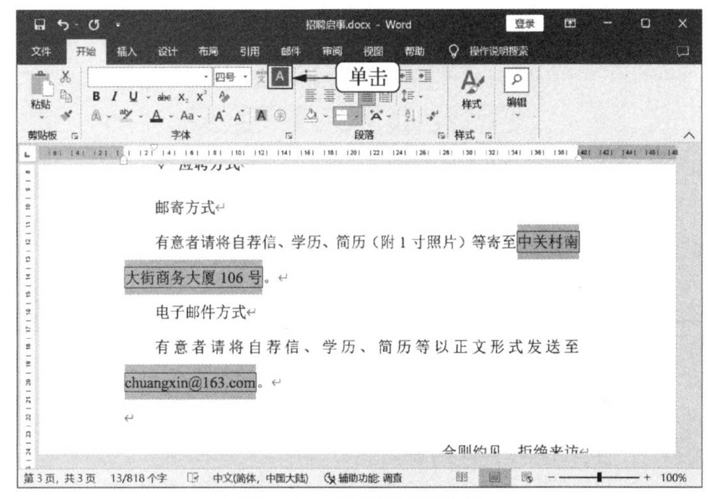

图 5-40　为字符设置边框

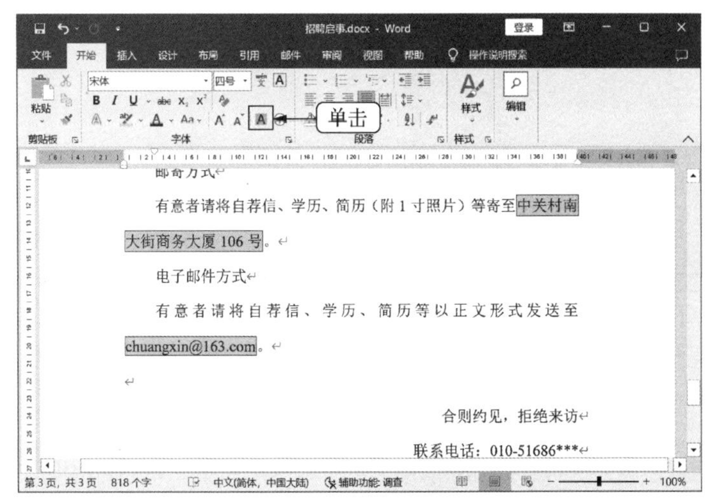

图 5-41　为字符设置底纹

2. 为段落设置边框与底纹

在“段落”组中单击“底纹”按钮右侧的下拉按钮，在打开的下拉列表中可设置不同颜色的底纹样式；单击“边框”按钮右侧的下拉按钮，在打开的下拉列表中可设置不同类型的框线，若选择“边框和底纹”选项，可在打开的“边框和底纹”对话框中详细设置边框与底纹样式，其具体操作如下。

微课 5-15 为段落设置边框与底纹

（1）选择标题行，在“段落”组中单击“底纹”按钮右侧的下拉按钮，在打开的下拉列表中选择“深红”选项，如图 5-42 所示。

（2）选择“岗位职责：”与“职位要求：”文本之间的段落，在“段落”组中单击“边框”按钮右侧的下拉按钮，在打开的下拉列表中选择“边框和底纹”选项，如图 5-43 所示。

（3）在打开的“边框和底纹”对话框中单击“边框”选项卡，在“设置”栏中选择“方框”选项，在“样式”列表中选择“”选项。

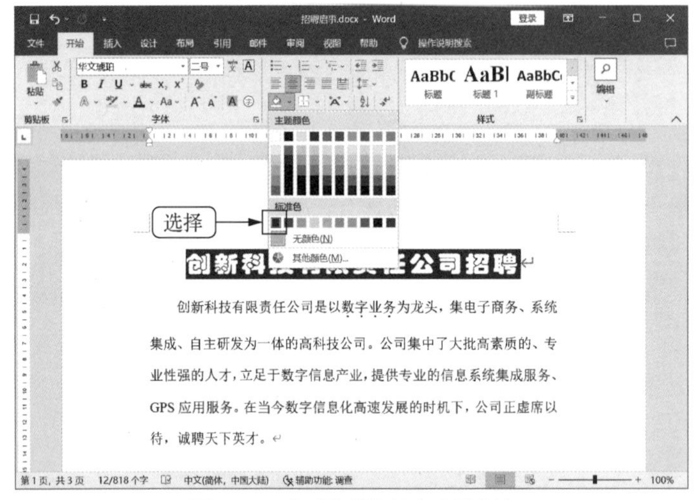

图 5-42 在“段落”组中设置底纹

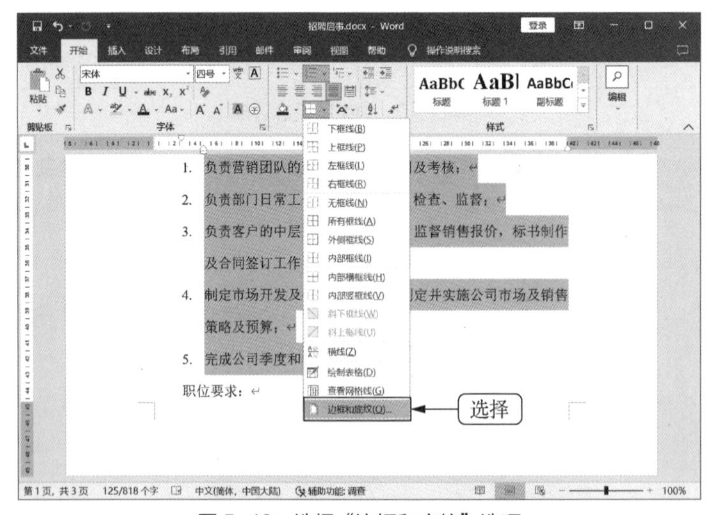

图 5-43 选择“边框和底纹”选项

（4）单击“底纹”选项卡，在“填充”下拉列表中选择“白色，背景 1，深色 15%”选项，单击 确定 按钮，在文档中可查看设置边框与底纹后的效果，如图 5-44 所示。完成后用相同的方法为其他段落设置边框与底纹样式。

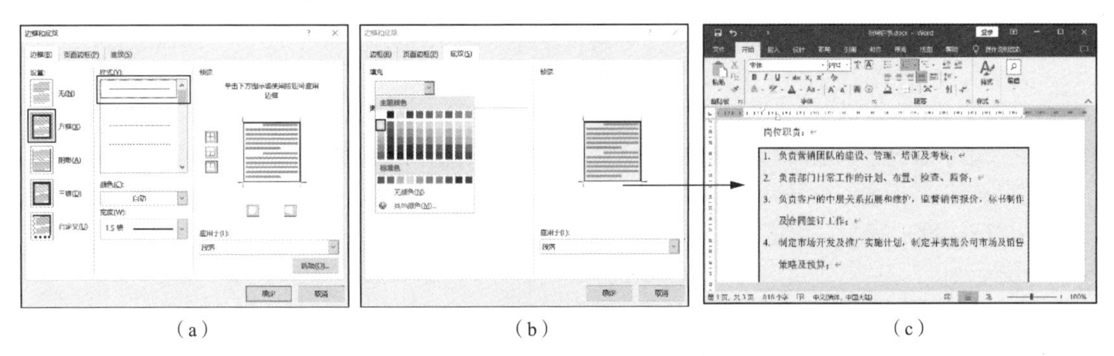

（a）　　（b）　　（c）

图 5-44　通过对话框设置边框与底纹

（六）保护文档

微课 5-16　保护文档

在 Word 文档中为了防止他人随意查看文档信息，可对文档进行加密来保护整个文档，其具体操作如下。

（1）选择“文件”/“信息”命令，在窗口中单击“保护文档”按钮，在打开的下拉列表中选择“用密码进行加密”选项。

（2）在打开的“加密文档”对话框的文本框中输入密码“123456”，然后单击 确定 按钮，在打开的“确认密码”对话框的文本框中重复输入密码“123456”，然后单击 确定 按钮，操作步骤和完成后的效果如图 5-45 所示。

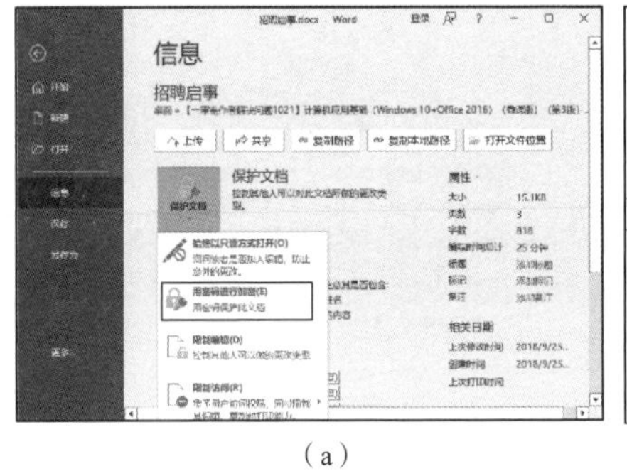

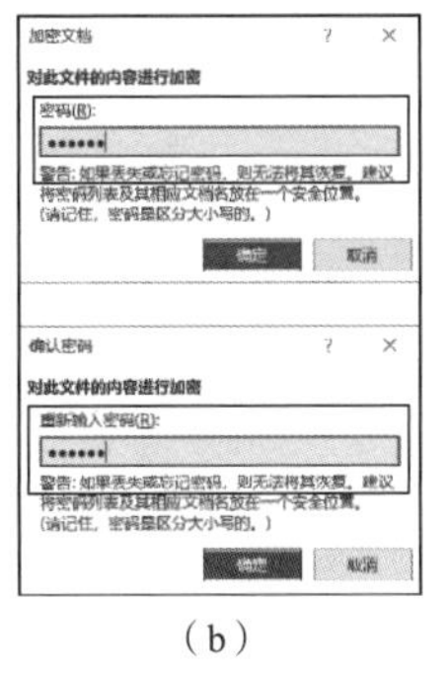

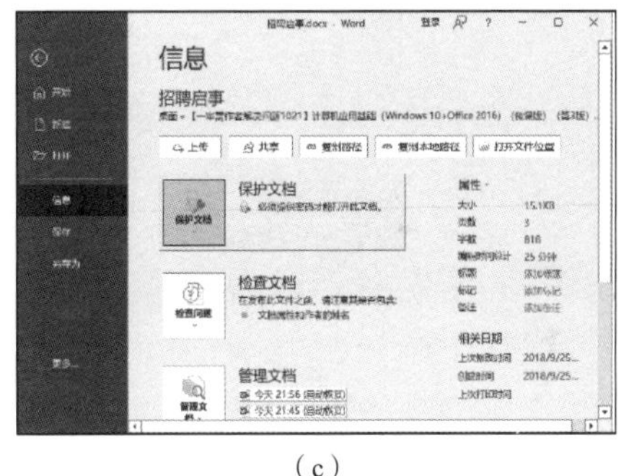

（a）　　（b）　　（c）

图 5-45　加密文档

（3）返回工作界面，在快速访问工具栏中单击“保存”按钮保存设置。关闭该文档，再次打开该文档时将打开“密码”对话框，在文本框中输入密码，然后单击 确定 按钮即可打开文档。

任务三　编辑公司简介

小李是某公司行政部门的工作人员，张总让小李整理一份公司简介，将在公司内部刊物中使用，要求通过简介能使员工了解公司理念、结构组织和经营项目等。接到任务后，小李查阅相关资料后确定了一份公司简介草稿，并利用 Word 2016 的相关功能进行设计制作，完成后的参考效果如图 5-46 所示。编辑公司简介的相关要求如下。

- 打开“公司简介.docx”文档，在文档左上角插入“平面提要栏（左侧）”文本框，然后在其中输入文本，并将文本格式设置为“宋体、小三、红色”。
- 将插入点定位到标题左侧，插入提供的公司标志素材图片，设置图片的显示方式为“四周型”环绕，然后将其移动到“公司简介”左侧，最后为其应用“影印”艺术效果。

- 在标题两侧插入“花朵”联机图片，并将其位置设置为“衬于文字下方”，删除标题文本“公司简介”，然后插入艺术字，输入“公司简介”。
- 设置艺术字形状效果为“预设 4”，文本效果为“停止”。
- 在“二、公司组织结构”的第 2 行插入一张组织结构图，并在对应的位置输入文本。
- 更改组织结构图的布局类型为“标准”，然后更改颜色为“彩色”栏中的第 5 个选项的对应颜色，并将形状的“宽度”设置为“2.5 厘米”，“高度”设置为“1.05 厘米”。
- 插入一张“花丝”封面，然后在“文档标题”处输入“公司简介”文本，在“文档副标题”处输入“某某国际贸易（上海）有限公司”文本，删除多余的部分。

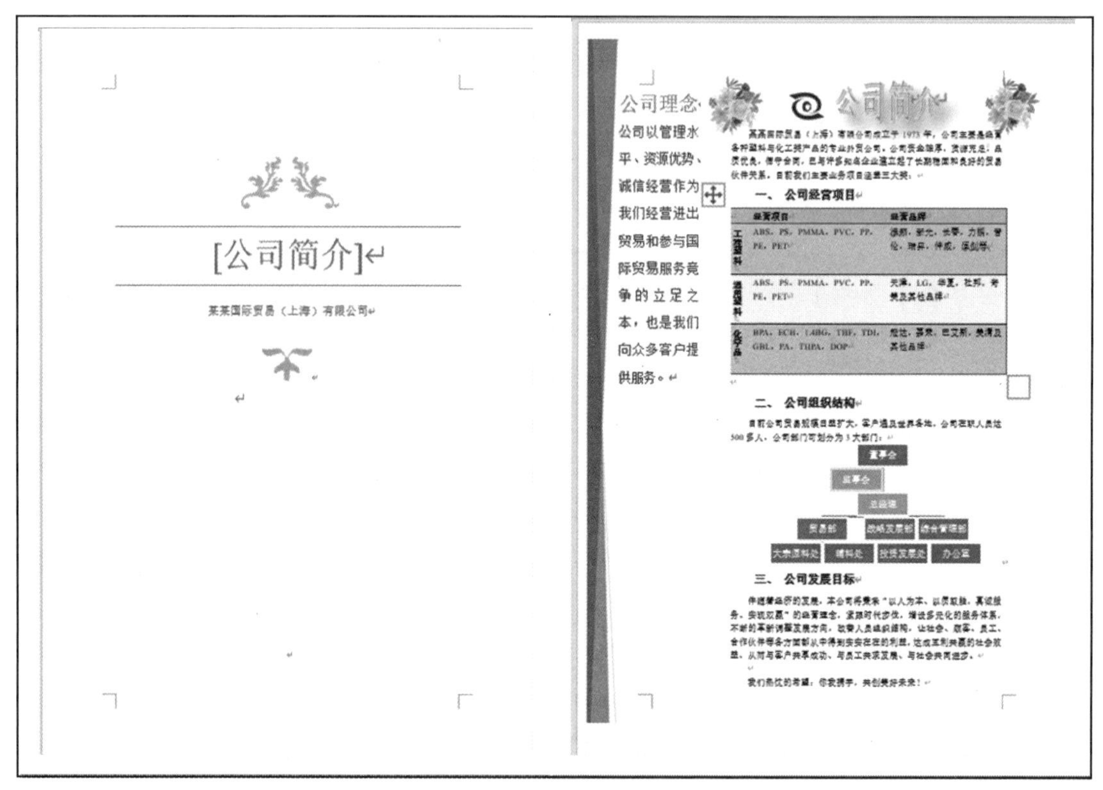

图 5-46 “公司简介”最终效果

相关知识

形状是指具有某种规则的图形，如线条、正方形、椭圆、箭头和星形等，当需要在文档中绘制图形或为图片等添加形状标注时都会用到，并可对其进行编辑美化，其具体操作如下。

（1）在“插入”/“插图”组中单击“形状”按钮，在打开的下拉列表中选择需要的形状，此时在文档中鼠标指针将变成十字形状，按住鼠标左键不放并向右下角拖曳鼠标，绘制出所需的形状。

微课 5-17 绘制形状

（2）释放鼠标左键，保持形状的选择状态，在“格式”/“形状样式”组中单击“其他”按钮，在打开的下拉列表中选择一种样式，在“格式”/“排列”组中可调整形状的层次关系。

（3）将鼠标指针移动到形状边框的控制点上，此时鼠标指针变成形状，然后按住鼠标左键不放并向左拖曳鼠标以调整形状。

任务实现

微课 5-18 插入并编辑文本框

（一）插入并编辑文本框

利用文本框可以制作出特殊的文档版式，在文本框中可以输入文本，也可插入图片。在文档中插入的文本框可以是 Word 自带样式的文本框，也可以是手动绘制的横排或竖排文本框，其具体操作如下。

（1）打开“公司简介.docx”文档，在“插入”/“文本”组中单击“文本框”按钮，在打开的下拉列表中选择“平面提要栏（左侧）”选项，如图 5-47 所示。

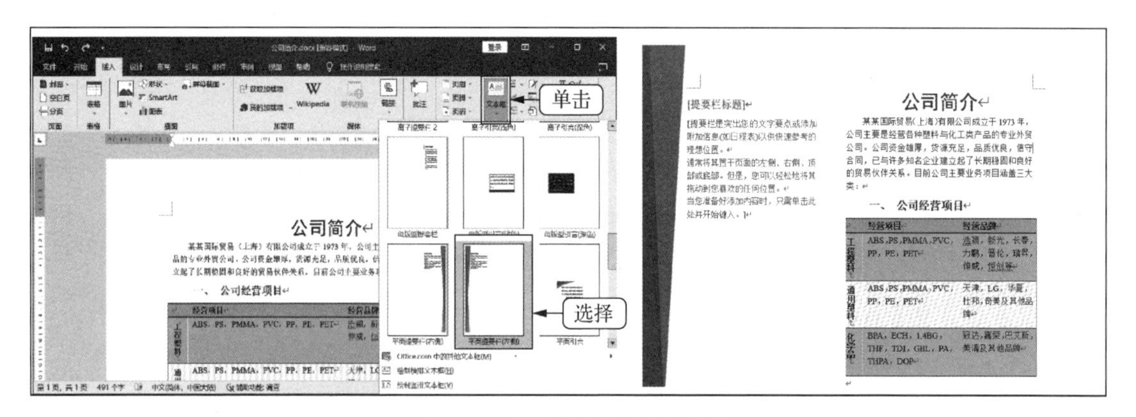

图 5-47　选择插入的文本框类型

（2）在文本框中直接输入需要的文本内容，如图 5-48 所示。

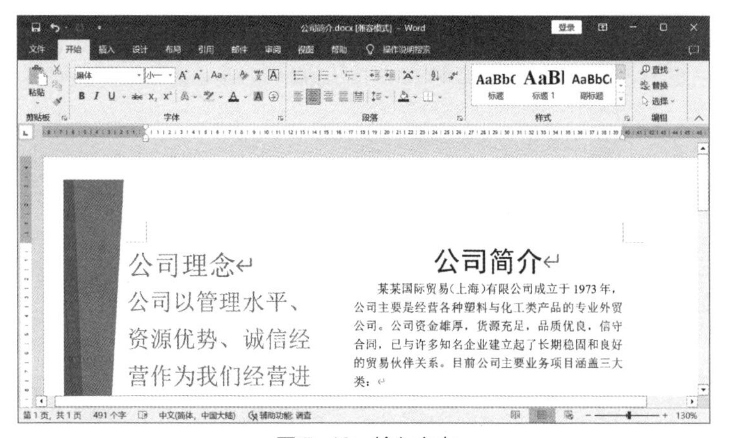

图 5-48　输入文本

（3）全选文本框中的文本内容，在“开始”/“字体”组中将文本格式设置为“宋体、小三、红色”。

（二）插入图片和联机图片

微课 5-19　插入图片和联机图片

在 Word 中，用户可根据需要将图片和联机图片插入文档，使文档更加美观。下面在“公司简介.docx”文档中插入图片和联机图片，其具体操作如下。

（1）将插入点定位到标题左侧，在“插入”/“插图”组中单击“图片”按钮，选择“此设备”。

（2）在打开的“插入图片”对话框的地址栏中选择图片的路径，在窗口工作区中选择要插入的图片，这里选择“公司标志.jpg”图片，如图5-49所示，单击 插入(S) 按钮插入图片。

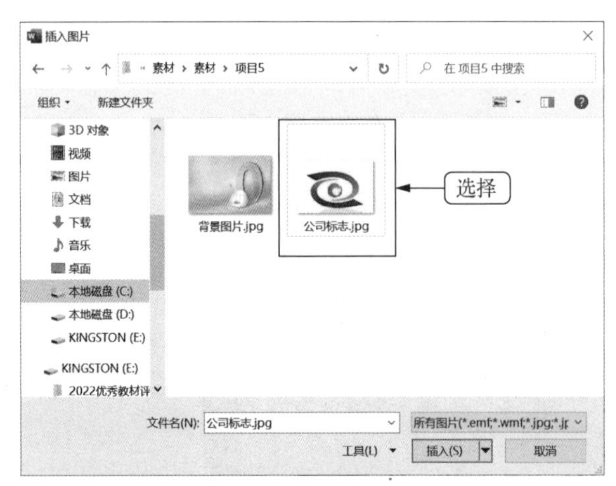

图5-49　插入图片

（3）在图片上右击，在弹出的快捷菜单中选择“环绕文字”/“四周型”命令。通过拖曳图片四周的控制点调整图片大小，向左侧拖曳图片至适当位置，如图5-50所示。

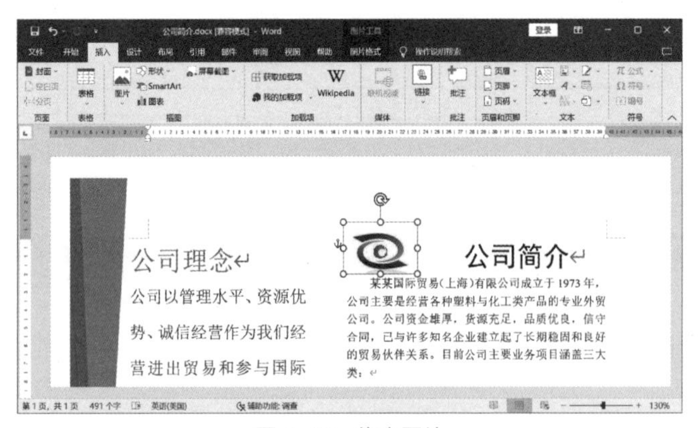

图5-50　拖曳图片

（4）选择插入的图片，在“图片格式”/“调整”组中单击 艺术效果 按钮，在打开的下拉列表中选择“影印”选项，效果如图5-51所示。

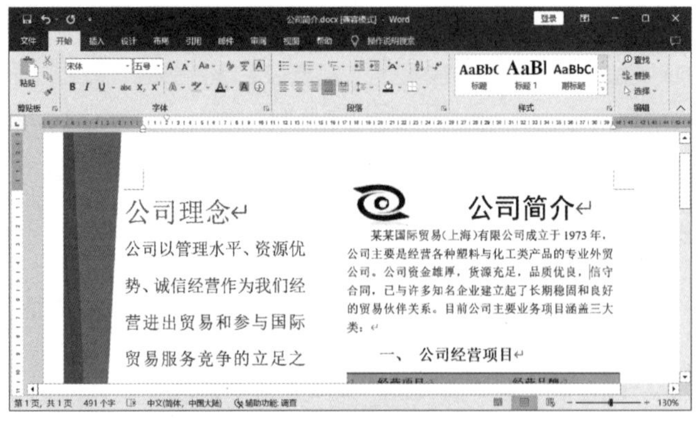

图5-51　查看调整后的图片效果

（5）将插入点定位到“公司简介”左侧，在“插入”/“插图”/“图片”组中单击“联机图片”按钮，选择“必应图像搜索”，打开“联机图片”任务窗格，在搜索框中输入“花朵剪贴画”，单击按钮，在下方列表中双击图5-52所示的图片。

（6）选择插入的图片，在“图片格式”/“排列”组中单击“环绕文字”按钮，在打开的下拉列表中选择“衬于文字下方”选项。拖曳图片四周的控制点以调整其大小，并将其移至左上角，效果如图5-53所示。

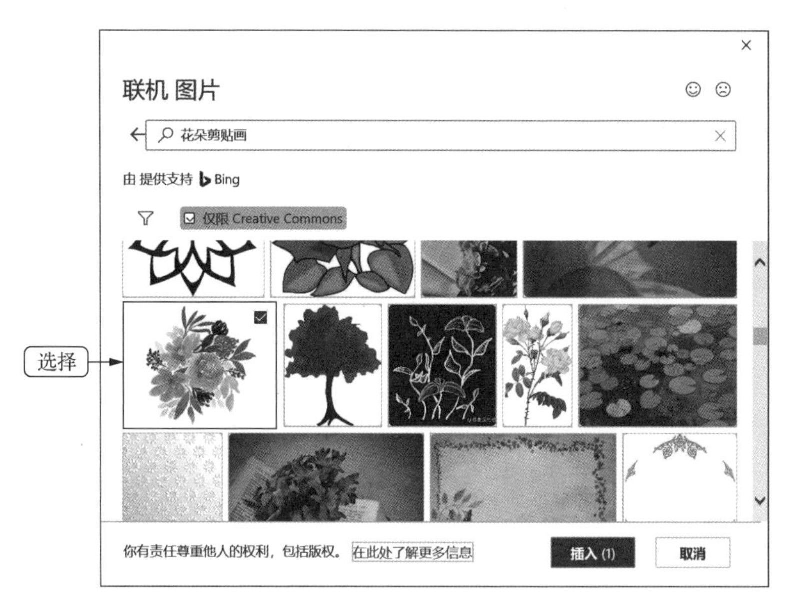

图5-52　插入联机图片

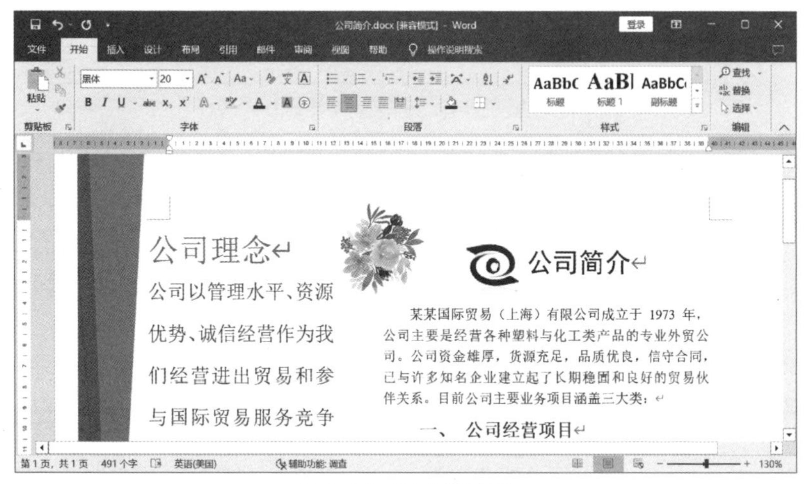

图5-53　移动联机图片

（7）按【Ctrl+C】组合键复制联机图片，按【Ctrl+V】组合键粘贴，将复制的联机图片移动至标题右侧与左侧对称的位置。

提 示　**使用来自必应的图片或剪贴画时，用户有责任尊重版权，必应中的许可证筛选器可帮助用户选择可使用的图片。**

（三）插入艺术字

微课 5-20 插入艺术字

在文档中插入艺术字，可呈现出不同的效果，达到增强文字观赏性的目的。下面在“公司简介.docx”文档中插入艺术字美化标题样式，其具体操作如下。

（1）删除标题文本“公司简介”，在“插入”/“文本”组中单击“艺术字”按钮，在打开的下拉列表中选择图 5-54 所示的选项。

（2）此时将在插入点处自动添加一个带有默认文本样式的艺术字文本框，在其中输入“公司简介”文本，选择艺术字文本框，将鼠标指针移至边框上，当鼠标指针变为形状时，按住鼠标左键不放，向左上方拖曳以改变艺术字位置，如图 5-55 所示。

（3）在“绘图工具-形状格式”/“形状样式”组中单击“形状效果”按钮，在打开的下拉列表中选择“预设”/“预设 4”选项，如图 5-56 所示。

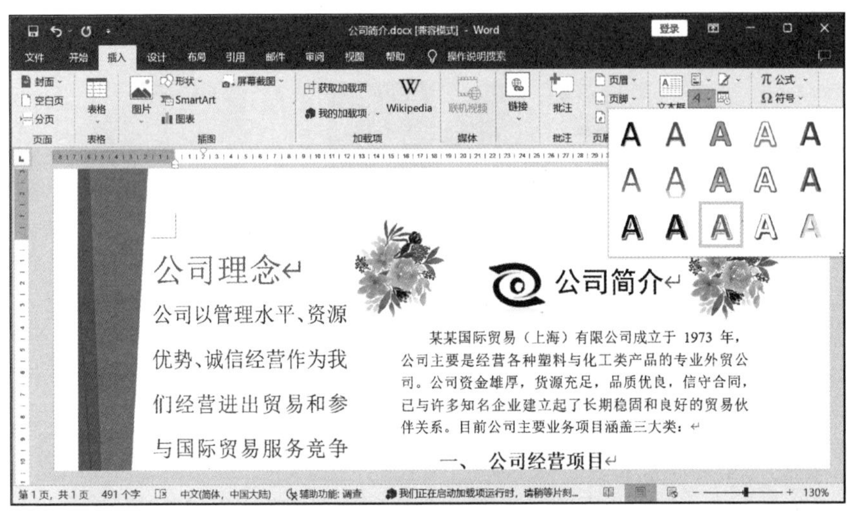

图 5-54　选择艺术字样式

图 5-55　移动艺术字

（4）在“绘图工具-形状格式”/“艺术字样式”组中单击“文本效果”按钮，在打开的下拉列表中选择“转换”/“停止”选项，如图 5-57 所示。返回文档，查看艺术字效果，如图 5-58 所示。

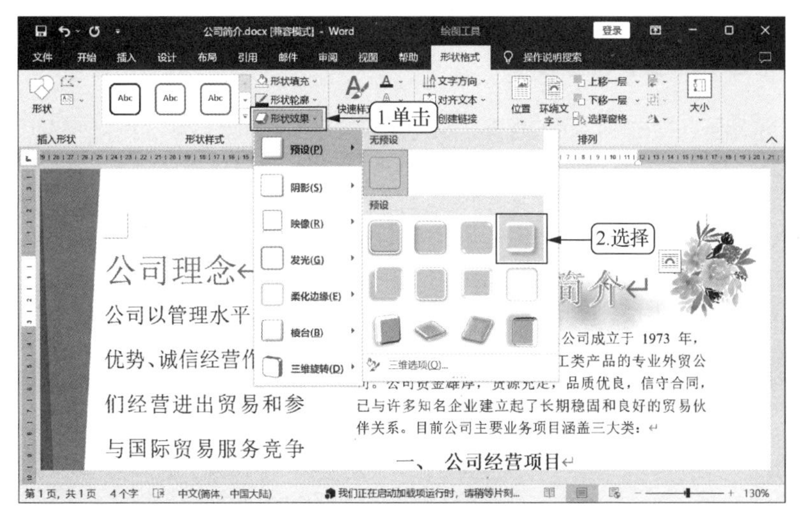

图 5-56 添加形状效果

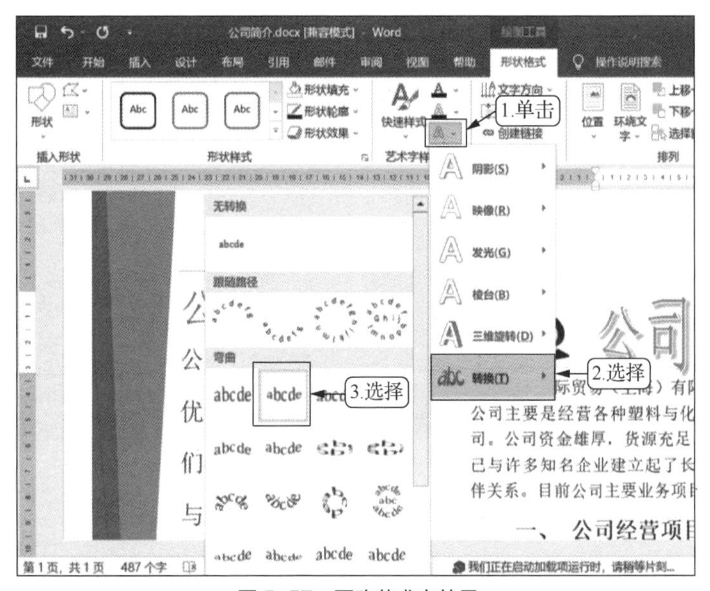

图 5-57 更改艺术字效果

图 5-58 查看艺术字效果

（四）插入 SmartArt 图形

SmartArt 图形用于在文档中展示流程图、结构图或关系图等图示内容，具有结构清晰、样式美观等特点。下面在“公司简介. docx”文档中插入 SmartArt 图形，其具体操作如下。

（1）将插入点定位到“二、公司组织结构”下第 2 行末尾处，按【Enter】键换行，在“插入”/“插图”组中单击“SmartArt”按钮 SmartArt ，在打开的“选择 SmartArt 图形”对话框中单击“层次结构”选项卡，在右侧选择“组织结构图”样式，单击 确定 按钮，如图 5-59 所示。

（2）插入 SmartArt 图形后，单击 SmartArt 图形外框左侧中间的 按钮，打开“在此处键入文字”窗格，在项目符号后输入文本，将插入点定位到第 4 行项目符号中，然后在“SmartArt 工具-SmartArt 设计”/“创建图形”组中单击“降级”按钮 降级 。

微课 5-21　插入 SmartArt 图形

（3）在降级后的项目符号后输入“贸易部”文本，然后按【Enter】键添加子项目，并输入对应的文本，添加两个子项目后按【Delete】键删除多余的文本项目。

（4）将插入点定位到“总经理”文本后，在“SmartArt 工具-SmartArt 设计”/“创建图形”组中单击“布局”按钮 布局 ，在打开的下拉列表中选择“标准”选项，如图 5-60 所示。

图 5-59　选择 SmartArt 图形样式

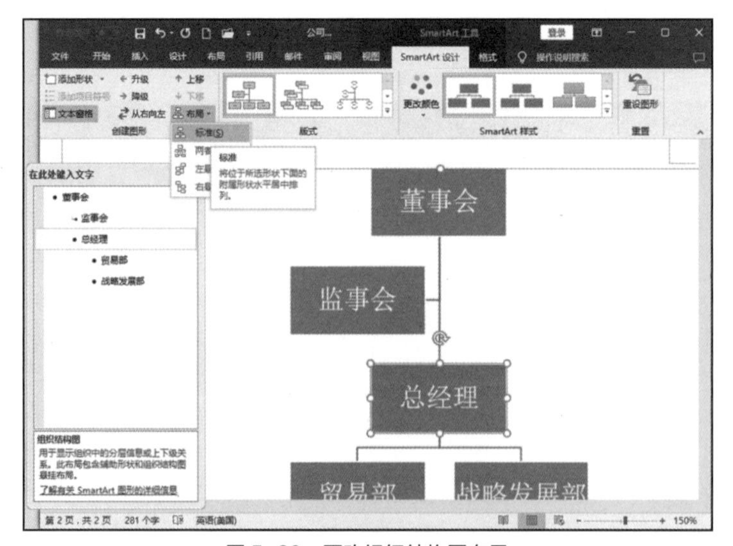

图 5-60　更改组织结构图布局

（5）将插入点定位到“贸易部”文本后，按【Enter】键添加子项目，并对子项目降级，在其中输入“大宗原料处”文本，继续按【Enter】键添加子项目，并输入对应的文本。

（6）使用相同方法在“战略发展部”和“综合管理部”文本后添加子项目，并将插入点定位到“贸易部”文本后，在“SmartArt 工具-SmartArt 设计”/“创建图形”组中单击“布局”按钮 布局，在打开的下拉列表中选择“两者”选项。

（7）在“在此处键入文字”窗格右上角单击 × 按钮关闭该窗格，在“SmartArt 工具-SmartArt 设计”/“SmartArt 样式”组中单击“更改颜色”按钮，在打开的下拉列表中选择图 5-61 所示的选项。

（8）按住【Shift】键的同时分别单击各子项目，同时选择多个子项目。在“SmartArt 工具-格式”/“大小”组的“宽度”数值框中输入“2.5 厘米”，在“高度”数值框中输入“1.05 厘米”，按【Enter】键，如图 5-62 所示。

（9）将鼠标指针移动到 SmartArt 图形的右下角，当鼠标指针变成形状时，按住鼠标左键向左上角拖曳 SmartArt 图形到合适的位置后释放鼠标左键，缩小 SmartArt 图形。

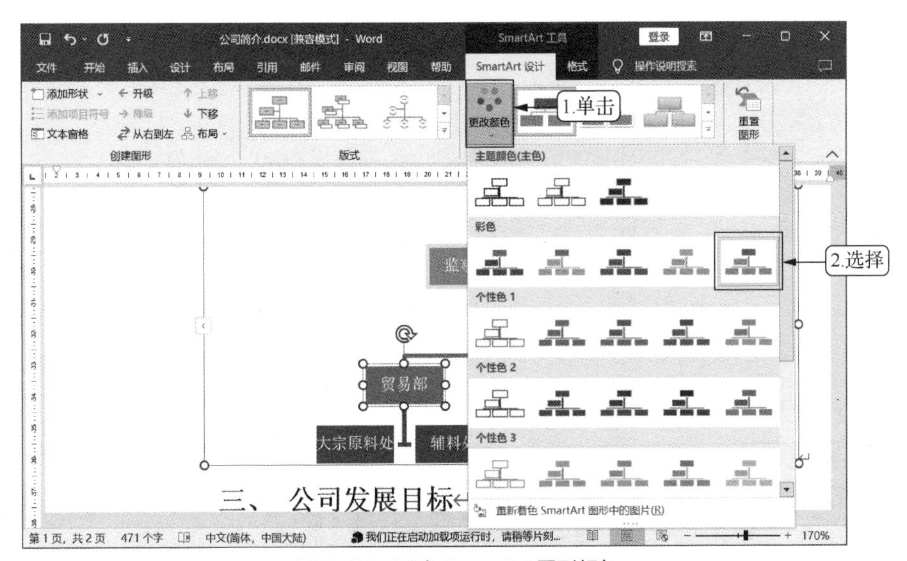

图 5-61 更改 SmartArt 图形颜色

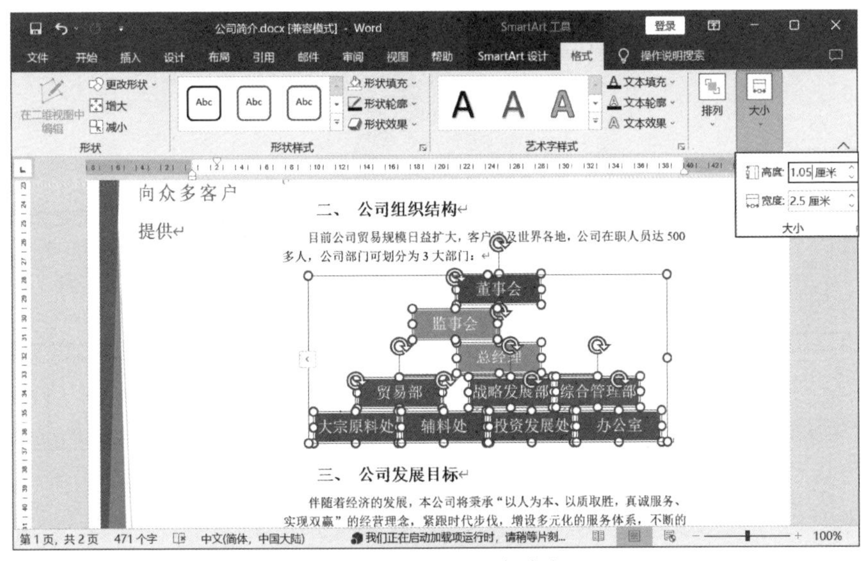

图 5-62 调整子项目框大小

（五）添加封面

通常会为公司简介设置封面，在Word中设置封面的具体操作如下。

（1）在“插入”/“页面”组中单击“封面”按钮，在打开的下拉列表中选择“花丝”选项，如图5-63所示。

（2）在“文档标题”处单击，输入“公司简介”文本；在“文档副标题”处单击，输入“某某国际贸易（上海）有限公司”文本，如图5-64所示。

图5-63 选择封面样式

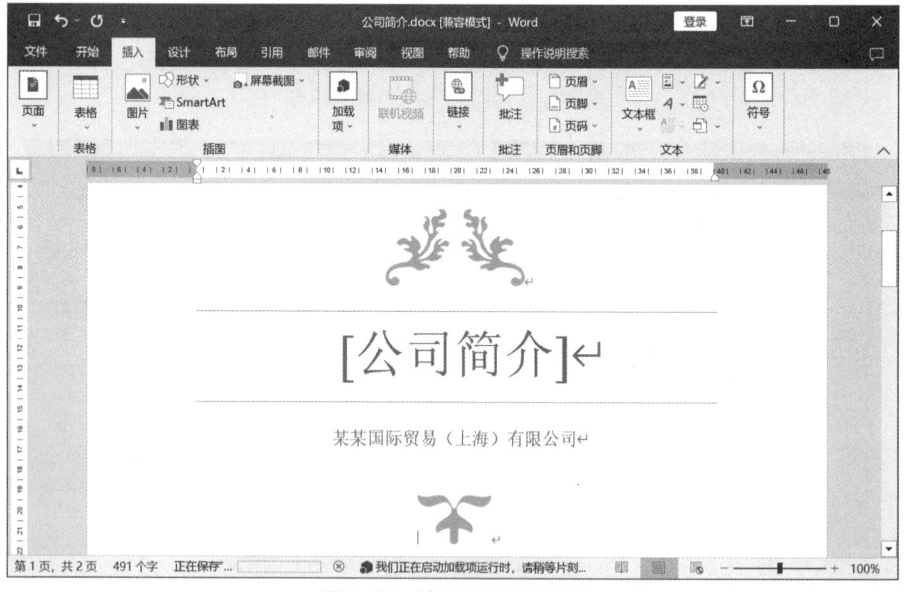

图5-64 输入标题和副标题

（3）选择“日期”文本框，右击，在弹出的快捷菜单中选择“删除内容控件”命令，使用相同方法删除“公司名称”“公司地址”文本框。

课后练习

（1）启动 Word 2016，按照下列要求对文档进行操作。

① 新建空白文档，将其以“产品宣传单”为名进行保存，然后插入“背景图片.jpg”图片。

② 插入“填充-金色，着色 4，软棱台”效果的艺术字，然后转换艺术字的文本效果为“朝鲜鼓”，并调整艺术字的位置与大小。

③ 插入文本框并输入文本，在其中设置文本的项目符号，然后设置形状填充为“无填充颜色”，形状轮廓为“无轮廓”，设置文本的艺术字样式并调整文本框位置。

④ 插入“随机至结果流程”效果的 SmartArt 图形，设置图形的环绕文字为“浮于文字上方”，在 SmartArt 图形中输入相应的文本，更改 SmartArt 图形的颜色和样式，并调整其位置与大小。

（2）打开“产品说明书.docx”文档，按照下列要求对文档进行操作。

① 在标题行下方插入文本，然后将文档中的 “饮水机”文本替换为“防爆饮水机”文本，再修改正文内容中的公司名称和电话号码。

② 设置标题文本的字体格式为“黑体、二号”，段落对齐为“居中”，正文内容的字号为“四号”，段落缩进方式为“首行缩进”，再设置最后 3 行的段落对齐方式为“右对齐”。

③ 为相应的文本内容设置编号“1. 2. 3.”和“1） 2） 3）”，在“安装说明”文本后设置编号时，可先设置编号“1. 2.”，然后用格式刷复制编号“3. 4.”。

④ 选择“公司详细的地址和电话”文本，在“字体”组中单击“以不同颜色突出显示文本”按钮右侧的下拉按钮，在打开的下拉列表中选择“黑色”选项，为字符设置黑色底纹。

项目六 排版文档

Word 2016不仅可以实现简单的图文编辑，还能实现长文档的编辑和版式设计。本项目将通过3个典型任务，介绍文档的排版方法，包括在文档中插入和编辑表格、使用样式控制文档格式、页面设置和打印设置等。

课堂学习目标

- 制作图书采购单
- 排版考勤管理规范
- 排版和打印毕业论文

任务一　制作图书采购单

任务要求

学校图书馆需要增加藏书量，新增多个科目的图书。为此，需要制作一份图书采购单作为采购部门采购的凭据。小李是图书馆的行政人员，负责这项工作，小李通过市场调查和市场分析后，完成了图书采购单的制作，参考效果如图 6-1 所示。制作图书采购单的相关要求如下。

图书采购单

序号	书名	类别	原价（元）	折后价（元）	入库日期	折扣率
1	父与子全集	少儿	59.6	49.5	2022 年 12 月 31 日	17%
2	古代汉语词典	工具	119.9	102.0	2022 年 12 月 31 日	15%
3	世界很大，幸好有你	传记	39.0	33.0	2022 年 12 月 31 日	15%
4	数据可视化	计算机	33.8	27.0	2022 年 12 月 31 日	20%
5	疯狂英语 900 句	外语	29.8	22.4	2022 年 12 月 31 日	25%
6	窗边的小豆豆	少儿	39.5	27.2	2022 年 12 月 31 日	31%
7	手机摄影自白书	摄影	58.0	46.0	2022 年 12 月 31 日	21%
8	黑白花意笔尖下的 87 朵花之绘	绘画	29.8	26.8	2022 年 12 月 31 日	10%
9	小王子	少儿	16.8	14.9	2022 年 12 月 31 日	11%
10	配色设计原理	设计	59.0	54.2	2022 年 12 月 31 日	8%
11	基本乐理教程	音乐	75.0	53.3	2022 年 12 月 31 日	29%
12	总和		¥560.20	¥456.30		

图 6-1 “图书采购单”文档效果

- 输入标题文本“图书采购单”，设置字体格式为“黑体、加粗、小一、居中”。
- 创建一个 7 列 13 行的表格，将鼠标指针移动到表格右下角的控制点上，尝试通过拖曳鼠标调整表格高度。
- 合并第 12 行、13 行的第 2~3 列单元格和第 4~7 列单元格，手动调整第 1 列列宽，平均分配第 2 列到第 7 列的宽度。
- 在表格第 1 行下方插入 1 行单元格。
- 将最后两行的最后两个单元格进行拆分，列数设置为“2”。
- 选择最后两行除第 1 列外的所有单元格，平均分配各列宽度，然后删除最后一行。
- 在表格对应的位置输入图 6-1 所示的文本，将表格表头中的文本设置字体格式为“黑体、五号、加粗”，对齐方式为“居中”；表格其余文本对齐方式也设置为“居中”。
- 选择整个表格，设置单元格大小为“根据内容自动调整表格”，对齐方式为“水平居中”。
- 将“总和”单元格右侧的两列单元格拆分为四列，调整列宽与其他列宽一致。
- 设置表格外边框为“虚框”，样式为“双画线”。
- 设置“总和”文本字体格式为“黑体、五号、加粗”，选择表格表头和“总和”文本所在单元格，设置单元格底纹为“白色，背景 1，深色 25%”。
- 使用“=SUM(ABOVE)”计算原价和折扣价的总和，格式为“¥#,##0.00;(¥#,##0.00)”。

相关知识

（一）插入表格的方式

在 Word 2016 中插入的表格类型主要有自动表格、指定行列表格和绘制表格 3 种，下面进行具体介绍。

微课 6-1　插入自动表格

1. 插入自动表格

插入自动表格的具体操作如下。

（1）将插入点定位到需插入表格的位置，在“插入”/“表格”组中单击“表格”按钮。

（2）在打开的下拉列表中按住鼠标左键不放并拖曳，直到达到需要的表格行列数，如图 6-2 所示。

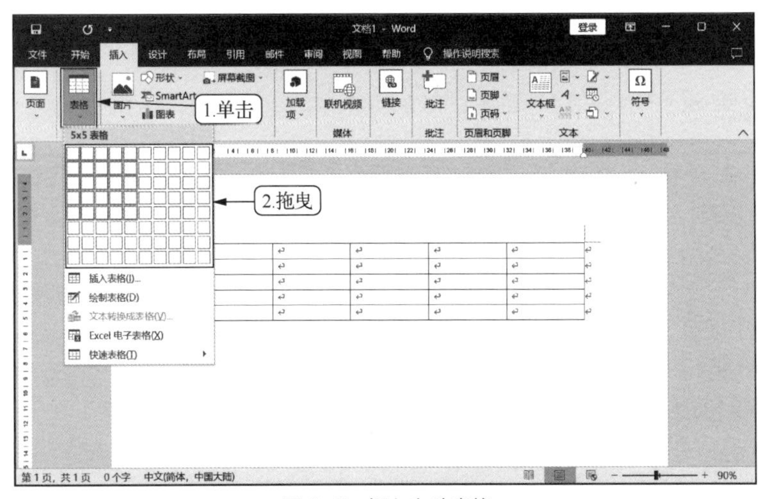

图 6-2　插入自动表格

（3）释放鼠标左键即可在插入点位置插入表格。

2. 插入指定行列表格

插入指定行列表格的具体操作如下。

（1）在“插入”/“表格”组中单击“表格”按钮，在打开的下拉列表中选择“插入表格”选项，打开“插入表格”对话框。

（2）在该对话框中可以自定义表格的行列数和列宽，如图6-3所示，然后单击确定按钮。

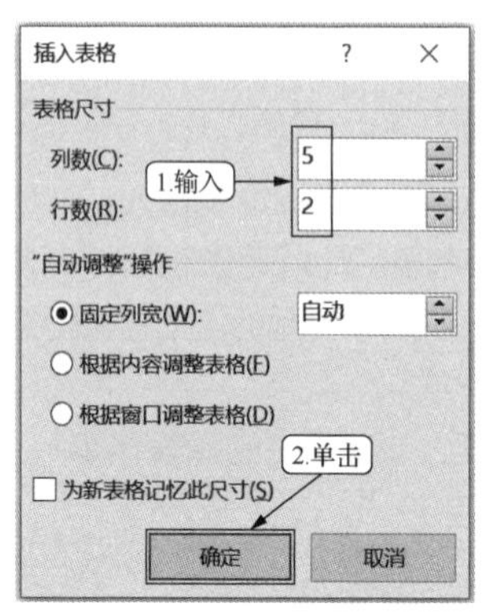

图6-3　插入指定行列数的表格

3. 绘制表格

通过自动插入只能插入比较规则的表格，对于一些较复杂的表格，可以手动绘制，其具体操作如下。

（1）在“插入”/“表格”组中单击“表格”按钮，在打开的下拉列表中选择“绘制表格”选项。

（2）此时鼠标指针变成形状，在需要插入表格处按住鼠标左键不放并拖曳，此时，出现一个虚线框显示的表格，通过拖曳鼠标调整虚线框到适当大小后释放鼠标左键，绘制出表格的边框。

（3）按住鼠标左键不放，从一条线的起点拖曳至终点，释放鼠标左键，即可在表格中画出横线、竖线或斜线，从而将绘制的边框分成若干单元格，并形成各种样式的表格。

提示　**若文档中已插入表格，在“表格工具-布局”/“绘图”组中单击“绘制表格”按钮，在表格中拖曳鼠标绘制横线或竖线，可添加表格的行列数；若绘制斜线，可制作斜线表头。**

（二）选择表格

在文档中可对插入的表格进行调整，调整表格前需先选择表格。在Word中选择表格有以下3种情况。

1. 选择整行

选择整行主要有以下两种方法。

- 将鼠标指针移至表格左侧，当鼠标指针呈形状时，单击可以选择整行。如果按住鼠标左键不放向上或向下拖曳，则可以选择多行。
- 在需要选择的行中单击任意单元格，在“表格工具-布局”/“表”组中单击“选择”按钮，在打开的下拉列表中选择“选择行”选项，可选择整行表格。

2. 选择整列

选择整列主要有以下两种方法。

- 将鼠标指针移动到表格顶端，当鼠标指针呈⬇形状时，单击可选择整列。如果按住鼠标左键不放向左或向右拖曳，则可选择多列。
- 在需要选择的列中单击任意单元格，在“表格工具-布局”/“表”组中单击“选择”按钮，在打开的下拉列表中选择“选择列”选项，可选择整列表格。

3. 选择整个表格

选择整个表格主要有以下三种方法。

- 将鼠标指针移动到表格边框线上，然后单击表格左上角的“全选”按钮，即可选择整个表格。
- 通过在表格内部拖曳鼠标选择整个表格。
- 在表格内单击任意单元格，在“表格工具-布局”/“表”组中单击“选择”按钮，在打开的下拉列表中选择“选择表格”选项，即可选择整个表格。

（三）将表格转换为文本

微课 6-4 将表格转换为文本

将表格转换为文本的具体操作如下。

（1）单击表格左上角的“全选”按钮，选择整个表格，然后在“表格工具-布局”/“数据”组中单击“转换为文本”按钮。

（2）打开“表格转换成文本”对话框，如图 6-4 所示，在其中选择合适的文字分隔符，单击确定按钮，即可将表格转换为文本。

（四）将文本转换为表格

将文本转换为表格的具体操作如下。

（1）拖曳鼠标选择需要转换为表格的文本，然后在“插入”/“表格”组中单击“表格”按钮，在打开的下拉列表中选择“文本转换成表格”选项。

（2）在打开的“将文字转换成表格”对话框中根据需要设置表格尺寸和文字分隔位置，如图 6-5 所示，完成后单击确定按钮，即可将文本转换为表格。

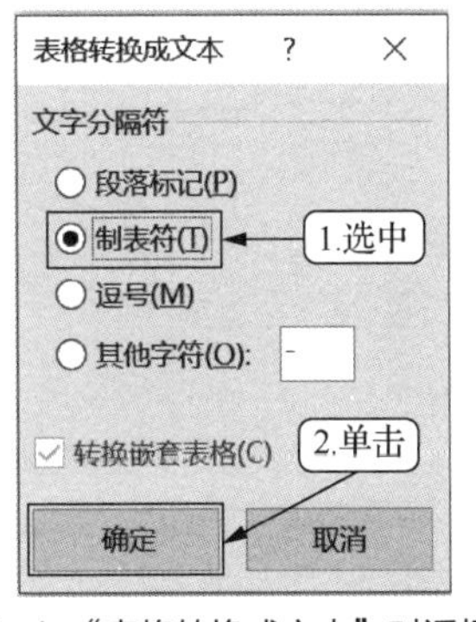

图 6-4 “表格转换成文本”对话框

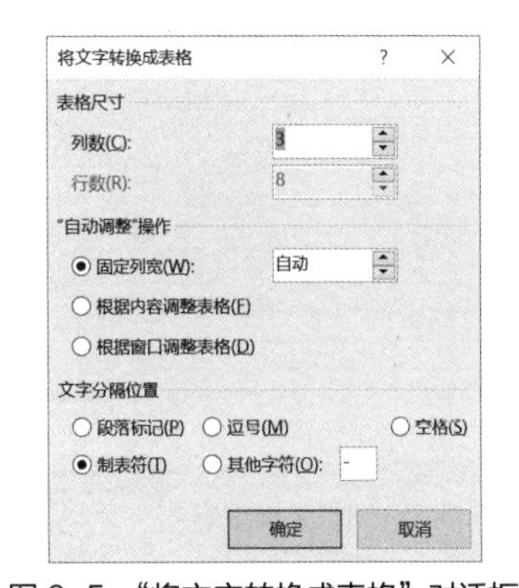

图 6-5 “将文字转换成表格”对话框

任务实现

（一）绘制图书采购单表格框架

在使用 Word 制作表格时，最好事先在纸上绘制表格的大致草图，规划行列数，然后再在 Word 中创建并编辑表格，以便快速创建表格，其具体操作如下。

（1）打开 Word 2016，在文档的开始位置输入标题文本“图书采购单”，然后按【Enter】键。

（2）在“插入”/“表格”组中单击“表格”按钮，在打开的下拉列表中选择“插入表格”选项，打开“插入表格”对话框。

（3）在该对话框中分别将“列数”和“行数”设置为“7”和“13”，如图 6-6 所示。

（4）单击 确定 按钮即可创建表格，选择标题文本，在“开始”/“字体”组中设置字体格式为“黑体、加粗”，字号为“小一”，并设置对齐方式为“居中”，效果如图 6-7 所示。

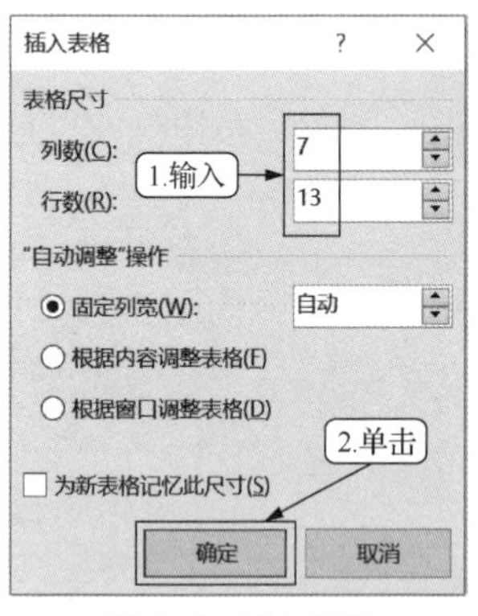

图 6-6　插入表格

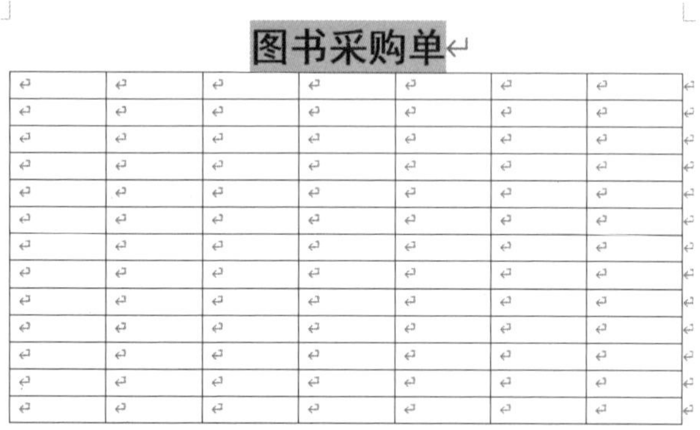

图 6-7　设置标题字体格式

（5）将鼠标指针移动到表格右下角的控制点上，向下拖曳鼠标以调整表格的高度，如图 6-8 所示。

（6）选择第 12 行第 2、3 列单元格，在右击弹出的快捷菜单中选择“合并单元格”命令。

（7）选择表格第 13 行第 2、3 列单元格，在“表格工具-布局”/“合并”组中单击“合并单元格”按钮，然后使用相同的方法合并第 12、13 行的第 4～7 列单元格，完成后效果如图 6-9 所示。

（8）将鼠标指针移至第 2 列表格左侧边框上，当鼠标指针变为形状后，按住鼠标左键向左拖曳鼠标，手动调整列宽。

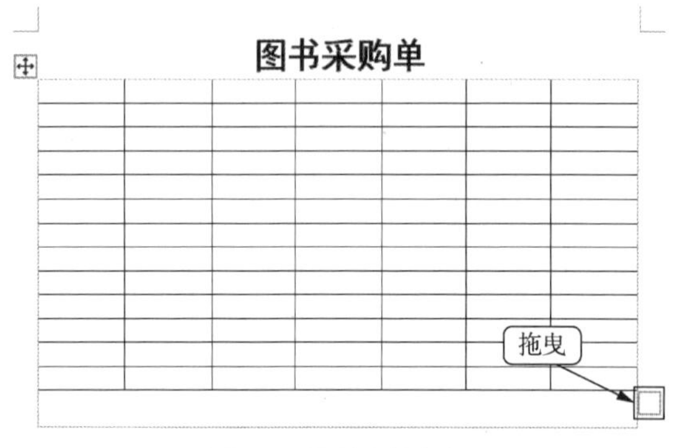

图 6-8　调整表格高度

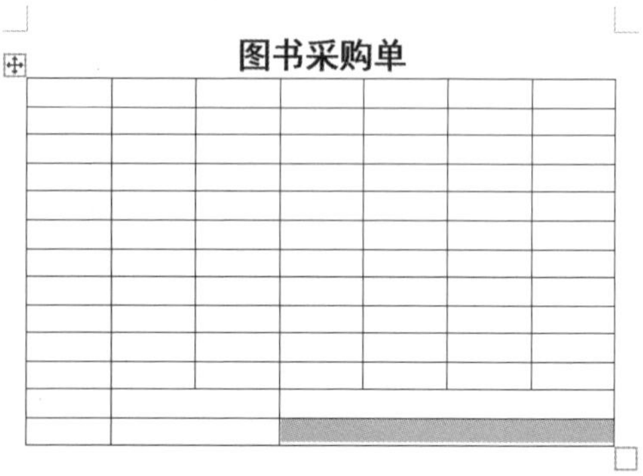

图 6-9　合并单元格

（9）选择表格第 2 列至第 7 列单元格，在“表格工具-布局”/“单元格大小”组中单击“分布列”按钮，平均分配各列的宽度。

（二）编辑图书采购单表格

在制作表格中，通常需要在指定位置插入一些行列单元格，或将多余的表格合并或拆分等，以满足实际需要，其具体操作如下。

（1）将鼠标指针移动到第 1 行左侧，当其变为形状时，选择该行单元格，在“表格工具-布局”/“行和列”组中单击“在下方插入”按钮，在表格第 1 行下方插入 1 行单元格。

（2）选择最后两行最后两个单元格，在“表格工具-布局”/“合并”组中单击“拆分单元格”按钮。

（3）打开“拆分单元格”对话框，在其中设置列数为“2”，如图 6-10 所示，单击 确定 按钮。

（4）选择最后两行除第 1 列外的所有单元格，在“表格工具-布局”/“单元格大小”组中单击“分布列”按钮，平均分配各列的宽度，效果如图 6-11 所示。

（5）选择最后一行单元格，在右击弹出的快捷菜单中选择“删除行”命令。

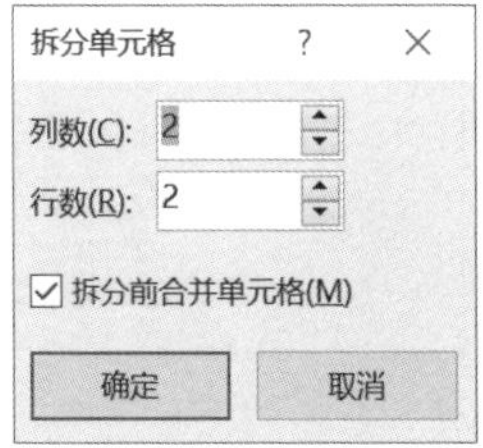

图 6-10 拆分单元格

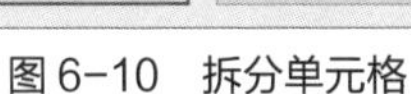

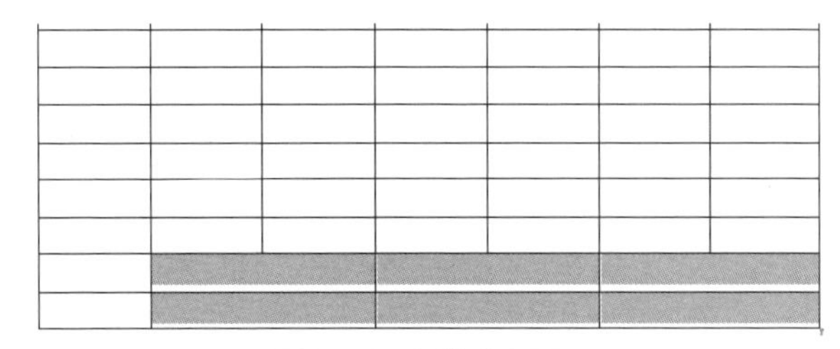

图 6-11 平均分布列

提 示 **在选择整行或整列单元格后右击，在弹出的快捷菜单中选择相应的命令，也可实现单元格的插入、删除和合并等操作，如选择“在左侧插入列”命令，也可在选择列的左侧插入一列空白单元格。**

（三）输入与编辑表格内容

微课 6-8 输入与编辑表格内容

表格外形编辑好后，就可以在表格中输入相关的内容，并设置对应的格式，其具体操作如下。

（1）在表格对应的位置输入相关的文本，如图 6-12 所示。

（2）选择第 1 行单元格中的内容，设置字体格式为“黑体、五号、加粗”，对齐方式为“居中”。

图书采购单

序号	书名	类别	原价（元）	折后价（元）	入库日期	折扣率
1	父与子全集	少儿	59.6	49.5	2022 年 12 月 31 日	17%
2	古代汉语词典	工具	119.9	102.0	2022 年 12 月 31 日	15%
3	世界很大，幸好有你	传记	39.0	33.0	2022 年 12 月 31 日	15%
4	数据可视化	计算机	33.8	27.0	2022 年 12 月 31 日	20%
5	疯狂英语 900 句	外语	29.8	22.4	2022 年 12 月 31 日	25%
6	窗边的小豆豆	少儿	39.5	27.2	2022 年 12 月 31 日	31%
7	手机摄影自白书	摄影	58.0	46.0	2022 年 12 月 31 日	21%
8	黑白花意笔尖下的 87 朵花之绘	绘画	29.8	26.8	2022 年 12 月 31 日	10%
9	小王子	少儿	16.8	14.9	2022 年 12 月 31 日	11%
10	配色设计原理	设计	59.0	54.2	2022 年 12 月 31 日	8%
11	基本乐理教程	音乐	75.0	53.3	2022 年 12 月 31 日	29%
12	总和					

图 6-12 输入文本

（3）选择表格中剩余的文本，设置对齐方式为“居中”。

（4）在表格上单击“全选”按钮，选择整个表格，在“表格工具-布局”/“单元格大小”组中单击“自动调整”按钮，在打开的下拉列表中选择“根据内容自动调整表格”选项；单击“水平居中”按钮，将文本对齐方式设置为“水平居中”。

（5）将“总和”单元格右侧的两列单元格分别拆分为四列单元格，并调整宽度与其他列的列宽一致，完成后的效果如图 6-13 所示。

图书采购单

序号	书名	类别	原价（元）	折后价（元）	入库日期	折扣率
1	父与子全集	少儿	59.6	49.5	2022 年 12 月 31 日	17%
2	古代汉语词典	工具	119.9	102.0	2022 年 12 月 31 日	15%
3	世界很大，幸好有你	传记	39.0	33.0	2022 年 12 月 31 日	15%
4	数据可视化	计算机	33.8	27.0	2022 年 12 月 31 日	20%
5	疯狂英语 900 句	外语	29.8	22.4	2022 年 12 月 31 日	25%
6	窗边的小豆豆	少儿	39.5	27.2	2022 年 12 月 31 日	31%
7	手机摄影自白书	摄影	58.0	46.0	2022 年 12 月 31 日	21%
8	黑白花意笔尖下的 87 朵花之绘	绘画	29.8	26.8	2022 年 12 月 31 日	10%
9	小王子	少儿	16.8	14.9	2022 年 12 月 31 日	11%
10	配色设计原理	设计	59.0	54.2	2022 年 12 月 31 日	8%
11	基本乐理教程	音乐	75.0	53.3	2022 年 12 月 31 日	29%
12	总和					

图 6-13　调整后的表格

（四）设置与美化表格

微课 6-9　设置与美化表格

完成对表格内容的编辑后，还可以对表格的边框和填充颜色进行设置，以美化表格，其具体操作如下。

（1）在表格中右击，在弹出的快捷菜单中选择“表格属性”命令，打开“表格属性”对话框，在“表格”选项卡中单击“边框和底纹”按钮。

（2）打开“边框和底纹”对话框，在“设置”栏中选择“虚框”选项，在“样式”列表框中选择“双画线”选项，然后单击 确定 按钮，如图 6-14 所示。

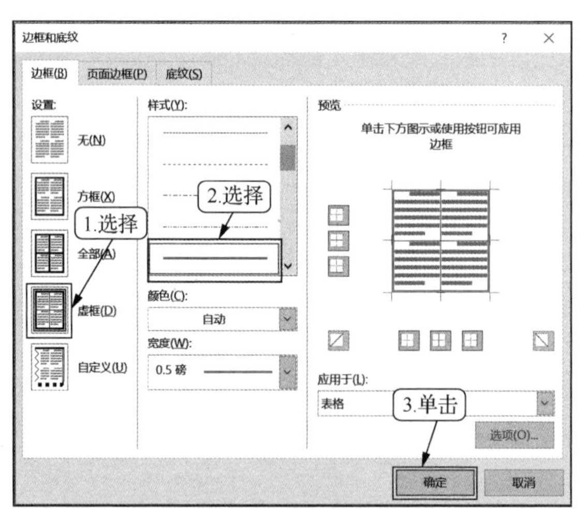

图 6-14　设置外边框

（3）完成表格外边框设置后的效果如图 6-15 所示。

（4）选择“总和”文本所在的单元格，设置字体格式为“黑体、五号、加粗”，然后按住【Ctrl】键依次选择表格表头所在的单元格。

（5）在“开始”/“段落”组中单击“边框”按钮右侧的下拉按钮，在打开的下拉列表中选择“边框和底纹”选项，打开“边框和底纹”对话框。

（6）选择“底纹”选项卡，在“填充”下拉列表中选择“白色，背景 1，深色 25%”选项，然后单击 确定 按钮，如图 6-16 所示。

图书采购单

序号	书名	类别	原价（元）	折后价（元）	入库日期	折扣率
1	父与子全集	少儿	59.6	49.5	2022 年 12 月 31 日	17%
2	古代汉语词典	工具	119.9	102.0	2022 年 12 月 31 日	15%
3	世界很大，幸好有你	传记	39.0	33.0	2022 年 12 月 31 日	15%
4	数据可视化	计算机	33.8	27.0	2022 年 12 月 31 日	20%
5	疯狂英语 900 句	外语	29.8	22.4	2022 年 12 月 31 日	25%
6	窗边的小豆豆	少儿	39.5	27.2	2022 年 12 月 31 日	31%
7	手机摄影自白书	摄影	58.0	46.0	2022 年 12 月 31 日	21%
8	黑白花意笔尖下的 87 朵花之绘	绘画	29.8	26.8	2022 年 12 月 31 日	10%
9	小王子	少儿	16.8	14.9	2022 年 12 月 31 日	11%
10	配色设计原理	设计	59.0	54.2	2022 年 12 月 31 日	8%
11	基本乐理教程	音乐	75.0	53.3	2022 年 12 月 31 日	29%
12	总和					

图 6-15　设置外边框后的效果

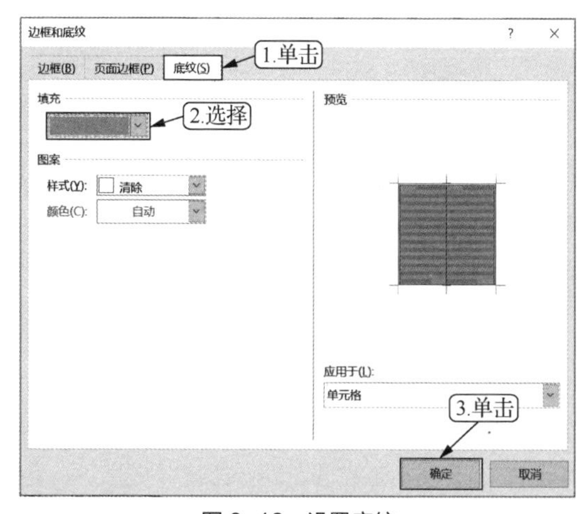

图 6-16　设置底纹

（7）添加底纹后的效果如图 6-17 所示。

图书采购单

序号	书名	类别	原价（元）	折后价（元）	入库日期	折扣率
1	父与子全集	少儿	59.6	49.5	2022 年 12 月 31 日	17%
2	古代汉语词典	工具	119.9	102.0	2022 年 12 月 31 日	15%
3	世界很大，幸好有你	传记	39.0	33.0	2022 年 12 月 31 日	15%
4	数据可视化	计算机	33.8	27.0	2022 年 12 月 31 日	20%
5	疯狂英语 900 句	外语	29.8	22.4	2022 年 12 月 31 日	25%
6	窗边的小豆豆	少儿	39.5	27.2	2022 年 12 月 31 日	31%
7	手机摄影自白书	摄影	58.0	46.0	2022 年 12 月 31 日	21%
8	黑白花意笔尖下的 87 朵花之绘	绘画	29.8	26.8	2022 年 12 月 31 日	10%
9	小王子	少儿	16.8	14.9	2022 年 12 月 31 日	11%
10	配色设计原理	设计	59.0	54.2	2022 年 12 月 31 日	8%
11	基本乐理教程	音乐	75.0	53.3	2022 年 12 月 31 日	29%
12	总和					

图 6-17　添加底纹后的效果

（五）计算表格中的数据

微课 6-10　计算表格中的数据

在表格中可能会涉及数据计算，使用 Word 制作的表格也可以实现简单的计算，其具体操作如下。

（1）将插入点定位到“总和”右侧的单元格中，在“表格工具-布局”/“数据”组中单击“公式”按钮 *fx*。

（2）打开“公式”对话框，在“公式”文本框中输入“=SUM(ABOVE)”，在“编号格式”下拉列表中选择“¥#,##0.00;(¥#,##0.00)”选项，如图 6-18 所示。

（3）单击 确定 按钮，使用相同的方法计算折后价的总和值，完成后的效果如图 6-19 所示。

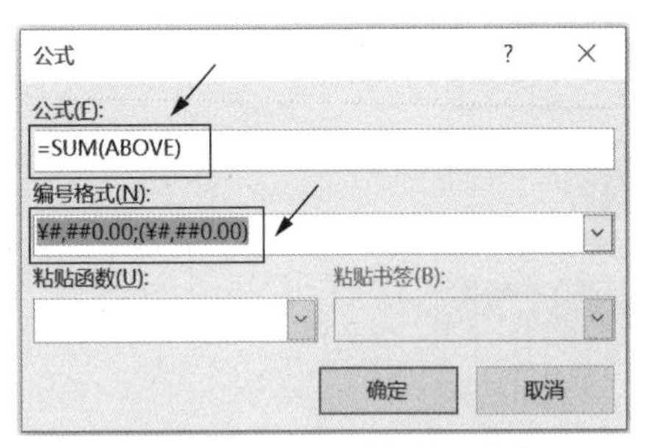

图 6-18　设置公式与编号格式

7	手机摄影自白书	摄影	58.0	46.0	2022 年 12 月 31 日	21%
8	黑白花意笔尖下的 87 朵花之绘	绘画	29.8	26.8	2022 年 12 月 31 日	10%
9	小王子	少儿	16.8	14.9	2022 年 12 月 31 日	11%
10	配色设计原理	设计	59.0	54.2	2022 年 12 月 31 日	8%
11	基本乐理教程	音乐	75.0	53.3	2022 年 12 月 31 日	29%
12	总和		¥560.20	¥456.30		

图 6-19　使用公式计算后的结果

任务二　排版考勤管理规范

任务要求

小李在某企业的行政部门工作，最近，总经理发现员工比较懒散，决定严格执行考勤制度，于是要求小李制作一份考勤管理规范，便于内部员工使用。小李打开原有的“考勤管理规范.docx”文档，经过一番研究，最后决定利用 Word 2016 的相关功能进行设计制作，完成后的参考效果如图 6-20 所示。排版考勤管理规范的相关要求如下。

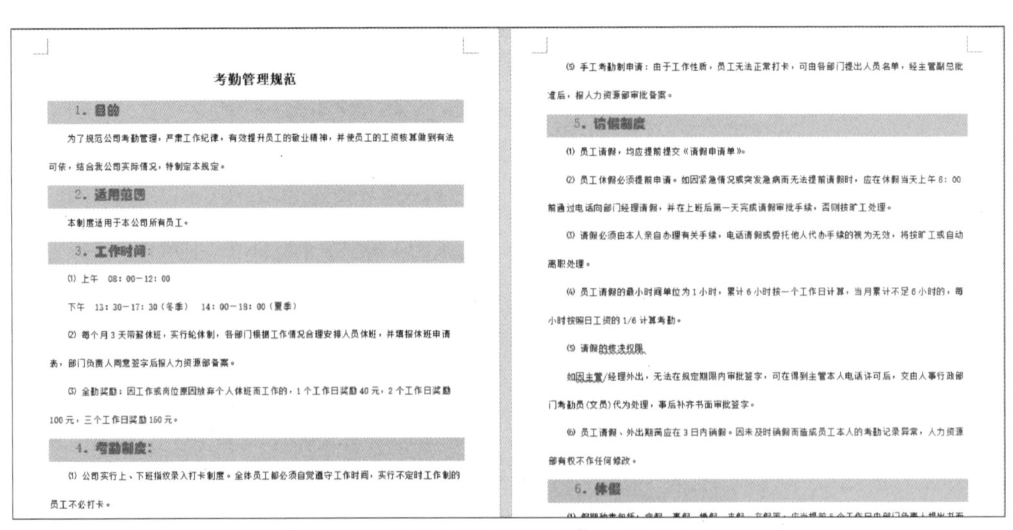

考勤管理规范

1. 目的

为了规范公司考勤管理，严肃工作纪律，有效提升员工的敬业精神，并使员工的工资核算做到有法可依，结合我公司实际情况，特制定本规定。

2. 适用范围

本制度适用于本公司所有员工。

3. 工作时间：

(1) 上午　08：00－12：00

下午　13：30－17：30（冬季）　14：00－18：00（夏季）

(2) 每个月 3 天带薪休班，实行轮休制，各部门根据工作情况合理安排人员休班，并填报休班申请表，部门负责人同意签字后报人力资源部备案。

(3) 全勤奖励：因工作或岗位原因放弃个人休班而工作的，1 个工作日奖励 40 元，2 个工作日奖励 100 元，三个工作日奖励 150 元。

4. 考勤制度：

(1) 公司实行上、下班指纹录入打卡制度。全体员工都必须自觉遵守工作时间，实行不定时工作制的员工不必打卡。

(5) 手工考勤制申请：由于工作性质，员工无法正常打卡，可由各部门提出人员名单，经主管副总批准后，报人力资源部审批备案。

5. 请假制度

(1) 员工请假，均应提前提交《请假申请单》。

(2) 员工休假必须提前申请。如因紧急情况或突发急病而无法提前请假时，应在休假当天上午 8：00 前通过电话向部门经理请假，并在上班后第一天完成请假审批手续，否则按旷工处理。

(3) 请假必须由本人亲自办理有关手续，电话请假或委托他人代办手续的视为无效，将按旷工或自动离职处理。

(4) 员工请假的最小时间单位为 1 小时，累计 6 小时按一个工作日计算，当月累计不足 6 小时的，每小时按照日工资的 1/6 计算考勤。

(5) 请假的核准权限

如因主管/经理外出，无法在规定期限内审批签字，可在得到主管本人电话许可后，交由人事行政部门考勤员（文员）代为处理，事后补齐书面审批签字。

(6) 员工请假、外出期满应在 3 日内销假。因未及时销假而造成员工本人的考勤记录异常，人力资源部有权不作任何修改。

6. 休假

图 6-20　排版“考勤管理规范”文档后的效果

- 打开文档，自定义纸张的“宽度”和“高度”分别为“20 厘米”和“28 厘米”。
- 设置页边距“上”“下”分别为“1 厘米”，设置页边距“左”“右”分别为“1.5 厘米”。
- 为标题应用内置的“标题”样式，新建“小项目”样式，设置格式为“华文琥珀、五号、1.5 倍行距”，底纹为“白色，背景 1，深色 50%”。
- 修改“小项目”样式，设置字体格式为“小三、‘茶色，背景 2，深色 50%’”，设置底纹为“白色，背景 1，深色 15%”。

相关知识

（一）模板与样式

模板和样式是 Word 中常用的排版工具，下面分别介绍模板与样式的相关知识。

1. 模板

Word 2016 的模板是一种固定样式的框架，包含了相应的文字和样式，下面分别介绍自定义模板、使用新模板和套用模板的方法。

- 自定义模板。模板设计好之后，选择“文件”/“另存为”命令，在“另存为”对话框的“保存类型”下拉列表中选择“Word 模板（*.dotx）”或者“启用宏的 Word 模板（*.dotm）”，保存位置会自动定位到自定义模板文件夹“C:\Users\Administrator\文档\自定义 Office 模板”，如图 6-21 所示，单击保存(S)按钮即可新建一个名称为“Doc1”的空白文档，保存文档后其扩展名为.dotx。

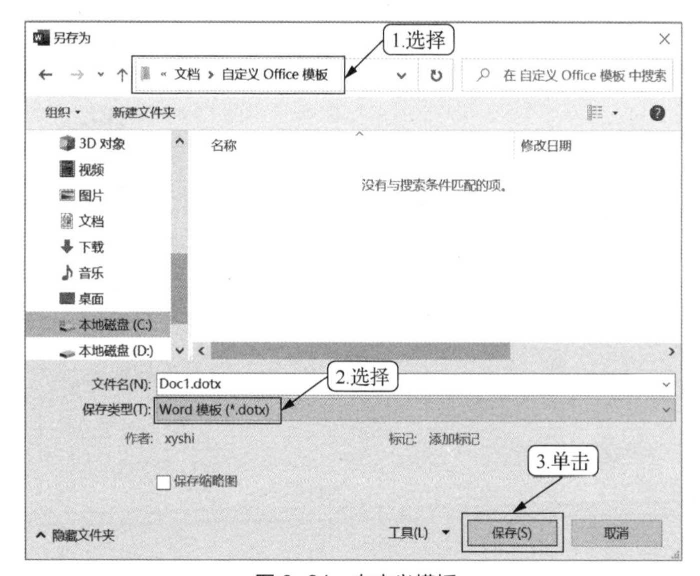

图 6-21 自定义模板

- 使用新模板。选择“文件”/“新建”命令，在打开的窗口中选择“个人”，其中显示了自定义的模板，单击即可，如图 6-22 所示。
- 套用模板。选择“文件”/“选项”命令，打开“Word 选项”对话框，选择“加载项”选项卡，在右侧的“管理”下拉列表中选择“模板”选项，单击转到(G)...按钮，打开“模板和加载项”对话框，如图 6-23 所示，在其中单击添加(D)...按钮，在打开的对话框中选择需要的模板，然后返回对话框，单击选中“自动更新文档样式”复选框，单击确定按钮，即可在已存在的文档中套用模板。

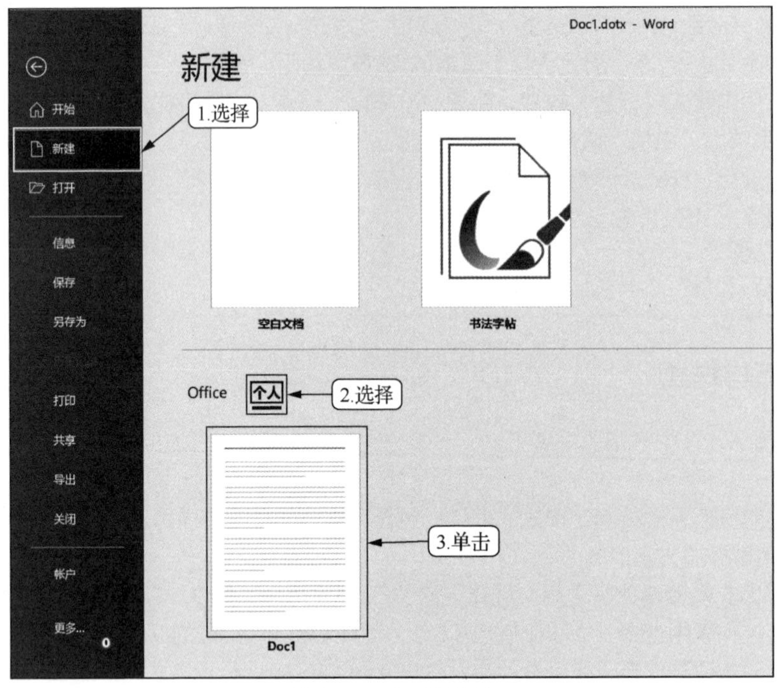

图 6-22 使用新模板

图 6-23 “模板和加载项”对话框

2. 样式

在编排一篇长文档或一本书时，需要对许多的文字和段落进行相同的排版工作，如果只利用字体格式和段落格式进行编排，费时且费力，还很难使文档格式保持一致。使用样式能减少许多重复的操作，在短时间内编排出高质量的文档。

样式是指一组已经命名的字符和段落格式。它设定了文档中标题、题注以及正文等各个文档元素的格式。用户可以将一种样式应用于某个段落，或段落中选择的字符上，所选择的段落或字符便具有这种样式定义的格式。对文档应用样式主要有以下作用。

- 使文档的格式更便于统一。
- 便于形成大纲，使文档更有条理，编辑和修改更简单。
- 便于生成目录。

（二）页面版式

设置文档页面版式包括设置纸张大小、纸张方向、页边距和页面背景，以及添加封面、水印，设置主题等，这些设置将应用于文档的所有页面。

1. 设置纸张大小、纸张方向和页边距

默认的Word页面大小为A4（21厘米×29.7厘米），纸张方向为纵向，页边距为普通，在“布局”/“页面设置”组中单击相应的按钮便可进行修改，相关介绍如下。

- 单击“纸张大小”按钮，在打开的下拉列表中选择一种纸张大小选项；或选择“其他纸张大小”选项，在打开的“页面设置”对话框中输入纸张的宽度值和高度值。
- 单击“纸张方向”按钮，在打开的下拉列表中选择“横向”选项，可以将纸张设置为横向。
- 单击“页边距”按钮，在打开的下拉列表中选择一种页边距选项；或选择“自定义页边距”选项，在打开的“页面设置”对话框中输入上、下、左、右、装订线页边距值。

2. 设置页面背景

在Word中，页面背景可以是纯色背景、渐变色背景和图片背景。设置页面背景的方法是：在“设计”/“页面背景”组中单击“页面颜色”按钮，在打开的下拉列表中选择一种页面背景颜色，如图6-24所示。若选择“填充效果”选项，在打开的对话框中选择“渐变”“图片”等选项卡，便可设置渐变色背景和图片背景等。

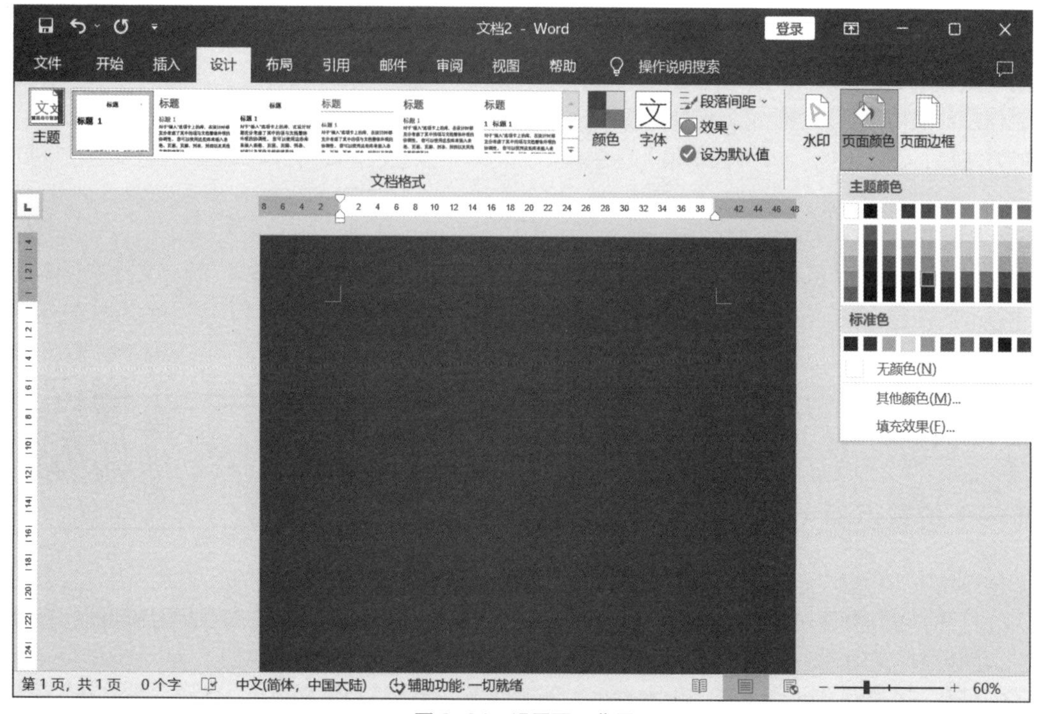

图6-24 设置页面背景

3. 添加封面

在制作某些办公文档时，可通过添加封面表现文档的主题，封面内容一般包含标题、副标题、文档摘要、编写时间、作者和公司名称等。添加封面的方法是：在“插入”/“页面”组中单击“封面”按钮，在打开的下拉列表中选择一种封面样式，如图 6-25 所示，为文档添加该类型的封面，然后输入相应的封面内容。

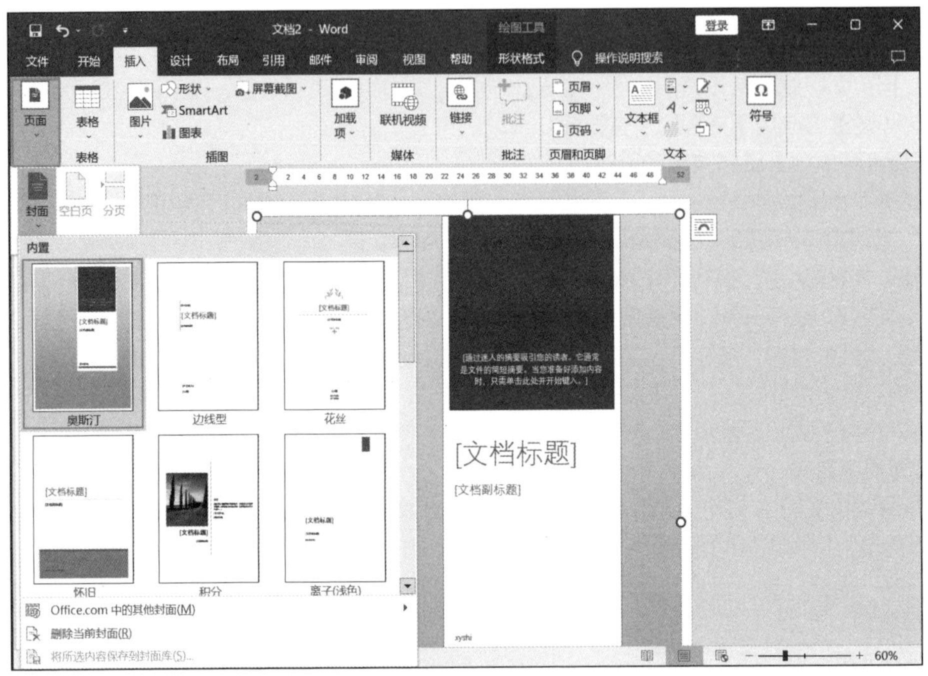

图 6-25　选择封面样式

4. 添加水印

制作办公文档时，为表明文档的所有权和出处，可为文档添加水印，如添加“机密”水印等。添加水印的方法是：在“设计”/“页面背景”组中单击“水印”按钮，在打开的下拉列表中选择一种水印效果。

5. 设置主题

Word 2016 提供了各种主题，通过应用这些主题可快速更改文档的整体效果，统一文档的整体风格。设置主题的方法是：在“设计”/“主题”组中单击“主题”按钮，在打开的下拉列表中选择一种主题样式，文档的颜色和字体等效果将发生变化。

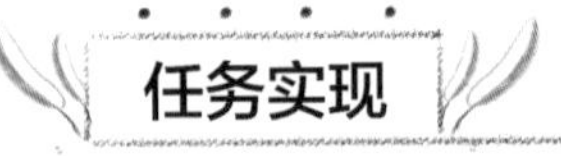

微课 6-11　设置页面大小

（一）设置页面大小

日常应用中可根据文档内容自定义页面大小，其具体操作如下。

（1）打开“考勤管理规范.docx”文档，在“布局”/“页面设置”组中单击“对话框启动器”图标，打开“页面设置”对话框。

（2）选择“纸张”选项卡，在“纸张大小”下拉列表中选择“自定义大小”选项，分别在“宽度”和“高度”数值框中输入“20 厘米”和“28 厘米”，如图 6-26 所示。

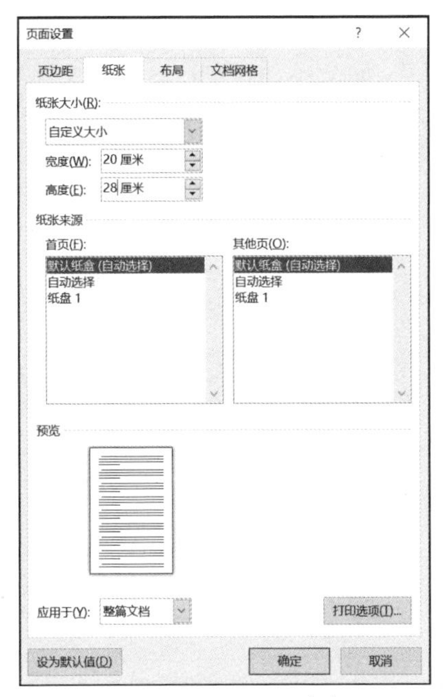

图 6-26　设置页面大小

（3）单击 确定 按钮，返回文档编辑区，即可查看设置页面大小后的文档效果，如图 6-27 所示。

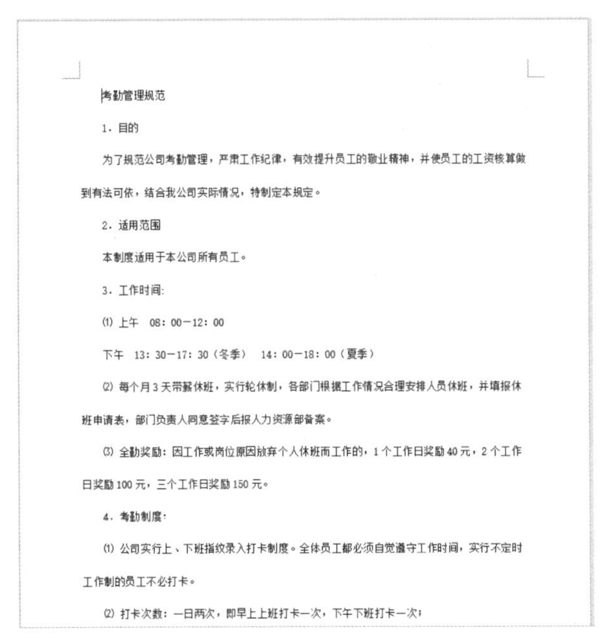

考勤管理规范

1. 目的

为了规范公司考勤管理，严肃工作纪律，有效提升员工的敬业精神，并使员工的工资核算做到有法可依，结合我公司实际情况，特制定本规定。

2. 适用范围

本制度适用于本公司所有员工。

3. 工作时间:

(1) 上午 08：00－12：00

下午 13：30－17：30（冬季） 14：00－18：00（夏季）

(2) 每个月 3 天带薪休班，实行轮休制，各部门根据工作情况合理安排人员休班，并填报休班申请表，部门负责人同意签字后报人力资源部备案。

(3) 全勤奖励：因工作或岗位原因放弃个人休班而工作的，1 个工作日奖励 40 元，2 个工作日奖励 100 元，三个工作日奖励 150 元。

4. 考勤制度：

(1) 公司实行上、下班指纹录入打卡制度。全体员工都必须自觉遵守工作时间，实行不定时工作制的员工不必打卡。

(2) 打卡次数：一日两次，即早上上班打卡一次，下午下班打卡一次；

图 6-27　查看设置页面大小后的文档效果

（二）设置页边距

日常生活中通常使用 Word 默认的页边距就可以了。若为了节省纸张，可以适当缩小页边距，其具体操作如下。

（1）在“布局”/“页面设置”组中单击“对话框启动器”图标，打开“页面设置”对话框。

微课 6-12　设置页边距

（2）选择“页边距”选项卡，在“页边距”栏中的“上”“下”数值框中分别输入“1厘米”，在“左”“右”数值框中分别输入“1.5厘米”，如图6-28所示。

（3）单击 确定 按钮，返回文档编辑区，即可查看设置页边距后的文档效果，如图6-29所示。

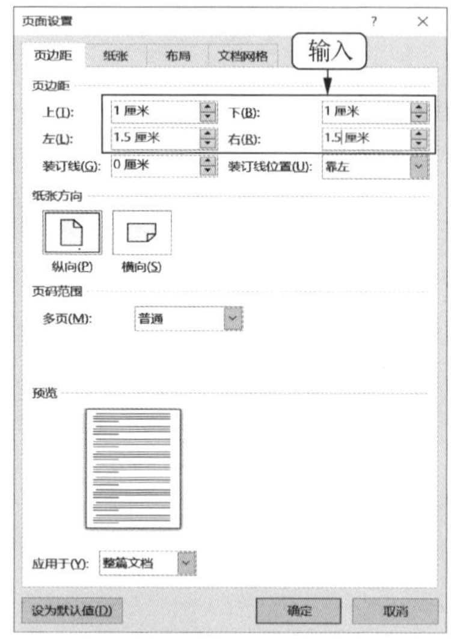

图6-28　设置页边距

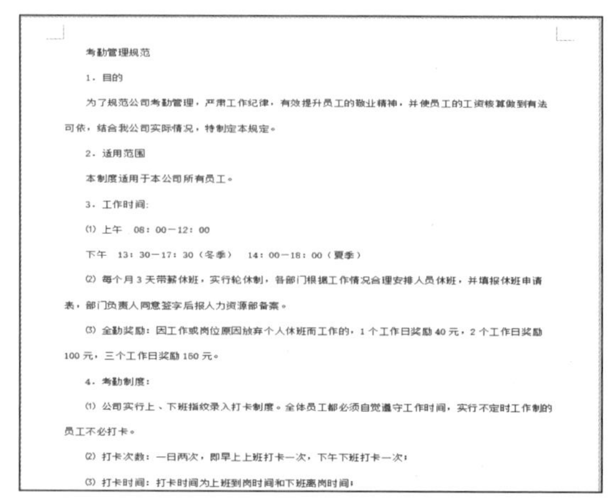
考勤管理规范

1. 目的

为了规范公司考勤管理，严肃工作纪律，有效提升员工的敬业精神，并使员工的工资核算做到有法可依，结合我公司实际情况，特制定本规定。

2. 适用范围

本制度适用于本公司所有员工。

3. 工作时间:

(1) 上午　08：00—12：00

下午　13：30—17：30（冬季）　14：00—18：00（夏季）

(2) 每个月3天带薪休班，实行轮休制，各部门根据工作情况合理安排人员休班，并填报休班申请表，部门负责人同意签字后报人力资源部备案。

(3) 全勤奖励：因工作或岗位原因放弃个人休班而工作的，1个工作日奖励40元，2个工作日奖励100元，三个工作日奖励150元。

4. 考勤制度：

(1) 公司实行上、下班指纹录入打卡制度。全体员工都必须自觉遵守工作时间，实行不定时工作制的员工不必打卡。

(2) 打卡次数：一日两次，即早上上班打卡一次，下午下班打卡一次；

(3) 打卡时间：打卡时间为上班到岗时间和下班离岗时间；

图6-29　查看设置页边距后的文档效果

（三）套用内置样式

微课6-13　套用内置样式

内置样式是指Word 2016自带的样式。下面为“考勤管理规范.docx”文档套用内置样式，其具体操作如下。

（1）将插入点定位到标题“考勤管理规范”右侧，在“开始”/“样式”组中选择“标题”选项，套用对应的内置样式，如图6-30所示。

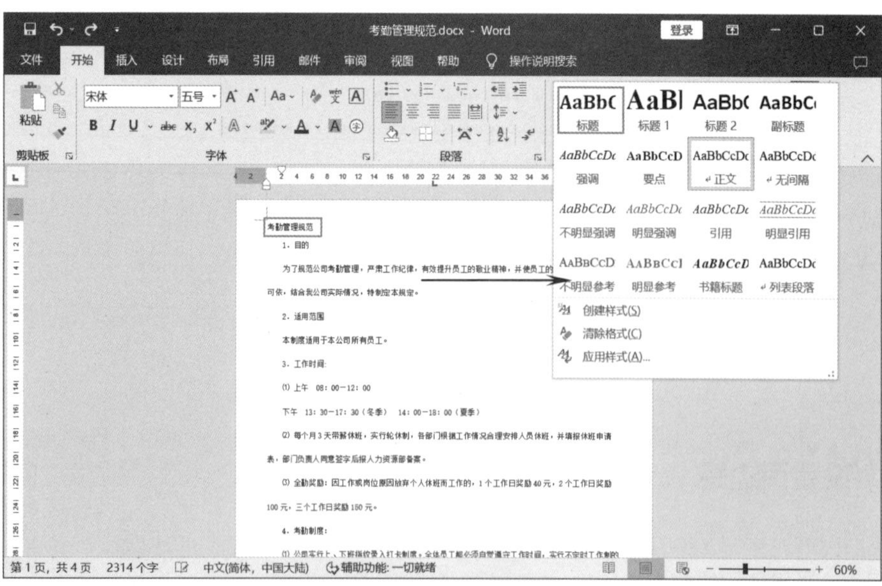

图6-30　套用内置样式

（2）返回文档编辑区，即可查看设置标题样式后的文档效果，如图6-31所示。

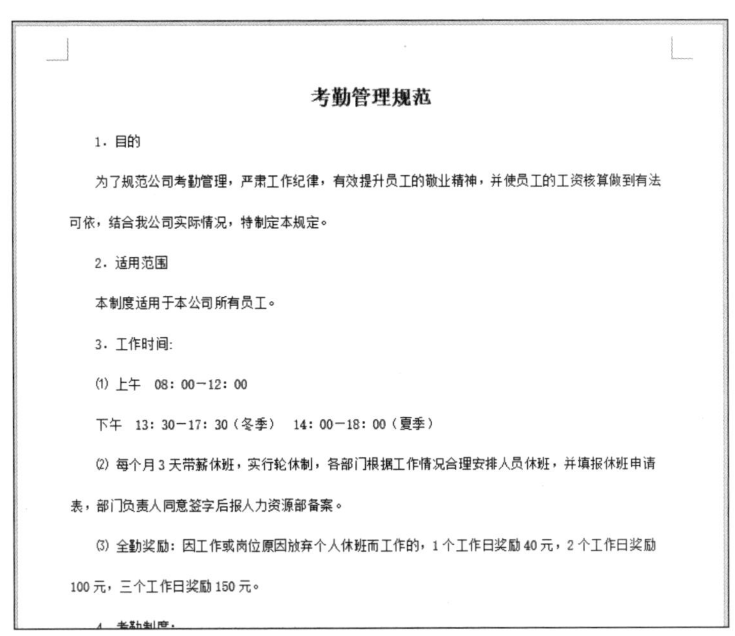

考勤管理规范

1. 目的

为了规范公司考勤管理，严肃工作纪律，有效提升员工的敬业精神，并使员工的工资核算做到有法可依，结合我公司实际情况，特制定本规定。

2. 适用范围

本制度适用于本公司所有员工。

3. 工作时间:

⑴ 上午 08：00—12：00

下午 13：30—17：30（冬季） 14：00—18：00（夏季）

⑵ 每个月 3 天带薪休班，实行轮休制，各部门根据工作情况合理安排人员休班，并填报休班申请表，部门负责人同意签字后报人力资源部备案。

⑶ 全勤奖励：因工作或岗位原因放弃个人休班而工作的，1 个工作日奖励 40 元，2 个工作日奖励 100 元，三个工作日奖励 150 元。

图 6-31 查看设置标题样式后的文档效果

（四）创建样式

微课 6-14 创建样式

Word 2016 中的内置样式是有限的，当用户需要使用的样式在 Word 2016 中没有时，可创建样式，其具体操作如下。

（1）将插入点定位到第一段“1. 目的”文本右侧，在“开始”/“样式”组中单击“对话框启动器”图标，如图 6-32 所示。

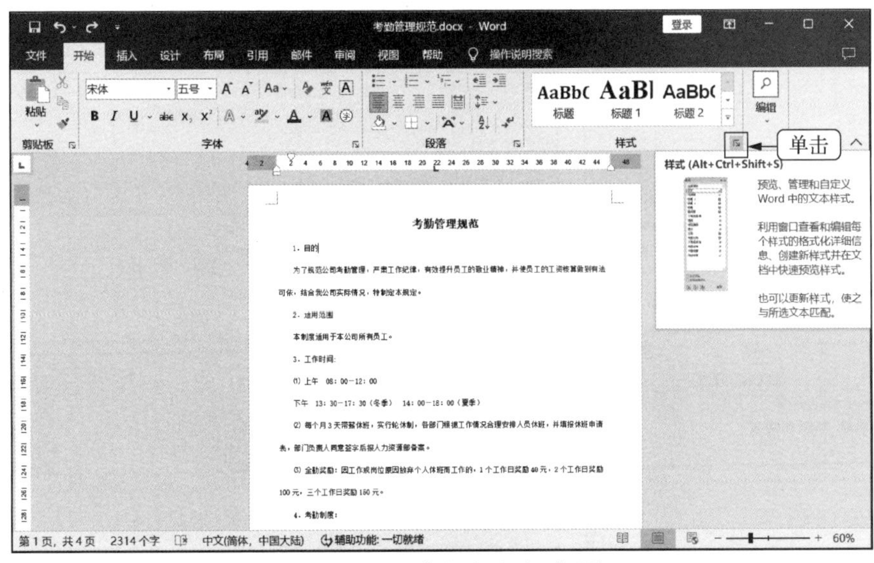

图 6-32 单击“对话框启动器”图标

（2）打开“样式”任务窗格，单击“新建样式”按钮，如图 6-33 所示。

（3）在打开的对话框的“名称”文本框中输入“小项目”，在“格式”栏中将格式设置为“华文琥珀、五号”，单击 格式(O) 按钮，在打开的下拉列表中选择“段落”选项，如图 6-34 所示。

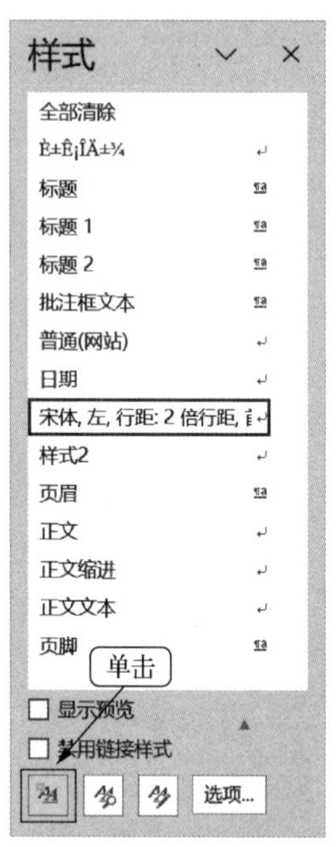

图 6-33　单击“新建样式”按钮

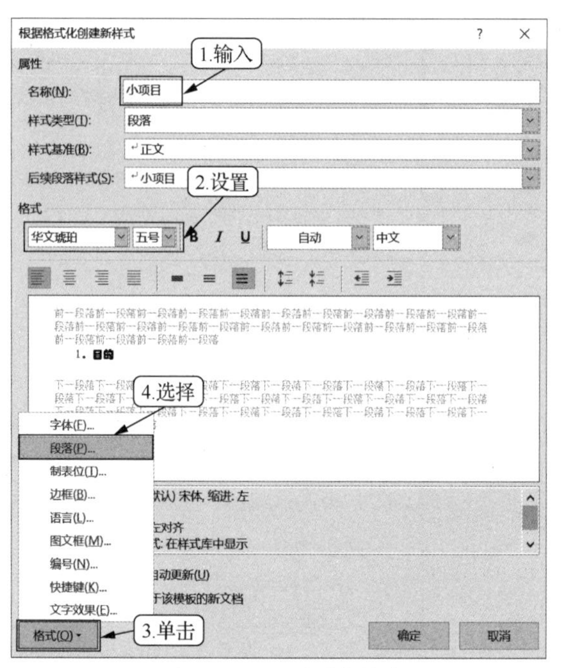

图 6-34　设置名称与格式

（4）打开“段落”对话框，在“间距”栏的“行距”下拉列表中选择“1.5 倍行距”选项，单击 确定 按钮，如图 6-35 所示。

（5）返回“根据格式化创建新样式”对话框，再次单击 格式(O) 按钮，在打开的下拉列表中选择“边框”选项。

（6）打开“边框和底纹”对话框，选择“底纹”选项卡，在“填充”下拉列表中选择“白色，背景 1，深色 50%”选项，如图 6-36 所示。

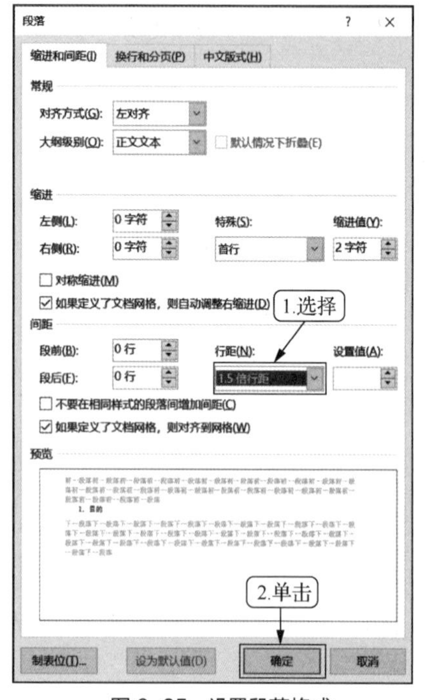

图 6-35　设置段落格式

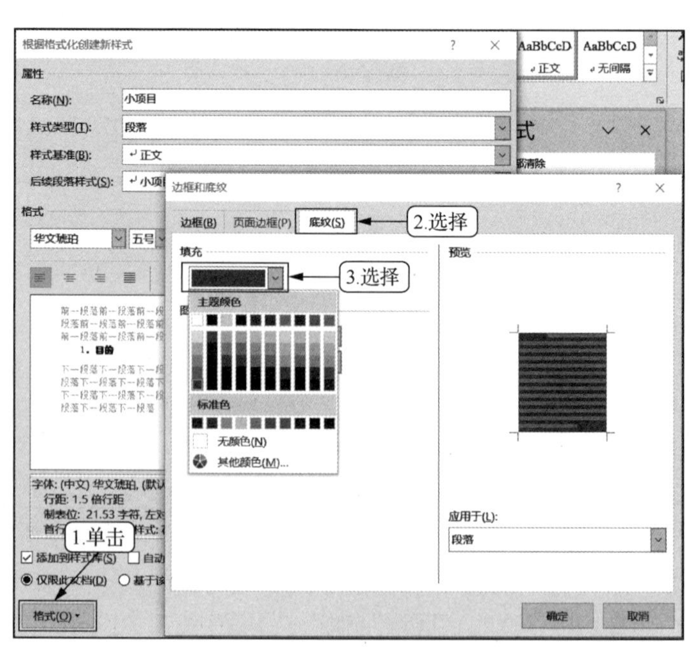

图 6-36　设置底纹

（7）依次单击 确定 按钮，返回文档编辑区，即可查看创建样式后的文档效果，如图 6-37 所示。

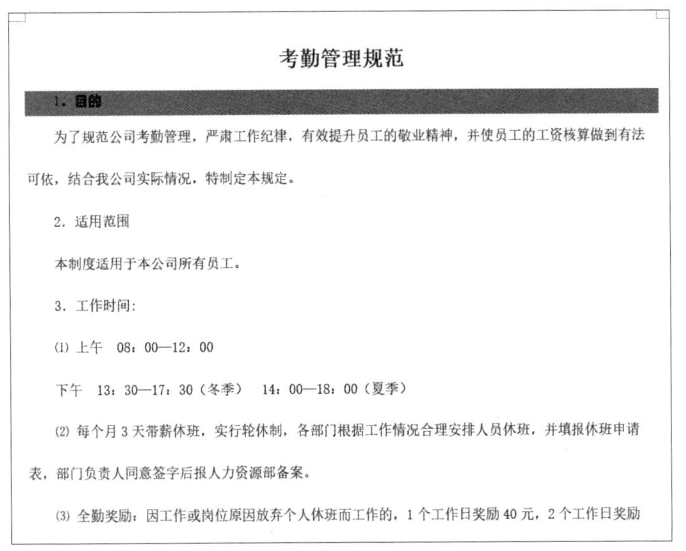

考勤管理规范

1．目的

为了规范公司考勤管理，严肃工作纪律，有效提升员工的敬业精神，并使员工的工资核算做到有法可依，结合我公司实际情况，特制定本规定。

2．适用范围

本制度适用于本公司所有员工。

3．工作时间：

⑴ 上午　08：00—12：00

下午　13：30—17：30（冬季）　14：00—18：00（夏季）

⑵ 每个月 3 天带薪休班，实行轮休制，各部门根据工作情况合理安排人员休班，并填报休班申请表，部门负责人同意签字后报人力资源部备案。

⑶ 全勤奖励：因工作或岗位原因放弃个人休班而工作的，1 个工作日奖励 40 元，2 个工作日奖励

图 6-37　查看创建样式后的文档效果

（五）修改样式

微课 6-15　修改样式

创建新样式时，如果用户对创建后的样式有不满意的地方，可通过“修改”样式功能对其进行修改，其具体操作如下。

（1）在“样式”任务窗格中选择创建的“小项目”样式，单击右侧的下拉按钮，在打开的下拉列表中选择“修改”选项，如图 6-38 所示。

（2）在打开的“修改样式”对话框的“格式”栏中将字体格式设置为“小三、‘茶色，背景 2，深色 50%’”，单击 格式(O) 按钮，在打开的下拉列表中选择“边框”选项，如图 6-39 所示。

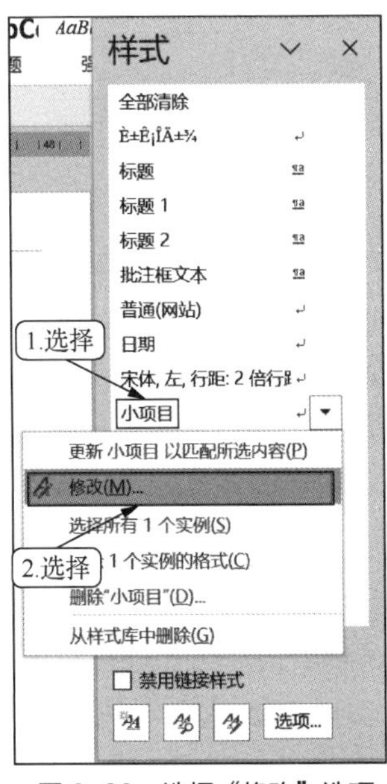

图 6-38　选择“修改”选项

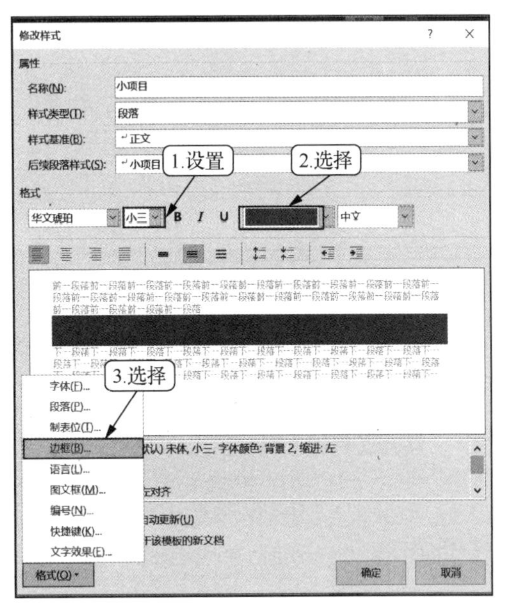

图 6-39　修改字体和颜色

（3）打开“边框和底纹”对话框，选择“底纹”选项卡，在“填充”下拉列表中选择“白色，背景1，深色15%”选项，单击 确定 按钮，即可修改样式，如图6-40所示。

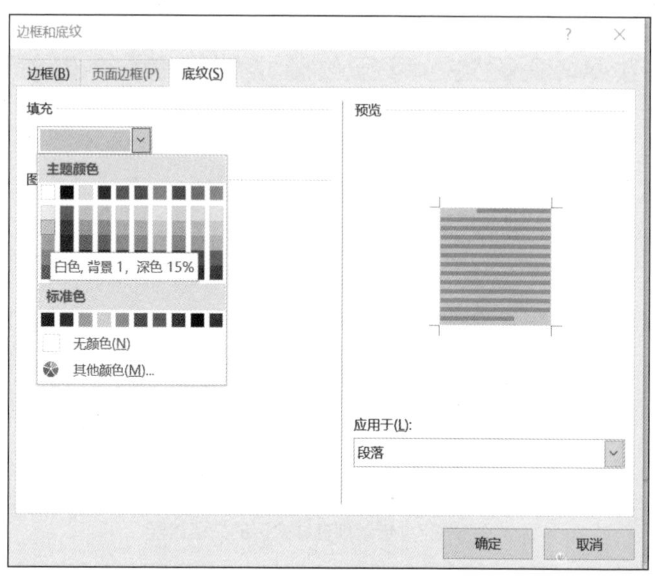

图6-40　修改底纹样式

（4）将插入点定位到其他同级别文本上，在“样式”任务窗格中选择“小项目”选项为其应用样式。修改样式后的文档效果如图6-41所示。

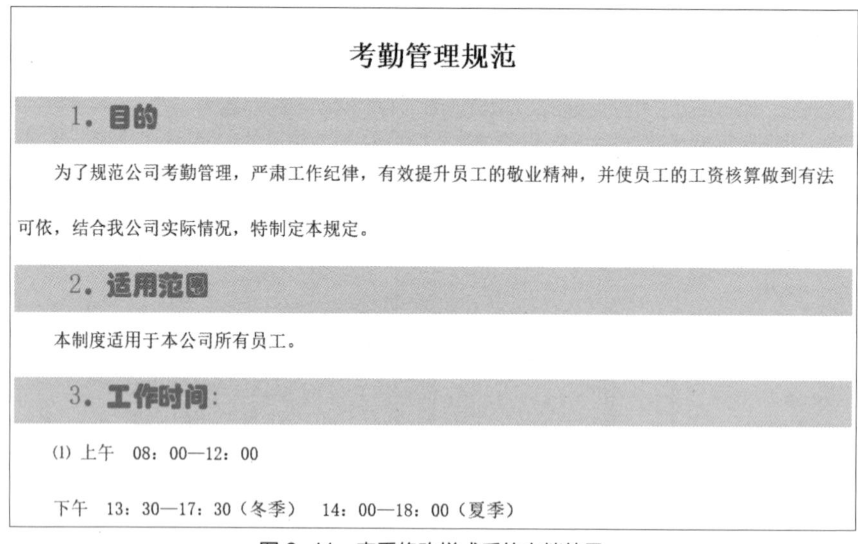

考勤管理规范

1．目的

为了规范公司考勤管理，严肃工作纪律，有效提升员工的敬业精神，并使员工的工资核算做到有法可依，结合我公司实际情况，特制定本规定。

2．适用范围

本制度适用于本公司所有员工。

3．工作时间：

(1) 上午　08：00—12：00

下午　13：30—17：30（冬季）　14：00—18：00（夏季）

图6-41　查看修改样式后的文档效果

任务三　排版和打印毕业论文

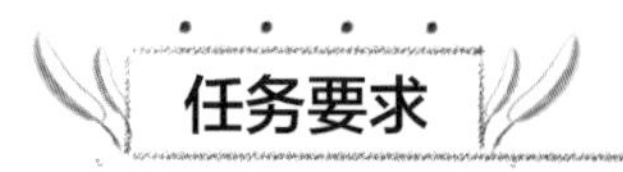

任务要求

肖雪是一名大三学生，临近毕业，她按照指导老师给出的毕业设计任务书要求，完成了实验调查和论文内容的撰写，接下来，她需要使用 Word 2016 对论文的格式进行排版，完成后的参考效果如图 6-42 所示。排版和打印毕业论文的相关要求如下。

- 新建样式，设置正文字体，中文为“宋体”，西文为“Times New Roman”，字号为“五号”，首行统一缩进 2 个字符。
- 设置一级标题字体格式为“黑体、三号、加粗”，段落格式为“居中、段前段后均为 0 行、2 倍行距”。
- 设置二级标题字体格式为“微软雅黑、四号、加粗”，段落格式为“左对齐、1.5 倍行距”。
- 设置“关键字:”文本字符格式为“微软雅黑、四号、加粗”，后面的关键字格式与正文相同。
- 使用大纲视图查看文档结构，然后分别在每个部分的前面插入分页符。
- 添加“平面（奇数页）”样式的页眉，格式分别是中文为“宋体”，西文为“Times New Roman”，字号为“五号”，行距为“单倍行距”，对齐方式为“居中”。
- 添加“边线型”页脚，设置中文为“宋体”，西文为“Times New Roman”，字号为“五号”，段落样式为“单倍行距、居中”，页脚显示当前页码。
- 选择“毕业论文”文本，设置格式为“方正大标宋简体、小初、居中”，选择“降低企业成本途径分析”文本，设置格式为“黑体、小二、加粗、居中”。
- 分别选择“姓名”“学号”“专业”文本，设置格式为“黑体、小四”，然后利用【Space】键使其居中对齐。同样利用【Space】键使论文标题上下居中对齐。
- 提取目录。设置“制表符前导符”为第一个选项，“格式”为“正式”，取消选中“使用超链接而不使用页码”复选框。
- 选择“文件”/“打印”命令，预览并打印文档。

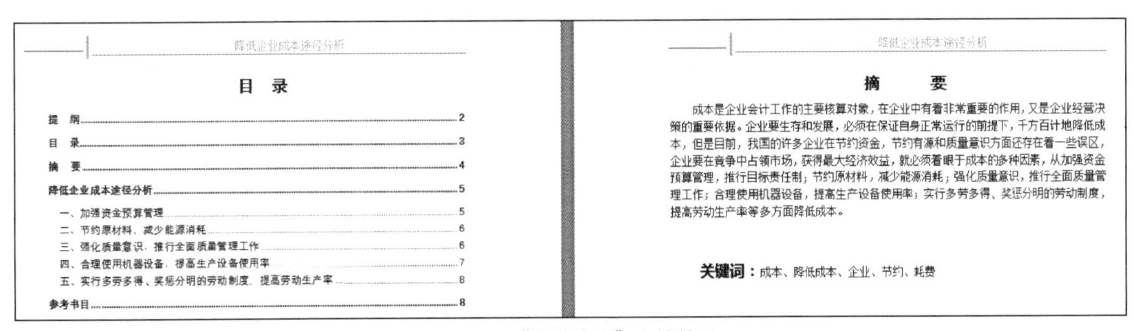
降低企业成本途径分析

目 录

提 纲 2
目 录 3
摘 要 4
降低企业成本途径分析 5
一、加强资金预算管理 5
二、节约原材料，减少能源消耗 6
三、强化质量意识，推行全面质量管理工作 6
四、合理使用机器设备，提高生产设备使用率 7
五、实行多劳多得、奖惩分明的劳动制度，提高劳动生产率 8
参考书目 8

降低企业成本途径分析

摘 要

成本是企业会计工作的主要核算对象，在企业中有着非常重要的作用，又是企业经营决策的重要依据。企业要生存和发展，必须在保证自身正常运行的前提下，千方百计地降低成本，但是目前，我国的许多企业在节约资金，节约有源和质量意识方面还存在着一些误区，企业要在竞争中占领市场，获得最大经济效益，就必须着眼于成本的多种因素，从加强资金预算管理，推行目标责任制；节约原材料，减少能源消耗；强化质量意识，推行全面质量管理工作；合理使用机器设备，提高生产设备使用率；实行多劳多得、奖惩分明的劳动制度，提高劳动生产率等多方面降低成本。

关键词：成本、降低成本、企业、节约、耗费

图 6-42 “毕业论文”文档效果

相关知识

（一）添加题注

题注通常用于对文档中的图片或表格进行自动编号，从而节约手动编号的时间，其具体操作如下。

微课 6-16 添加题注

（1）在“引用”/“题注”组中单击“插入题注”按钮，打开“题注”对话框，如图 6-43 所示。

（2）在“标签”下拉列表中选择需要设置的标签。也可以单击 新建标签(N)... 按钮，打开“新建标签”对话框，在“标签”文本框中输入自定义的标签名称，单击 确定 按钮返回“题注”对话框，即可查看添加的新标签。

（3）单击 确定 按钮即可返回文档。

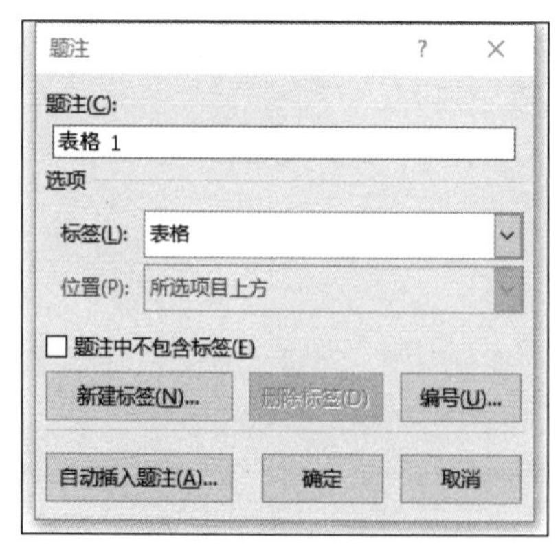

图 6-43 “题注”对话框

（二）创建交叉引用

微课 6-17 创建交叉引用

交叉引用可用于创建文档中的图片、表格与正文相关的说明文字的对应关系，从而提供自动更新功能，其具体操作如下。

（1）将插入点定位到需要使用交叉引用的位置，在“引用”/“题注”组中单击“交叉引用”按钮，打开“交叉引用”对话框，如图 6-44 所示。

（2）在“引用类型”下拉列表中选择需要引用的类型，然后在“引用哪一个书签”列表框中选择需要引用的选项，这里没有创建书签，故没有选项。单击插入(I)按钮即可创建交叉引用。在选择插入的文本范围时，插入的交叉引用的内容显示为灰色底纹，若修改了被引用的内容，返回引用时按【F9】键即可更新。

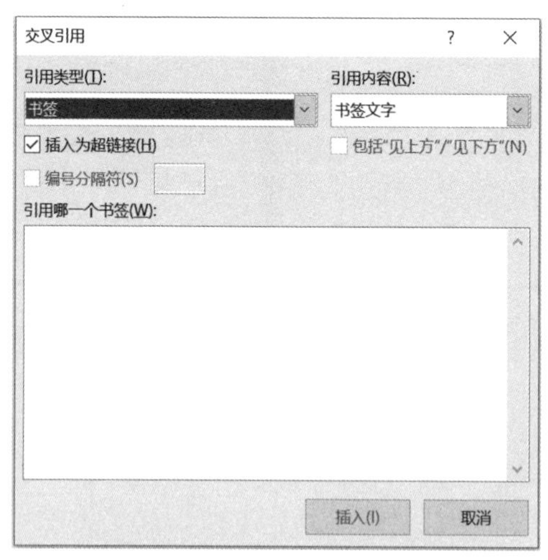

图 6-44 “交叉引用”对话框

（三）插入批注

微课 6-18 插入批注

批注是在阅读时对文中的内容添加的评语和注解，其具体操作如下。

（1）选择要添加批注的文本，在“审阅”/“批注”组中单击“新建批注”按钮，选择的文本处将出现一条引至文档右侧的引线。

（2）在批注文本框中输入文本内容。

（3）使用相同的方法可以为文档添加多个批注，并且批注会自动编号排列，单击“上一条”按钮或“下一条”按钮，可查看添加的批注。

（4）为文档添加批注后，若要删除，可在要删除的批注上右击，在弹出的快捷菜单中选择“删除批注”命令。

（四）添加修订

微课 6-19 添加修订

对错误的内容添加修订，可降低文档出错率，其具体操作如下。

（1）在“审阅”/“修订”组中单击“修订”按钮，进入修订状态，此时对文档的任何操作都将被记录下来。

（2）对文档内容进行修改，在修改后原位置会显示修订的结果，并在左侧出现一条竖线，表示该处进行了修订。

（3）在“审阅”/“修订”组中单击 显示标记 按钮右侧的下拉按钮，在打开的下拉列表中选择“批注框”/“在批注框中显示修订”选项。

（4）对文档修订结束后，需要再次单击“修订”按钮退出修订状态。

（五）接受与拒绝修订

微课 6-20 接受与拒绝修订

对于文档中的修订，用户可根据需要选择接受或拒绝修订的内容，其具体操作如下。

（1）在“审阅”/“更改”组中单击“接受”按钮接受修订，或单击“拒绝”按钮拒绝修订。

（2）单击“接受”按钮下方的下拉按钮，在打开的下拉列表中选择“接受所有修订”选项，可一次性接受文档的所有修订。

（六）插入并编辑公式

微课 6-21 插入并编辑公式

当需要使用一些复杂的数学公式时，可使用 Word 中提供的公式编辑器快速、方便地编写数学公式，如根式公式或积分公式等，其具体操作如下。

（1）在“插入”/“符号”组中单击“公式”按钮π下方的下拉按钮，在打开的下拉列表中选择“插入新公式”选项。

（2）在文档中将出现一个公式编辑器，在“公式工具-设计”/“结构”组中单击“括号”按钮{()}，在打开的下拉列表的“事例和堆栈”栏中选择“事例（两条件）”选项。

（3）单击括号上方的条件框，将插入点定位到其中，并输入数据，然后在“符号”组中单击“大于号”按钮>。

（4）单击括号下方的条件框，选择该条件框，然后在“结构”组中单击“分式”按钮$\frac{x}{y}$，在打开的下拉列表的“分式”栏中选择“分式（竖式）”选项。

（5）在插入的公式编辑器中输入数据，完成后在文档的任意处单击退出公式编辑状态。

任务实现

（一）设置文档格式

微课 6-22 设置文档格式

在初步完成对毕业论文的排版后需要为其设置相关的文本格式，使其结构分明，其具体操作如下。

（1）将插入点定位到“提纲”文本中，打开“样式”任务窗格，单击“新建样式”按钮。

（2）打开“根据格式化创建新样式”对话框，通过前面讲解的方法在对话框中设置样式，其中设置字体格式为“黑体、三号、加粗”，设置段落格式为“居中、段前段后均为 0 行、2 倍行距”，如图 6-45 所示。

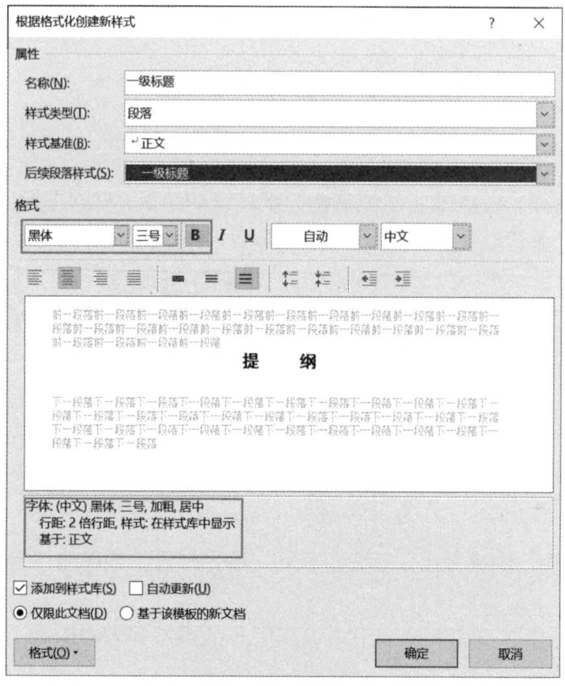

图 6-45　创建样式

（3）通过应用样式的方法为其他一级标题应用样式，效果如图 6-46 所示。

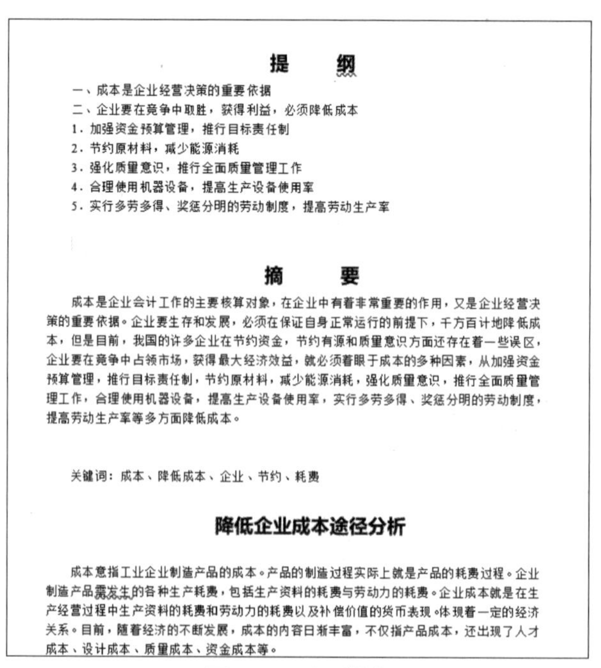

提　　纲

一、成本是企业经营决策的重要依据

二、企业要在竞争中取胜，获得利益，必须降低成本

1．加强资金预算管理，推行目标责任制

2．节约原材料，减少能源消耗

3．强化质量意识，推行全面质量管理工作

4．合理使用机器设备，提高生产设备使用率

5．实行多劳多得、奖惩分明的劳动制度，提高劳动生产率

摘　　要

成本是企业会计工作的主要核算对象，在企业中有着非常重要的作用，又是企业经营决策的重要依据。企业要生存和发展，必须在保证自身正常运行的前提下，千方百计地降低成本，但是目前，我国的许多企业在节约资金，节约有源和质量意识方面还存在着一些误区，企业要在竞争中占领市场，获得最大经济效益，就必须着眼于成本的多种因素，从加强资金预算管理，推行目标责任制，节约原材料，减少能源消耗，强化质量意识，推行全面质量管理工作，合理使用机器设备，提高生产设备使用率，实行多劳多得、奖惩分明的劳动制度，提高劳动生产率等多方面降低成本。

关键词：成本、降低成本、企业、节约、耗费

降低企业成本途径分析

成本意指工业企业制造产品的成本。产品的制造过程实际上就是产品的耗费过程。企业制造产品需发生的各种生产耗费，包括生产资料的耗费与劳动力的耗费。企业成本就是在生产经营过程中生产资料的耗费和劳动力的耗费以及补偿价值的货币表现。体现着一定的经济关系。目前，随着经济的不断发展，成本的内容日渐丰富，不仅指产品成本，还出现了人才成本、设计成本、质量成本、资金成本等。

图 6-46　应用样式

（4）使用相同的方法设置二级标题格式，其中，设置字体格式为“微软雅黑、四号、加粗”，设置段落格式为“左对齐、1.5 倍行距”，大纲级别为“1 级”。

（5）设置正文格式，中文为“宋体”，西文为“Times New Roman”，字号为“五号”，首行统一缩进 2 个字符，设置正文行距为“1.2 倍行距”，大纲级别为“2 级”。完成后为文档应用相关的样式。

（二）使用大纲视图

微课 6-23 使用大纲视图

大纲视图适用于长文档中文本级别较多的情况，以便查看和调整文档结构，其具体操作如下。

（1）在“视图”/“视图”组中单击“大纲视图”按钮 大纲，将视图模式切换到大纲视图，在“大纲显示”/“大纲工具”组中的“显示级别”下拉列表中选择“2 级”选项。

（2）查看所有 2 级标题文本后，双击“降低企业成本途径分析”文本段落左侧的⊕标记，可展开下面的内容，如图 6-47 所示。

（3）设置完成后，在“大纲显示”/“关闭”组中单击“关闭大纲视图”按钮或在“视图”/“视图”组中单击“页面视图”按钮，返回页面视图模式。

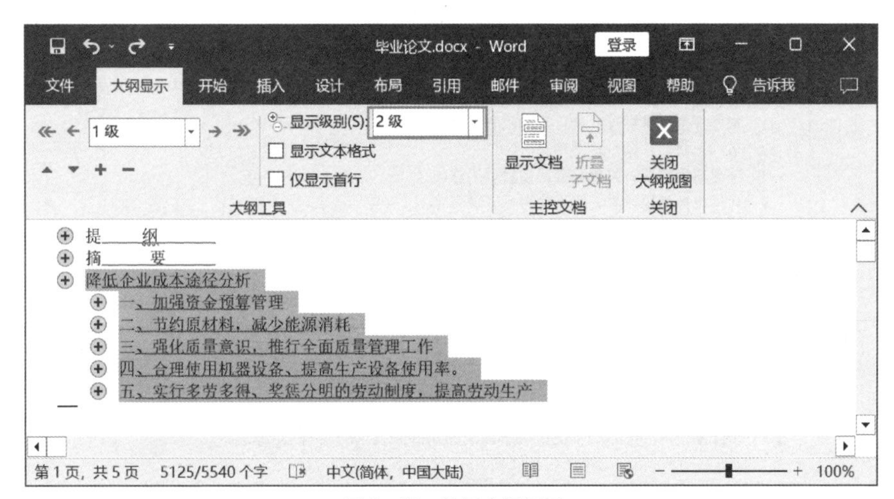

图 6-47 使用大纲视图

（三）插入分隔符

微课 6-24 插入分隔符

分隔符主要用于标识文字分隔的位置，插入分隔符的具体操作如下。

（1）将插入点定位到文本“提纲”之前，在“布局”/“页面设置”组中单击“分隔符”按钮，在打开的下拉列表中的“分页符”栏中选择“分页符”选项。

（2）在插入点所在位置插入分页符，此时，“提纲”的内容将从下一页开始显示，如图 6-48 所示。

（3）将插入点定位到文本“摘要”之前，在“布局”/“页面设置”组中单击“分隔符”按钮，在打开的下拉列表中的“分节符”栏中选择“下一页”选项。

（4）此时会在“提纲”的结尾部分插入分隔符，“摘要”的内容将从下一页开始显示，如图 6-49 所示。

（5）使用相同的方法为“降低企业成本途径分析”设置分节符。

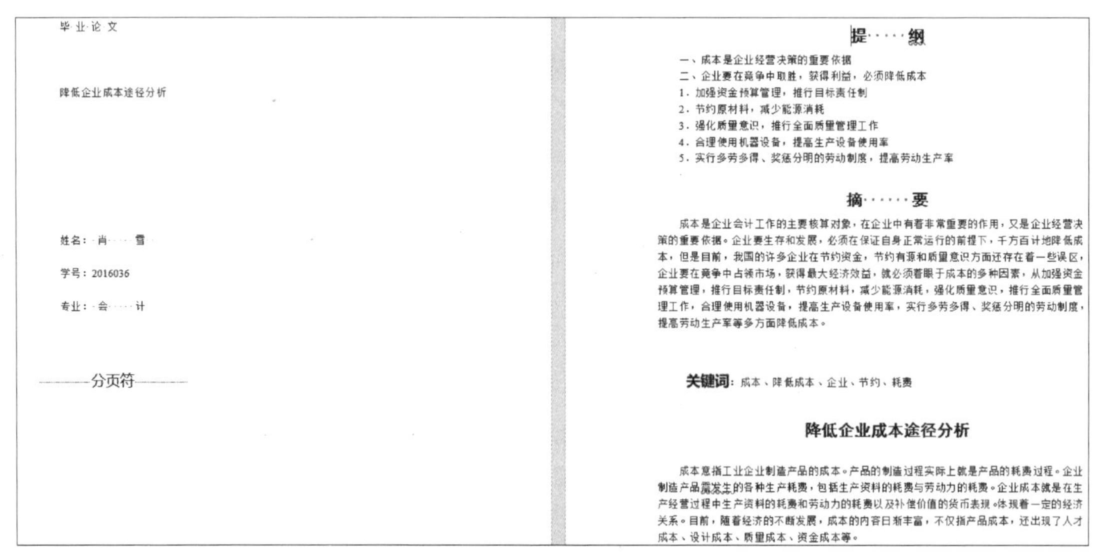
毕业论文

降低企业成本途径分析

姓名：肖雪

学号：2016036

专业：会计

分页符

提纲

一、成本是企业经营决策的重要依据
二、企业要在竞争中取胜，获得利益，必须降低成本
1. 加强资金预算管理，推行目标责任制
2. 节约原材料，减少能源消耗
3. 强化质量意识，推行全面质量管理工作
4. 合理使用机器设备，提高生产设备使用率
5. 实行多劳多得、奖惩分明的劳动制度，提高劳动生产率

摘要

成本是企业会计工作的主要核算对象，在企业中有着非常重要的作用，又是企业经营决策的重要依据。企业要生存和发展，必须在保证自身正常运行的前提下，千方百计地降低成本，但是目前，我国的许多企业在节约资金，节约有源和质量意识方面还存在着一些误区，企业要在竞争中占领市场，获得最大经济效益，就必须着眼于成本的多种因素，从加强资金预算管理，推行目标责任制，节约原材料，减少能源消耗，强化质量意识，推行全面质量管理工作，合理使用机器设备，提高生产设备使用率，实行多劳多得、奖惩分明的劳动制度，提高劳动生产率等多方面降低成本。

关键词：成本、降低成本、企业、节约、耗费

降低企业成本途径分析

成本意指工业企业制造产品的成本。产品的制造过程实际上就是产品的耗费过程。企业制造产品需发生的各种生产耗费，包括生产资料的耗费与劳动力的耗费。企业成本就是在生产经营过程中生产资料的耗费和劳动力的耗费以及补偿价值的货币表现。体现着一定的经济关系。目前，随着经济的不断发展，成本的内容日渐丰富，不仅指产品成本，还出现了人才成本、设计成本、质量成本、资金成本等。

图6-48　插入分页符后的文档效果

提纲

一、成本是企业经营决策的重要依据
二、企业要在竞争中取胜，获得利益，必须降低成本
1. 加强资金预算管理，推行目标责任制
2. 节约原材料，减少能源消耗
3. 强化质量意识，推行全面质量管理工作
4. 合理使用机器设备，提高生产设备使用率
5. 实行多劳多得、奖惩分明的劳动制度，提高劳动生产率
分节符(下一页)

图6-49　插入分节符后的文档效果

提示　**如果文档中的编辑标记并未显示，可在“开始”/“段落”组中单击“显示/隐藏编辑标记”按钮，使该按钮呈选中状态，此时隐藏的编辑标记将显示出来。**

（四）设置页眉和页脚

为了使页面更加美观和便于阅读，许多文档都需要添加页眉和页脚。在编辑文档时，可以在页眉和页脚中插入文本或图形，如页码、徽标、日期和作者名等。设置页眉和页脚的具体操作如下。

微课6-25　设置页眉和页脚

（1）在“插入”/“页眉和页脚”组中单击“页眉”按钮 页眉，在打开的下拉列表中选择“平面（奇数页）”选项，然后在其中输入“降低企业成本途径分析”文本，并设置格式为“宋体、五号”，行距为“单倍行距”，对齐方式为“居中”，如图6-50所示。

（2）在“页眉和页脚工具”/“设计”/“页眉和页脚”组中单击“页脚”按钮 页脚，在打开的下拉列表中选择“边线型”选项。

（3）插入点自动插入到页脚区，且自动插入居左页码。设置页脚中文为“宋体”，西文为“Times New Roman”，字号为“五号”，段落样式为“单倍行距，居中”。然后在“页眉和页脚工具”/“设计”/“关闭”组中单击“关闭页眉和页脚”按钮则退出页眉和页脚视图。

（4）返回文档中，可看到设置页眉和页脚后的效果如图 6-51 所示。

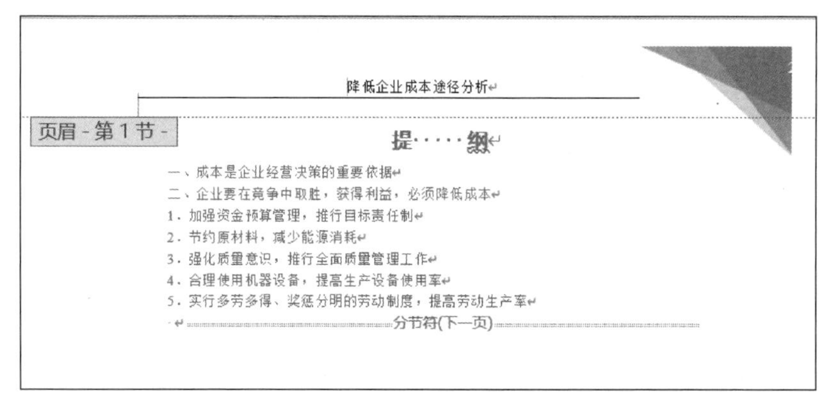

图 6-50 设置页眉

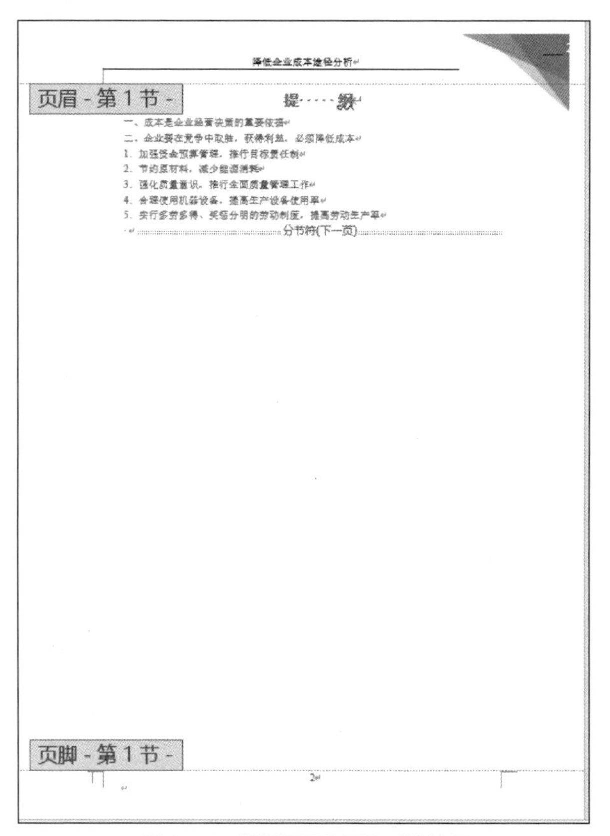

图 6-51 设置页眉和页脚后的效果

（五）创建目录

微课 6-26 创建目录

对于设置了多级标题样式的文档，可通过索引和目录功能提取目录，其具体操作如下。

（1）在文档开始处选择“毕业论文”文本，设置格式为“方正大标宋简体、小初、居中”，选择“降低企业成本途径分析”文本，设置格式为“黑体、小二、加粗、居中”。

（2）分别选择“姓名”“学号”“专业”文本，设置格式为“黑体、小四”，然后利用【Space】键使其居中对齐。同样利用【Space】键使论文标题上下居中对齐，参考效果如图6-52所示。

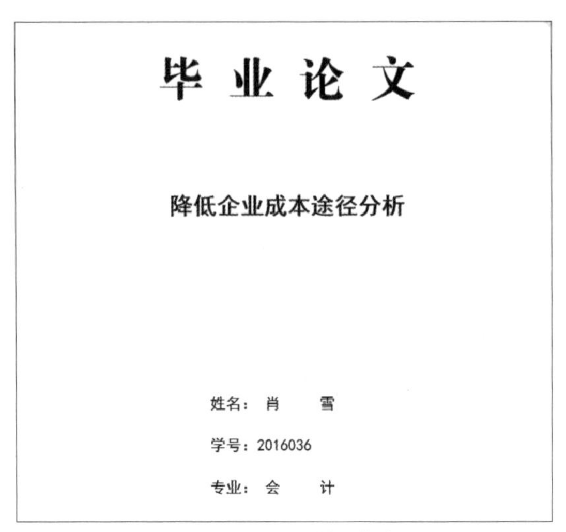

图6-52　设置封面格式

（3）选择摘要中的“关键字:”文本，设置字符格式为“微软雅黑、四号、加粗”。

（4）在“提纲”页的末尾定位插入点，在“插入”/“页面”组中单击“分页”按钮，插入分页符并创建新的空白页，按【Enter】键换行，在新页面第一行输入“目 录”，并应用一级标题格式。

（5）将插入点定位于第二行左侧，在“引用”/“目录”组中单击“目录”按钮，在打开的下拉列表中选择“自定义目录”选项，打开“目录”对话框，单击“目录”选项卡，在“制表符前导符”下拉列表中选择第一个选项，在“格式”下拉列表中选择“正式”选项，在“显示级别”数值框中输入“2”，取消选中“使用超链接而不使用页码”复选框，单击 确定 按钮，如图6-53所示。

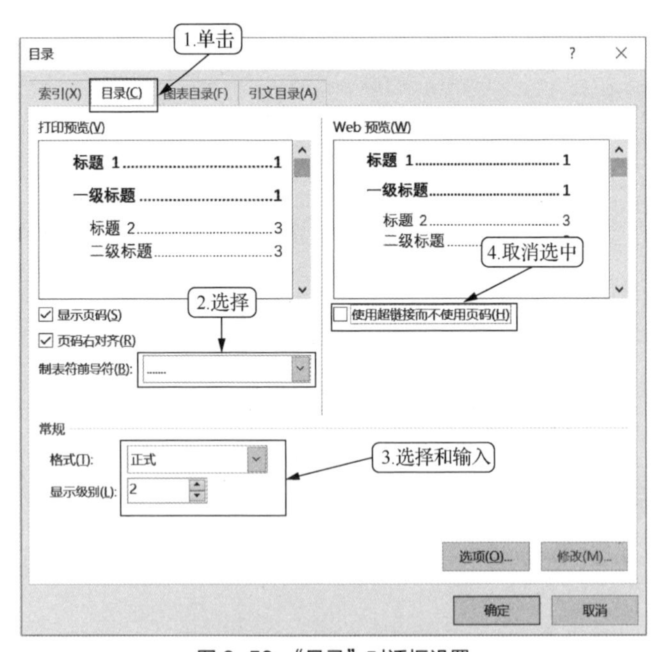

图6-53　“目录”对话框设置

（6）返回文档编辑区即可查看插入的目录，效果如图6-54所示。

目录

提　纲 2
目　录 3
摘　要 4
降低企业成本途径分析 4
一、加强资金预算管理 5
二、节约原材料，减少能源消耗 5
三、强化质量意识，推行全面质量管理工作 6
四、合理使用机器设备、提高生产设备使用率 6
五、实行多劳多得、奖惩分明的劳动制度，提高劳动生产率 7
参考书目 8

图 6-54　插入目录效果

（六）预览并打印文档

微课 6-27　预览并打印文档

在文档中对文本内容编辑完成后可将其打印出来，即把制作的文档内容输出到纸张上。但是为了使输出的文档内容效果更佳、及时发现文档中隐藏的错误排版样式，可在打印文档之前预览打印效果，其具体操作如下。

（1）选择“文件”/“打印”命令，在窗口右侧预览打印效果。

（2）对预览效果满意后，在“打印”栏的“份数”数值框中设置打印份数，这里设置为“2”，然后单击“打印”按钮开始打印。

提示　**选择“文件”/“打印”命令，在窗口中间的“设置”栏中的第一个下拉列表中选择“打印当前页面”选项，将只打印插入点所指定的页；若选择“自定义打印范围”选项，在其下的“页数”文本框中输入起始页码或页面范围（如果打印连续页，可以使用英文半角连字符“-”分隔；如果打印不连续页，可以使用英文半角符号“,”分隔），则可只打印指定范围内的页面。**

课后练习

（1）新建一个空白文档，并以“个人简历”为名进行保存，按照下列要求对文档进行操作。

① 输入标题文本，并设置格式为“华文琥珀、三号、居中”，缩进为“段前 0.5 行、段后 1 行”。

② 插入一个 7 列 14 行的表格。

③ 合并第 1 行的第 6 列和第 7 列单元格、第 2～5 行的第 7 列单元格。

④ 删除第 8 行的第 2 列与第 3 列之间的框线。

⑤ 将第 9 行和第 10 行单元格分别拆分为 2 列 1 行。

⑥ 在表格中输入相关的文字，调整表格大小，使其更为美观。

查看具体操作

（2）打开“员工手册.docx”文档，按照下列要求对文档进行以下操作。

① 为文档插入“运动型”封面，在“文档标题”“公司名称”“日期”模块中输入相应的文本。

② 为整个文档应用“新闻纸”主题。

③ 在文档中为每一章的章标题、“声明”文本、“附件:”文本应用“标题 1”样式。

④ 使用大纲视图显示两级大纲内容，然后退出大纲视图。

⑤ 文档中的图片插入题注，在文档中的“《招聘员工申请表》《职位说明书》”文本后面输入“请参阅”，然后创建一个交叉引用。

⑥ 在第 3 章的电子邮箱后面插入脚注，并在文档中插入尾注，用于输入公司地址和电话。

项目七　制作 Excel 表格

Excel 2016是一款功能强大的电子表格处理软件，主要用于将庞大的数据转换为比较直观的表格或图表。本项目将通过两个任务，介绍Excel 2016的使用方法，包括基本操作、编辑数据、设置格式和打印表格等。

课堂学习目标

- 制作学生成绩表
- 编辑产品价格表

任务一　制作学生成绩表

任务要求

期末考试后，班主任让班长晓雪利用 Excel 2016 制作一份本班同学的成绩表，并以“学生成绩表”为名进行保存。晓雪取得各位学生的成绩单后，利用 Excel 2016 进行表格设置，以便班主任查看数据，参考效果如图 7-1 所示。制作学生成绩表的相关要求如下。

	A	B	C	D	E	F	G	H
1	计算机应用一班成绩表							
2	序号	学号	姓名	英语	高数	计算机基础	大学语文	上机实训
3	1	2018301101	李文卿	90	80	74	89	优
4	2	2018301102	谢学鹏	*55*	65	87	75	优
5	3	2018301103	李翠霞	65	75	63	78	良
6	4	2018301104	姚红如	87	86	74	72	及格
7	5	2018301105	谢雪	68	90	91	98	优
8	6	2018301106	李鹏	69	66	72	61	良
9	7	2018301107	马磊	89	75	83	68	优
10	8	2018301108	陈伟	72	68	63	65	*不及格*
11	9	2018301109	杨妮	78	61	81	81	优
12	10	2018301110	张毅	64	*42*	65	60	良
13	11	2018301111	崔巍	*59*	*55*	78	82	及格
14								

图 7-1　“学生成绩表”工作簿最终效果

- 新建一个空白工作簿，并以“学生成绩表”为名进行保存。
- 在 A1 单元格中输入“计算机应用一班成绩表”文本，然后在 A2:H2 单元格区域中输入相关项目。
- 在 A3 单元格中输入“1”，然后拖曳控制柄进行序列填充。
- 使用相同的方法输入学号列的数据，然后依次输入姓名，以及各科的成绩。
- 合并 A1:H1 单元格区域，设置单元格格式为“华文新魏、18”。
- 选择 A2:H2 单元格区域，设置单元格格式为“华文新魏、12、居中”，设置底纹为“浅灰色，背景 2，深色 25%”。
- 选择 D3:G13 单元格区域，为其单元格数值小于 60 的设置条件格式为“加粗、倾斜、红色字体”。
- 自动调整 G 列的列宽，手动设置第 2～13 行的行高为“15”。
- 为工作表设置背景，背景图片为提供的“背景.jpg”素材。

相关知识

（一）熟悉 Excel 2016 工作界面

Excel 2016 工作界面与 Word 2016 的工作界面基本相似，由快速访问工具栏、标题栏、功能选项卡、功能区、编辑栏和工作表编辑区等部分组成，如图 7-2 所示。下面介绍编辑栏和工作表编辑区。

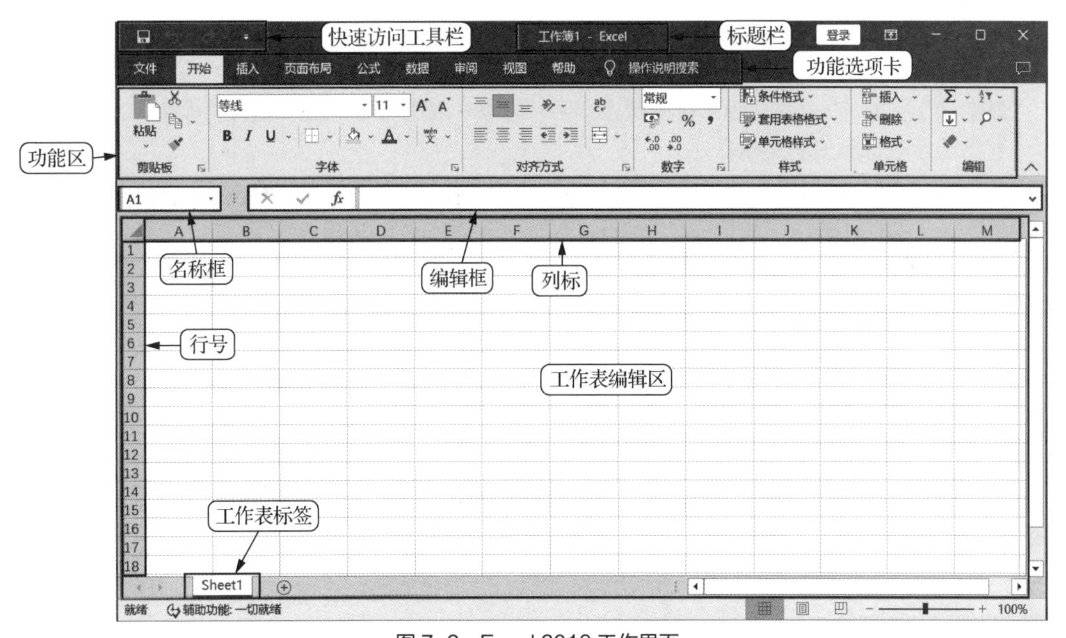

图 7-2　Excel 2016 工作界面

1. 编辑栏

编辑栏用来显示和编辑当前活动单元格中的数据或公式。默认情况下，编辑栏中包括名称框、“插入函数”按钮 fx 和编辑框，在单元格中输入数据或插入公式与函数时，编辑栏中的“取消”按钮 ✕ 和“输入”按钮 ✓ 将显示出来。

- 名称框。名称框用来显示当前单元格的地址或函数名称，如在名称框中输入“A3”后，按【Enter】键表示选择 A3 单元格。
- “取消”按钮 ✕。单击该按钮表示取消输入的内容。
- “输入”按钮 ✓。单击该按钮表示确定并完成输入。

- “插入函数”按钮 fx 。单击该按钮，将快速打开“插入函数”对话框，在其中可选择相应的函数插入表格。
- 编辑框。编辑框用于显示在单元格中输入或编辑的内容，在其中可直接输入和编辑。

2. 工作表编辑区

工作表编辑区是 Excel 2016 编辑数据的主要场所，它包括行号与列标、单元格和工作表标签等。

- 行号与列标。行号用“1，2，3...”等阿拉伯数字标识，列标用“A，B，C... ”等大写英文字母标识。一般情况下，单元格地址表示为“列标+行号”，如位于 A 列 1 行的单元格可表示为 A1 单元格。
- 工作表标签。工作表标签用于显示工作表的名称，如“Sheet1”“Sheet2”“Sheet3”等。在工作表标签左侧单击 ⏮ 或 ⏭ 按钮，当前工作表标签将返回最左侧或最右侧的工作表标签，单击 ◀ 或 ▶ 按钮将向前或向后切换一个工作表标签。若在工作表标签左侧的任意一个滚动显示按钮上右击，在弹出的快捷菜单中选择任意一张工作表也可切换工作表。

（二）认识工作簿、工作表、单元格

在 Excel 2016 中，工作簿、工作表和单元格是构成 Excel 2016 的框架，同时它们之间存在着包含与被包含的关系。了解其概念和关系，有助于在 Excel 2016 中执行相应的操作。

1. 工作簿、工作表和单元格的概念

下面首先了解工作簿、工作表和单元格的概念。

- 工作簿。工作簿是用来存储和处理数据的主要文档，也称为电子表格。默认情况下，新建的工作簿以“工作簿 1”命名，若继续新建工作簿，将以“工作簿 2”“工作簿 3”等命名，且工作簿名称将显示在标题栏的文档名处。
- 工作表。工作表是显示和分析数据的场所，它存储在工作簿中。默认情况下，一张工作簿中包含 3 张工作表，分别以“Sheet1”“Sheet2”“Sheet3”命名。可以选择“文件”/“选项”命令，在打开的对话框中设置新建工作簿时默认包含的工作表数。
- 单元格。单元格是 Excel 2016 中最基本的存储数据单元，它通过对应的行号和列标进行命名和引用。单个单元格地址可表示为“列标+行号”，而多个连续的单元格称为单元格区域，其地址表示为“单元格:单元格”，如 A2 单元格与 C5 单元格之间连续的单元格区域可表示为 A2:C5 单元格区域。

2. 工作簿、工作表、单元格的关系

工作簿中包含了一张或多张工作表，工作表又由排列成行或列的单元格组成。在计算机中工作簿以文件的形式独立存在，Excel 2016 创建的文件扩展名为“.xlsx”，而工作表被包含在工作簿中，单元格则被包含在工作表中，因此三者之间的关系是包含与被包含的关系。

（三）切换工作簿视图

在 Excel 2016 中，也可根据需要在视图栏中单击视图按钮组 ▦ ▣ 凹 中的相应按钮，或在“视图”/“工作簿视图”组中单击相应的按钮来切换工作簿视图。下面分别介绍各工作簿视图的作用。

- 普通视图。普通视图是 Excel 2016 中的默认视图，用于正常显示工作表，在其中可以执行数据输入、数据计算和图表制作等操作。
- 页面布局视图。在页面布局视图中，每一页都会同时显示页边距、页眉和页脚，用户可以在此视图模式下编辑数据、添加页眉和页脚，并可以通过拖曳标尺中上边或左边的滑块设置页边距。
- 分页预览视图。分页预览视图可以显示蓝色的分页符，用户可以通过拖曳分页符以改变显示的页数和每页的显示比例。

- 自定义视图。单击“视图”/“工作簿视图”组中的“自定义视图”按钮，即可切换到自定义视图模式，在该模式下，将打开“视图管理器”对话框，在其中可添加新的视图。

（四）选择单元格

要在表格中输入数据，首先应选择输入数据的单元格。在工作表中选择单元格的方法有以下6种。

- 选择单个单元格。单击单元格，或在编辑框中输入单元格的行号和列标后按【Enter】键即可选择所需的单元格。
- 选择所有单元格。单击行号和列标左上角交叉处的“全选”按钮，或按【Ctrl+A】组合键即可选择工作表中所有单元格。
- 选择相邻的多个单元格。选择起始单元格后，按住鼠标左键不放拖曳鼠标到目标单元格，或按住【Shift】键的同时选择目标单元格，即可选择相邻的多个单元格。
- 选择不相邻的多个单元格。按住【Ctrl】键的同时依次单击需要选择的单元格，即可选择不相邻的多个单元格。
- 选择整行。将鼠标指针移动到需选择行的行号上，当鼠标指针变成➡形状时，单击即可选择该行。
- 选择整列。将鼠标指针移动到需选择列的列标上，当鼠标指针变成⬇形状时，单击即可选择该列。

（五）合并与拆分单元格

当默认的单元格样式不能满足实际需要时，可通过合并与拆分单元格的方法来设置表格。

1. 合并单元格

在编辑表格的过程中，为了使表格结构看起来更美观、层次更清晰，有时需要对某些单元格区域进行合并。选择需要合并的多个单元格，然后在“开始”/“对齐方式”组中单击“合并后居中”按钮右侧的下拉按钮，在打开的下拉列表中可以选择“跨越合并”“合并单元格”“取消单元格合并”等选项。

2. 拆分单元格

拆分单元格的方法与合并单元格的方法相反，在拆分时选择合并的单元格，然后单击合并后居中按钮，或打开“设置单元格格式”对话框，在“对齐”选项卡中撤销选中“合并单元格”复选框。

（六）插入与删除单元格

在表格中可插入和删除单个单元格，也可插入或删除一行或一列单元格。

1. 插入单元格

插入单元格的具体操作如下。

（1）选择单元格，在“开始”/“单元格”组中单击“插入”按钮下方的下拉按钮，在打开的下拉列表中选择“插入工作表行”或“插入工作表列”选项，即可插入整行或整列单元格。此处选择“插入单元格”选项。

（2）打开“插入”对话框，单击选中对应的单选项后，单击确定按钮即可插入所选单元格。

微课7-1 插入单元格

2. 删除单元格

删除单元格的具体操作如下。

（1）选择要删除的单元格，单击“开始”/“单元格”组中的“删除”按钮下方的下拉按钮，在打开的下拉列表中选择“删除工作表行”或“删除工作表列”选项，即可删除整行或整列单元格。此处选择“删除单元格”选项。

（2）打开“删除”对话框，单击选中对应单选项后，单击确定按钮即可删除所选单元格。

微课7-2 删除单元格

（七）查找与替换数据

在 Excel 2016 表格中手动查找与替换某个数据非常麻烦，且容易出错，此时可利用查找与替换功能快速定位到满足查找条件的单元格，并将单元格中的数据替换为需要的数据。

1. 查找数据

微课 7-3　查找数据

利用 Excel 2016 提供的查找功能查找数据的具体操作如下。

（1）在“开始”/“编辑”组中单击“查找和选择”按钮，在打开的下拉列表中选择“查找”选项，打开“查找和替换”对话框，单击“查找”选项卡。

（2）在“查找内容”下拉列表中输入要查找的数据，单击下一个(N)按钮，便能快速查找到符合条件的单元格。

（3）单击查找全部(I)按钮，在“查找和替换”对话框下方列表中会显示所有包含需要查找数据的单元格位置。单击关闭按钮可关闭“查找和替换”对话框。

2. 替换数据

微课 7-4　替换数据

替换数据的具体操作如下。

（1）在“开始”/“编辑”组中单击“查找和选择”按钮，在打开的下拉列表中选择“替换”选项，打开“查找和替换”对话框，单击“替换”选项卡。

（2）在“查找内容”下拉列表中输入要查找的数据，在“替换为”下拉列表中输入需替换的内容。

（3）单击下一个(N)按钮，查找符合条件的数据，然后单击替换(R)按钮进行替换，或单击全部替换(A)按钮，将所有符合条件的数据一次性替换。

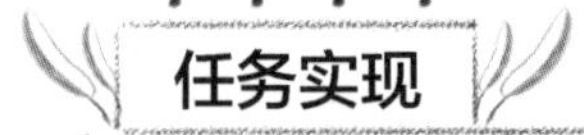

微课 7-5　新建并保存工作簿

（一）新建并保存工作簿

启动 Excel 2016 后，系统将自动新建名为“工作簿 1”的空白工作簿。为了满足需要，用户还可新建更多的空白工作簿，其具体操作如下。

（1）启动 Excel 2016，然后选择“文件”/“新建”命令，选择“空白工作簿”选项。

（2）系统将新建名为“工作簿 2”的空白工作簿。

（3）选择“文件”/“保存”命令，在打开的“另存为”对话框的地址栏下拉列表中选择文件保存路径，在“文件名”下拉列表中输入“学生成绩表.xlsx”，然后单击保存按钮。

提 示　**按【Ctrl+N】组合键可快速新建空白工作簿，在桌面或文件夹的空白位置处右击，在弹出的快捷菜单中选择“新建”/“XLSX 工作表”命令也可新建空白工作簿。**

（二）输入工作表数据

微课 7-6　输入工作表数据

输入数据是制作表格的基础，Excel 2016 支持各种类型数据的输入，如文本和数字等，其具体操作如下。

（1）选择 A1 单元格，在其中输入“计算机应用一班成绩表”文本，然后按【Enter】键切换到 A2 单元格，在其中输入“序号”文本。

（2）按【Tab】键或【→】键切换到 B2 单元格，在其中输入“学号”文本，再使用相同的方法依次在后面单元格输入“姓名”“英语”“高数”“计算机基础”“大学语文”“上机实训”等文本。

（3）选择 A3 单元格，在其中输入“1”，将鼠标指针移动到单元格右下角，出现✚形状的控制柄，按住【Ctrl】键的同时在控制柄上按住鼠标左键不放，拖曳至 A13 单元格，此时 A4:A13 单元格区域将自动生成序号。

（4）选择 B3:B13 单元格区域，在“开始”/“数字”组中的“数字格式”下拉列表中选择“文本”选项，然后在 B3 单元格中输入学号“2018301101”，并拖曳控制柄为 B4:B13 单元格区域自动填充数据，完成后效果如图 7-3 所示。

	A	B	C	D	E	F	G	H
1	计算机应用一班成绩表							
2	序号	学号	姓名	英语	高数	计算机基础	大学语文	上机实训
3	1	2018301101						
4	2	2018301102						
5	3	2018301103						
6	4	2018301104						
7	5	2018301105						
8	6	2018301106						
9	7	2018301107						
10	8	2018301108						
11	9	2018301109						
12	10	2018301110						
13	11	2018301111						
14								

拖曳鼠标

图 7-3 自动填充数据

（三）设置数据验证

微课 7-7 设置数据验证

为单元格设置数据验证，可保证输入的数据在指定的范围内，从而降低出错率，其具体操作如下。

（1）在 C3:C13 单元格区域中输入学生名字，然后选择 D3:G13 单元格区域。

（2）在“数据”/“数据工具”组中单击“数据验证”按钮，打开“数据验证”对话框，在“允许”下拉列表中选择“整数”选项，在“数据”下拉列表中选择“介于”选项，在“最大值”和“最小值”文本框中分别输入“100”和“0”，如图 7-4 所示。

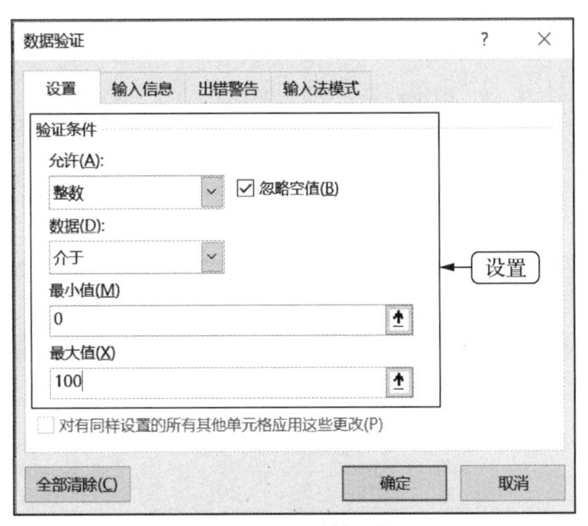

图 7-4 设置数据验证

（3）单击“输入信息”选项卡，在“标题”文本框中输入“注意”文本，在“输入信息”文本框中输入“请输入 0～100 的整数”文本。

（4）单击“出错警告”选项卡，在“标题”文本框中输入“出错”文本，在“输入信息”文本框中输入“输入的数据不在正确范围内，请重新输入”文本，完成后单击 确定 按钮。

（5）在单元格中依次输入相关课程的学生成绩，选择 H3:H13 单元格区域，打开“数据验证”对话框，在“设置”选项卡的“允许”下拉列表中选择“序列”选项，在“来源”文本框中输入“优,良,及格,不及格”文本。

（6）选择 H3:H13 单元格区域中任意单元格，然后单击单元格右侧的下拉按钮，在打开的下拉列表中选择需要的选项，如图 7-5 所示。

H3　fx　优

	A	B	C	D	E	F	G	H
1	计算机应用一班成绩表							
2	序号	学号	姓名	英语	高数	计算机基	大学语文	上机实训
3	1	2018301101	李文卿	90	80	74	89	优
4	2	2018301102	谢学鹏	55	65	[illegible]	75	优
5	3	2018301103	李翠霞	65	75	63	78	良
6	4	2018301104	姚红如	87	86	74	72	及格
7	5	2018301105	谢雪	68	90	91	98	不及格
8	6	2018301106	李鹏	69	66	72	61	
9	7	2018301107	马磊	89	75	83	68	
10	8	2018301108	陈伟	72	68	63	65	
11	9	2018301109	杨妮	78	61	81	81	
12	10	2018301110	张毅	64	42	65	60	
13	11	2018301111	崔巍	59	55	78	82	

选择

图 7-5　选择数据

（四）设置单元格格式

输入数据后通常还需要对单元格设置相关的格式，美化表格，其具体操作如下。

微课 7-8　设置单元格格式

（1）选择 A1:H1 单元格区域，在“开始”/“对齐方式”组中单击“合并后居中”按钮或单击该按钮右侧的下拉按钮，在打开的下拉列表中选择“合并后居中”选项。

（2）返回工作表中可看到所选的单元格区域合并为一个单元格，且其中的数据居中显示。

（3）保持选择状态，在“开始”/“字体”组的“字体”下拉列表中选择“华文新魏”选项，在“字号”下拉列表中选择“18”选项。选择 A2:H2 单元格区域，设置其字体为“华文新魏”，字号为“12”，在“开始”/“对齐方式”组中单击“居中”按钮。

（4）在“开始”/“字体”组中单击“填充颜色”按钮右侧的下拉按钮，在打开的下拉列表中选择“浅灰色，背景 2，深色 25%”选项，选择剩余的数据，设置对齐方式为“居中”，完成后的效果如图 7-6 所示。

	A	B	C	D	E	F	G	H
1	计算机应用一班成绩表							
2	序号	学号	姓名	英语	高数	计算机基础	大学语文	上机实训
3	1	2018301101	李文卿	90	80	74	89	优
4	2	2018301102	谢学鹏	55	65	87	75	优
5	3	2018301103	李翠霞	65	75	63	78	良
6	4	2018301104	姚红如	87	86	74	72	及格
7	5	2018301105	谢雪	68	90	91	98	优
8	6	2018301106	李鹏	69	66	72	61	良
9	7	2018301107	马磊	89	75	83	68	优
10	8	2018301108	陈伟	72	68	63	65	不及格
11	9	2018301109	杨妮	78	61	81	81	优
12	10	2018301110	张毅	64	42	65	60	良
13	11	2018301111	崔巍	59	55	78	82	及格

图 7-6　设置单元格格式

（五）设置条件格式

通过设置条件格式，不满足或满足条件的数据将单独显示出来，其具体操作如下。

（1）选择 D3:G13 单元格区域，在“开始”/“样式”组中单击“条件格式”按钮，在打开的下拉列表中选择“新建规则”选项，打开“新建格式规则”对话框。

（2）在“选择规则类型”列表框中选择“只为包含以下内容的单元格设置格式”选项，在“编辑规则说明”栏中的条件格式下拉列表选择“小于”选项，并在右侧的数据框中输入“60”，单击 格式(F)... 按钮，如图 7-7 所示。

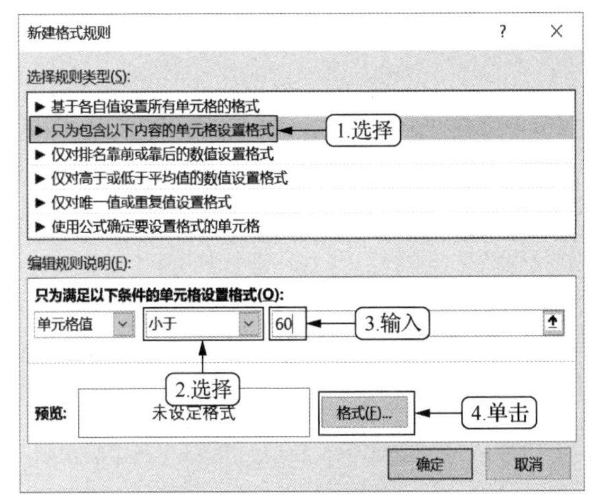

图 7-7 新建格式规则

（3）打开“设置单元格格式”对话框，在“字体”选项卡中设置字形为“加粗倾斜”，将颜色设置为标准色中的“红色”，如图 7-8 所示。

图 7-8 设置条件格式

（4）依次单击 确定 按钮返回工作界面，使用相同的方法为 H3:H13 单元格区域设置条件格式，将“上机实训”成绩为“不合格”的单元格设置条件格式为“加粗倾斜，红色字体”。

微课 7-10　调整行高与列宽

（六）调整行高与列宽

默认状态下，单元格的行高和列宽是固定的，但是当单元格中的数据多到不能完全显示其内容时，则需要调整单元格的行高或列宽，其具体操作如下。

（1）选择 F 列，在“开始”/“单元格”组中单击“格式”按钮，在打开的下拉列表中选择“自动调整列宽”选项，返回工作表中可看到 F 列变宽且其中的数据完整显示出来，如图 7-9 所示。

	A	B	C	D	E	F	G	H
1	计算机应用一班成绩表							
2	序号	学号	姓名	英语	高数	计算机基础	大学语文	上机实训
3	1	2018301101	李文卿	90	80	74	89	优
4	2	2018301102	谢学鹏	*55*	65	87	75	优
5	3	2018301103	李翠霞	65	75	63	78	良
6	4	2018301104	姚红如	87	86	74	72	及格
7	5	2018301105	谢雪	68	90	91	98	优
8	6	2018301106	李鹏	69	66	72	61	良
9	7	2018301107	马磊	89	75	83	68	优
10	8	2018301108	陈伟	72	68	63	65	***不及格***
11	9	2018301109	杨妮	78	61	81	81	优
12	10	2018301110	张毅	64	*42*	65	60	良
13	11	2018301111	崔巍	*59*	*55*	78	82	及格

图 7-9　自动调整列宽

（2）将鼠标指针移到第 1 行行号的间隔线上，当鼠标指针变为‡形状时，按住鼠标左键不放向下拖曳，此时鼠标指针右侧将显示具体的数据，待拖曳至适合的距离后释放鼠标。

（3）选择第 2～13 行，在“开始”/“单元格”组中单击“格式”按钮，在打开的下拉列表中选择“行高”选项，在打开的“行高”对话框的文本框中输入“15”，单击 确定 按钮，此时，在工作表中可看到第 2～13 行的行高增大，如图 7-10 所示。

	A	B	C	D	E	F	G	H
1	计算机应用一班成绩表							
2	序号	学号	姓名	英语	高数	计算机基础	大学语文	上机实训
3	1	2018301101	李文卿	90	80	74	89	优
4	2	2018301102	谢学鹏	*55*	65	87	75	优
5	3	2018301103	李翠霞	65	75	63	78	良
6	4	2018301104	姚红如	87	86	74	72	及格
7	5	2018301105	谢雪	68	90	91	98	优
8	6	2018301106	李鹏	69	66	72	61	良
9	7	2018301107	马磊	89	75	83	68	优
10	8	2018301108	陈伟	72	68	63	65	***不及格***
11	9	2018301109	杨妮	78	61	81	81	优
12	10	2018301110	张毅	64	*42*	65	60	良
13	11	2018301111	崔巍	*59*	*55*	78	82	及格

图 7-10　设置行高后的效果

（七）设置工作表背景

默认情况下，Excel 2016 工作表中的数据呈白底黑字显示。为使工作表更美观，除了为其填充颜色外，还可插入喜欢的图片作为背景，其具体操作如下。

（1）在“页面布局”/“页面设置”组中单击“背景”按钮，打开“工作表背景”对话框，查找并选择“背景.jpg”图片，单击“插入”按钮。

（2）返回工作表中可看到将图片设置为工作表背景后的效果，如图 7-11 所示。

计算机应用一班成绩表							
序号	学号	姓名	英语	高数	计算机基础	大学语文	上机实训
1	2018301101	李文卿	90	80	74	89	优
2	2018301102	谢学鹏	55	65	87	75	优
3	2018301103	李翠霞	65	75	63	78	良
4	2018301104	姚红如	87	86	74	72	及格
5	2018301105	谢雪	68	90	91	98	优
6	2018301106	李鹏	69	66	72	61	良
7	2018301107	马磊	89	75	83	68	优
8	2018301108	陈伟	72	68	63	65	不及格
9	2018301109	杨妮	78	61	81	81	优
10	2018301110	张毅	64	42	65	60	良
11	2018301111	崔巍	59	55	78	82	及格

图 7-11　设置工作表背景后的效果

微课 7-11　设置工作表背景

任务二　编辑产品价格表

任务要求

李涛是某商场护肤品专柜的库管，最近需要新进一批产品，经理让李涛制作一份产品价格表，用于比对产品成本。经过一番调查，李涛利用 Excel 2016 完成了制作，完成后的参考效果如图 7-12 所示。编辑产品价格表的相关要求如下。

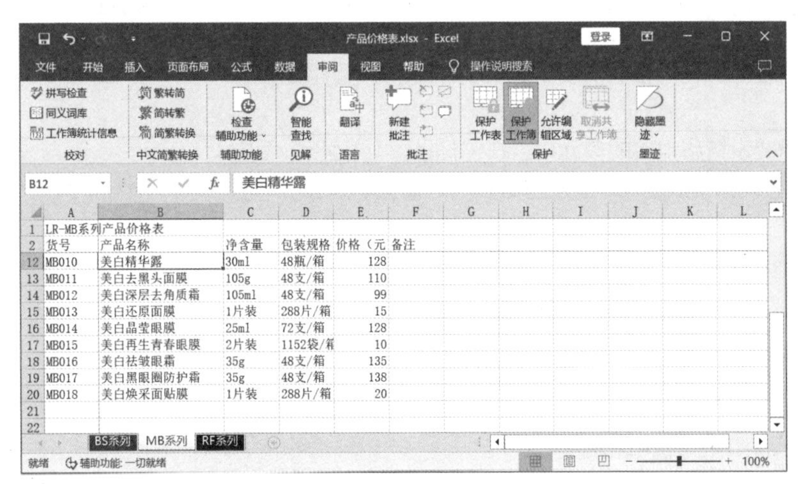

LR-MB系列产品价格表					
货号	产品名称	净含量	包装规格	价格（元	备注
MB010	美白精华露	30ml	48瓶/箱	128	
MB011	美白去黑头面膜	105g	48支/箱	110	
MB012	美白深层去角质霜	105ml	48支/箱	99	
MB013	美白还原面膜	1片装	288片/箱	15	
MB014	美白晶莹眼膜	25ml	72支/箱	128	
MB015	美白再生青春眼膜	2片装	1152袋/箱	10	
MB016	美白祛皱眼霜	35g	48支/箱	135	
MB017	美白黑眼圈防护霜	35g	48支/箱	138	
MB018	美白焕采面贴膜	1片装	288片/箱	20	

图 7-12 “产品价格表”工作簿最终效果

- 打开素材工作簿，先插入一张工作表，然后再删除“Sheet2”“Sheet3”“Sheet4”工作表。
- 复制两次“Sheet1”工作表，并分别将工作表重命名为“BS 系列”“MB 系列”“RF 系列”。
- 通过双击工作表标签的方法重命名工作表。
- 将“BS 系列”工作表以 C4 单元格为中心拆分为 4 个窗格，将“MB 系列”工作表中的 B3 单元格作为冻结中心冻结表格。
- 分别将 3 个工作表标签设置为“红色”“黄色”“深蓝”。
- 将工作表的对齐方式设置为“水平、垂直”，横向打印 5 份。
- 选择“RF 系列”的 E3:E20 单元格区域，为其设置保护，最后为工作表和工作簿分别设置保护密码，密码为“123”。

相关知识

（一）选择工作表

选择工作表的实质是选择工作表标签，主要有以下 4 种方法。

- 选择单张工作表。单击工作表标签，可选择对应的工作表。
- 选择连续多张工作表。选择第一张工作表，按住【Shift】键不放的同时选择其他工作表。
- 选择不连续的多张工作表。选择第一张工作表，按住【Ctrl】键不放的同时选择其他工作表。
- 选择全部工作表。在任意工作表上右击，在弹出的快捷菜单中选择“选定全部工作表”命令。

（二）隐藏与显示工作表

微课 7-12　隐藏与显示工作表

在工作簿中不需要显示某张工作表时，可将其隐藏，当需要时再将其重新显示出来，其具体操作如下。

（1）选择需要隐藏的工作表，在其上右击，在弹出的快捷菜单中选择“隐藏”命令，即可隐藏所选的工作表。

（2）在工作簿的任意工作表上右击，在弹出的快捷菜单中选择“取消隐藏”命令。

（3）在打开的“取消隐藏”对话框的“取消隐藏工作表”列表框中选择需显示的工作表，然后单击确定按钮即可将隐藏的工作表显示出来，如图 7-13 所示。

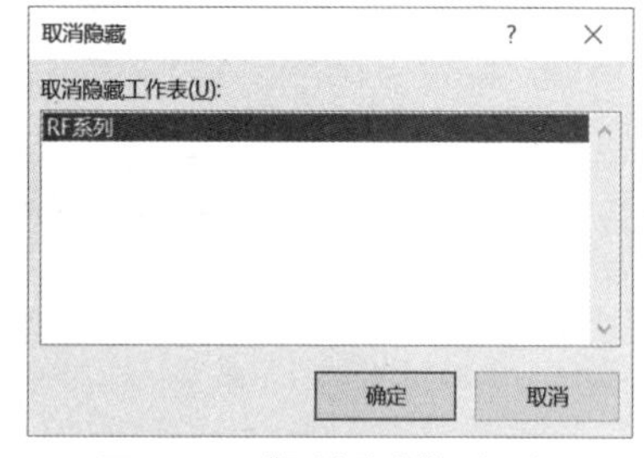

图 7-13　“取消隐藏”对话框

（三）设置超链接

在制作电子表格时，可根据需要为相关的单元格设置超链接，其具体操作如下。

（1）选择需要设置超链接的单元格，在“插入”/“链接”组中单击“超链接”按钮，打开“插入超链接”对话框，如图 7-14 所示。

（2）在打开的对话框中可根据需要设置链接对象的位置等，完成后单击确定按钮。

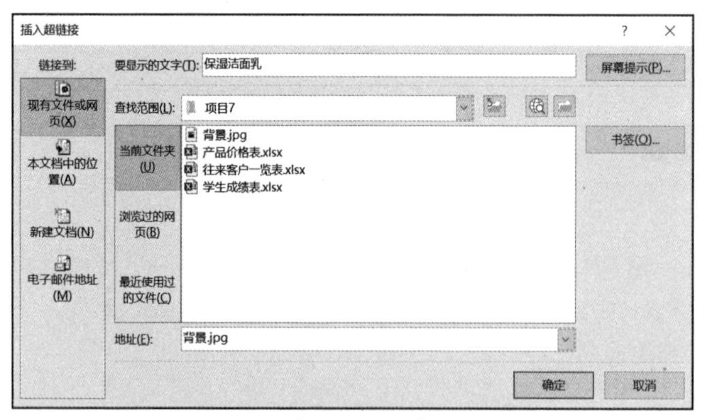

图 7-14　“插入超链接”对话框

微课 7-13　设置超链接

（四）套用表格格式

如果用户希望工作表更美观，但又不想浪费太多的时间设置工作表格式，可利用套用表格格式功能直接调用系统中已设置好的表格格式。这样不仅可提高工作效率，还可保证表格格式的美观，其具体操作如下。

（1）选择需要套用表格格式的单元格区域，在“开始”/“样式”组中单击“套用表格格式”按钮，在打开的下拉列表中选择一种表格格式选项，如图 7-15 所示。

（2）套用表格格式后，将激活“表格工具-表设计”选项卡，在其中可重新设置表格样式。另外，在“表格工具-表设计”/“工具”组中单击转换为区域按钮，可将套用的表格格式转换为区域，即转换为普通的单元格区域。

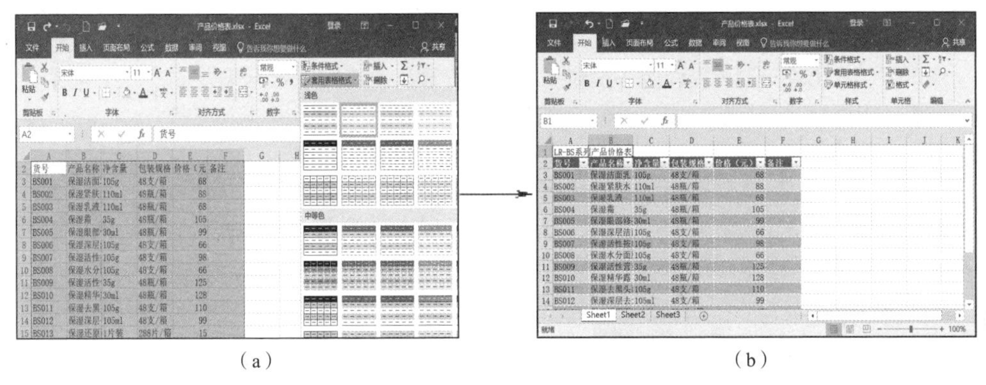

（a）　（b）

图 7-15　套用表格格式

任务实现

（一）打开工作簿

要查看或编辑保存在计算机中的工作簿，首先要打开该工作簿，其具体操作如下。

（1）启动 Excel 2016，选择“文件”/“打开”命令。

（2）在“打开”页面中双击“这台电脑”，弹出“打开”对话框，在地址栏下拉列表中选择文件路径，在工作区选择“产品价格表.xlsx”工作簿，单击打开(O)按钮即可打开选择的工作簿，如图 7-16 所示。

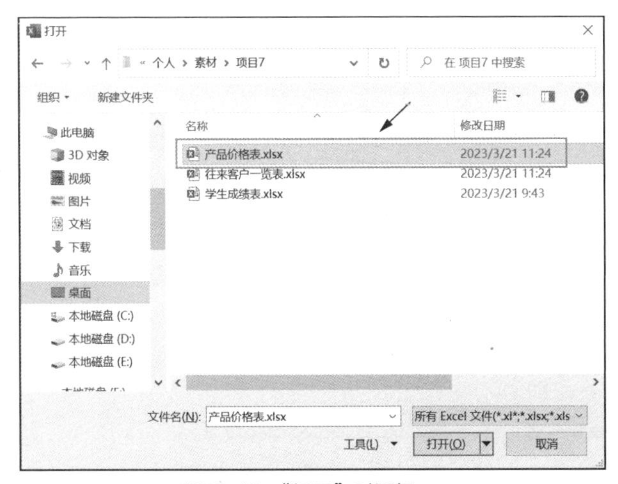

图 7-16　“打开”对话框

提 示 按【Ctrl+O】组合键，也可打开“打开”对话框，在其中选择文件路径和所需的文件；另外，在计算机中双击需打开的 Excel 文件也可打开所需的工作簿。

（二）插入与删除工作表

在 Excel 2016 中当工作表的数量不够使用时，可通过插入工作表来增加工作表的数量，若插入了多余的工作表，则可将其删除，以节省系统资源。

微课 7-16 插入工作表

1. 插入工作表

默认情况下，Excel 2016 工作簿中提供了一张工作表，用户可以根据需要插入多张工作表。下面在“产品价格表.xlsx”工作簿中通过“插入”对话框插入空白工作表，其具体操作如下。

（1）在“Sheet1”工作表标签上右击，在弹出的快捷菜单中选择“插入”命令。

（2）在打开的“插入”对话框的“常用”选项卡的列表框中选择“工作表”选项，然后单击 确定 按钮，即可插入新的空白工作表，如图 7-17 所示。

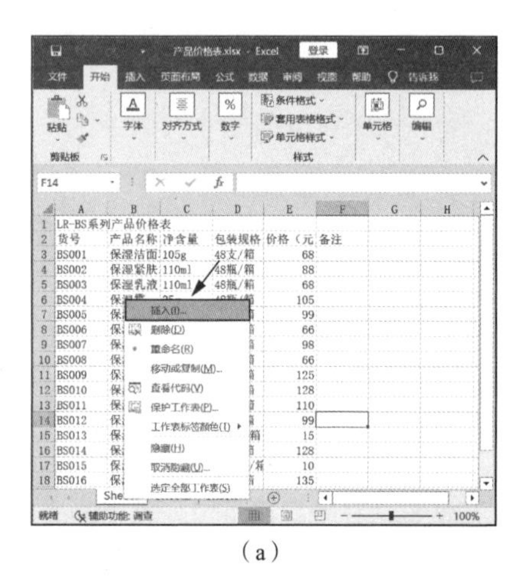

（a）

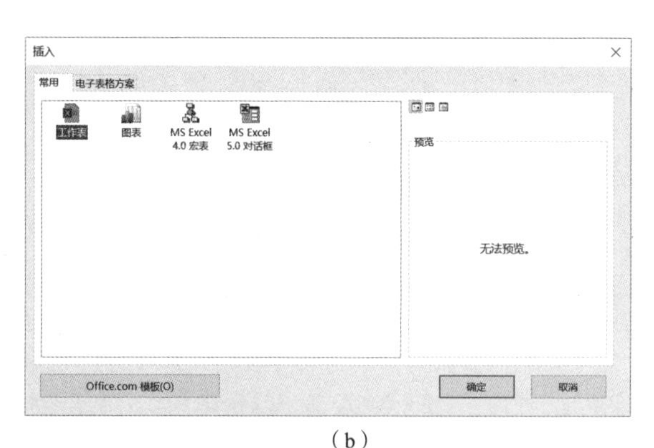

（b）

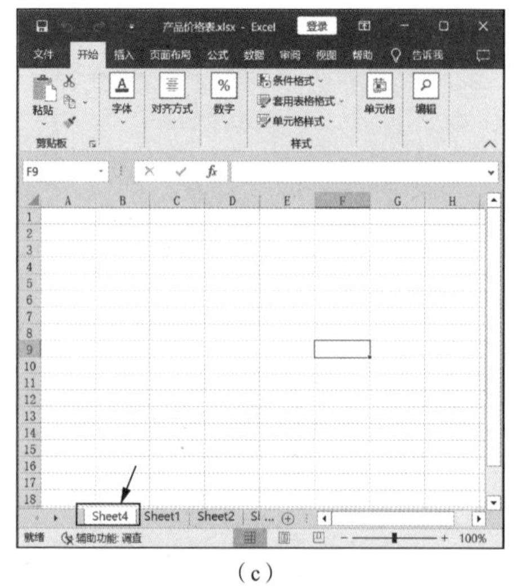

（c）

图 7-17 插入工作表

提 示　在“插入”对话框中单击“电子表格方案”选项卡，在其中可以插入基于模板的工作表。另外，在工作表标签后单击“新工作表”按钮 ⊕，或在“开始”/“单元格”组中单击“插入”按钮下方的下拉按钮，在打开的下拉列表中选择“插入工作表”选项，都可快速插入空白工作表。

2. 删除工作表

当工作簿中存在多余的工作表或不需要的工作表时，可以将其删除。下面将删除“产品价格表.xlsx”工作簿中的“Sheet2”“Sheet3”“Sheet4”工作表，其具体操作如下。

微课 7-17　删除工作表

（1）按住【Ctrl】键不放，同时选择“Sheet2”“Sheet3”“Sheet4”工作表，在其上右击，在弹出的快捷菜单中选择“删除”命令。

（2）返回工作簿中可看到“Sheet2”“Sheet3”“Sheet4”工作表已被删除，如图 7-18 所示。

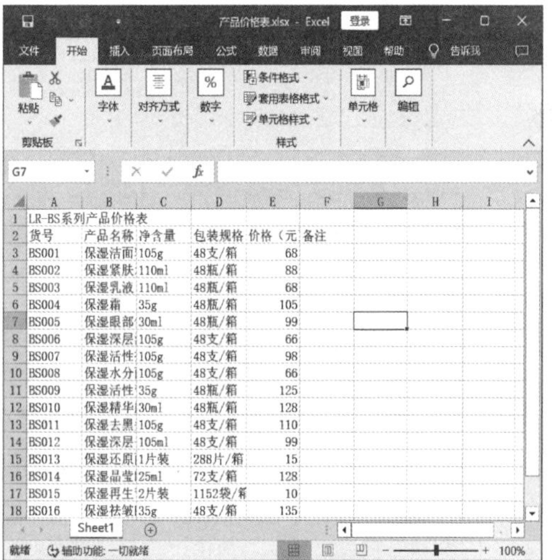

图 7-18　删除工作表

提 示　若要删除有数据的工作表，将打开询问是否永久删除这些数据的对话框，单击 删除 按钮将删除工作表和工作表中的数据，单击 取消 按钮将取消删除工作表的操作。

（三）移动与复制工作表

在 Excel 2016 中，工作表的位置并不是固定的，为了避免重复制作相同的工作表，用户可根据需要移动或复制工作表，即在原表格的基础上改变表格位置或快速添加多个相同的表格。下面将在“产品价格表.xlsx”工作簿中移动并复制工作表，其具体操作如下。

微课 7-18　移动与复制工作表

（1）在“Sheet1”工作表上右击，在弹出的快捷菜单中选择“移动或复制”命令。

（2）在打开的“移动或复制工作表”对话框的“下列选定工作表之前”列表框中选择移动工作表的位置，这里选择“(移至最后)”选项，然后单击选中“建立副本”复选框，完成后单击 确定 按钮即可移动并复制“Sheet1”工作表，如图 7-19 所示。

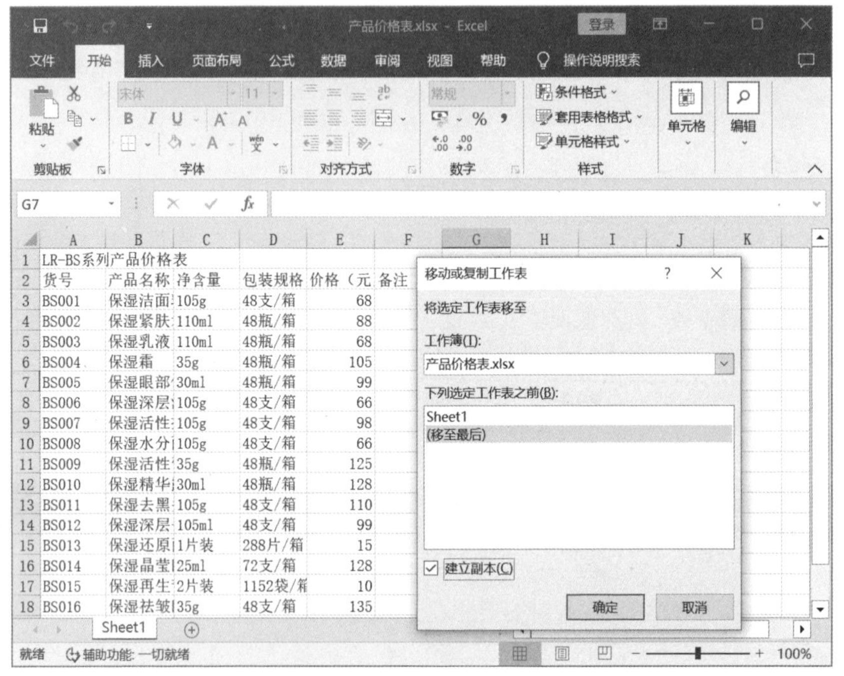

图 7-19　移动并复制工作表

提 示　将鼠标指针移动到需移动或复制的工作表标签上，按住【Ctrl】键不放的同时拖曳工作表标签，此时鼠标指针变成或形状，将工作表标签拖曳到目标工作表标签之后释放鼠标，拖曳过程中工作表标签上有一个符号跟随移动，释放鼠标后在目标工作表中可看到移动或复制的工作表。

（3）用相同方法继续移动并复制工作表到“Sheet1 (2)”工作表后，如图 7-20 所示。

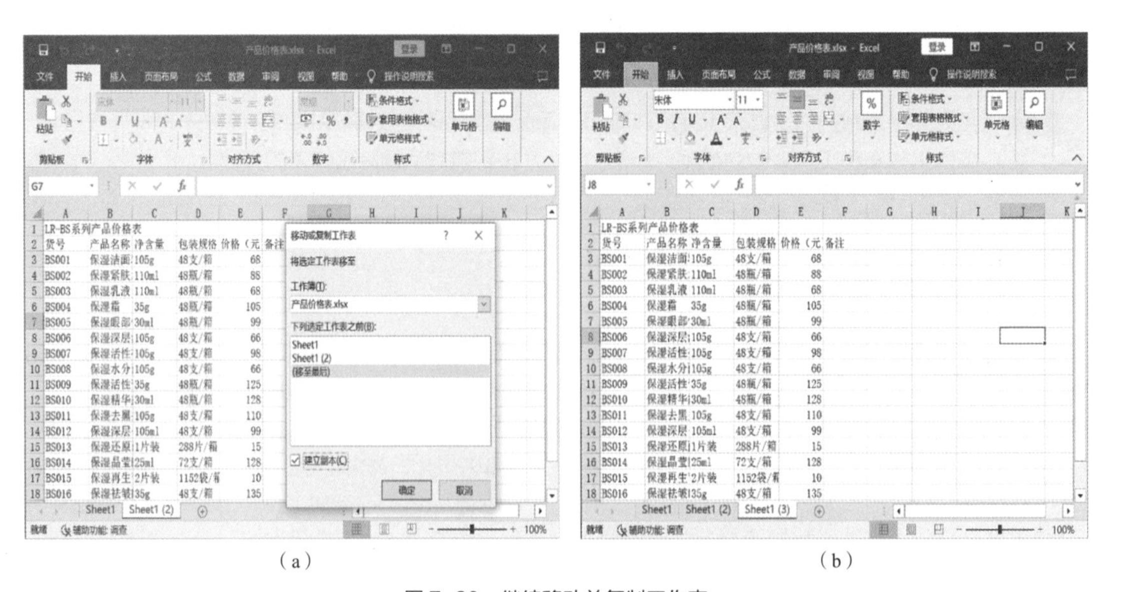

（a）　（b）

图 7-20　继续移动并复制工作表

（四）重命名工作表

微课 7-19 重命名工作表

工作表的名称默认为“Sheet1”“Sheet2”等，为了便于查询，可重命名工作表名称。下面在“产品价格表.xlsx”工作簿中重命名工作表，其具体操作如下。

（1）双击“Sheet1”工作表标签，或在“Sheet1”工作表标签上右击，在弹出的快捷菜单中选择“重命名”命令，此时的工作表标签呈可编辑状态。

（2）直接输入文本“BS 系列”，然后按【Enter】键或在工作表的任意位置单击退出编辑状态。

（3）使用相同的方法将“Sheet1（2）”和“Sheet1（3）”工作表标签分别重命名为“MB 系列”和“RF 系列”，完成后再在相应的工作表中双击单元格修改其中的数据，“RF 系列”工作表如图 7-21 所示。

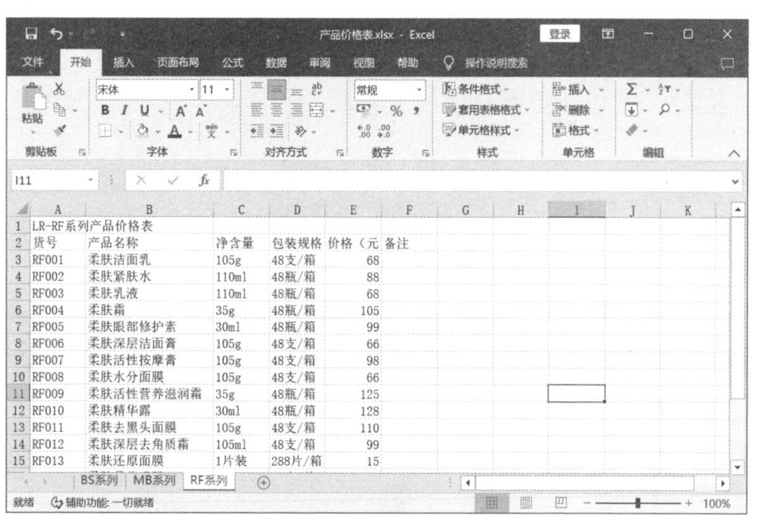

	A	B	C	D	E	F
1	LR-RF系列产品价格表					
2	货号	产品名称	净含量	包装规格	价格（元	备注
3	RF001	柔肤洁面乳	105g	48支/箱	68	
4	RF002	柔肤紧肤水	110ml	48瓶/箱	88	
5	RF003	柔肤乳液	110ml	48瓶/箱	68	
6	RF004	柔肤霜	35g	48瓶/箱	105	
7	RF005	柔肤眼部修护素	30ml	48瓶/箱	99	
8	RF006	柔肤深层洁面膏	105g	48支/箱	66	
9	RF007	柔肤活性按摩膏	105g	48支/箱	98	
10	RF008	柔肤水分面膜	105g	48支/箱	66	
11	RF009	柔肤活性营养滋润霜	35g	48瓶/箱	125	
12	RF010	柔肤精华露	30ml	48瓶/箱	128	
13	RF011	柔肤去黑头面膜	105g	48支/箱	110	
14	RF012	柔肤深层去角质霜	105ml	48支/箱	99	
15	RF013	柔肤还原面膜	1片装	288片/箱	15	

图 7-21 “RF 系列”工作表

（五）拆分工作表

微课 7-20 拆分工作表

在 Excel 2016 中可以使用拆分工作表的方法将工作表拆分为多个窗格，在每个窗格中都可进行单独的操作，这样有利于在数据量比较大的工作表中查看数据的前后对应关系。要拆分工作表，首先应选择作为拆分中心的单元格，然后执行拆分命令。下面在“产品价格表.xlsx”工作簿的“BS 系列”工作表中以 C4 单元格为中心拆分工作表，其具体操作如下。

（1）在“BS 系列”工作表中选择 C4 单元格，然后在“视图”/“窗口”组中单击“拆分”按钮。

（2）此时工作簿将以 C4 单元格为中心拆分为 4 个窗格，在任意一个窗格中选择单元格，然后滚动鼠标滚轮即可显示工作表中的其他数据，如图 7-22 所示。

（六）冻结窗格

微课 7-21 冻结窗格

在数据量比较大的工作表中，为了方便查看表头与数据的对应关系，可通过冻结工作表窗格以查看工作表的其他部分而不移动表头所在的行或列。下面在“产品价格表.xlsx”工作簿的“MB 系列”工作表中以 B3 单元格为冻结中心冻结窗格，其具体操作如下。

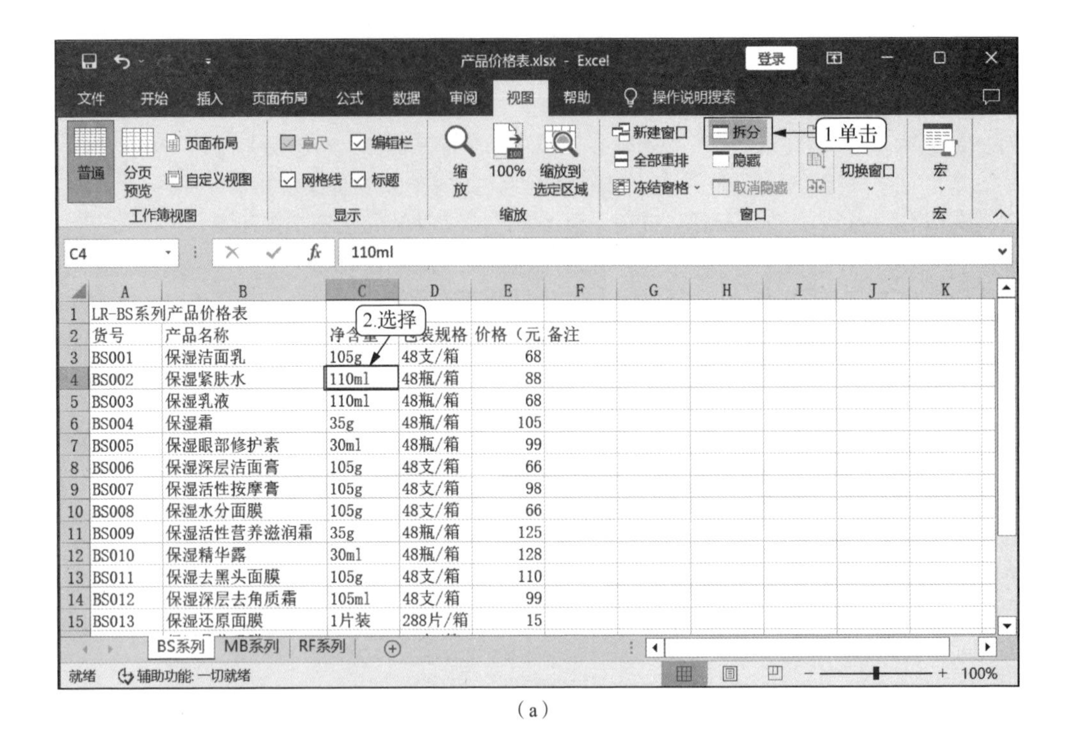

（a）

（b）

图7-22　拆分工作表

（1）选择“MB系列”工作表，在其中选择B3单元格作为冻结中心，然后在“视图”/“窗口”组中单击“冻结窗格”按钮，在打开的下拉列表中选择“冻结窗格”选项。

（2）返回工作表，保持B3单元格上方和左侧的行和列位置不变，然后拖曳水平滚动条或垂直滚动条，即可查看工作表其他部分的行或列，如图7-23所示。

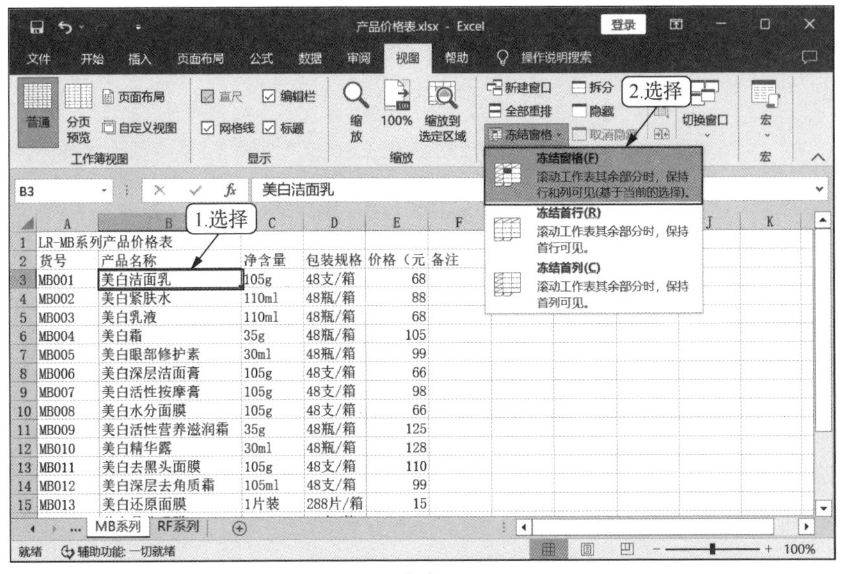

（a）

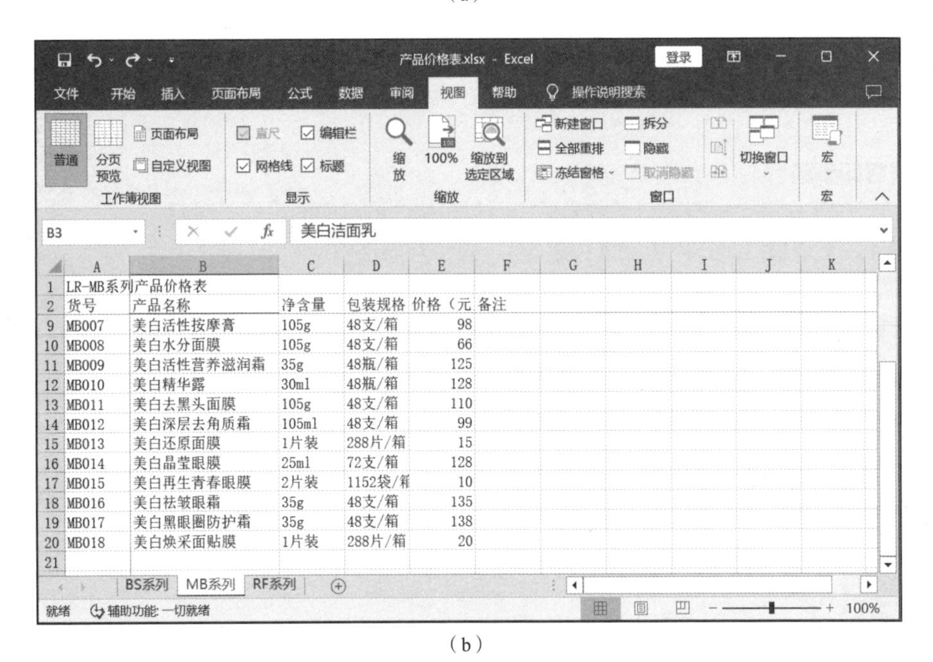

（b）

图 7-23　冻结窗格

（七）设置工作表标签颜色

微课 7-22　设置工作表标签颜色

默认状态下，工作表标签呈白底黑字显示，为了让工作表标签更美观醒目，可设置工作表标签的颜色。下面在“产品价格表.xlsx”工作簿中分别设置工作表标签颜色，其具体操作如下。

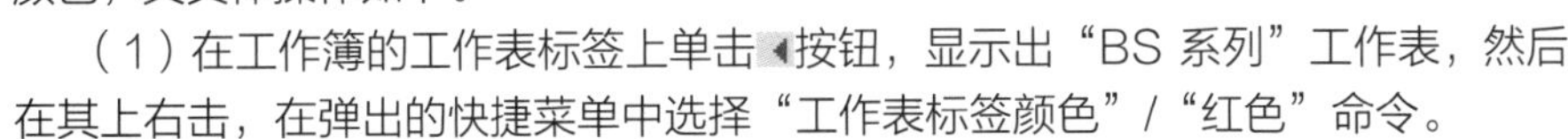

（1）在工作簿的工作表标签上单击◀按钮，显示出“BS 系列”工作表，然后在其上右击，在弹出的快捷菜单中选择“工作表标签颜色”/“红色”命令。

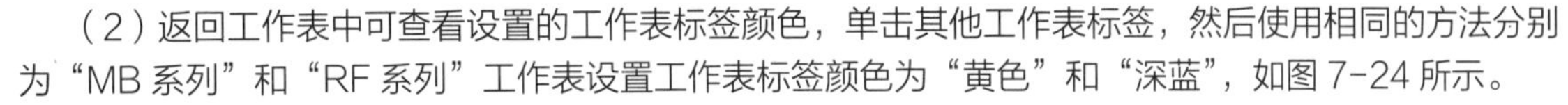

（2）返回工作表中可查看设置的工作表标签颜色，单击其他工作表标签，然后使用相同的方法分别为“MB 系列”和“RF 系列”工作表设置工作表标签颜色为“黄色”和“深蓝”，如图 7-24 所示。

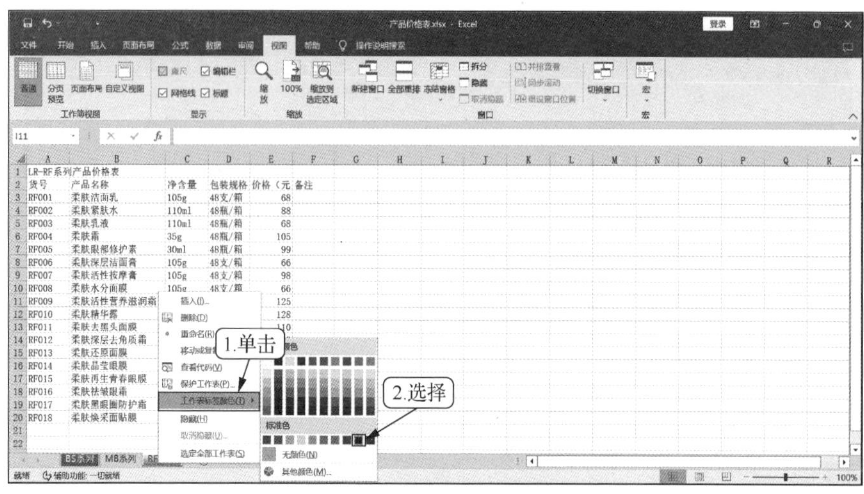

图 7-24　设置工作表标签颜色

（八）预览并打印表格数据

在打印表格之前需先预览打印效果，对表格内容满意后再开始打印。在 Excel 中根据打印内容的不同，可分为两种情况：一是打印整个工作表，二是打印区域数据。

1. 设置打印参数

选择需打印的工作表，预览其打印效果后，若对表格内容和页面设置不满意，可重新进行设置，如设置纸张方向和纸张页边距等，直至对表格内容满意后再打印。下面在“产品价格表.xlsx”工作簿中预览并打印工作表，其具体操作如下。

（1）选择“文件”/“打印”命令，在窗口右侧预览工作表的打印效果，在窗口中间的“设置”栏的“纵向”下拉列表中选择“横向”选项，如图 7-25 所示，再在窗口中间下方单击 页面设置 超链接。

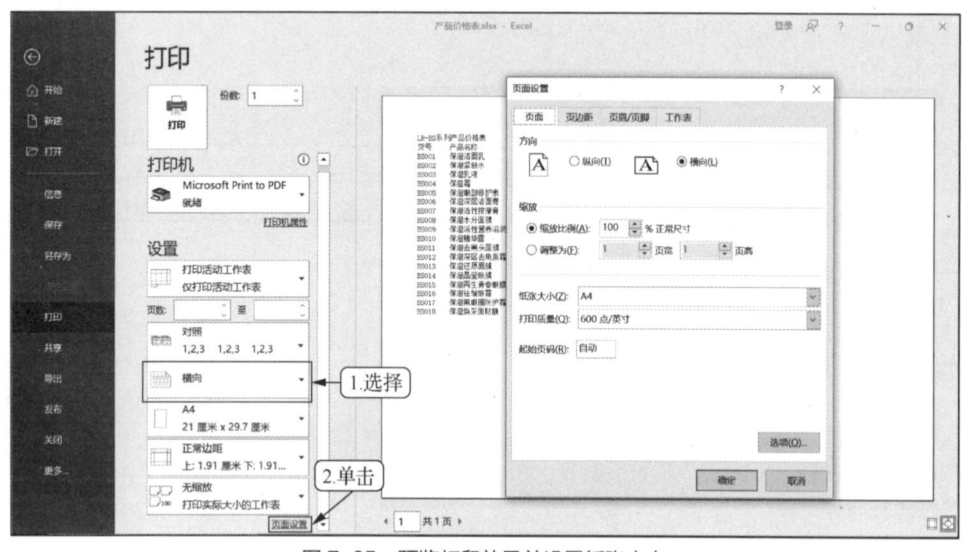

图 7-25　预览打印效果并设置纸张方向

（2）在打开的“页面设置”对话框中单击“页边距”选项卡，在“居中方式”栏中单击选中“水平”和“垂直”复选框，然后单击 确定 按钮，如图 7-26 所示。

提 示 在“页面设置”对话框中单击“工作表”选项卡，在其中可设置打印区域或打印标题等内容，然后单击 确定 按钮，返回工作簿的打印窗口，单击“打印”按钮 可只打印设置的区域数据。

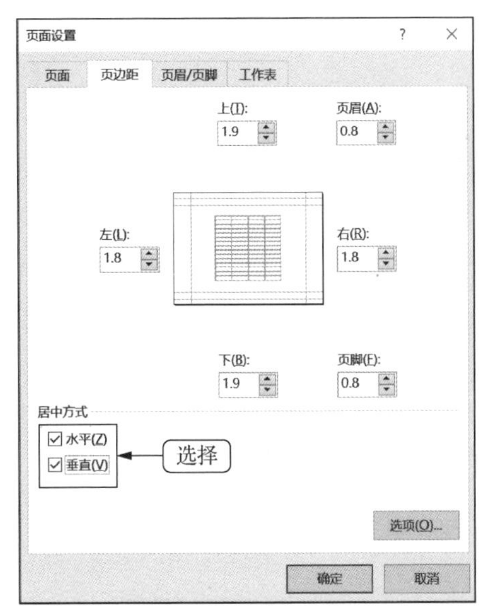

图 7-26 设置居中方式

（3）返回打印窗口，在窗口中间的“打印”栏的“份数”数值框中可设置打印份数，这里输入“5”，设置完成后单击“打印”按钮 打印表格。

2. 设置打印区域数据

当只需打印表格中的部分数据时，可设置工作表的打印区域数据。下面在“产品价格表.xlsx”工作簿中设置打印的区域为 A1:F4 单元格区域，其具体操作如下。

微课 7-24 设置打印区域数据

（1）选择 A1:F4 单元格区域，在“页面布局”/“页面设置”组中单击“打印区域”按钮，在打开的下拉列表中选择“设置打印区域”选项。

（2）选择“文件”/“打印”命令，单击“打印”按钮 ，如图 7-27 所示。

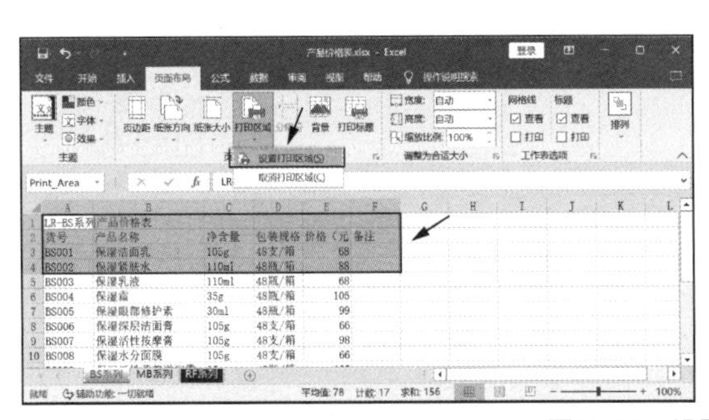

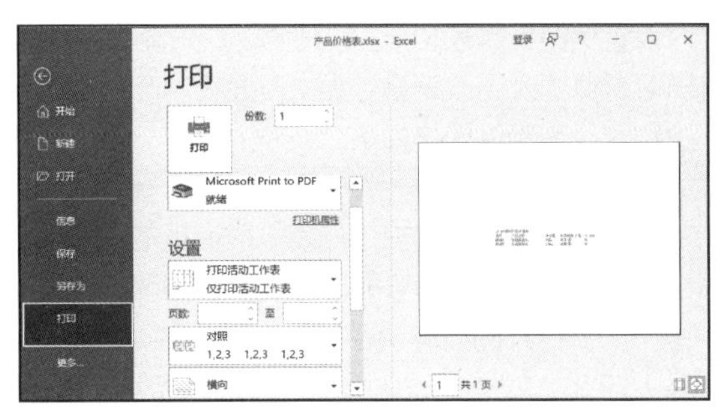

图 7-27 设置打印区域数据

（九）保护表格数据

在 Excel 2016 表格中可能会存放一些重要的数据，因此，利用 Excel 2016 提供的保护单元格、保护工作表和保护工作簿等功能对表格数据进行保护，能够有效避免他人查看或更改表格数据。

微课 7-25　保护单元格

1. 保护单元格

为防止他人更改单元格中的数据，可锁定一些重要的单元格，或隐藏单元格中包含的计算公式。设置锁定单元格或隐藏公式后，还需设置保护工作表功能。下面为“产品价格表.xlsx”工作簿中的“RF 系列”工作表的 E3:E20 单元格区域设置保护功能，其具体操作如下。

（1）选择“RF 系列”工作表，选择 E3:E20 单元格区域，在其上右击，在弹出的快捷菜单中选择“设置单元格格式”命令。

（2）在打开的“设置单元格格式”对话框中单击“保护”选项卡，单击选中“锁定”和“隐藏”复选框，然后单击 确定 按钮完成单元格的保护设置，如图 7-28 所示。

图 7-28　保护单元格

2. 保护工作表

设置保护工作表功能后，其他用户只能查看表格数据，不能修改工作表中数据，这样可避免他人更改表格数据。下面在“产品价格表.xlsx”工作簿中设置工作表的保护功能，其具体操作如下。

微课 7-26　保护工作表

（1）在“审阅”/“保护”组中单击“保护工作表”按钮。

（2）在打开的“保护工作表”对话框的“取消工作表保护时使用的密码”文本框中输入取消保护工作表时的密码，这里输入密码“123”，然后单击 确定 按钮。

（3）在打开的“确认密码”对话框的“重新输入密码”文本框中输入与前面相同的密码，然后单击 确定 按钮，如图 7-29 所示，返回工作簿中可发现相应选项卡中的按钮或命令呈灰色状态显示。

提 示　**设置工作表或工作簿的保护密码时，应设置容易记忆的密码，且不能过长，可以设置数字和字母组合的密码，这样不易丢失或忘记，且安全性较高。**

（a）

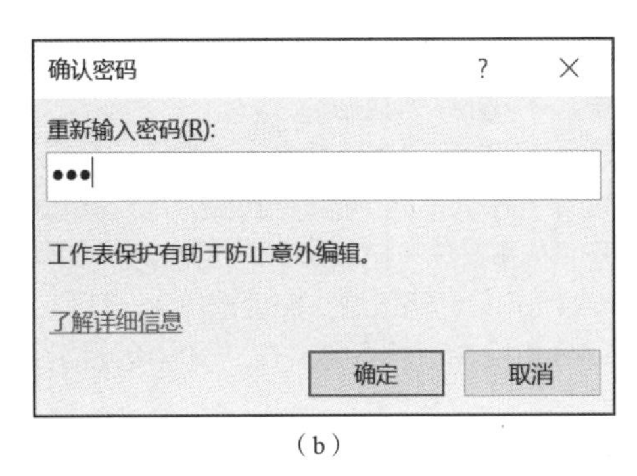

（b）

图 7-29　保护工作表

3. 保护工作簿

若不希望工作簿中的重要数据被他人使用或查看，可使用工作簿的保护功能以保证工作簿的结构和窗口不被他人修改。下面在“产品价格表.xlsx”工作簿中设置工作簿的保护功能，其具体操作如下。

微课 7-27　保护工作簿

（1）在“审阅”/“保护”组中单击“保护工作簿”按钮。

（2）在打开的“保护结构和窗口”对话框中单击选中“结构”复选框，表示在每次打开工作簿时工作簿窗口大小和位置都相同，然后在“密码”文本框中输入密码“123”，单击确定按钮。

（3）在打开的“确认密码”对话框的“重新输入密码”文本框中，输入与前面相同的密码，单击确定按钮，如图 7-30 所示。返回工作簿中，保存并关闭工作簿。

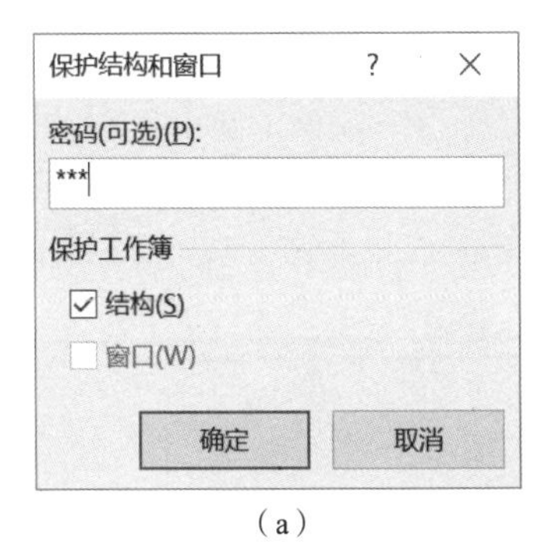

（a）

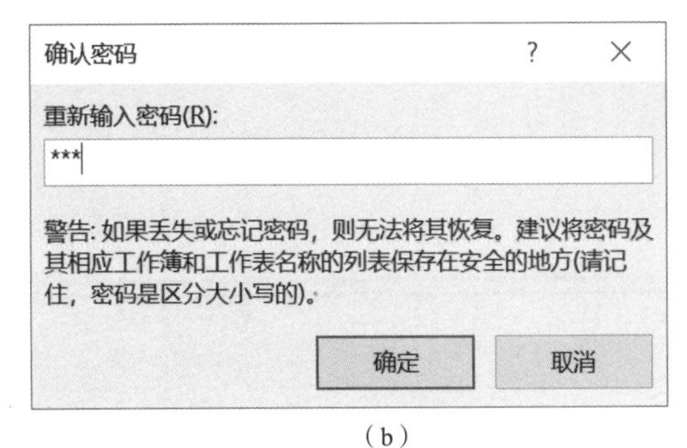

（b）

图 7-30　保护工作簿

提 示　**要撤销工作表或工作簿的保护功能，可在“审阅”/“保护”组中单击“撤销保护工作表”按钮，或单击“保护工作簿”按钮，在打开的对话框中输入撤销工作簿保护的密码，完成后单击确定按钮。**

课后练习

（1）新建一个空白工作簿，并以“预约客户登记表”为名进行保存，按照下列要求对表格进行操作。

查看具体操作

① 依次在单元格中输入相关的文本、数字、日期与时间、特殊符号等数据。

② 拖曳控制柄填充数据，通过“序列”对话框填充数据。

③ 数据录入完成后保存工作簿并退出 Excel 2016。

（2）新建一个空白工作簿，按照下列要求对表格进行操作。

① 将新建的空白工作簿以“员工信息表”为名进行保存，然后在相应的单元格中输入数据，并填充序列数据。

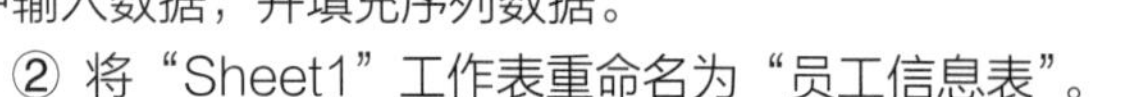

② 将“Sheet1”工作表重命名为“员工信息表”。

③ 以 C3 单元格为冻结中心冻结窗格并查看数据，完成后保存并退出 Excel 2016。

（3）打开“往来客户一览表.xlsx”工作簿，按照下列要求对工作簿进行操作。

① 合并 A1:L1 单元格区域，然后选择 A～L 列，自动调整列宽。

② 选择 A3:A12 单元格区域，在“设置单元格格式”对话框的“数字”选项卡中自定义序号的格式为“000”。

③ 选择 I3:I12 单元格区域，在“设置单元格格式”对话框的“数字”选项卡中设置数字格式为“文本”，完成后在相应的单元格中输入 11 位以上的数字。

④ 剪切 A10:I10 单元格区域中的数据，将其插入第 7 行下方。

⑤ 将 B6 单元格中的“明铭”修改为“德瑞”，再查找 “有限公司”，并替换为“有限责任公司”。

⑥ 选择 A1 单元格，设置字体格式为“方正大黑简体、20、深蓝”，选择 A2:L2 单元格区域，设置字体格式为“方正黑体简体、12”。

⑦ 选择 A2:L12 单元格区域，设置对齐方式为“居中”，边框为“所有框线”，完成后重新调整单元格行高与列宽。

⑧ 选择 A2:L12 单元格区域，套用表格格式“表样式中等深浅 16”，完成后保存工作簿。

项目八

计算和分析 Excel 数据

Excel 2016具有强大的数据处理功能，主要体现在计算数据和分析数据上。本项目将通过3个典型任务，介绍在Excel 2016中计算和分析数据的方法，包括公式与函数的使用、排序数据、筛选数据、分类汇总数据、创建图表，以及使用数据透视图和数据透视表分析数据等。

课堂学习目标

- 制作产品销售测评表
- 统计分析员工绩效表
- 制作销售分析表

任务一　制作产品销售测评表

任务要求

公司总结了上半年旗下各门店的营业情况。李总让肖雪针对各门店每个月的营业额进行统计，统计后制作一份产品销售测评表，以便了解各门店的营业情况，并评出优秀门店。肖雪根据李总提出的要求，利用 Excel 2016 制作上半年产品销售测评表，参考效果如图 8-1 所示。制作产品销售测评表的相关要求如下。

	A	B	C	D	E	F	G	H	I	J	K
1	上半年产品销售测评表										
2	姓名	营业额（万元）						月营业总额	月平均营业额	名次	是否优秀
3		一月	二月	三月	四月	五月	六月				
4	A店	95	85	85	90	89	84	528	88	1	优秀
5	B店	92	84	85	85	88	90	524	87	2	优秀
6	D店	85	88	87	84	84	83	511	85	4	优秀
7	E店	80	82	86	88	81	80	497	83	6	合格
8	F店	87	89	86	84	83	88	517	86	3	优秀
9	G店	86	84	85	81	80	82	498	83	5	合格
10	H店	71	73	69	74	69	77	433	72	11	合格
11	I店	69	74	76	72	76	65	432	72	12	合格
12	J店	76	72	72	77	72	80	449	75	9	合格
13	K店	72	77	80	82	86	88	485	81	7	合格
14	L店	88	70	80	79	77	75	469	78	8	合格
15	M店	74	65	78	77	68	73	435	73	10	合格
16	月最高营业额	95	89	87	90	89	90	528	88		
17	月最低营业额	69	65	69	72	68	65	432	72		
18											
19	查询B店二月营业额	84									
20	查询D店五月营业额	84									

图 8-1 “产品销售测评表”工作簿效果

- 使用 SUM 函数计算各门店月营业额。
- 使用 AVERAGE 函数计算月平均营业额。
- 使用 MAX 函数和 MIN 函数计算各门店的月最高和最低营业额。
- 使用 RANK 函数得出各个门店的销售排名情况。
- 使用 IF 嵌套函数得出各个门店的月营业总额是否达到优秀门店标准。
- 使用 INDEX 函数查询产品销售测评表中 B 店二月营业额和 D 店五月营业额。

相关知识

（一）公式运算符和语法

在 Excel 2016 中使用公式前，首先需要对公式中的运算符和公式的语法有大致的了解，下面分别对其进行简单介绍。

1. 运算符

运算符即公式中的运算符号，用于对公式中的元素进行特定计算。运算符主要用于连接数字并产生相应的计算结果。运算符有算术运算符（如+、-、*、/）、比较运算符（如=、>、<）、文本连接运算符（如&）和引用运算符（如:、空格）4 种，当一个公式中包含了这 4 种运算符时，应遵循从高到低的优先级进行计算：引用运算符、如负号（-）、百分比（%）、求幂（^）、乘和除（*和/）、加和减（+和-）、文本运算符（&）、比较运算符（=，<，>，<=，>=，<>）；若要更改求值的顺序，可以将公式中要先计算的部分用括号括起来，要注意每个左括号必须配一个右括号。

2. 语法

Excel 2016 中的公式是按照特定的顺序进行数值运算的，这一特定顺序即语法。Excel 2016 中的公式遵循一个特定的语法，最前面是等号，后面是参与计算的元素和运算符。如果公式中同时用到了多个运算符，则需按照运算符的优先级进行运算；如果公式中包含了相同优先级的运算符，则先进行括号里面的运算，然后再从左到右依次计算。

（二）单元格引用和单元格引用分类

在使用公式计算数据前要了解单元格引用和单元格引用分类的基础知识。

1. 单元格引用

在 Excel 2016 中是通过单元格的地址来引用单元格的，单元格地址指单元格的列标与行号的组合。如“=193800+123140+146520+152300”，数据“193800”位于 B3 单元格，其他数据依次位于 C3、D3 和 E3 单元格中，通过单元格引用，可以将公式输入为“=B3+C3+D3+E3”，同样可以获得相同的计算结果。

2. 单元格引用分类

在计算数据表中的数据时，通常会通过复制或移动公式来实现快速计算，因此会涉及不同的单元格引用方式。Excel 2016 中包括相对引用、绝对引用和混合引用 3 种引用方式，使用不同的引用方式，得到的计算结果不相同。

- 相对引用。相对引用是指输入公式时直接通过单元格地址来引用单元格。相对引用单元格后，如果复制或剪切公式到其他单元格，那么公式中引用的单元格地址会根据复制或剪切的位置而发生相应改变。
- 绝对引用。绝对引用是指无论引用单元格的公式的位置如何改变，所引用的单元格均不会发生变化。绝对引用的形式是在单元格的行号和列标前加上符号“$”。

- 混合引用。混合引用包含了相对引用和绝对引用。混合引用有两种形式：一种是行绝对、列相对，如“B＄2”表示行不发生变化，但是列会随着新的位置发生变化；另一种是行相对、列绝对，如“＄B2”表示列保持不变，但是行会随着新的位置而发生变化。

（三）使用公式计算数据

Excel 2016 中的公式是对工作表中的数据进行计算的等式，它以“=”（等号）开始，其后是公式表达式。公式表达式只包含运算符、常量数值、单元格引用和单元格区域引用。

1. 输入公式

在 Excel 2016 中输入公式的方法与输入数据的方法类似，只需将公式输入相应的单元格中，Excel 2016 即可计算出数据结果。输入公式的方法为：选择要输入公式的单元格，在单元格或编辑栏中输入“=”，接着输入公式，完成后按【Enter】键或单击编辑栏上的“确认”按钮✓。

在单元格中输入公式后，按【Enter】键可在计算出公式结果的同时选择同列的下一个单元格；按【Tab】键可在计算出公式结果的同时选择同行的下一个单元格；按【Ctrl+Enter】组合键则可在计算出公式结果后，仍保持当前单元格的选择状态。

2. 编辑公式

编辑公式与编辑数据的方法相同。选择含有公式的单元格，将插入点定位在编辑栏或单元格中需要修改的位置，按【BackSpace】键删除多余或错误的内容，再输入正确的内容。按【Enter】键即可完成对公式的编辑，Excel 2016 会自动对新公式进行计算。

3. 复制公式

在 Excel 2016 中复制公式是快速计算数据的方法，因为在复制公式的过程中，Excel 2016 会自动改变引用单元格的地址，可避免手动输入公式的麻烦，提高工作效率。通常使用“复制”“粘贴”命令进行复制粘贴；也可通过拖曳控制柄进行复制；还可选择添加了公式的单元格，按【Ctrl+C】组合键进行复制，然后再将插入点定位到要复制到的单元格，按【Ctrl+V】组合键进行粘贴。

（四）Excel 2016 中的常用函数

Excel 2016 中提供了多种函数，每个函数的功能、语法结构及其参数的含义各不相同。常用的函数有 SUM 函数、AVERAGE 函数、IF 函数、COUNT 函数、MAX/MIN 函数、SIN 函数、PMT 函数和 SUMIF 函数等。

- SUM 函数。SUM 函数的功能是对选择的单元格或单元格区域进行求和计算。其语法结构为：SUM（number1,number2,...），number1,number2,...表示若干个需要求和的参数。填写参数时，可以使用单元格地址（如 E6、E7、E8），也可使用单元格区域（如 E6:E8），甚至混合输入（如 E6、E7:E8）。
- AVERAGE 函数。AVERAGE 函数的功能是求平均值。其计算方法是：将选择的单元格或单元格区域中的数据先相加，再除以单元格个数。其语法结构为：AVERAGE（number1,number2,...），number1,number2,...表示需要计算平均值的若干个参数。
- IF 函数。IF 函数是一种常用的条件函数，它能执行真假值判断操作，并根据逻辑计算的真假值返回不同结果。其语法结构为：IF（logical_test,value_if_true,value_if_false），其中，logical_test 表示计算结果为 true 或 false 的任意值或表达式；value_if_true 表示 logical_test 为 true 时要返回的值，可以是任意数据；value_if_false 表示 logical_test 为 false 时要返回的值，也可以是任意数据。
- COUNT 函数。COUNT 函数的功能是返回包含数字及包含参数列表中的数字的单元格的个数，通常利用它来计算单元格区域或数字数组中数字字段的输入项个数。其语法结构为：COUNT

（value1,value2,...），其中 value1, value2, ...为包含或引用各种类型数据的参数（1 到 255 个），但只有数字型数据才能被计算。

- MAX/MIN 函数。MAX 函数的功能是返回所选单元格区域中所有数值的最大值，MIN 函数的功能是返回所选单元格区域中所有数值的最小值。其语法结构为：MAX/MIN（number1,number2,...），number1,number2,...表示要筛选的若干个数值。
- SIN 函数。SIN 函数的功能是返回给定角度的正弦值。其语法结构为：SIN(number)，number 为需要求正弦的角度，以弧度表示。
- PMT 函数。PMT 函数的功能是基于固定利率及等额分期付款方式，返回贷款的每期付款额。其语法结构为：PMT（rate,nper,pv,fv,type），rate 为贷款利率；nper 为该项贷款的付款总数；pv 为现值，或一系列未来付款的当前值的和，也称为本金；fv 为未来值，或在最后一次付款后希望得到的现金余额，如果省略 fv，则假设其值为零，也就是一笔贷款的未来值为零；type 为数字 0 或 1，用以指定各期的付款时间是在期初还是期末。
- SUMIF 函数。SUMIF 函数的功能是根据指定条件对若干单元格求和。其语法结构为：SUMIF（range,criteria,sum_range），其中，range 为用于条件判断的单元格区域；criteria 为确定哪些单元格将被作为相加求和的条件，其形式可以为数字、表达式或文本；sum_range 为需要求和的实际单元格。

任务实现

微课8-1　使用SUM函数

（一）使用 SUM 函数

SUM 函数主要用于计算某一单元格区域中所有数字之和，其具体操作如下。

（1）打开“产品销售测评表.xlsx”工作簿，选择 H4 单元格，在“公式”/“函数库”组中单击“自动求和”按钮。

（2）在 H4 单元格中插入求和函数“SUM”，同时 Excel 2016 将自动识别函数参数“B4:G4”，如图 8-2 所示。

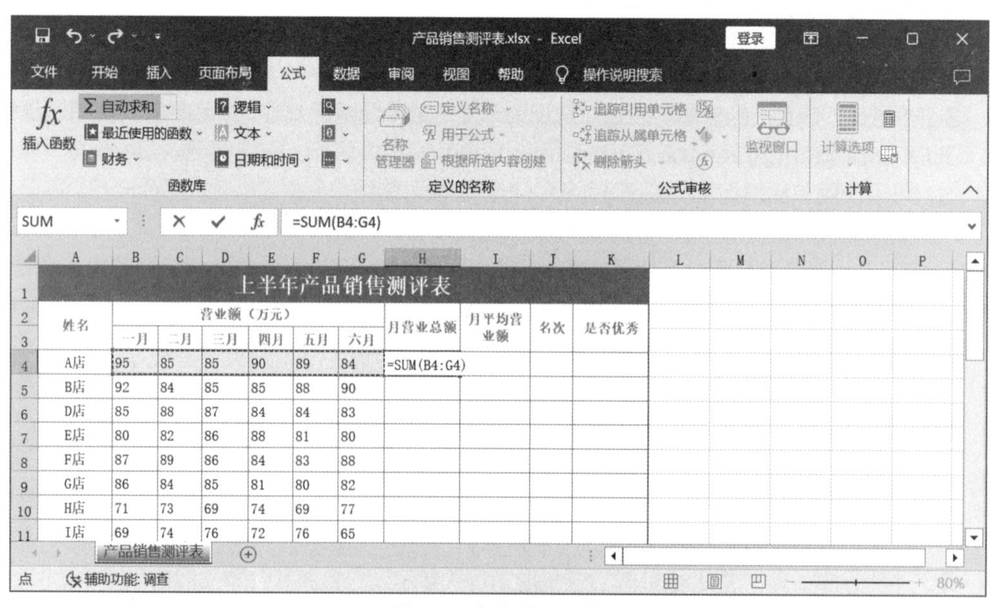

图 8-2　插入求和函数

（3）单击编辑栏中的“确认”按钮✓，完成求和的计算，将鼠标指针移动到 H4 单元格右下角，当其变为+形状时，按住鼠标左键不放向下拖曳，至 H15 单元格释放鼠标左键，Excel 2016 将自动填充各店月营业总额，如图 8-3 所示。

产品销售测评表.xlsx - Excel 登录
文件 开始 插入 页面布局 公式 数据 审阅 视图 帮助 操作说明搜索
H4 =SUM(B4:G4)

上半年产品销售测评表

姓名	营业额（万元）						月营业总额	月平均营业额	名次	是否优秀
	一月	二月	三月	四月	五月	六月				
A店	95	85	85	90	89	84	528			
B店	92	84	85	85	88	90	524			
D店	85	88	87	84	84	83	511			
E店	80	82	86	88	81	80	497			
F店	87	89	86	84	83	88	517			
G店	86	84	85	81	80	82	498			
H店	71	73	69	74	69	77	433			
I店	69	74	76	72	76	65	432			
J店	76	72	72	77	72	80	449			
K店	72	77	80	82	86	88	485			
L店	88	70	80	79	77	75	469			
M店	74	65	78	77	68	73	435			

产品销售测评表
就绪 辅助功能: 调查 平均值: 482 计数: 12 求和: 5778 80%

图 8-3 自动填充月营业总额

（二）使用 AVERAGE 函数

AVERAGE 函数用来计算某一单元格区域中的数据平均值，即先将单元格区域中的数据相加，再除以单元格个数，其具体操作如下。

微课 8-2 使用 AVERAGE 函数

（1）选择 I4 单元格，在“公式”/“函数库”组中单击“自动求和”按钮Σ下方的下拉按钮⌄，在打开的下拉列表中选择“平均值”选项。

（2）此时，Excel 2016 将自动在 I4 单元格中插入平均值函数“AVERAGE”，Excel 2016 将自动识别函数参数“B4:H4”，再将自动识别的函数参数手动更改为“B4:G4”，如图 8-4 所示。

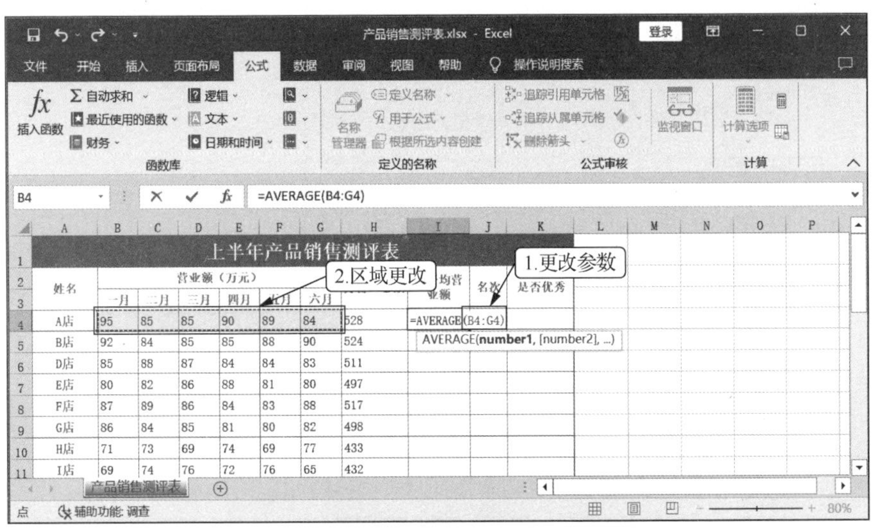

图 8-4 更改函数参数

（3）单击编辑栏中的“确认”按钮✓，应用函数的计算结果。

（4）将鼠标指针移动到I4单元格右下角，当其变为+形状时，按住鼠标左键不放向下拖曳，至I15单元格释放鼠标左键，Excel 2016将自动填充各店月平均营业额，如图8-5所示。

产品销售测评表.xlsx - Excel

I4 =AVERAGE(B4:G4)

上半年产品销售测评表

姓名	营业额（万元）						月营业总额	月平均营业额	名次	是否优秀
	一月	二月	三月	四月	五月	六月				
A店	95	85	85	90	89	84	528	88		
B店	92	84	85	85	88	90	524	87		
D店	85	88	87	84	84	83	511	85		
E店	80	82	86	88	81	80	497	83		
F店	87	89	86	84	83	88	517	86		
G店	86	84	85	81	80	82	498	83		
H店	71	73	69	74	69	77	433	72		
I店	69	74	76	72	76	65	432	72		
J店	76	72	72	77	72	80	449	75		
K店	72	77	80	82	86	88	485	81		
L店	88	70	80	79	77	75	469	78		
M店	74	65	78	77	68	73	435	73		

平均值：80 计数：12 求和：963

图8-5 自动填充月平均营业额

（三）使用MAX函数和MIN函数

微课8-3 使用MAX函数和MIN函数

MAX函数和MIN函数的功能分别是返回一组数据中的最大值和最小值，其具体操作如下。

（1）选择B16单元格，在“公式”/“函数库”组中单击“自动求和”按钮下方的下拉按钮⌄，在打开的下拉列表中选择“最大值”选项，如图8-6所示。

（2）此时，Excel 2016将自动在B16单元格中插入最大值函数“MAX”，同时Excel 2016将自动识别函数参数“B4:B15”，如图8-7所示。

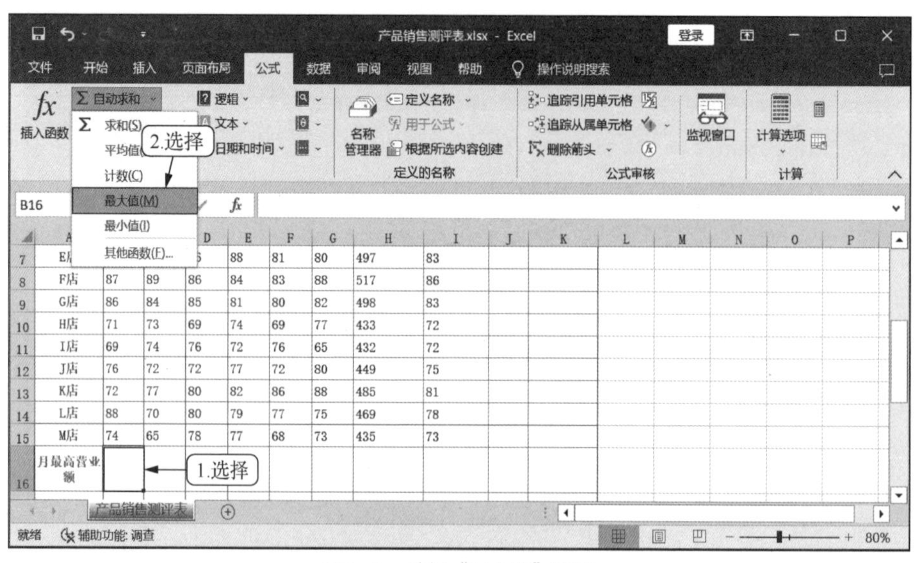

图8-6 选择“最大值”选项

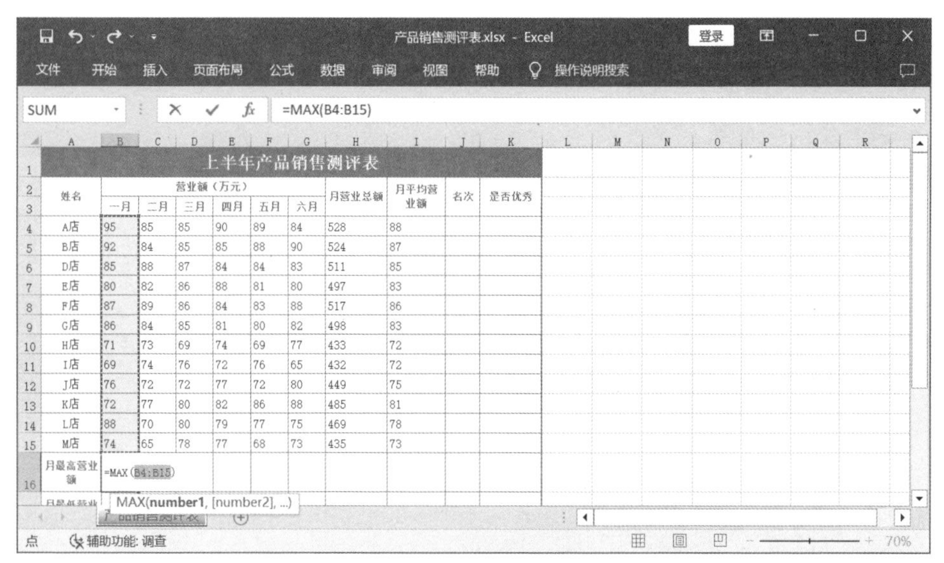

图 8-7 插入最大值函数

（3）单击编辑栏中的“确认”按钮 ✔，应用函数的计算结果，将鼠标指针移动到 B16 单元格右下角，当其变为✚形状时，按住鼠标左键不放向右拖曳，直至 I16 单元格，释放鼠标左键，Excel 2016 将自动计算出各门店月最高营业额、月最高营业总额和月最高平均营业额。

（4）选择 B17 单元格，在“公式”/“函数库”组中单击“自动求和”按钮 Σ 下方的下拉按钮 ▾，在打开的下拉列表中选择“最小值”选项。

（5）此时，Excel 2016 自动在 B17 单元格中插入最小值函数“MIN”，同时 Excel 2016 将自动识别函数参数“B4:B16”，手动将其更改为“B4:B15”，如图 8-8 所示。

图 8-8 插入最小值函数

（6）单击编辑栏中的“确认”按钮 ✔，应用函数的计算结果。

（7）将鼠标指针移动到 B17 单元格右下角，当其变为✚形状时，按住鼠标左键不放向右拖曳，至 I17 单元格，释放鼠标左键，Excel 2016 将自动计算出各门店月最低营业额、月最低营业总额、月最低平均营业额，如图 8-9 所示。

上半年产品销售测评表										
姓名	营业额（万元）						月营业总额	月平均营业额	名次	是否优秀
	一月	二月	三月	四月	五月	六月				
A店	95	85	85	90	89	84	528	88		
B店	92	84	85	85	88	90	524	87		
D店	85	88	87	84	84	83	511	85		
E店	80	82	86	88	81	80	497	83		
F店	87	89	86	84	83	88	517	86		
G店	86	84	85	81	80	82	498	83		
H店	71	73	69	74	69	77	433	72		
I店	69	74	76	72	76	65	432	72		
J店	76	72	72	77	72	80	449	75		
K店	72	77	80	82	86	88	485	81		
L店	88	70	80	79	77	75	469	78		
M店	74	65	78	77	68	73	435	73		
月最高营业额	95	89	87	90	89	90	528	88		
月最低营业额	69	65	69	72	68	65	432	72		

图 8-9　自动计算最小值

（四）使用 RANK 函数

RANK 函数用来返回某个数字在数字列表中的排名，其具体操作如下。

微课 8-4　使用 RANK 函数

（1）选择 J4 单元格，在“公式”/“函数库”组中单击“插入函数”按钮 *fx* 或按【Shift+F3】组合键，打开“插入函数”对话框。

（2）在“或选择类别”下拉列表中选择“兼容性”选项，在“选择函数”列表框中选择“RANK”选项，单击 确定 按钮，如图 8-10 所示。

（3）打开“函数参数”对话框，在“Number”文本框中输入“H4”。

（4）单击“Ref”文本框，拖曳鼠标选择要计算排名的 H4：H15 单元格区域。

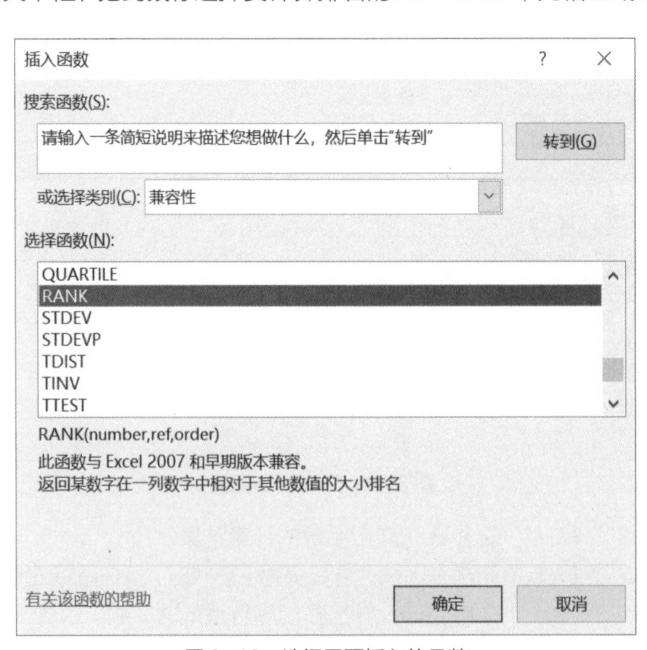

图 8-10　选择需要插入的函数

（5）返回“函数参数”对话框，按【F4】键将“Ref”文本框中的单元格的引用地址转换为绝对引用，“Order”默认为空，单击 确定 按钮，如图 8-11 所示。

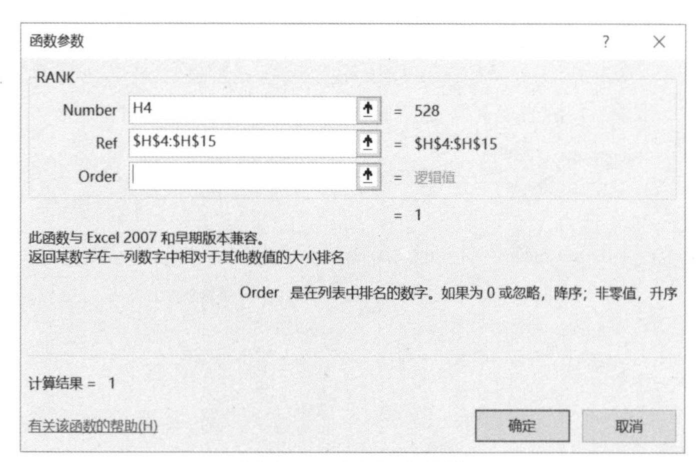

图 8-11　设置函数参数

（6）返回工作界面，即可查看排名情况，将鼠标指针移动到 J4 单元格右下角，当其变为+形状时，按住鼠标左键不放向下拖曳，直至 J15 单元格，释放鼠标左键，即可显示出每个门店的名次。

微课 8-5　使用 IF 判断函数

（五）使用 IF 判断函数

IF 判断函数用于判断数据表中的某个数据是否满足指定条件，如果满足则返回特定值，不满足则返回其他值，其具体操作如下。

（1）选择 K4 单元格，单击编辑栏中的“插入函数”按钮 *fx* 或按【Shift+F3】组合键，打开“插入函数”对话框。

（2）在“或选择类别”下拉列表中选择“逻辑”选项，在“选择函数”列表框中选择“IF”选项，单击 确定 按钮，如图 8-12 所示。

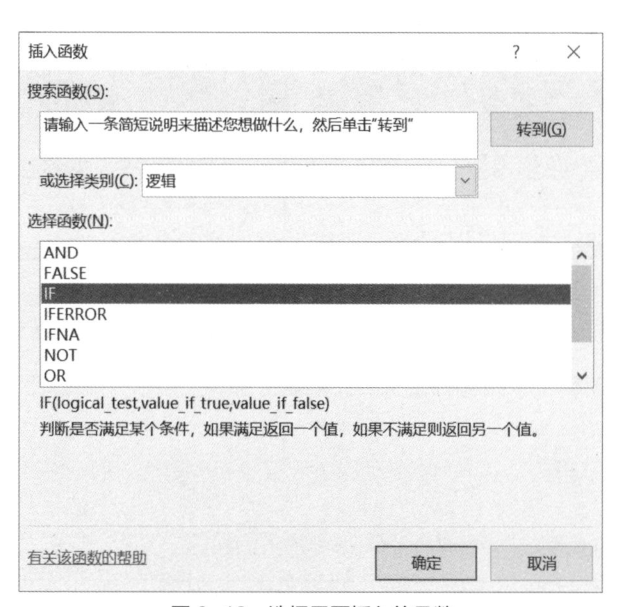

图 8-12　选择需要插入的函数

（3）打开“函数参数”对话框，分别在 3 个文本框中输入判断条件和返回值，单击 确定 按钮，如图 8-13 所示。

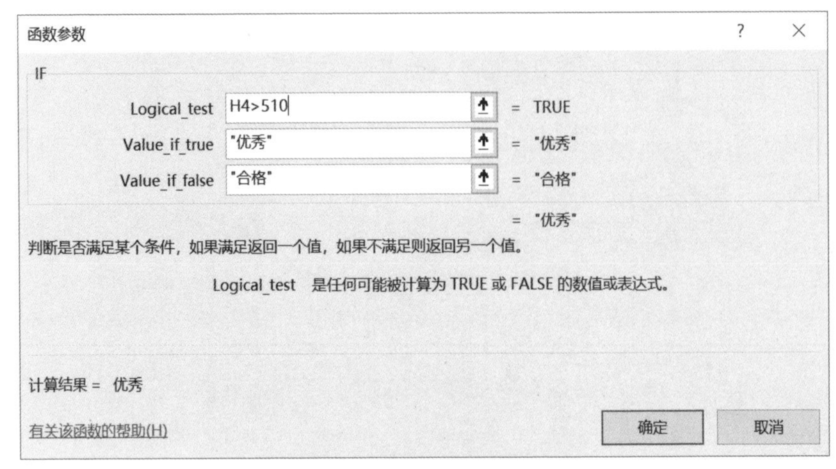

图 8-13 设置判断条件和返回逻辑值

（4）返回工作界面，由于 H4 单元格中的值大于“510”，因此 K4 单元格显示为“优秀”，将鼠标指针移动到 K4 单元格右下角，当其变为+形状时，按住鼠标左键不放向下拖曳，至 K15 单元格处释放鼠标左键，分析其他门店是否满足优秀门店条件，若单元格中的值小于“510”则返回“合格”。

（六）使用 INDEX 函数

微课 8-6 使用 INDEX 函数

INDEX 函数用于返回表或区域中的值或对值的引用，其具体操作如下。

（1）选择 B19 单元格，在编辑栏中输入“=INDEX(”，编辑栏下方将自动提示 INDEX 函数的参数输入规则，选择 A4:G15 单元格区域，编辑栏中将自动录入“A4:G15”。

（2）在编辑栏中输入参数“,2,3)”，单击编辑栏中的“确认”按钮✓，如图 8-14 所示，确认函数的计算结果。

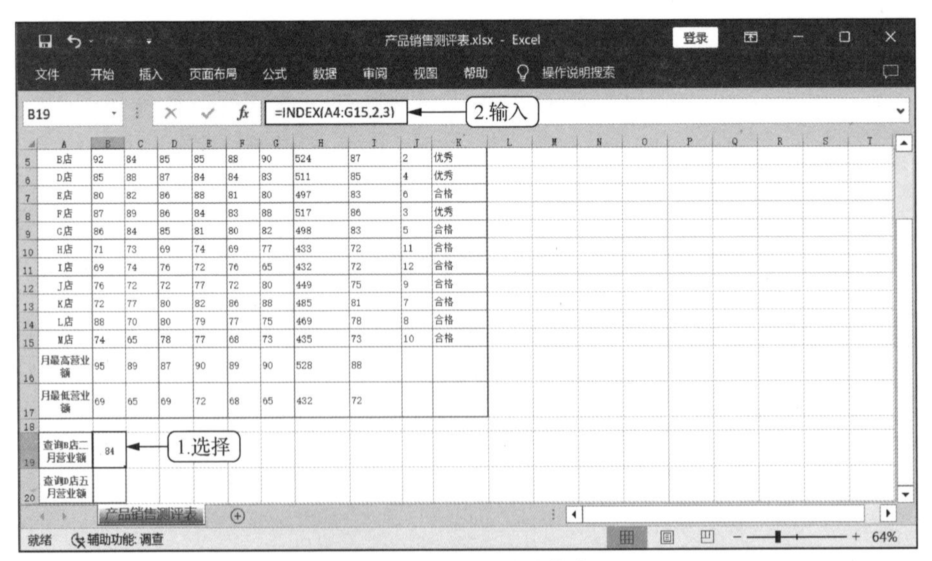

	A	B	C	D	E	F	G	H	I	J	K
5	B店	92	84	85	85	88	90	524	87	2	优秀
6	D店	85	88	87	84	84	83	511	85	4	优秀
7	E店	80	82	86	88	81	80	497	83	6	合格
8	F店	87	89	86	84	83	88	517	86	3	优秀
9	G店	86	84	85	81	80	82	498	83	5	合格
10	H店	71	73	69	74	69	77	433	72	11	合格
11	I店	69	74	76	72	76	65	432	72	12	合格
12	J店	76	72	72	77	72	80	449	75	9	合格
13	K店	72	77	80	82	86	88	485	81	7	合格
14	L店	88	70	80	79	77	75	469	78	8	合格
15	M店	74	65	78	77	68	73	435	73	10	合格
16	月最高营业额	95	89	87	90	89	90	528	88		
17	月最低营业额	69	65	69	72	68	65	432	72		
18											
19	查询B店二月营业额	84									
20	查询D店五月营业额										

图 8-14 确认函数的计算结果

（3）选择 B20 单元格，在编辑栏中输入“=INDEX(”，选择 A4:G15 单元格区域，编辑栏中将自动录入“A4:G15”。

（4）在编辑栏中输入参数“,3,6)”，如图 8-15 所示，按【Ctrl+Enter】组合键确认函数的计算结果。

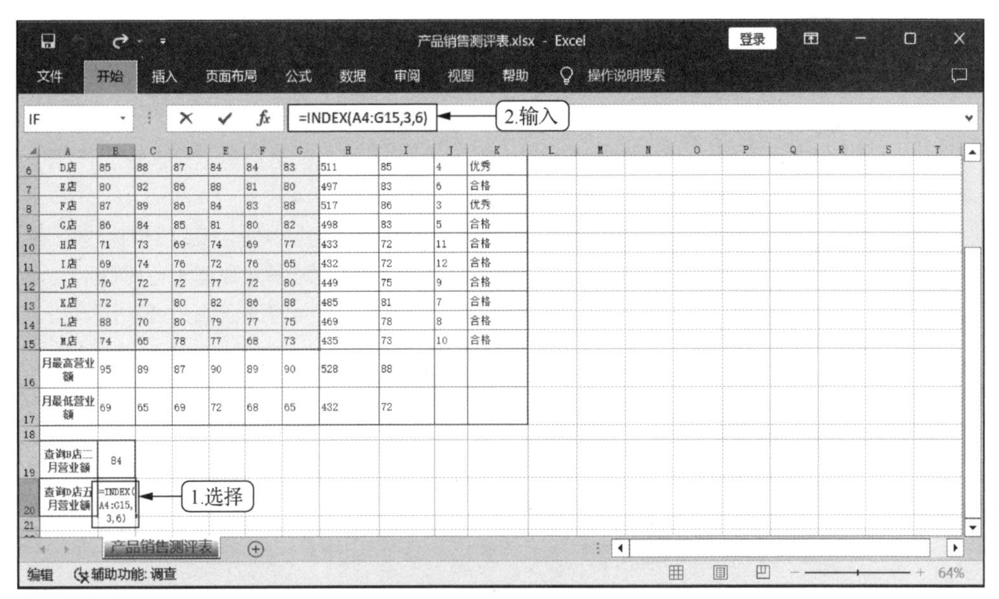

图 8-15 函数参数设置

任务二 统计分析员工绩效表

任务要求

公司要对下属工厂的员工进行绩效考评，小丽作为财政部的一名员工，部长让小丽对该工厂第一季度的员工绩效表进行统计分析，相关要求如下。

- 打开已经创建并编辑完成的员工绩效表，对其中的数据分别进行快速排序、组合排序和自定义排序。
- 对表中的数据按照不同的条件进行自动筛选、自定义筛选和高级筛选，并在表格中使用条件格式。
- 按照不同的设置字段，为表格中的数据创建分类汇总、嵌套分类汇总，然后查看分类汇总的数据。
- 首先创建数据透视表，然后再创建数据透视图。

“员工绩效表”工作簿最终效果如图 8-16 所示。

一季度员工绩效表

编号	姓名	工种	1月份	2月份	3月份	季度总产量
CJ-0111	张敏	检验	480	526	524	1530
CJ-0109	王满妃	检验	515	514	527	1556
CJ-0113	王冬	检验	570	500	486	1556
CJ-0116	吴明	检验	530	485	505	1520
CJ-0121	黄鑫	流水	521	508	515	1544
CJ-0119	赵菲菲	流水	528	505	520	1553
CJ-0124	刘松	流水	533	521	499	1553
CJ-0118	韩柳	运输	500	520	498	1518
CJ-0123	郭永新	运输	535	498	508	1541
CJ-0115	程旭	运输	516	510	528	1554
CJ-0112	程建茹	装配	500	502	530	1532
CJ-0110	林琳	装配	520	528	519	1567

一季度员工绩效表

编号	姓名	工种	1月份	2月份	3月份	季度总产量
CJ-0111	张敏	检验	480	526	524	1530
CJ-0109	王满妃	检验	515	514	527	1556
CJ-0113	王冬	检验	570	500	486	1556
CJ-0116	吴明	检验	530	485	505	1520
		检验 平均值				1540.5
		检验 汇总				6162
CJ-0121	黄鑫	流水	521	508	515	1544
CJ-0119	赵菲菲	流水	528	505	520	1553
CJ-0124	刘松	流水	533	521	499	1553
		流水 平均值				1550
		流水 汇总				4650
CJ-0118	韩柳	运输	500	520	498	1518
CJ-0123	郭永新	运输	535	498	508	1541
CJ-0115	程旭	运输	516	510	528	1554

图 8-16 “员工绩效表”工作簿最终效果

相关知识

（一）数据排序

数据排序是统计工作中的一项重要内容，在 Excel 2016 中可将数据按照指定的顺序进行排序。一般情况下，数据排序分为以下 3 种情况。

- 单列数据排序。单列数据排序是指在工作表中以一列单元格中的数据为依据，对工作表中的所有数据进行排序。
- 多列数据排序。在对多列数据进行排序时，需要按某个数据进行排列，该数据则称为“关键字”。以关键字进行排序，其他列中的单元格数据将随之发生变化。对多列数据进行排序时，首先需要选择多列数据对应的单元格区域，然后选择关键字，排序时就会自动以该关键字进行排序，未选择的单元格区域将不参与排序。
- 自定义排序。使用自定义排序可以通过设置多个关键字对数据进行排序，并可以通过其他关键字对相同的数据进行排序。

（二）数据筛选

数据筛选是对数据进行分析时常用的操作之一。数据筛选分为以下 3 种情况。

- 自动筛选。自动筛选数据即系统根据用户设定的筛选条件，自动将表格中符合条件的数据显示出来，而隐藏表格中的其他数据。
- 自定义筛选。自定义筛选是在自动筛选的基础上进行操作的，即单击自动筛选后的需自定义的字段名称右侧的下拉按钮，在打开的下拉列表中选择相应的选项以确定筛选条件，然后在打开的“自定义筛选方式”对话框中进行相应的设置。
- 高级筛选。若需要根据自己设置的筛选条件对数据进行筛选，则需要使用高级筛选功能。使用高级筛选功能，可以筛选出同时满足两个或两个以上约束条件的数据。

任务实现

（一）排序员工绩效表中的数据

使用 Excel 2016 中的数据排序功能对数据进行排序，有助于快速直观地看到并理解、组织和查找所需的数据，其具体操作如下。

微课 8-7　排序员工绩效表中的数据

（1）打开“员工绩效表.xlsx”工作簿，选择 G 列任意单元格，在“数据”/“排序和筛选”组中单击“升序”按钮，即可将该列数据按照“季度总产量”由低到高进行排序。

（2）选择 A2:G14 单元格区域，在“排序和筛选”组中单击“排序”按钮。

（3）打开“排序”对话框，在“主要关键字”下拉列表中选择“季度总产量”选项，在“排序依据”下拉列表中选择“单元格值”选项，在“次序”下拉列表中选择“降序”选项，如图 8-17 所示。

（4）单击“添加条件(A)”按钮，在“次要关键字”下拉列表中选择“3 月份”选项，在“排序依据”下拉列表中选择“数值”选项，在“次序”下拉列表中选择“降序”选项，单击“确定”按钮。

（5）即可对数据先按照“季度总产量”序列降序排列，对于“季度总产量”列中相同的数据，则按照“3 月份”序列进行降序排列，排序结果如图 8-18 所示。

图 8-17　设置主要排序条件

	A	B	C	D	E	F	G
1	一季度员工绩效表						
2	编号	姓名	工种	1月份	2月份	3月份	季度总产量
3	CJ-0110	林琳	装配	520	528	519	1567
4	CJ-0109	王潇妃	检验	515	514	527	1556
5	CJ-0113	王冬	检验	570	500	486	1556
6	CJ-0115	程旭	运输	516	510	528	1554
7	CJ-0119	赵菲菲	流水	528	505	520	1553
8	CJ-0124	刘松	流水	533	521	499	1553
9	CJ-0121	黄鑫	流水	521	508	515	1544
10	CJ-0123	郭永新	运输	535	498	508	1541
11	CJ-0112	程建茹	装配	500	502	530	1532
12	CJ-0111	张敏	检验	480	526	524	1530
13	CJ-0116	吴明	检验	530	485	505	1520
14	CJ-0118	韩柳	运输	500	520	498	1518

图 8-18　排序结果

提 示　**数据表中的数据较多，很可能出现数据相同的情况，此时可以单击"添加条件(A)"按钮，添加更多排序条件，这样就能解决相同数据排序的问题。另外，在 Excel 2016 中，除了可以对数字进行排序外，还可以对字母或日期进行排序。对于字母而言，升序是从 A 到 Z 排列；对于日期来说，降序是按最早的日期到最晚的日期进行排序。**

（6）选择“文件”/“选项”命令，打开“Excel 选项”对话框，单击“高级”选项卡，在右侧列表的“常规”栏中单击“编辑自定义列表(O)...”按钮。

（7）打开“自定义序列”对话框，在“输入序列”列表中输入序列字段“流水,装配,检验,运输”，单击“添加(A)”按钮，将自定义字段添加到左侧的“自定义序列”列表中。

提 示　**在 Excel 2016 中，必须先建立自定义字段，然后才能进行自定义排序。输入自定义序列时，各个字段之间必须使用逗号或分号隔开（英文符号），也可换行输入。自定义序列时，首先确定排序依据，即存在多个重复项，如果序列中无重复项，则排序的意义不大。**

（8）单击“确定”按钮，关闭“Excel 选项”对话框，返回数据表，选择任意一个单元格，在“排序和筛选”组中单击“排序”按钮，打开“排序”对话框。

（9）在“主要关键字”下拉列表中选择“工种”选项，在“次序”下拉列表中选择“自定义序列”选项，打开“自定义序列”对话框，在“自定义序列”列表中选择前面创建的序列，单击“确定”按钮。

（10）返回“排序”对话框，在“次序”下拉列表中显示设置的自定义序列，单击“确定”按钮，如图 8-19 所示。

（11）此时系统将数据表按照“工种”序列中的自定义序列进行排序，效果如图 8-20 所示。

图 8-19　设置自定义序列

编号	姓名	工种	1月份	2月份	3月份	季度总产量
CJ-0119	赵菲菲	流水	528	505	520	1553
CJ-0124	刘松	流水	533	521	499	1553
CJ-0121	黄鑫	流水	521	508	515	1544
CJ-0110	林琳	装配	520	528	519	1567
CJ-0112	程建茹	装配	500	502	530	1532
CJ-0109	王潇妃	检验	515	514	527	1556
CJ-0113	王冬	检验	570	500	486	1556
CJ-0111	张敏	检验	480	526	524	1530
CJ-0116	吴明	检验	530	485	505	1520
CJ-0115	程旭	运输	516	510	528	1554
CJ-0123	郭永新	运输	535	498	508	1541
CJ-0118	韩柳	运输	500	520	498	1518

图 8-20　按照自定义序列排序的效果

提 示　**对数据进行排序时，如果打开提示对话框，显示“若要执行此操作，所有合并单元格需大小相同”，则表示当前数据表中包含合并的单元格，由于 Excel 2016 无法识别合并单元格数据的方法并对其进行正确排序，因此，用户需要手动选择规则的排序区域，再进行排序。**

（二）筛选员工绩效表中的数据

Excel 2016 筛选数据功能可用于根据需要显示满足某一个或某几个条件的数据，而隐藏其他数据。

1. 自动筛选

自动筛选可以快速在数据表中显示指定字段的数据并隐藏其他数据。下面在“员工绩效表.xlsx”工作簿中筛选出工种为“装配”的员工绩效数据，其具体操作如下。

微课 8-8　自动筛选

（1）打开表格，选择工作表中的任意单元格，在“数据”/“排序和筛选”组中单击“筛选”按钮，进入筛选状态，列标题单元格右侧显示“筛选”下拉按钮。

（2）在 C2 单元格中单击“筛选”下拉按钮，在打开的下拉列表中撤销选中“检验”“流水”“运输”复选框，仅单击选中“装配”复选框，单击确定按钮。

（3）此时将在数据表中显示工种为“装配”的员工数据，而将其他员工数据全部隐藏。

提示 **通过选择字段可以同时筛选多个字段的数据。单击“筛选”下拉按钮▾后，将打开设置筛选条件的下拉列表，只需在其中单击选中对应的复选框。在 Excel 2016 中还能通过颜色、数字和文本进行筛选，但是要应用这类筛选方式，需要提前对表格中的数据进行设置。**

2. 自定义筛选

自定义筛选多用于筛选数值数据，通过设定筛选条件可以将满足指定条件的数据筛选出来，而将其他数据隐藏。下面在“员工绩效表.xlsx”工作簿中筛选出季度总产量大于“1540”的数据，其具体操作如下。

微课 8-9　自定义筛选

（1）打开“员工绩效表.xlsx”工作簿，在“数据”/“排序和筛选”组中单击“筛选”按钮进入筛选状态，在“季度总产量”单元格中单击下拉按钮▾，在打开的下拉列表中选择“数字筛选”/“大于”选项。

（2）打开“自定义自动筛选方式”对话框，在“季度总产量”栏的右侧的下拉列表中输入“1540”，单击 确定 按钮，如图 8-21 所示。

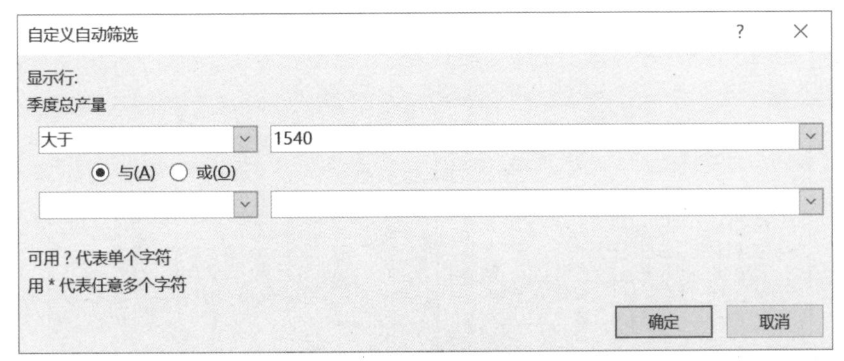

图 8-21　自定义筛选

提示 **筛选并查看数据后，在“排序和筛选”组中单击 清除 按钮，可清除筛选结果，但仍保持筛选状态；单击“筛选”按钮，可直接退出筛选状态，返回筛选前的数据表。**

3. 高级筛选

使用高级筛选功能，可以自定义筛选条件，在不影响当前数据表的情况下显示筛选结果，对于较复杂数据的筛选，可以使用高级筛选功能。下面在“员工绩效表.xlsx”工作簿中筛选出 1 月份产量大于“510”，季度总产量大于“1556”的数据，其具体操作如下。

微课 8-10　高级筛选

（1）打开“员工绩效表.xlsx”工作簿，在 C16 单元格中输入筛选序列“1 月份”，在 C17 单元格中输入条件“>510”，在 D16 单元格中输入筛选序列“季度总产量”，在 D17 单元格中输入条件“>1556”，在表格中选择任意的单元格，在“数据”/“排序和筛选”组中单击 高级 按钮。

（2）打开“高级筛选”对话框，单击选中“将筛选结果复制到其他位置”单选项，将“列表区域”设置为“$A$2:$G$14”，将“条件区域”设置为“$C$16:$D$17”，在“复制到”文本框中输入“$A$18”，单击 确定 按钮。

（3）系统会在原数据表下方的 A18:G19 单元格区域中单独显示筛选结果。

4. 使用条件格式

微课 8-11 使用条件格式

条件格式用于将数据表中满足指定条件的数据以特定的格式显示出来，从而便于直观查看与区分数据。下面在“员工绩效表.xlsx”工作簿中将月产量大于“500”的数据以浅红色填充显示，其具体操作如下。

（1）选择 D3:G14 单元格区域，在“开始”/“样式”组中单击“条件格式”按钮，在打开的下拉列表中选择“突出显示单元格规则”/“大于”选项。

（2）打开“大于”对话框，在文本框中输入“500”，在“设置为”下拉列表中选择“浅红色填充”选项，单击 确定 按钮，如图 8-22 所示。

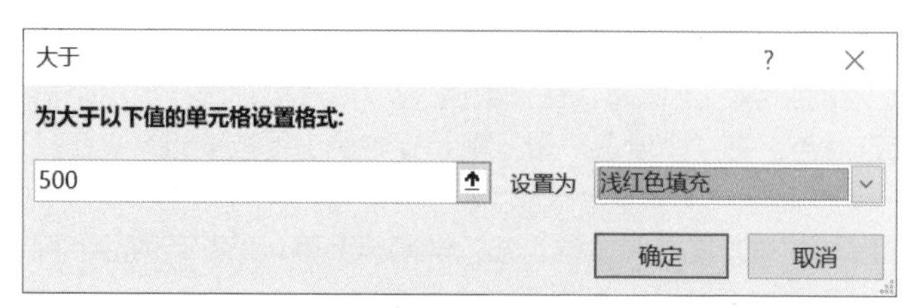

图 8-22 设置格式

（3）系统将 D3:G14 单元格区域中所有数据大于“500”的单元格以浅红色填充显示，如图 8-23 所示。

一季度员工绩效表

编号	姓名	工种	1月份	2月份	3月份	季度总产量
CJ-0112	程建茹	装配	500	502	530	1532
CJ-0111	张敏	检验	480	526	524	1530
CJ-0110	林琳	装配	520	528	519	1567
CJ-0109	王潇妃	检验	515	514	527	1556
CJ-0118	韩柳	运输	500	520	498	1518
CJ-0113	王冬	检验	570	500	486	1556
CJ-0123	郭永新	运输	535	498	508	1541
CJ-0116	吴明	检验	530	485	505	1520
CJ-0121	黄鑫	流水	521	508	515	1544
CJ-0115	程旭	运输	516	510	528	1554
CJ-0119	赵菲菲	流水	528	505	520	1553
CJ-0124	刘松	流水	533	521	499	1553

图 8-23 应用格式

（三）对数据进行分类汇总

微课 8-12 对数据进行分类汇总

运用 Excel 2016 的分类汇总功能可对表格中同一类数据进行统计运算，使工作表中的数据变得更加直观，其具体操作如下。

（1）打开表格，选择 C 列的任意一个单元格，在“数据”/“排序和筛选”组中单击“升序”按钮，对数据进行排序。

（2）在“数据”/“分级显示”组中单击“分类汇总”按钮，打开“分类汇总”对话框，在“分类字段”下拉列表中选择“工种”选项，在“汇总方式”下拉列表中选择“求和”选项，在“选定汇总项”列表中单击选中“季度总产量”复选框，单击 确定 按钮，如图 8-24 所示。

（3）系统对数据表进行分类汇总，同时直接在表格中显示汇总结果。

（4）在 C 列中选择任意单元格，使用相同的方法打开“分类汇总”对话框，在“汇总方式”下拉列表中选择“平均值”选项，在“选定汇总项”列表中单击选中“季度总产量”复选框，撤销选中“替换当前分类汇总”复选框，单击 确定 按钮。

（5）在汇总数据表的基础上继续设置分类汇总，即可同时查看不同工种该季度的平均产量，效果如图 8-25 所示。

提 示 **分类汇总实际上就是分类加汇总，其操作过程是首先通过排序功能对数据进行分类排序，然后再按照分类进行汇总。如果没有进行排序，汇总的结果就没有意义。所以，在分类汇总之前，需先将数据进行排序，且排序的条件最好是需要分类汇总的相关字段，这样汇总的结果将更加清晰。**

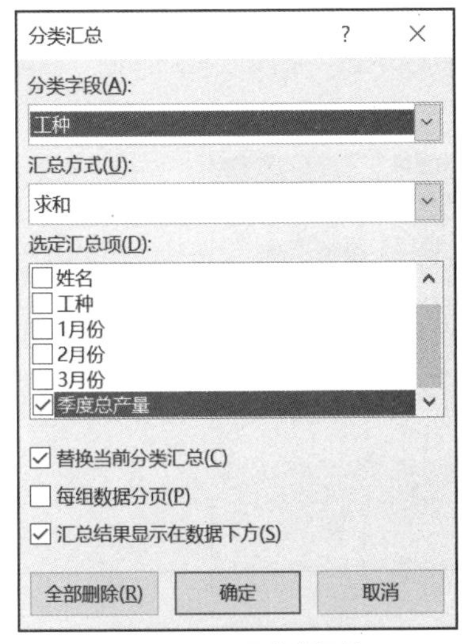

图 8-24 设置分类汇总

	A	B	C	D	E	F	G
1	一季度员工绩效表						
2	编号	姓名	工种	1月份	2月份	3月份	季度总产量
3	CJ-0111	张敏	检验	480	526	524	1530
4	CJ-0109	王谢妃	检验	515	514	527	1556
5	CJ-0113	王冬	检验	570	500	486	1556
6	CJ-0116	吴明	检验	530	485	505	1520
7			检验 平均值				1540.5
8			检验 汇总				6162
9	CJ-0121	黄鑫	流水	521	508	515	1544
10	CJ-0119	赵菲菲	流水	528	505	520	1553
11	CJ-0124	刘松	流水	533	521	499	1553
12			流水 平均值				1550
13			流水 汇总				4650
14	CJ-0118	韩柳	运输	500	520	498	1518
15	CJ-0123	郭永新	运输	535	498	508	1541
16	CJ-0115	程旭	运输	516	510	528	1554
17			运输 平均值				1537.666667
18			运输 汇总				4613
19	CJ-0112	程建茹	装配	500	502	530	1532
20	CJ-0110	林琳	装配	520	528	519	1567
21			装配 平均值				1549.5
22			装配 汇总				3099
23			总计平均值				1543.666667
24			总计				18524
25							

图 8-25 查看分类汇总结果

提 示 **并不是对所有数据表都能够进行分类汇总，必须保证数据表中具有可以分类的序列，才能进行分类汇总。另外，打开已经进行了分类汇总的工作表，在表中选择任意单元格，然后在“分级显示”组中单击“分类汇总”按钮，在打开的“分类汇总”对话框中直接单击 全部删除(R) 按钮即可删除创建的分类汇总。**

（四）创建并编辑数据透视表

数据透视表是一种交互式的数据报表，可用于快速汇总大量的数据，同时对汇总结果进行各种筛选以查看不同统计结果。下面为“员工绩效表.xlsx”工作簿创建数据透视表，其具体操作如下。

微课 8-13 创建并编辑数据透视表

（1）打开“员工绩效表.xlsx”工作簿，选择 A2:G14 单元格区域，在“插入”/“表格”组中单击“数据透视表”按钮，打开“来自表格或区域的数据透视表”对话框。

（2）由于已经选定了数据区域，因此只需设置放置数据透视表的位置，这里单击选中“新工作表”单选项，单击 确定 按钮，如图 8-26 所示。

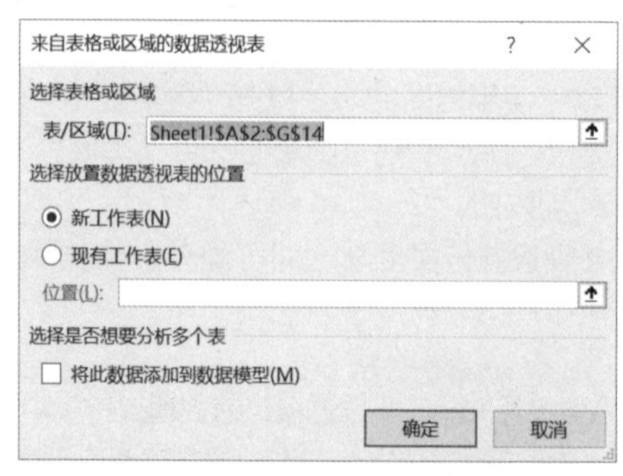

图 8-26 设置数据透视表的放置位置

（3）此时将新建一张工作表，并在其中显示空白数据透视表，右侧显示“数据透视表字段”任务窗格。

（4）在“数据透视表字段”任务窗格中将“工种”字段拖曳到“筛选”区域，数据表中将自动添加筛选字段。然后用同样的方法将“姓名”和“编号”字段拖曳到“筛选”区域中。

（5）使用同样的方法按顺序将“1 月份”“2 月份”“3 月份”“季度总产量”字段拖曳到“值”区域中，如图 8-27 所示。

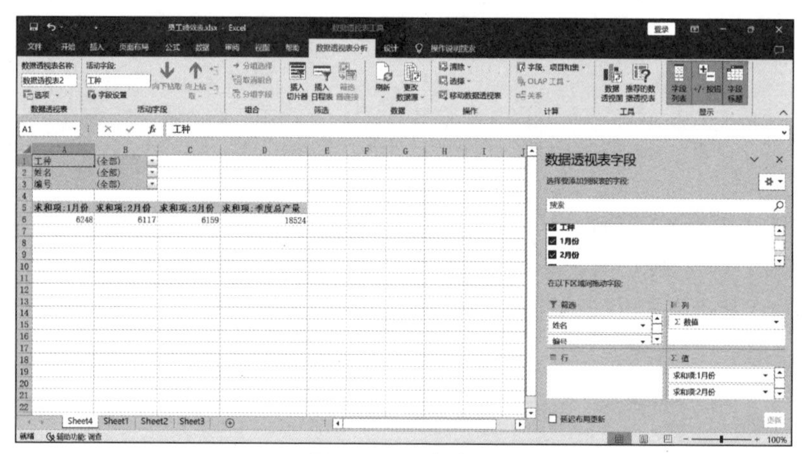

图 8-27 添加字段

（6）在创建好的数据透视表中单击“工种”字段后的下拉按钮，在打开的下拉列表中选择“流水”选项，如图 8-28 所示，单击 确定 按钮，即可在表格中显示该工种下所有员工的汇总数据。

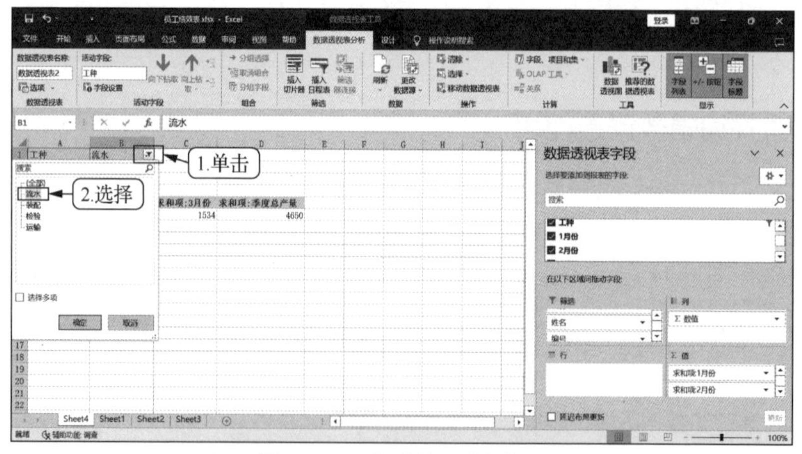

图 8-28 对汇总结果进行筛选

（五）创建数据透视图

通过数据透视表分析数据后，为了直观地查看数据情况，还可以根据数据透视表创建数据透视图。下面根据“员工绩效表.xlsx”工作簿中的数据透视表创建数据透视图，其具体操作如下。

（1）在“员工绩效表.xlsx”工作簿中创建数据透视表后，在“数据透视表工具-数据透视表分析”/“工具”组中单击“数据透视图”按钮，打开“插入图表”对话框。

（2）单击“柱形图”选项卡，在右侧列表中选择“三维簇状柱形图”选项，单击确定按钮，即可在数据透视表所在的工作表中创建数据透视图，如图 8-29 所示。

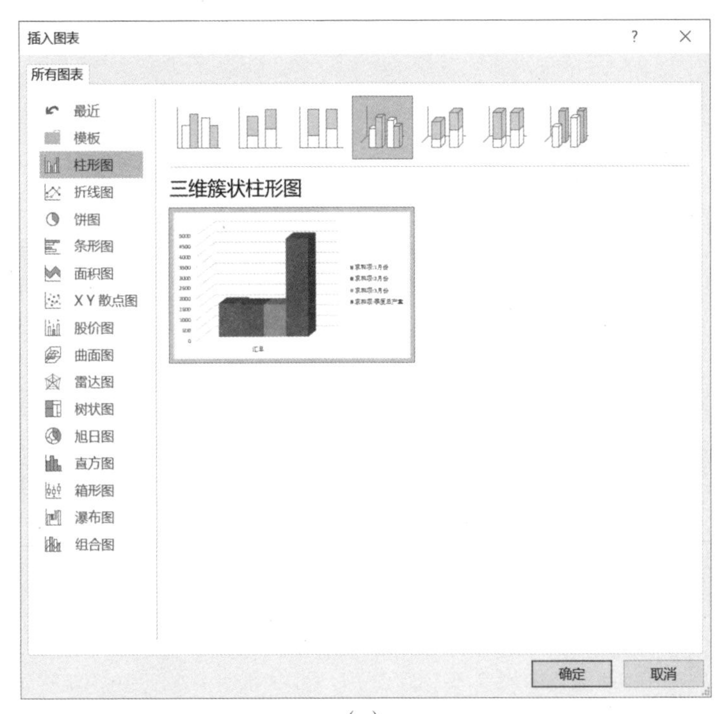

（a）

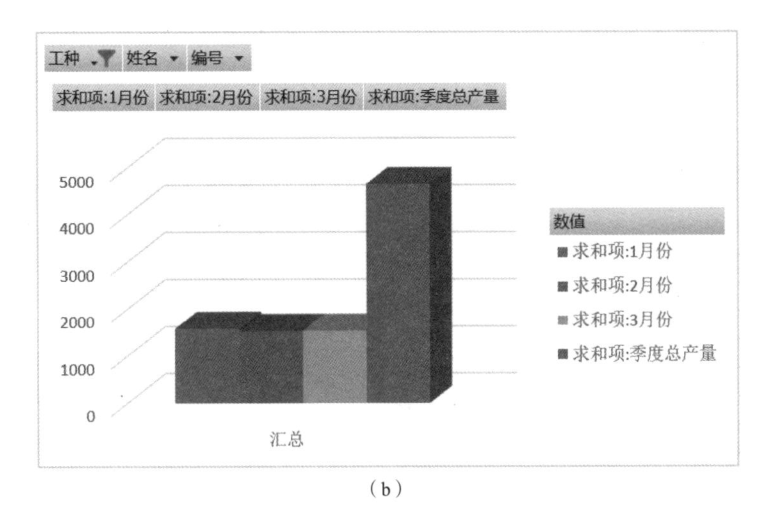

（b）

图 8-29 创建数据透视图

提 示 数据透视图和数据透视表是相关的，即改变数据透视表，则数据透视图也将发生相应的变化；若改变数据透视图，则数据透视表也将发生相应变化。

（3）在创建好的数据透视图中单击 姓名 ▾ 按钮，在打开的下拉列表中选择“(全部)”选项，单击 确定 按钮，即可在数据透视图中看到所有流水工种员工的数据求和项，如图 8-30 所示。

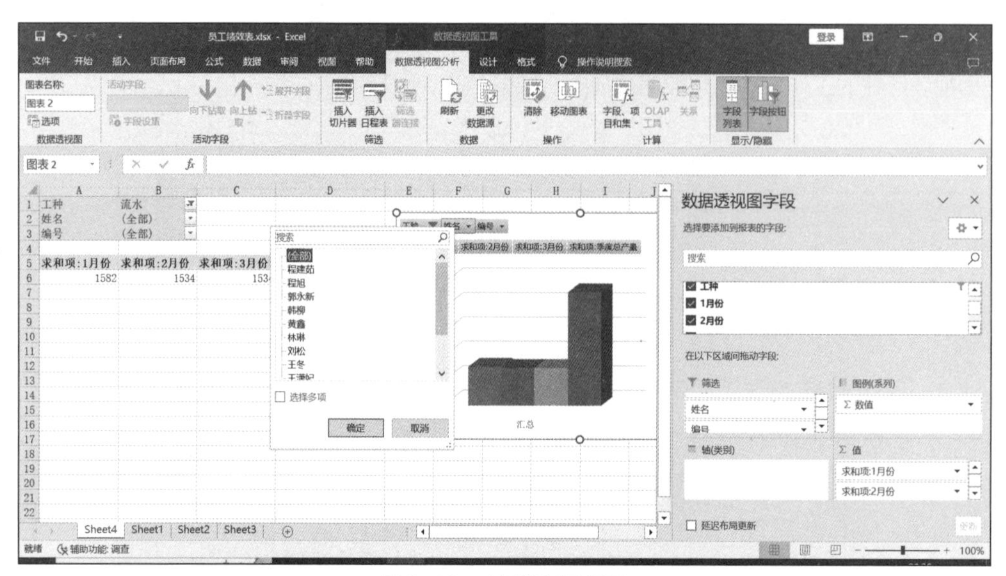

图 8-30 查看数据透视图

任务三 制作销售分析表

任务要求

总经理需要在年终总结会议上公布来年的销售方案，因此，需要一份数据差异和走势明显，以及能够辅助预测发展趋势的电子表格。总经理让小夏制作一份销售分析表，制作完成后的效果如图 8-31 所示。制作销售分析表的相关操作如下。

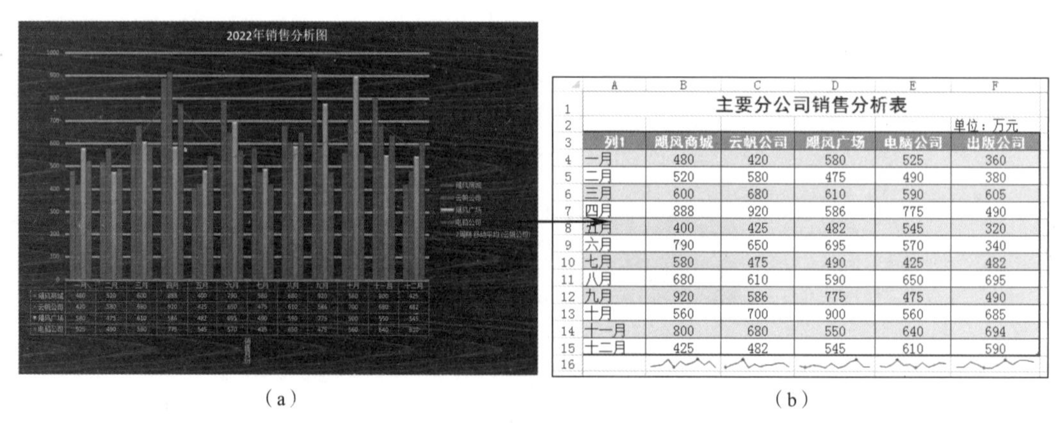

主要分公司销售分析表

单位：万元

列1	飓风商城	云帆公司	飓风广场	电脑公司	出版公司
一月	480	420	580	525	360
二月	520	580	475	490	380
三月	600	680	610	590	605
四月	888	920	586	775	490
五月	400	425	482	545	320
六月	790	650	695	570	340
七月	580	475	490	425	482
八月	680	610	590	650	695
九月	920	586	775	475	490
十月	560	700	900	560	685
十一月	800	680	550	640	694
十二月	425	482	545	610	590

（a）（b）

图 8-31 销售分析表的最终效果

- 打开已经创建并编辑好的表格，根据表格中的数据创建图表，并将其移动到新的工作表中。
- 对图表进行相应的编辑，包括修改图表数据、更改图表类型、设置图表样式、调整图表布局、设置图表格式、调整图表对象的显示与分布和使用趋势线等。
- 为表格中的数据插入迷你图，并对其进行设置和美化。

相关知识

（一）图表的类型

图表是 Excel 2016 重要的数据分析工具，在 Excel 2016 中提供了多种图表类型，包括柱形图、条形图、折线图、饼图和面积图等，用户可根据不同的情况选用不同类型的图表。下面介绍 5 个常用图表的类型及其适用情况。

- 柱形图。柱形图常用于进行几个项目之间数据的对比。
- 条形图。条形图与柱形图的用法相似，但数据位于 y 轴，项目位于 x 轴，位置与柱形图相反。
- 折线图。折线图多用于显示相等时间间隔数据的变化趋势，它强调数据的时间性和变动率。
- 饼图。饼图用于显示一个数据系列中各项的大小与各项所占的比例。
- 面积图。面积图用于显示每个数值的变化量，强调数据随时间变化的幅度，还能直观地体现整体和部分的关系。

（二）使用图表的注意事项

图表需让人一目了然，在制作图表前应该注意以下 6 点。

- 在制作图表前需先制作表格，应根据前期收集的数据制作相应的表格，并对表格进行一定的美化。
- 根据表格中某些数据项或所有数据项创建相应形式的图表。选择表格中的数据时，可根据图表的需要而定。
- 检查创建的图表中的数据有无遗漏，及时对数据进行添加或删除，然后对图表形状、样式和布局等进行相应的设置，完成图表的创建与修改。
- 对不同类型的图表进行的操作可能不同，如二维图表和三维图表就对应不同的格式设置。
- 图表中的数据较多时，应该尽量将所有数据都显示出来，对于一些非重点内容，可以根据实际需求省略。
- 办公文件讲究简单明了，对于图表的格式和布局等，最好使用 Excel 2016 自带的，除非有特定的要求，否则没有必要设置复杂的格式，避免影响图表的阅读。

任务实现

（一）创建图表

图表可以将数据表以图例的方式展现出来。创建图表时，首先需要创建或打开数据表，然后根据数据表创建图表。下面为“销售分析表.xlsx”工作簿创建图表，其具体操作如下。

微课 8-15 创建图表

（1）打开“销售分析表.xlsx”工作簿，选择 A3:F15 单元格区域，在“插入”/“图表”组中单击“插入柱形图或条形图”按钮，在打开的下拉列表的“二维柱形图”栏中选择“簇状柱形图”选项。

（2）Excel 2016 在当前工作表中创建了一个柱形图，图表中显示了各公司每月的销售情况。将鼠标指针移动到图表中的某一系列，即可查看该系列对应的分公司在该月的销售数据，如图 8-32 所示。

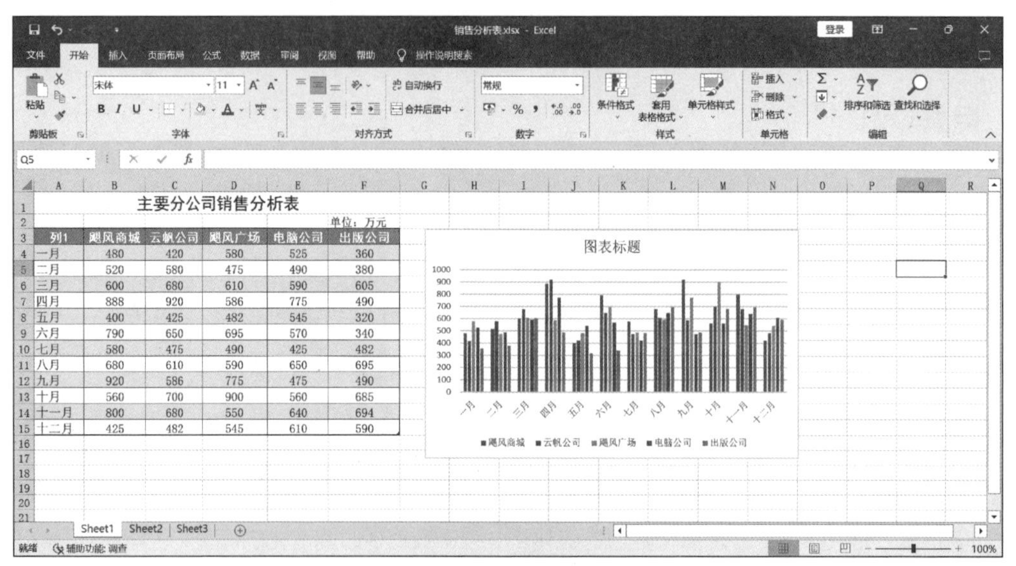

主要分公司销售分析表

单位：万元

列1	飓风商城	云帆公司	飓风广场	电脑公司	出版公司
一月	480	420	580	525	360
二月	520	580	475	490	380
三月	600	680	610	590	605
四月	888	920	586	775	490
五月	400	425	482	545	320
六月	790	650	695	570	340
七月	580	475	490	425	482
八月	680	610	590	650	695
九月	920	586	775	475	490
十月	560	700	900	560	685
十一月	800	680	550	640	694
十二月	425	482	545	610	590

图 8-32　插入图表效果

提 示　**在 Excel 2016 中，如果不选择数据而直接插入图表，则图表中将为空白。这时可以在“图表工具-图表设计”/“数据”组中单击“选择数据”按钮，打开“选择数据源”对话框，在其中设置图表数据对应的单元格区域，即可在图表中添加数据。**

（3）在“图表工具-图表设计”/“位置”组中单击“移动图表”按钮，打开“移动图表”对话框，单击选中“新工作表”单选项，在后面的文本框中输入工作表的名称，这里输入“销售分析图表”，单击 确定 按钮。

（4）图表将移动到新工作表中，同时图表将自动调整为适合工作表区域的大小，如图 8-33 所示。

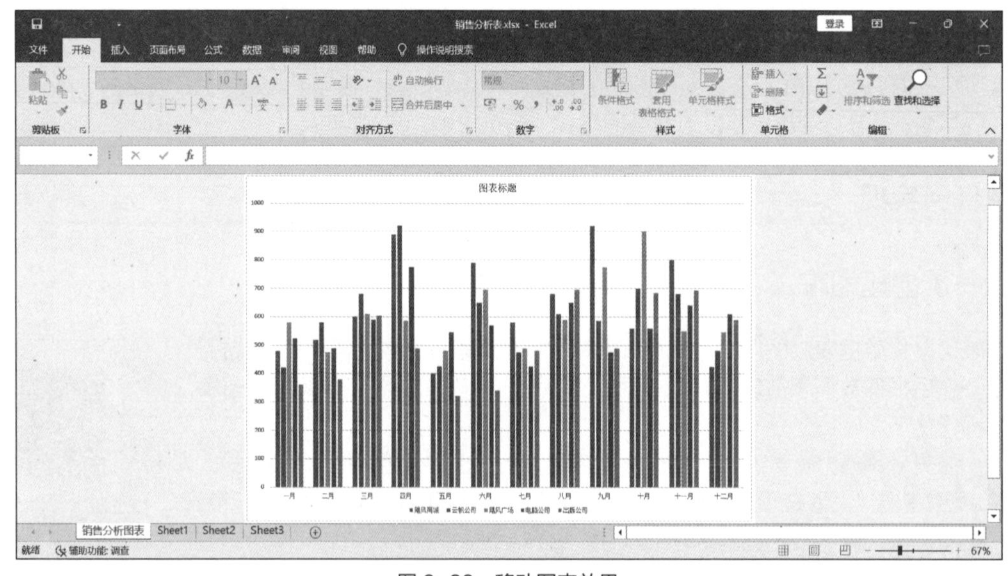

图 8-33　移动图表效果

（二）编辑图表

微课 8-16 编辑图表

编辑图表包括修改图表数据、修改图表类型、设置图表样式、调整图表布局、设置图表格式、调整图表对象的显示及分布和使用趋势线等操作，其具体操作如下。

（1）选择创建好的图表，在“图表工具-图表设计”/“数据”组中单击“选择数据”按钮，打开“选择数据源”对话框。

（2）在工作表中选择 A3:E15 单元格区域作为新的图表数据区域，在“图例项(系列)”和“水平(分类)轴标签”列表框中即可看到修改的数据区域，如图 8-34 所示。

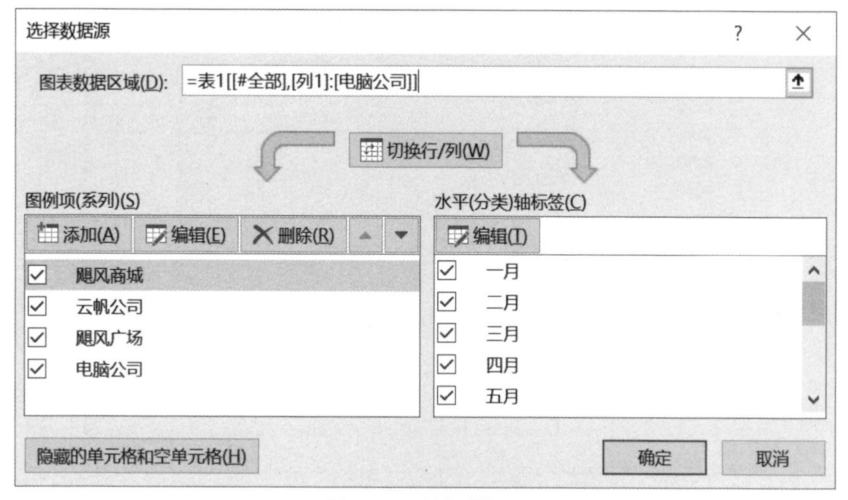

图 8-34 选择数据源

（3）单击确定按钮，返回图表，可以看到图表所显示的序列发生了变化，如图 8-35 所示。

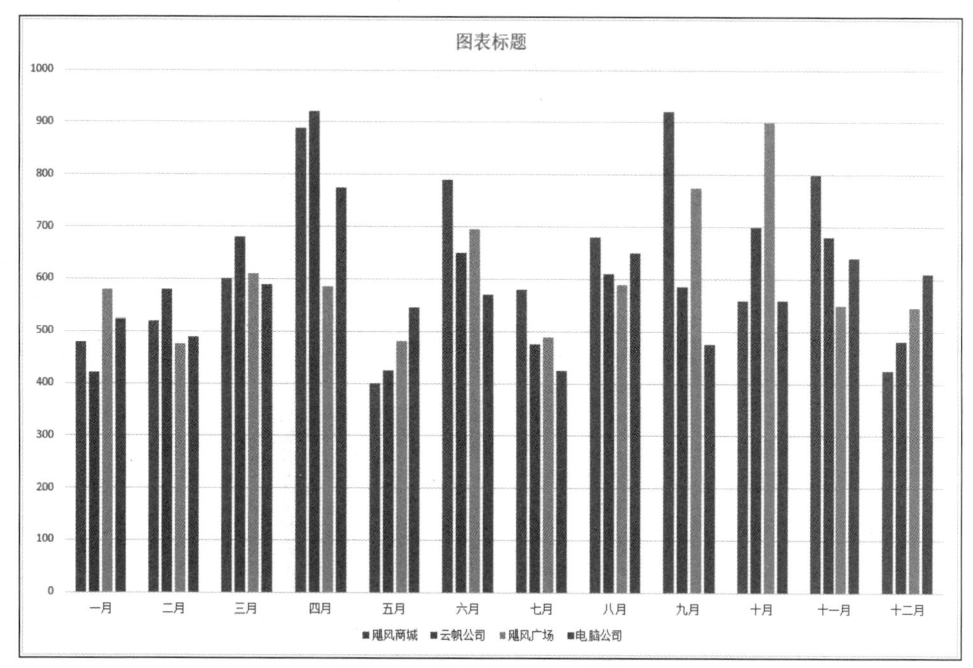

图 8-35 修改图表数据后的效果

（4）在“图表工具-图表设计”/“类型”组中单击“更改图表类型”按钮，打开“更改图表类型”对话框，单击“条形图”选项卡，在右侧列表中选择“三维簇状条形图”选项，如图8-36所示，单击确定按钮。

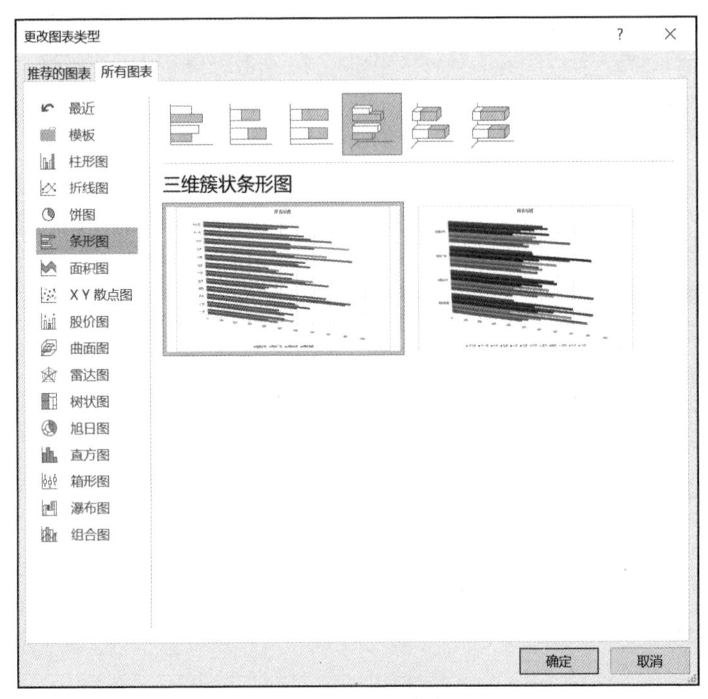

图8-36　更改图表类型

（5）更改所选图表的类型与样式后，图表中展现的数据并不会发生变化，如图8-37所示。

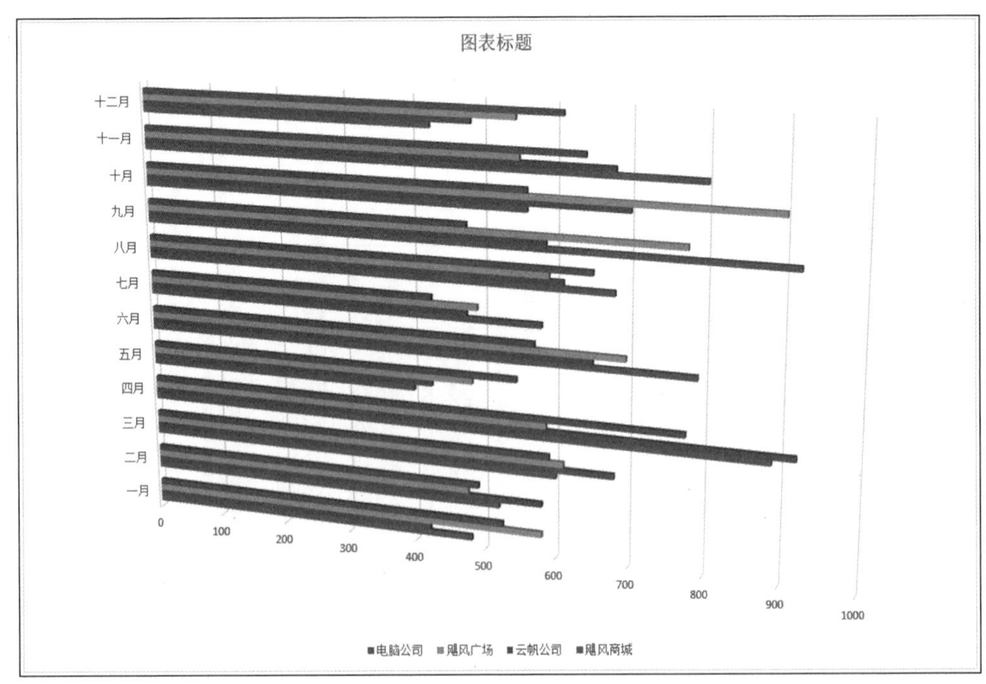

图8-37　更改图表类型后的效果

（6）在“图表工具-图表设计”/“图表样式”组中选择“样式 6”选项，即可更改所选图表样式。

（7）在“图表工具-图表设计”/“图表布局”组中单击“快速布局”按钮，在打开的下拉列表中选择“布局 5”选项。

（8）即可更改所选图表的布局为同时显示数据表与图表，效果如图 8-38 所示。

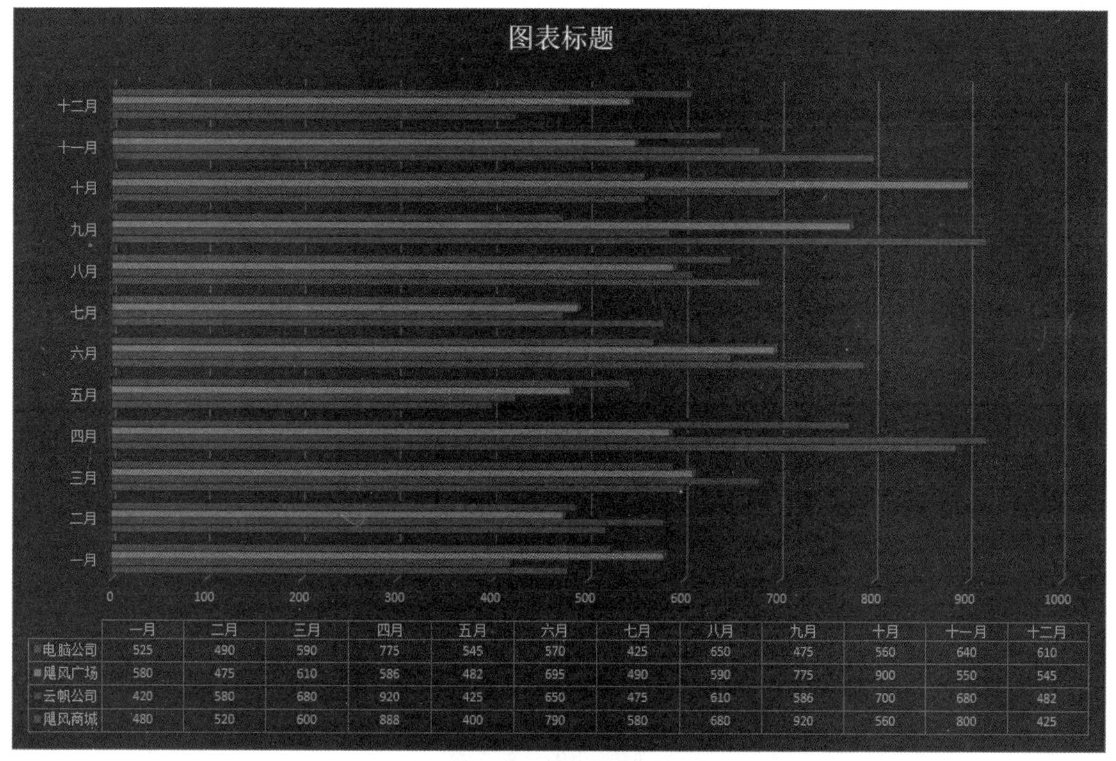

	一月	二月	三月	四月	五月	六月	七月	八月	九月	十月	十一月	十二月
电脑公司	525	490	590	775	545	570	425	650	475	560	640	610
飓风广场	580	475	610	586	482	695	490	590	775	900	550	545
云帆公司	420	580	680	920	425	650	475	610	586	700	680	482
飓风商城	480	520	600	888	400	790	580	680	920	560	800	425

图 8-38　更改图表布局

（9）在图表区中单击任意一条绿色数据条（“飓风广场”系列），Excel 2016 将自动选择图表中所有该数据系列，在“图表工具-格式”/“形状样式”组中单击“其他”按钮，在打开的下拉列表中选择“强烈效果-橙色，强调颜色 2”选项，图表中该序列的样式随之变化。

（10）在“图表工具-格式”/“当前所选内容”组中的下拉列表中选择“水平（值）轴 主要网格线”选项，在“图表工具-格式”/“形状样式”组的下拉列表中选择一种网格线的样式，这里选择“粗线-强调颜色 3”选项。

（11）在图表空白处选择整个图表，在“图表工具-格式”/“形状样式”组中单击“形状填充”按钮右侧的下拉按钮，在打开的下拉列表中选择“纹理”/“胡桃”选项，完成图表样式的设置，效果如图 8-39 所示。

（12）在“图表工具-图表设计”/“图表布局”组中单击“添加图表元素”按钮，在打开的下拉列表中选择“图表标题”，选择“图表上方”选项，此时在图表上方显示图表标题文本框，删除默认文本后输入图表标题内容，这里输入“2022 年销售分析图”。

（13）在“图表工具-图表设计”/“图表布局”组中单击“添加图表元素”按钮，在打开的下拉列表中选择“坐标轴标题”，在打开的下拉列表中选择“主要纵坐标轴”选项，在右侧打开的“设置坐标轴标题格式”任务窗格中，单击“大小和属性”图标，在“对齐方式”选项中设置文字方向为“竖排”，如图 8-40 所示。

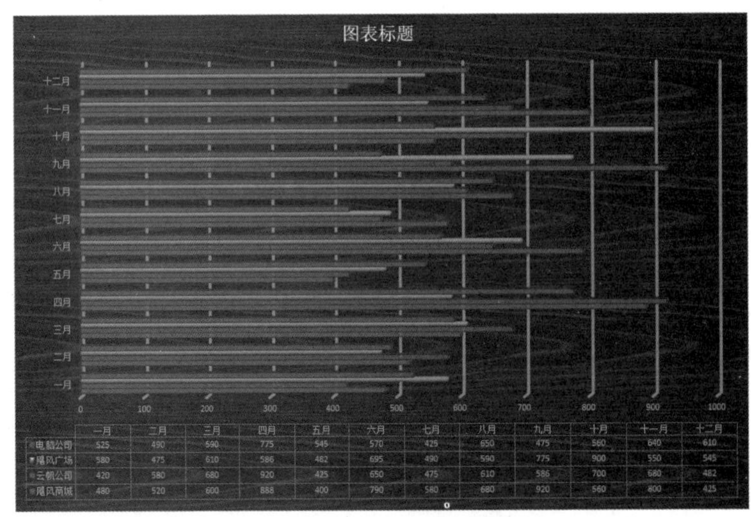

	一月	二月	三月	四月	五月	六月	七月	八月	九月	十月	十一月	十二月
电脑公司	525	490	590	775	545	570	425	650	475	560	640	610
飓风广场	580	475	610	586	482	695	490	590	775	900	550	545
云帆公司	420	580	680	920	425	650	475	610	586	700	680	482
飓风商城	480	520	600	888	400	790	580	680	920	560	800	425

图 8-39　设置图表样式

图 8-40　选择坐标轴标题的显示位置

（14）在垂直坐标轴下方显示出坐标轴标题框，单击后输入“销售月份”。在“图表布局”组中单击“添加图表元素”按钮，在打开的下拉列表中选择“图例”选项，在打开的下拉列表中选择“右侧”，即可将图例显示在图表右侧并不改变图表的大小，如图 8-41 所示。

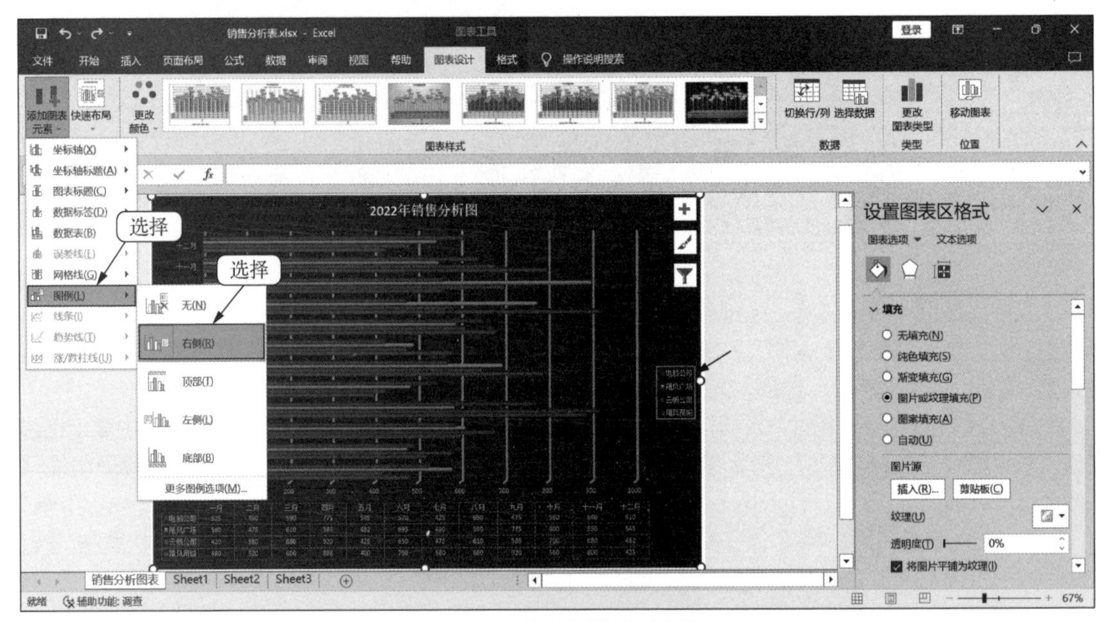

图 8-41　设置图例的显示位置

（15）在“图表布局”组中单击“添加图表元素”按钮，在打开的下拉列表中选择“数据标签”，在打开的下拉列表中选择“数据标注”选项，即可在图表的数据序列上显示数据标签。

微课 8-17　使用趋势线

（三）使用趋势线

（1）在“图表工具-图表设计”/“类型”组中单击“更改图表类型”按钮，打开“更改图表类型”对话框，在左侧的列表中单击“柱形图”选项卡，在右侧列表的“柱形图”栏中选择“簇状柱形图”选项，单击 确定 按钮，如图 8-42 所示。

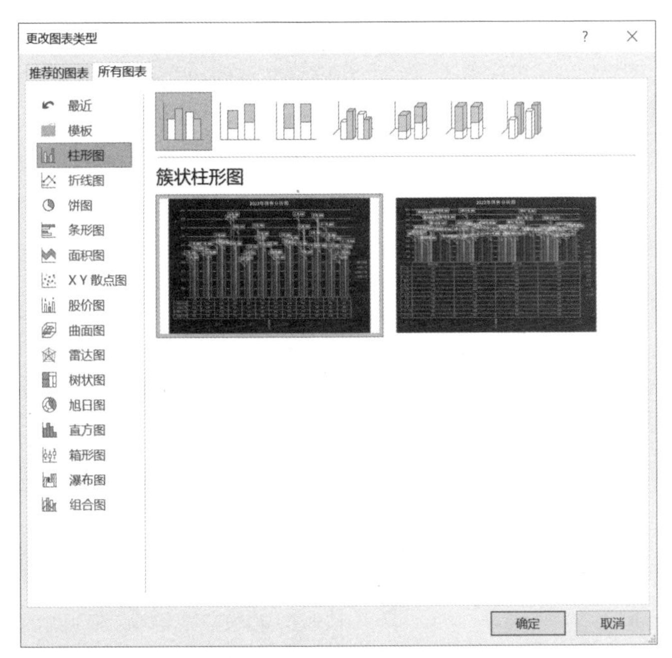

图 8-42　更改图表类型

（2）在“图表工具-图表设计”/“图表布局”组中单击“添加图表元素”按钮，将“数据标签”设为“无”。

（3）在图表中单击需要设置趋势线的数据系列，这里单击“云帆公司”系列；在“图表工具-图表设计”/“图表布局”/“添加图表元素”中选择“趋势线”选项，在打开的下拉列表中选择“移动平均”选项。此时即可在图表右侧图例下方显示趋势线信息。双击图表中的趋势线，在打开的“设置趋势线格式”任务窗格中，设置“移动平均”趋势线的周期为“2”。

（4）选择“填充与线条”选项，将线条的宽度设置为“2 磅”，效果如图 8-43 所示。

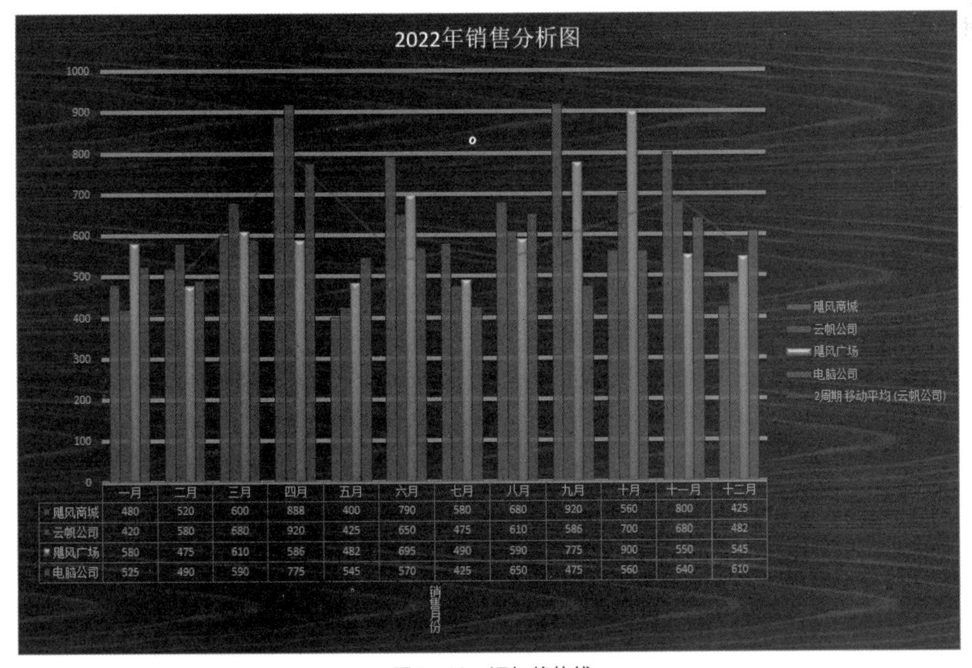

	一月	二月	三月	四月	五月	六月	七月	八月	九月	十月	十一月	十二月
飓风商城	480	520	600	888	400	790	580	680	920	560	800	425
云帆公司	420	580	680	920	425	650	475	610	586	700	680	482
飓风广场	580	475	610	586	482	695	490	590	775	900	550	545
电脑公司	525	490	590	775	545	570	425	650	475	560	640	610

图 8-43　添加趋势线

提 示 **这里再次对图表类型进行了更改，是因为更改前的图表类型不支持设置趋势线。要查看图表是否支持设置趋势线，只需单击图表，在“图表工具-图表设计”/“图表布局”组中单击“添加图表元素”按钮，在打开的下拉列表中查看“趋势线”选项是否可选。**

（四）插入迷你图

微课 8-18　插入迷你图

迷你图不但简洁美观，而且可以清晰展现数据的变化趋势，并且占用空间也很小，因此为数据分析工作提供了极大的便利，插入迷你图的具体操作如下。

（1）打开“销售分析表.xlsx”工作簿，选择B16单元格，在“插入”/“迷你图”组中单击“折线图”按钮，打开“创建迷你图”对话框，在“选择所需的数据”栏的“数据范围”文本框中输入飓风商城的数据区域“B4:B15”，单击 确定 按钮即可插入迷你图，如图8-44所示。

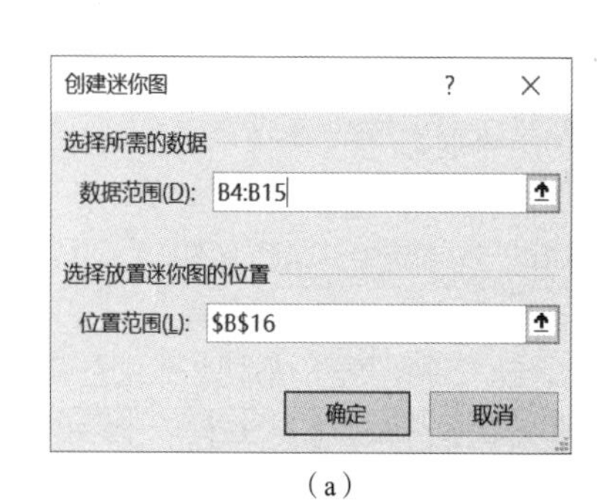

（a）

主要分公司销售分析表

单位：万元

列1	飓风商城	云帆公司	飓风广场	电脑公司	出版公司
一月	480	420	580	525	360
二月	520	580	475	490	380
三月	600	680	610	590	605
四月	888	920	586	775	490
五月	400	425	482	545	320
六月	790	650	695	570	340
七月	580	475	490	425	482
八月	680	610	590	650	695
九月	920	586	775	475	490
十月	560	700	900	560	685
十一月	800	680	550	640	694
十二月	425	482	545	610	590

（b）

图8-44　插入迷你图

（2）选择B16单元格，在“迷你图工具-迷你图”/“显示”组中单击选中“高点”复选框，在“样式”组中单击“标记颜色”按钮右侧的下拉按钮，在打开的下拉列表中选择“高点”/“红色”选项，如图8-45所示。

（3）用同样的方法将低点设置为“绿色”。拖曳单元格控制柄为其他数据序列快速创建迷你图，效果如图8-46所示。

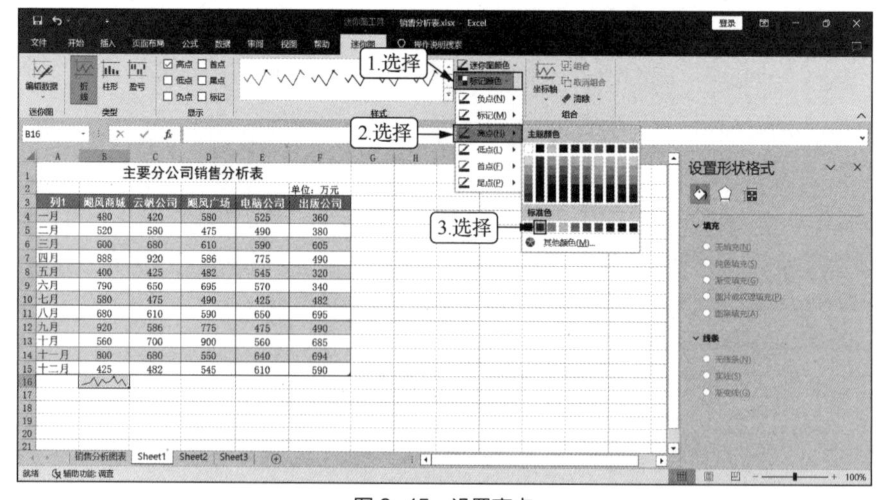

图8-45　设置高点

	A	B	C	D	E	F
1	主要分公司销售分析表					
2						单位：万元
3	列1	飓风商城	云帆公司	飓风广场	电脑公司	出版公司
4	一月	480	420	580	525	360
5	二月	520	580	475	490	380
6	三月	600	680	610	590	605
7	四月	888	920	586	775	490
8	五月	400	425	482	545	320
9	六月	790	650	695	570	340
10	七月	580	475	490	425	482
11	八月	680	610	590	650	695
12	九月	920	586	775	475	490
13	十月	560	700	900	560	685
14	十一月	800	680	550	640	694
15	十二月	425	482	545	610	590
16						

图 8-46 快速创建迷你图

提 示 **无法按【Delete】键删除迷你图，正确的删除方法是：选择迷你图，在“迷你图工具-迷你图”/“组合”组中单击“清除”按钮。**

课后练习

查看具体操作

（1）打开素材文件“员工工资表.xlsx”工作簿，按照下列要求对表格进行操作。

① 选择 F5:F20 和 J5:J20 单元格区域，然后在“公式”/“函数库”组中单击“自动求和”按钮 Σ 快速计算应领工资和应扣工资。

② 分别选择 K5:K20 和 M5:M20 单元格区域，在编辑栏中输入公式“=F5-J5”和“=K5-L5”，完成后按【Ctrl+Enter】组合键计算实发工资和税后工资。

③ 选择 L5:L20 单元格区域，在编辑栏中输入函数“=IF(K5-1500<0,0,IF(K5-1500<1500,0.03*(K5-1500)-0,IF(K5-1500<4500,0.1*(K5-1500)-105,IF(K5-1500<9000,0.2*(K5-1500)-555,IF(K5-1500<35000,0.25*(K5-1500)-1005)))))”，完成后按【Ctrl+Enter】组合键计算个人所得税。

④ 选择 A3:M4 单元格区域，在“排序和筛选”组中单击“筛选”按钮，完成后在工作表中相应表头数据对应的单元格右侧单击下拉按钮筛选需查看的数据。

（2）打开“每月销量分析表.xlsx”工作簿，按照下列要求对表格进行操作。

① 在 A7 单元格中输入文本“迷你图”，然后在 B7:M7 单元格区域中创建迷你图，并显示迷你图标注和设置迷你图样式为“迷你图样式彩色#2”，完成后调整行高。

② 同时选择 A3:A6 和 N3:N6 单元格区域，创建“簇状条形图”，然后设置图表布局为“布局 5”，并输入图表标题“每月产品销量分析图表”，再设置图表样式为“样式 28”，形状样式为“细微效果-黑色，深色 1”，完成后移动图表到合适位置。

③ 选择 A2:N6 单元格区域，创建数据透视表并将其存放到新的工作表中，然后添加每月对应的字段，完成后设置数据透视表样式为“数据透视表样式中等深浅 10”。

（3）打开“产品销售统计表.xlsx”工作簿，按照下列要求对表格进行操作。

① 在“数据”/“数据工具”组中单击“删除重复项”按钮，删除重复项。

② 选择 F 列任意单元格，在“数据”/“排序和筛选”组中单击“升序”按钮，此时可将数据表按照“总计”值由小到大排序。

③ 选择数据表中的任意单元格，单击“排序和筛选”组中的“筛选”按钮，进入筛选状态。

④ 单击“区域”单元格中的下拉按钮，在打开的下拉列表中撤销选中其他 3 个工种对应的复选框，撤销选中“新城地区”复选框，单击确定按钮。

⑤ 选择 A 列的任意一个单元格，在“数据”/“分级显示”组中单击分类汇总按钮，打开“分类汇总”对话框。

⑥ 在“分类字段”下拉列表中选择“区域”选项，在“汇总方式”下拉列表中选择“求和”选项，在“选定汇总项”列表中单击选中“总计”复选框，单击确定按钮。

项目九　制作幻灯片

PowerPoint是Office的三大核心组件之一，主要用于幻灯片的制作与播放，该软件常见于各种需要演讲、演示的场合。它帮助用户以简单的操作，快速制作出图文并茂、富有感染力的演示文稿，并且还可通过图示、视频和动画等多媒体形式表现复杂的内容。本项目将通过两个典型任务介绍制作PowerPoint演示文稿的基本操作，包括文件操作、文本输入与美化，以及插入图片、形状、艺术字、表格和视频等演示文稿必备要素的方法。

课堂学习目标

- 制作工作总结演示文稿
- 编辑产品上市策划演示文稿

任务一　制作工作总结演示文稿

任务要求

王林大学毕业后进入一家公司工作，一转眼到年底了，工作各部门要求员工结合自己的工作情况写一份工作总结，并且在年终总结会议上进行演说。王林使用 Office 软件有些时间了，他知道用 PowerPoint 来完成这个任务再合适不过。作为新手，王林希望在简单操作的情况下获得不错的演示文稿效果。图 9-1 所示为制作完成后的“工作总结”演示文稿。制作工作总结演示文稿的具体要求如下。

- 启动 PowerPoint 2016，新建一份以“平面”为主题的演示文稿，然后以“工作总结”为名保存在桌面上。
- 在标题幻灯片中输入演示文稿标题和副标题。
- 新建 1 张“内容与标题”版式的幻灯片，作为演示文稿的目录，再在占位符中输入文本。
- 新建 1 张“标题和内容”版式的幻灯片，在占位符中输入文本后，添加一个文本框，再在文本框中输入文本。
- 新建 8 张“标题和内容”版式的幻灯片，然后分别在其中输入需要的内容。
- 复制第 1 张幻灯片到最后，然后调整第 4 张幻灯片的位置到第 6 张幻灯片后面。
- 在第 10 张幻灯片中移动文本的位置。
- 在第 10 张幻灯片中复制文本，再对复制后的文本进行修改。
- 在第 12 张幻灯片中修改标题文本，删除副标题文本。

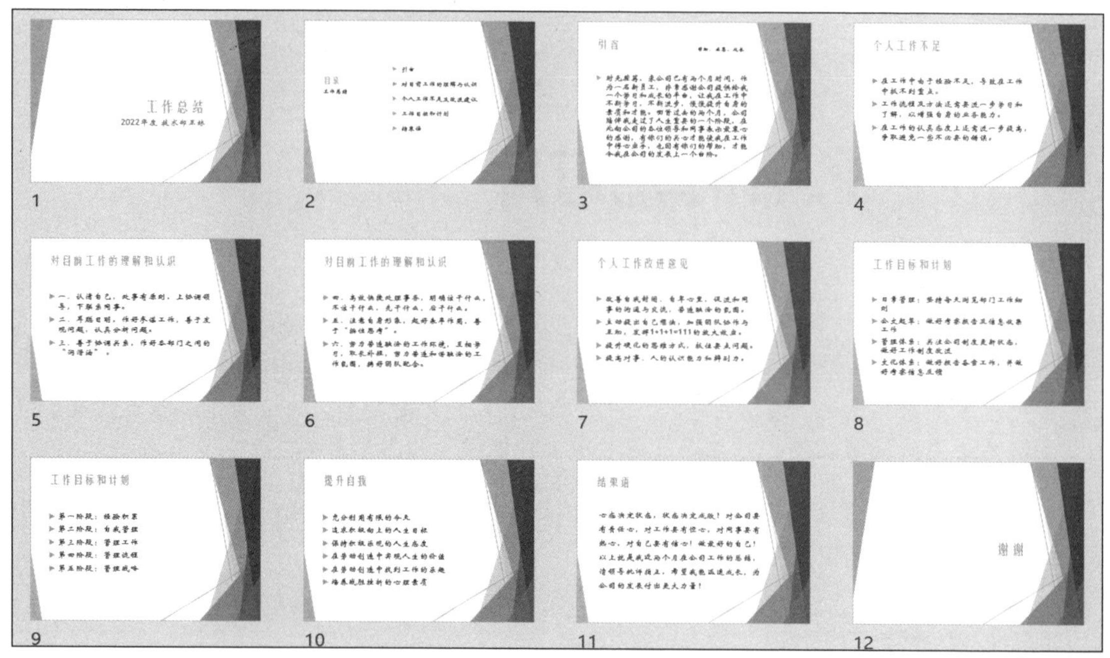

图 9-1 “工作总结”演示文稿

相关知识

（一）熟悉 PowerPoint 2016 工作界面

单击桌面左下角的“开始”按钮，在“开始”菜单中找到 PowerPoint 2016，单击 PowerPoint 2016 图标，在打开的界面中单击“空白演示文稿”，就可以启动 PowerPoint 2016。或在桌面空白处右击，在弹出的快捷菜单中选择“新建”/“Microsoft PowerPoint 演示文稿”命令，会在桌面上产生一个 PowerPoint 2016 演示文稿，双击桌面上新生成的 PowerPoint 2016 演示文稿，就可以打开一个空白的 PowerPoint 2016 演示文稿。PowerPoint 2016 工作界面如图 9-2 所示。

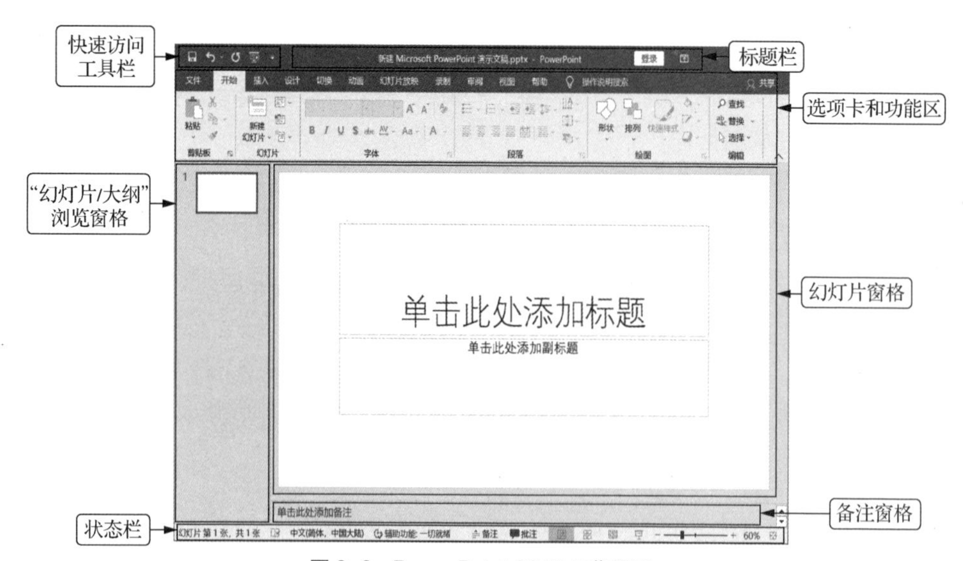

图 9-2 PowerPoint 2016 工作界面

提示 **以双击演示文稿的形式启动 PowerPoint 2016，将在启动的同时打开该演示文稿；通过“开始”菜单启动 PowerPoint 2016，将在启动的同时自动生成一个名为“演示文稿 1”的空白演示文稿。Office 2016 各组件的启动方法类似，用户可触类旁通。**

从图 9-2 可以看出 PowerPoint 2016 的工作界面与 Word 2016 和 Excel 2016 的工作界面类似。其中，快速访问工具栏、标题栏、选项卡和功能区等的结构及作用基本相同（选项卡的名称及功能区的按钮会因为软件的不同而不同）。下面将对 PowerPoint 2016 特有部分的作用进行介绍。

- 幻灯片窗格。幻灯片窗格用于显示和编辑幻灯片的内容，其功能与 Word 2016 的文档编辑区类似。
- “幻灯片/大纲”浏览窗格。可通过单击状态栏的图标实现“幻灯片”浏览窗格和“大纲”浏览窗格的切换。其中，在“幻灯片”浏览窗格中将显示当前演示文稿的所有幻灯片的缩略图，单击某个幻灯片缩略图，将在右侧的幻灯片窗格中显示该幻灯片的内容，如图 9-3 所示；在“大纲”浏览窗格中可以显示当前演示文稿中所有幻灯片的标题与正文内容，如图 9-4 所示。用户在“大纲”浏览窗格或幻灯片窗格中编辑文本内容时，将同步在另一个窗格中产生变化。

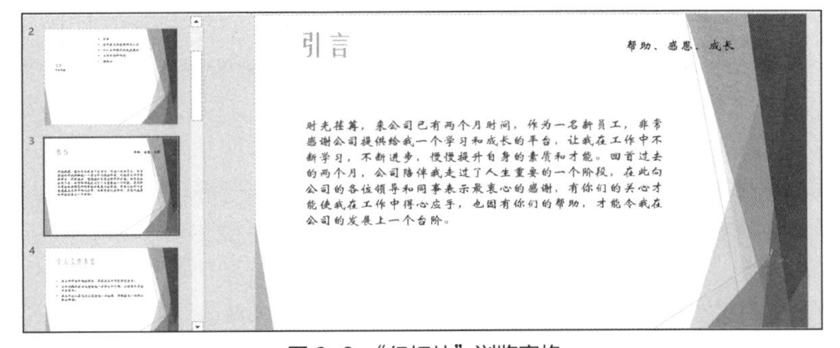

图 9-3 “幻灯片”浏览窗格

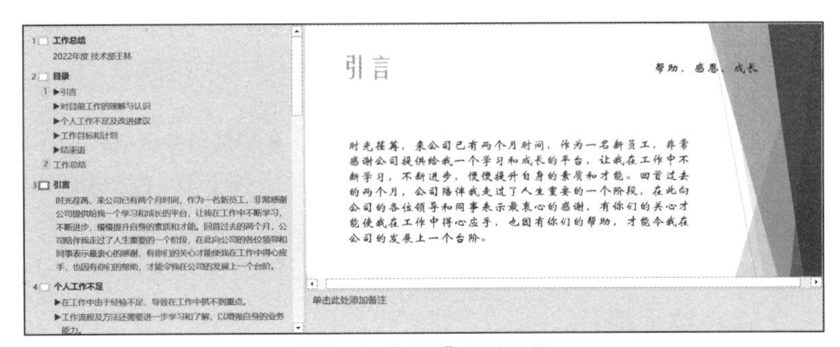

图 9-4 “大纲”浏览窗格

- 备注窗格。可在该窗格中输入当前幻灯片的解释和说明等信息，以方便演讲者在正式演讲时参考。
- 状态栏。状态栏位于工作界面的下方，它主要由状态提示栏、“备注”按钮、“批注”按钮、视图切换按钮和显示比例栏组成，如图 9-5 所示。其中，状态提示栏用于显示幻灯片的数量、序列信息，以及当前演示文稿的拼写检查情况；“备注”按钮≙备注用于显示、隐藏备注窗格；“批注”按钮批注用于调出批注窗格；视图切换按钮用于在演示文稿的不同视图之间进行切换，单击相应的视图切换按钮即可切换到对应的视图中，从左到右依次是“普通视图”按钮、“幻灯片浏览”按钮、“阅读视图”按钮、“幻灯片放映”按钮；显示比例栏用于设置幻灯片窗格中幻灯片的显示比例，单击-按钮或+按钮，将以 10%的比例缩小或放大幻灯片，拖曳两个按钮之间的图标，将适当缩小或放大幻灯片，单击按钮，将根据当前幻灯片窗格的大小显示幻灯片。

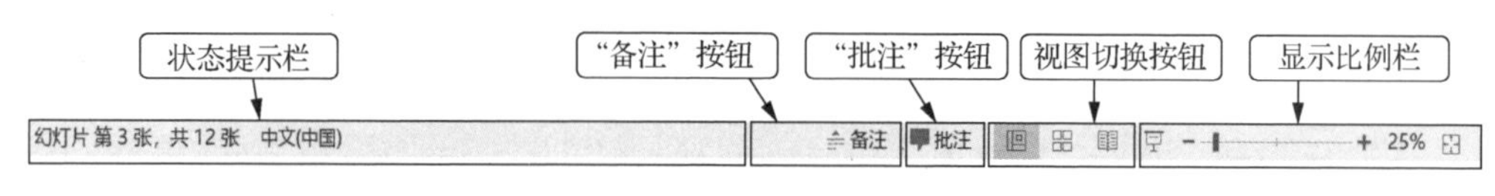

图 9-5　状态栏

（二）认识演示文稿与幻灯片

演示文稿和幻灯片是相辅相成的两个部分，演示文稿由幻灯片组成，每张幻灯片又有独立表达的主题，两者是包含与被包含的关系。

演示文稿由“演示”和“文稿”两个词语组成，这说明它是用于演示某种效果而制作的文稿，主要用于会议、产品展示和教学课件等领域。

（三）认识 PowerPoint 2016 视图

PowerPoint 2016 提供了 6 种常用视图模式：普通视图、大纲视图、幻灯片浏览视图、阅读视图、备注页视图、幻灯片放映视图。在工作界面下方的状态栏中单击相应的视图切换按钮或在“视图”/“演示文稿视图”组中单击相应的视图切换按钮都可进行视图切换。各种视图的功能介绍如下。

- 普通视图。在此视图模式下可对幻灯片整体结构和单张幻灯片进行编辑，这种视图模式也是 PowerPoint 2016 默认的视图模式。
- 大纲视图。在此视图模式下可对幻灯片的标题与正文内容进行编辑。用户在“大纲”浏览窗格或幻灯片窗格中编辑文本内容时，将同步在另一个窗格中产生变化。
- 幻灯片浏览视图。在该视图模式下不能对幻灯片进行编辑，但可同时预览多张幻灯片中的内容。
- 阅读视图。在阅读视图中可以查看演示文稿的放映效果，预览演示文稿中设置的动画和声音，并查看每张幻灯片的切换效果，在该视图模式下将以全屏动态方式显示每张幻灯片的效果。
- 备注页视图。在备注页视图模式下将以整页格式显示备注窗格，可以在其中编辑备注内容。
- 幻灯片放映视图。在幻灯片放映视图模式下幻灯片将按设定的效果放映。

提 示

在工作界面下方的状态栏中无法切换到备注页视图，在功能区中无法切换到幻灯片放映视图。除了上文提及的几种常用视图之外，还有母版视图，关于母版视图的应用将在项目十中详细讲解。

（四）演示文稿的基本操作

启动 PowerPoint 2016 后，就可以对 PowerPoint 文件（即演示文稿）进行操作，由于 Office 各组件的共通性，因此演示文稿的操作与 Word 文档的操作也有一定的相似之处。

1. 新建演示文稿

（1）新建空白演示文稿。

方法一：启动 PowerPoint 2016 后，在打开的界面中单击“空白演示文稿”，就可以新建空白演示文稿，如图 9-6 所示。

提 示

在打开的界面中按【Esc】键，也可打开空白演示文稿。

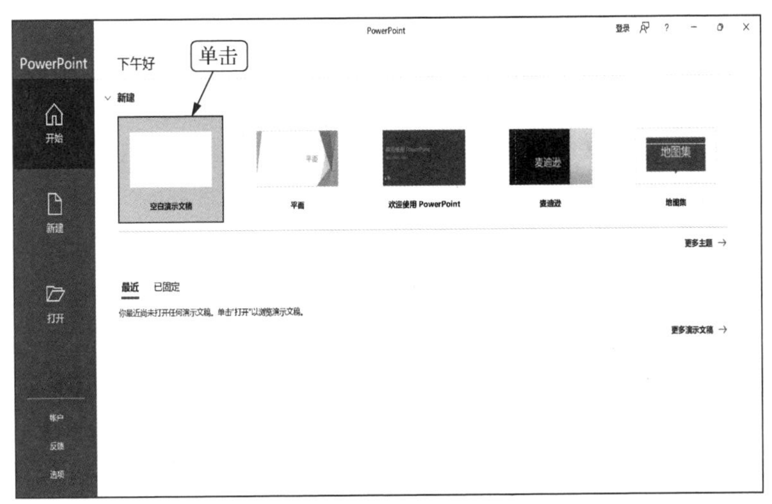

图 9-6 单击“空白演示文稿”

方法二：在启动 PowerPoint 2016 后，新建一个空白演示文稿。选择“文件”/“新建”命令，将显示图 9-7 所示的模板和主题，单击“空白演示文稿”即可。

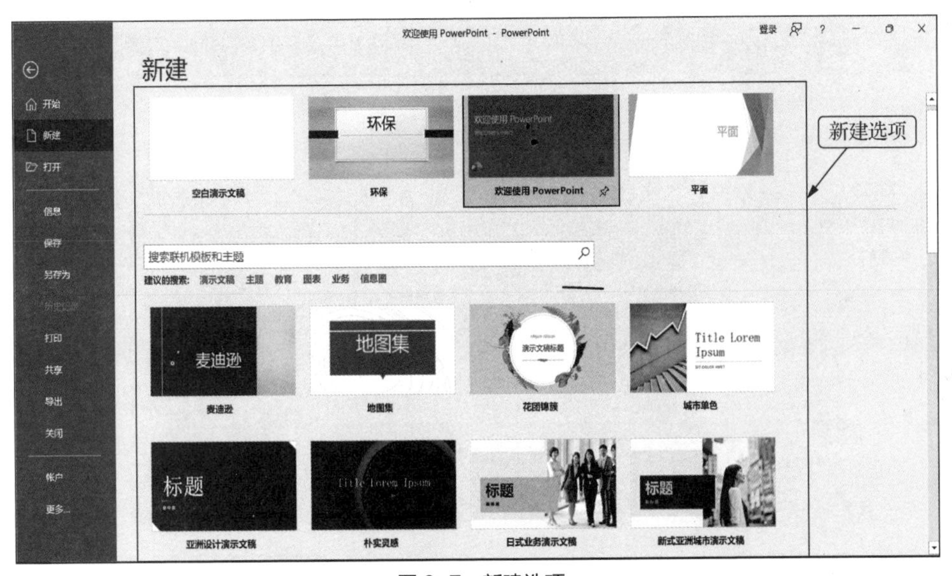

图 9-7 新建选项

提 示 **在 PowerPoint 2016 工作界面按【Ctrl+N】组合键可快速新建一个空白演示文稿。**

（2）利用模板创建演示文稿。

模板是已经包含了初始设置的文件，可以在模板的基础上创建演示文稿。不同的模板所提供的内容有所不同，但基本上都涉及示例幻灯片、背景图形、自定义颜色、字体主题、对象占位符等的自定义位置。

计算机中存储的示例模板如图 9-7 所示。选择“欢迎使用 PowerPoint”选项后，将弹出“欢迎使用 PowerPoint”的预览窗口，如图 9-8 所示。单击“创建”按钮 ，将新建一个以“欢迎使用

PowerPoint”模板为基础的演示文稿。此时，演示文稿中已有多张幻灯片，并有已设计的背景、文本等内容，可方便用户依据该模板快速制作出类似的演示文稿效果，如图 9-9 所示。如果要关闭该模板，可以单击预览窗口的“关闭”按钮。

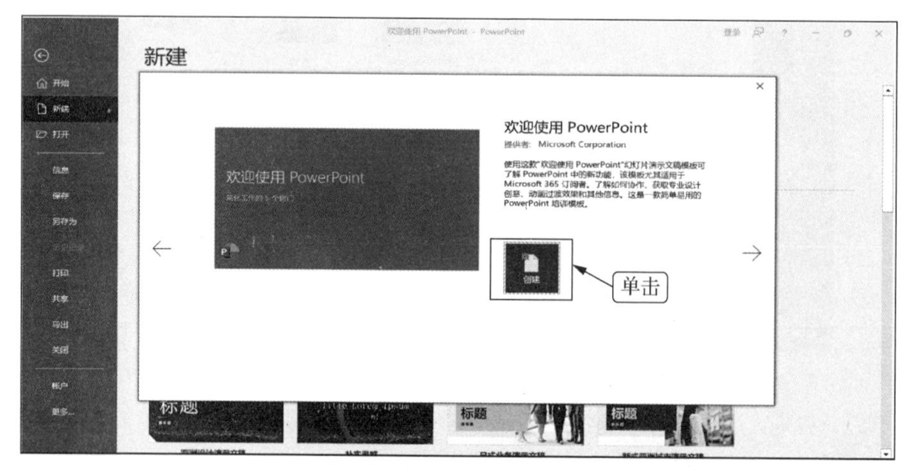

图 9-8 “欢迎使用 PowerPoint”的预览窗口

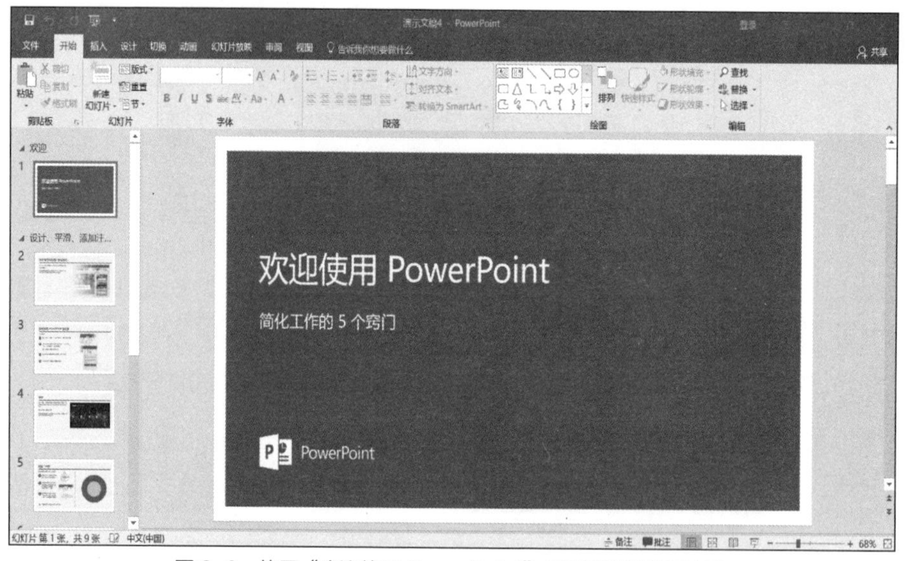

图 9-9 使用“欢迎使用 PowerPoint”模板创建的演示文稿

PowerPoint 2016 默认安装到硬盘上的模板只有很少几个。联网时，可以访问模板文件的完整 Office.com 库。这里在“搜索联机模板和主题”文本框中输入关键字，或者在“建议的搜索：”后单击某个类别的模板，搜索符合要求的模板或主题。

选定某一个模板，开始新建演示文稿，具体步骤如下。

① 启动 PowerPoint 2016，选择“文件”/“新建”命令。

② 在“搜索联机模板和主题”文本框中，输入要搜索的关键字或短语，按【Enter】键，也可以在文本框下面“建议的搜索：”后单击某个类别的模板，此处单击“教育”模板，如图 9-10 所示。

③ 系统将显示相关的模板或主题，如图 9-11 所示。

④ 单击某个符合要求的模板，将弹出图 9-12 所示的对话框，单击“创建”按钮，下载并打开模板，根据该模板创建演示文稿。

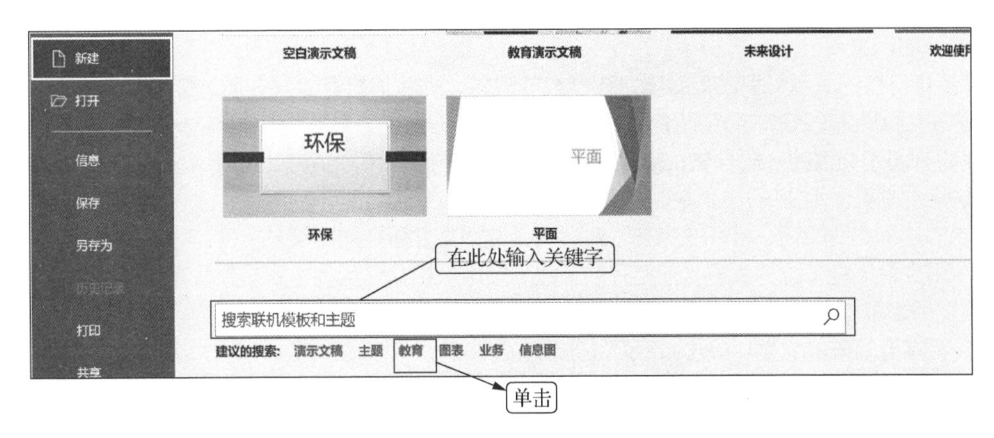

图 9-10 搜索联机模板和主题

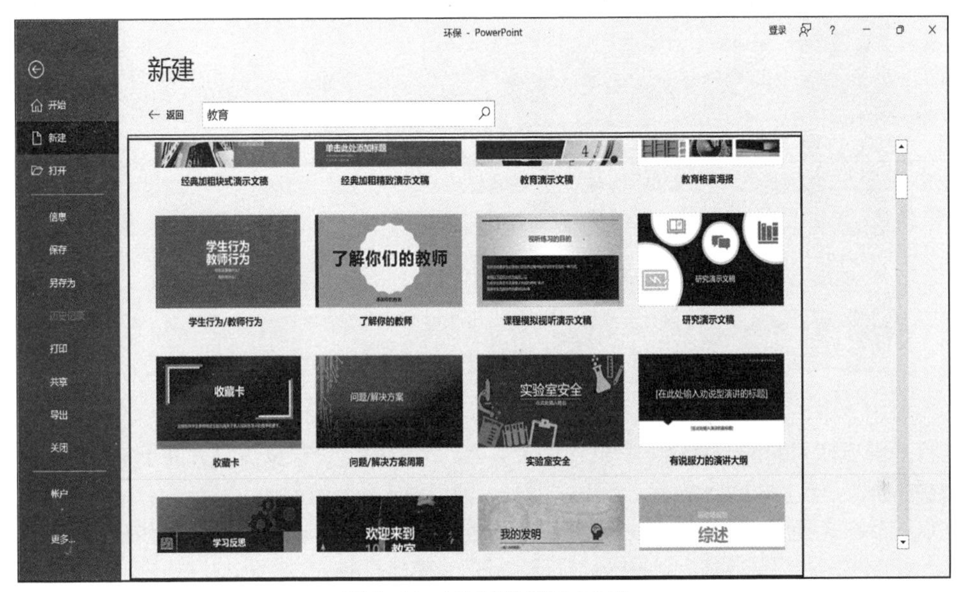

图 9-11 显示相关模板或主题

图 9-12 单击“创建”按钮

2. 打开演示文稿

当需要对已有的演示文稿进行编辑、查看或放映时，需将其打开。打开演示文稿的方式有多种，如果未启动 PowerPoint 2016，可直接双击需打开的演示文稿的文件。

（1）打开演示文稿的一般方法。在启动 PowerPoint 2016 后，可按照以下步骤来打开演示文稿。

① 选择“文件”/“打开”命令，此时将显示“打开”窗口。

② 单击“浏览”按钮，打开“打开”对话框，选择文件所在的路径。

③ 单击文件类型下拉列表框，在打开的下拉列表中选择文件类型（一般默认为“所有 PowerPoint 演示文稿”），如图 9-13 所示。

④ 选择需要打开的文件，单击 打开(O) ▾ 按钮。

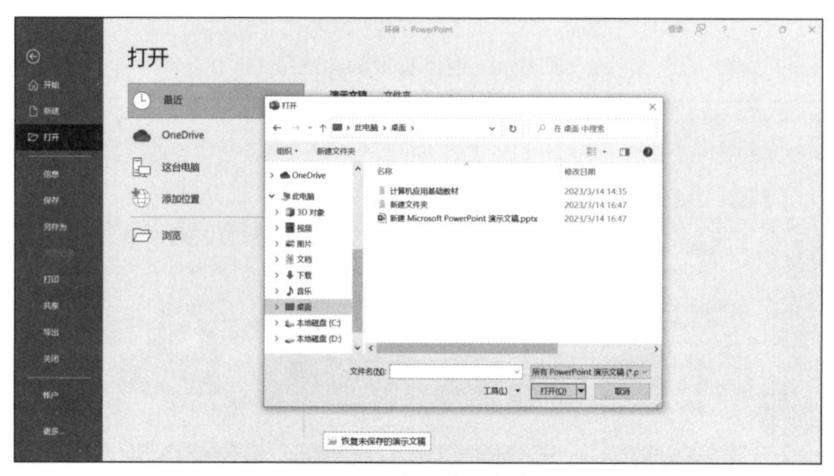

图 9-13　打开演示文稿

（2）打开最近使用的演示文稿。PowerPoint 2016 提供了记录最近打开演示文稿保存路径的功能，如果想打开最近使用的演示文稿，可在“打开”窗口单击具体文件。

（3）以只读方式打开演示文稿。以只读方式打开的演示文稿只能进行浏览，不能更改内容。其打开方法是：选择“文件”/“打开”命令，打开“打开”窗口，单击“浏览”按钮，打开“打开”对话框；选中要打开的演示文稿，然后单击 打开(O) ▾ 按钮中的下拉按钮▾，在打开的下拉列表中选择“以只读方式打开”选项，如图 9-14 所示。此时，打开的演示文稿标题栏中将显示“只读”字样。

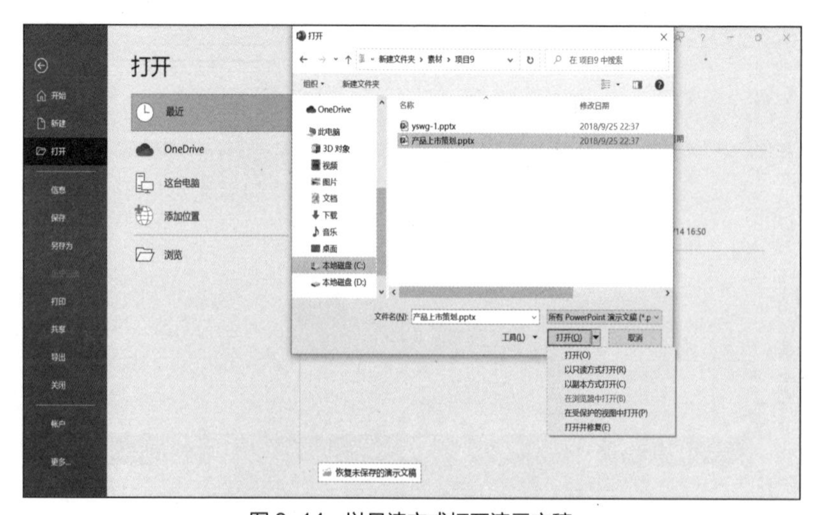

图 9-14　以只读方式打开演示文稿

（4）以副本方式打开演示文稿。以副本方式打开演示文稿是指将演示文稿作为副本打开，对演示文稿进行编辑时不会影响源文件的效果。其打开方法和以只读方式打开演示文稿方法类似，可参考图 9-14，在“打开”对话框中选择需打开的演示文稿后，单击 打开(O) ▾ 按钮中的下拉按钮▾，在打开的下拉列表中选择“以副本方式打开”选项，在打开的演示文稿标题栏中将显示“副本”字样。

说明：PowerPoint 2016 在“打开”窗口提供了恢复未保存的演示文稿功能。

> **提 示**　**在“打开”对话框中按住【Ctrl】键的同时选择多个演示文稿选项，单击 打开(O) ▾ 按钮，可一次性打开多个演示文稿。**

3. 保存演示文稿

应及时将制作好的演示文稿保存在计算机中，同时用户应根据需要选择不同的保存方式。保存演示文稿的方法有很多，下面将分别进行介绍。

（1）直接保存演示文稿。直接保存演示文稿是常用的保存方法，如果以前没有保存过所处理的演示文稿，使用“保存”和“另存为”命令的效果是一样的：它们都会打开“另存为”对话框。可以在该对话框中指定文件名、文件类型和文件的保存位置。具体操作步骤如下。

① 选择“文件”/“保存”命令，或单击快速访问工具栏中的“保存”按钮，或按【Ctrl+S】组合键，将会打开“另存为”窗口。

② 单击“浏览”按钮，打开“另存为”对话框，如图 9-15 所示。

③ 在“另存为”对话框左侧的导航窗格中列出了几个可以折叠/展开的类别，单击要保存的根目录，依次选择要保存的路径，最后在“文件名”文本框中，输入演示文稿名称，保存类型为“PowerPoint 演示文稿（*.pptx）”。

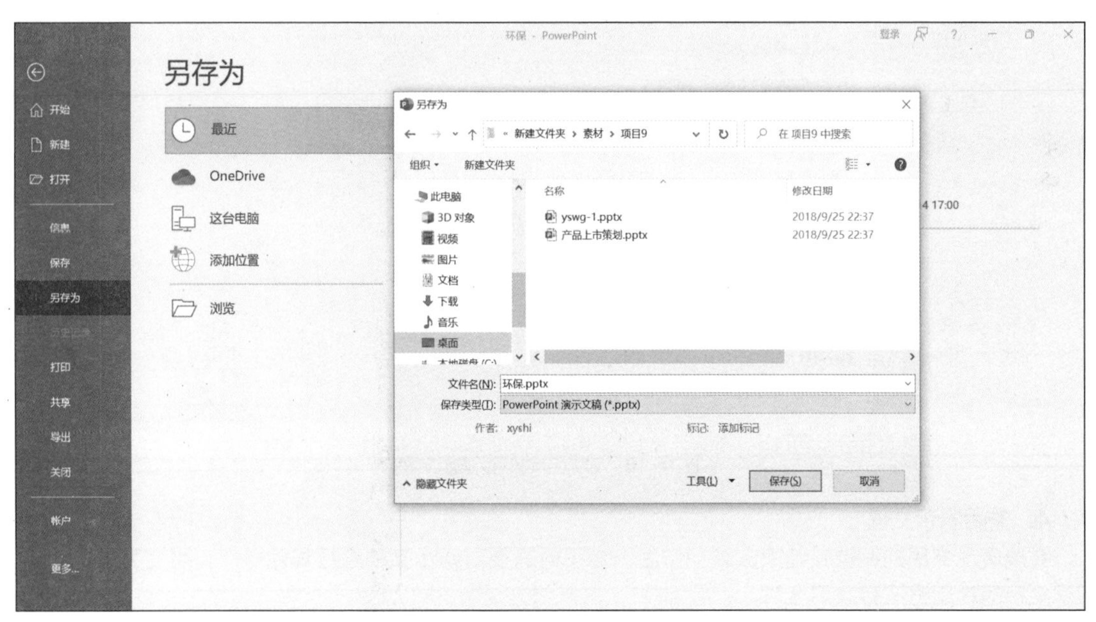

图 9-15　打开“另存为”对话框

④ 单击“保存”按钮就会保存当前文件。当执行过一次保存操作后，再次保存，可将两次保存操作之间所编辑的内容进行保存，而不会打开“另存为”对话框。

（2）另存为演示文稿。若不想改变原有演示文稿中的内容，可通过“另存为”命令将演示文稿保存在其他位置或更改其名称，操作与第一次保存演示文稿的操作相同。

（3）将演示文稿保存为模板。将制作好的演示文稿保存为模板，可提高制作同类演示文稿的速度。打开“另存为”对话框，在“保存类型”下拉列表中选择“PowerPoint 模板（*.potx）”选项。其余操作与第一次保存演示文稿的操作相同。

（4）保存为低版本演示文稿。如果希望保存的演示文稿可以在 PowerPoint 97 或 PowerPoint 2003 中打开或编辑，应将其保存为低版本。在“另存为”对话框的“保存类型”下拉列表中选择“PowerPoint 97－2003 演示文稿(*.ppt)”选项，其余操作与第一次保存演示文稿的操作相同。

（5）自动保存演示文稿。在制作演示文稿的过程中，为了减少不必要的损失，可设置演示文稿定时保存，即到达指定时间后，无须用户执行保存操作，系统将自动保存演示文稿。选择“文件”/“选项”命令，打开“PowerPoint 选项”对话框，单击“保存”选项卡，在“保存演示文稿”栏中单击选中“保存自动恢复信息时间间隔”“如果我没保存就关闭，请保留上次自动恢复的版本”复选框，在“保存自动恢复信息时间间隔”复选框后面的数值框中输入自动保存的时间间隔，在“自动恢复文件位置”文本框中输入文件未保存就关闭时的临时保存位置，单击确定按钮，如图 9-16 所示。

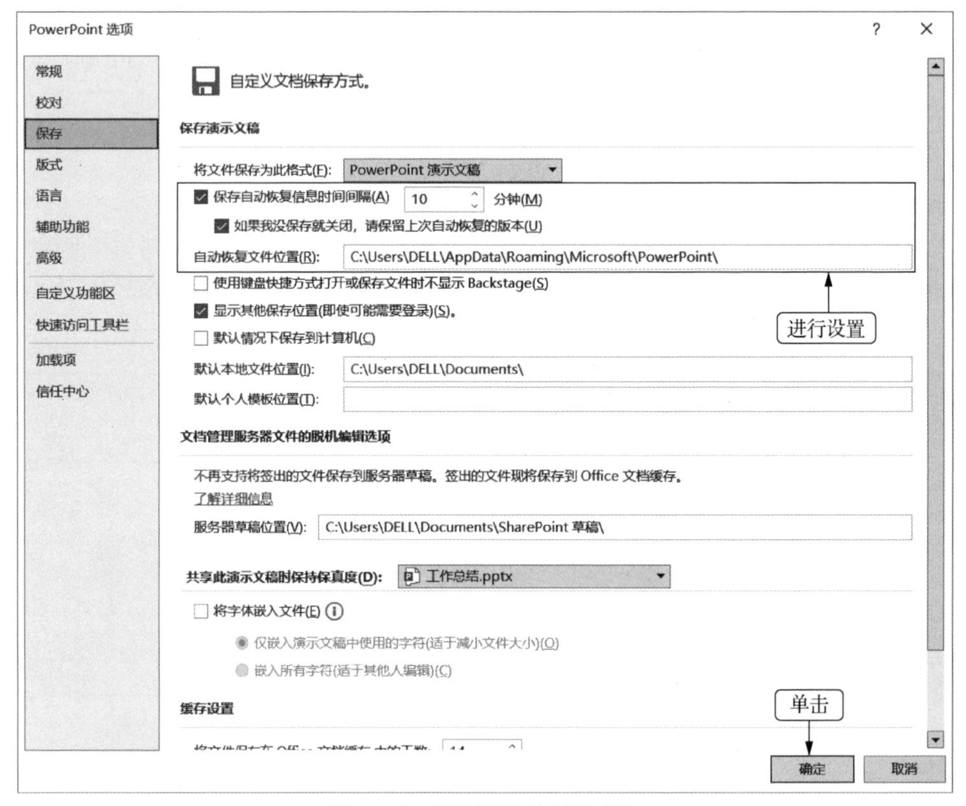

图 9-16　设置自动保存演示文稿

4. 关闭演示文稿

完成演示文稿的编辑或结束放映操作后，若不再需要对演示文稿进行其他操作，可将其关闭。关闭演示文稿的常用方法有以下 3 种。

- 通过单击按钮关闭。单击 PowerPoint 2016 工作界面右上角的×按钮，关闭演示文稿并退出 PowerPoint 程序。
- 通过快捷菜单关闭。在 PowerPoint 2016 工作界面标题栏上右击，在弹出的快捷菜单中选择“关闭”命令。
- 通过命令关闭。选择“文件”/“关闭”命令，关闭当前演示文稿。

（五）幻灯片的基本操作

幻灯片是演示文稿的组成部分，一份演示文稿一般由多张幻灯片组成，所以操作幻灯片就成了在PowerPoint 2016 中编辑演示文稿主要的操作之一。

1. 新建幻灯片

创建的空白演示文稿默认只有一张幻灯片，当对一张幻灯片编辑完成后，就需要新建其他幻灯片。用户可以根据需要在演示文稿的任意位置新建幻灯片。常用的新建幻灯片的方法主要有以下 4 种。

- 通过快捷菜单新建。在普通视图工作界面左侧的“幻灯片”浏览窗格中需要新建幻灯片的位置右击，在弹出的快捷菜单中选择“新建幻灯片”命令。
- 通过“开始”选项卡新建。在“开始”/“幻灯片”组中单击“新建幻灯片”按钮下方的下拉按钮，在打开的下拉列表中选择新建幻灯片的版式，如图 9-17 所示，将新建一张带有版式的幻灯片。版式用于定义幻灯片中内容的显示位置，用户可根据需要在其中添加文本、图片及表格等内容。
- 通过“插入”选项卡新建。在“插入”/“幻灯片”组中单击“新建幻灯片”按钮。

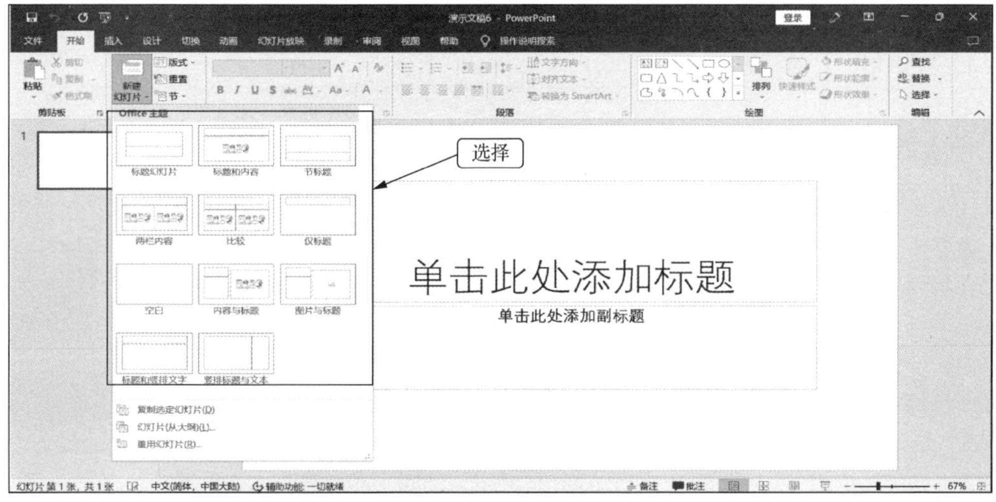

图 9-17　选择幻灯片版式

- 在“幻灯片”浏览窗格中任意选择一张幻灯片的缩略图，按【Enter】键，将在选择的幻灯片后新建一张与所选幻灯片版式相同的幻灯片。

2. 选择幻灯片

先选择后操作是计算机操作的默认规律，在 PowerPoint 2016 中也不例外，要操作幻灯片，必须先进行选择操作。需要选择的幻灯片的张数不同，其方法也有所区别，主要有以下 4 种。

- 选择单张幻灯片。在“幻灯片/大纲”浏览窗格或幻灯片浏览视图中单击某张幻灯片缩略图，可选择该张幻灯片。
- 选择多张相邻的幻灯片。在“幻灯片/大纲”浏览窗格或幻灯片浏览视图中，单击要选择的第一张幻灯片，按住【Shift】键不放，再单击需选择的最后一张幻灯片，即可选择两张幻灯片及其之间的所有幻灯片。
- 选择多张不相邻的幻灯片。在“幻灯片/大纲”浏览窗格或幻灯片浏览视图中，单击要选择的第一张幻灯片，按住【Ctrl】键不放，再依次单击需选择的其他幻灯片。
- 选择全部幻灯片。在“幻灯片/大纲”浏览窗格或幻灯片浏览视图中，按【Ctrl+A】组合键，选择当前演示文稿中的所有幻灯片。

3. 移动和复制幻灯片

在制作演示文稿的过程中，可能需要对各幻灯片的顺序进行调整，或者需要在某张已制作完成的幻灯片上修改信息，将其制作成新的幻灯片，此时就需要移动和复制幻灯片，其方法如下。

- 通过拖曳鼠标移动或复制。在“幻灯片/大纲”浏览窗格或幻灯片浏览视图中单击幻灯片缩略图，选择需移动的幻灯片，按住鼠标左键不放，拖曳其到目标位置后释放鼠标左键完成移动操作；选择幻灯片后，按住【Ctrl】键的同时拖曳其到目标位置可实现幻灯片的复制。
- 通过菜单命令移动或复制。在“幻灯片/大纲”浏览窗格或幻灯片浏览视图中选择需移动或复制的幻灯片，在其上右击，在弹出的快捷菜单中选择“剪切”或“复制”命令。将鼠标光标定位到目标位置后右击，在弹出的快捷菜单中选择“粘贴”命令，完成幻灯片的移动或复制。
- 通过快捷键移动或复制。在“幻灯片/大纲”浏览窗格或幻灯片浏览视图中选择需移动或复制的幻灯片，按【Ctrl+X】组合键（剪切）或【Ctrl+C】组合键（复制），然后在目标位置按【Ctrl+V】组合键（粘贴），完成移动或复制操作。

4. 删除幻灯片

在“幻灯片/大纲”浏览窗格和幻灯片浏览视图中可删除演示文稿中多余的幻灯片，其方法是：选择需删除的一张或多张幻灯片后，按【Delete】键或右击，在弹出的快捷菜单中选择“删除幻灯片”命令。

任务实现

（一）新建并保存演示文稿

微课 9-1　新建并保存演示文稿

下面将新建一个主题为“平面”的演示文稿，然后以“工作总结”为名保存在计算机桌面上，其具体操作如下。

（1）单击桌面“开始”按钮，在“开始”菜单中找到 PowerPoint 2016，单击 PowerPoint 2016 图标，打开 PowerPoint 2016 的“开始”窗口，在其中单击“空白演示文稿”，启动 PowerPoint 2016。

（2）选择“文件”/“新建”命令，在“新建”窗口（如图 9-18 所示）中选择“平面”选项，弹出平面主题预览窗口。选择预览窗口右边第一行、第二列的选项，单击“创建”按钮 ，如图 9-19 所示，打开以“平面”为主题的演示文稿。

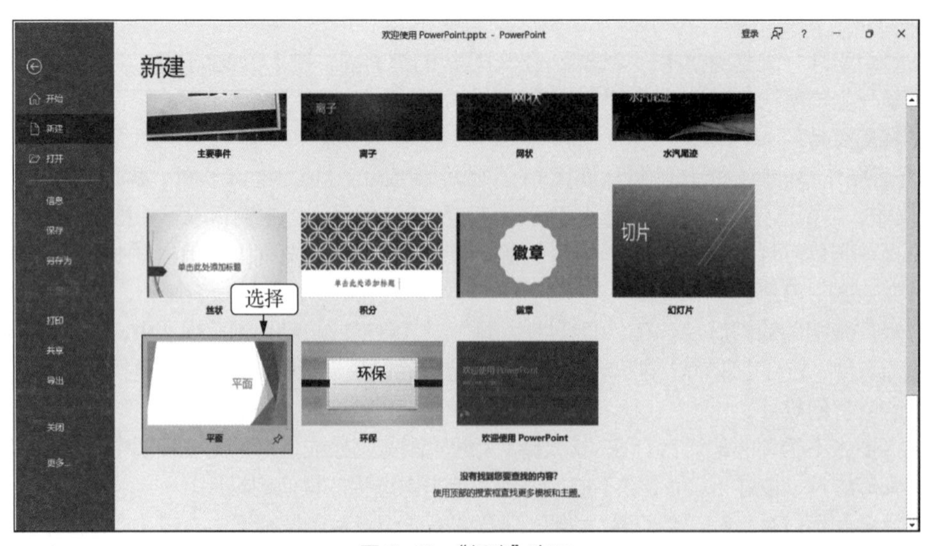

图 9-18　“新建”窗口

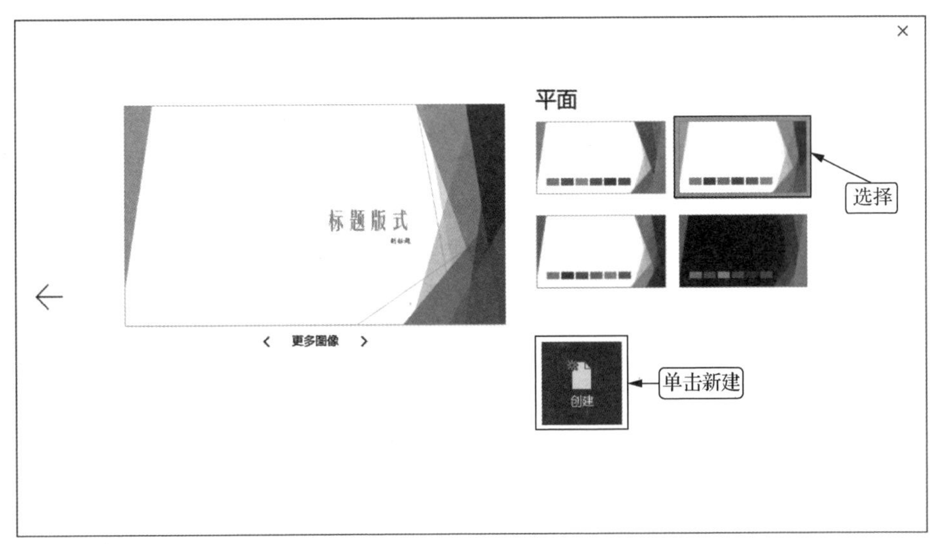

图 9-19 选定主题

（3）在快速访问工具栏中单击“保存”按钮，打开“另存为”窗口，单击 “浏览”按钮，打开“另存为”对话框。在“另存为”对话框左侧的导航窗格中列出了几个可以折叠/展开的类别，单击“桌面”选项，在“文件名”文本框中输入“工作总结”，在“保存类型”下拉列表中选择“PowerPoint 演示文稿”选项，单击保存(S)按钮，如图 9-20 所示。

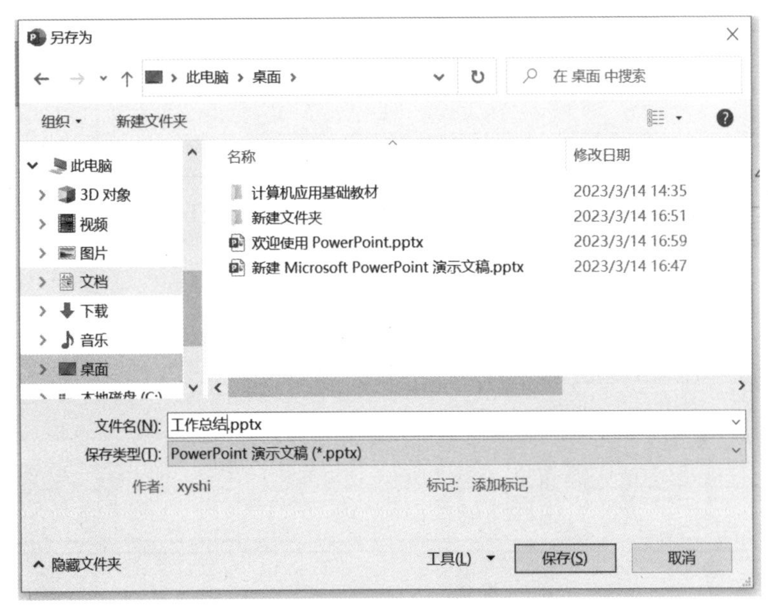

图 9-20 设置保存参数

（二）设置幻灯片母版

对幻灯片母版的修改会应用到与其关联的各个版式母版。具体操作如下。

（1）在“视图”/“母版视图”组中单击“幻灯片母版”按钮。此时将激活“幻灯片母版”选项卡。选择第一个版式，选择母版标题文本框，设置字号为“48”；选择下面的文本框，设置字号为“28”。

（2）选择内容与标题版式，将左侧的标题文字的字号设置为“48”，将下面的文本字号设置为“28”。

（3）退出幻灯片母版视图，在“幻灯片母版”/“关闭”组中单击“关闭母版视图”按钮。

（三）新建幻灯片并输入文本

微课 9-3　新建幻灯片并输入文本

下面将制作前两张幻灯片，首先在标题幻灯片中输入主标题和副标题文本，然后新建第 2 张幻灯片，其版式为“内容与标题”，再在各占位符中输入演示文稿的目录内容，其具体操作如下。

（1）新建的演示文稿中有一张标题幻灯片，在“单击此处添加标题”占位符中单击，其中的文字将自动消失，切换到中文输入法，输入“工作总结”。

（2）在副标题占位符中单击，然后输入“2022 年度 技术部王林”，如图 9-21 所示。

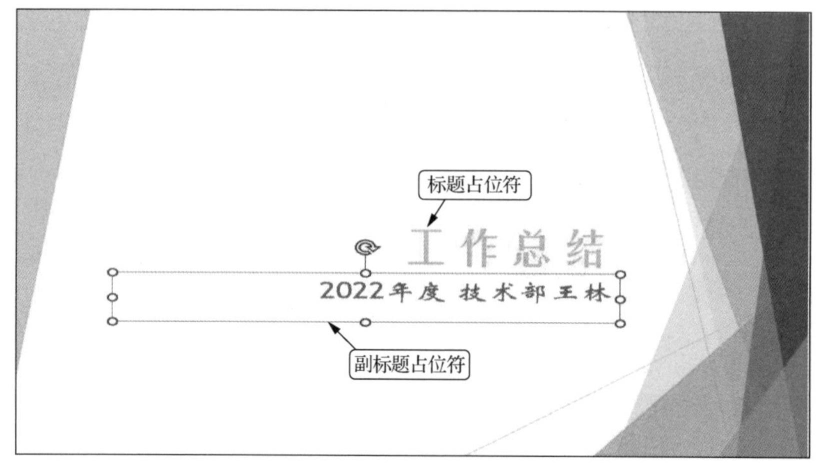

图 9-21　制作标题幻灯片

（3）在“幻灯片”浏览窗格中将鼠标光标定位到标题幻灯片后，在“开始”/“幻灯片”组中，单击“新建幻灯片”按钮下方的下拉按钮，在打开的下拉列表中选择“内容与标题”选项，如图 9-22 所示。

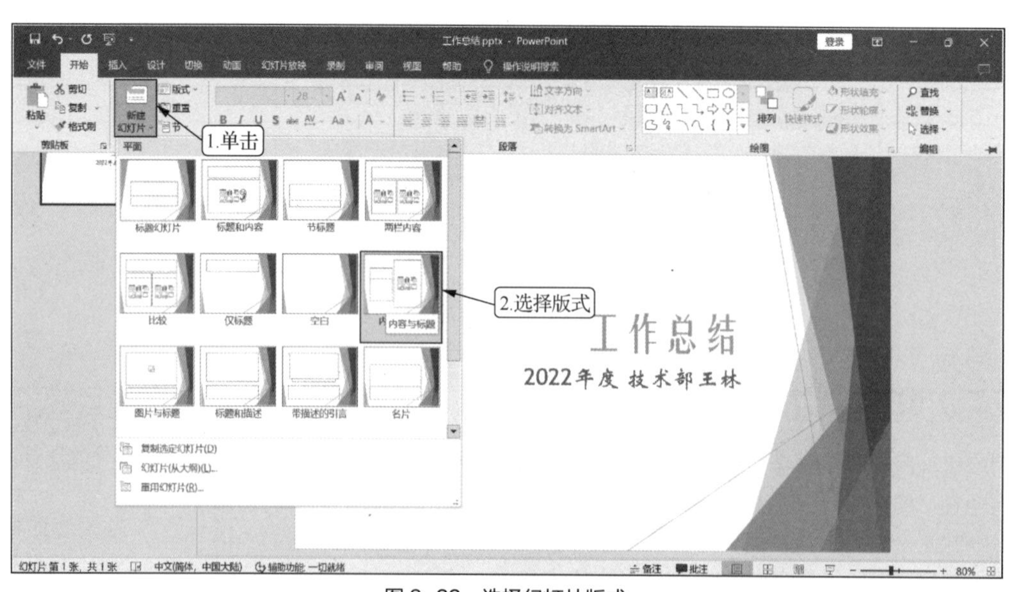

图 9-22　选择幻灯片版式

（4）在标题幻灯片后新建一张“内容与标题”版式的幻灯片，如图 9-23 所示。然后在各占位符中输入图 9-24 所示的文本，在右边的内容占位符中输入文本时，系统默认在文本前添加项目符号，用户无须手动添加，按【Enter】键对文本进行分段，完成第 2 张幻灯片的制作。

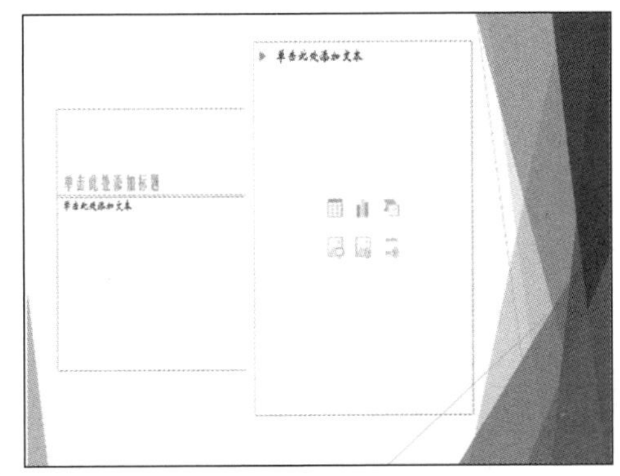

图 9-23　新建的幻灯片版式

图 9-24　输入文本

（四）文本框的使用

下面将制作第 3 张幻灯片，首先新建一张版式为“标题和内容”的幻灯片，然后在占位符中输入内容，并删除文本占位符前的项目符号，再在幻灯片右上角插入一个横排文本框，在其中输入文本内容，其具体操作如下。

微课 9-4　文本框的使用

（1）在“幻灯片”浏览窗格中将鼠标光标定位到第 2 张幻灯片后，在“开始”/“幻灯片”组中单击“新建幻灯片”按钮下方的下拉按钮，在打开的下拉列表中选择“标题和内容”选项，新建一张幻灯片。

（2）在标题占位符中单击并输入文本“引言”，将鼠标光标定位到文本占位符中，按【BackSpace】键，删除插入点前的项目符号。

（3）输入引言下的所有文本。

（4）在“插入”/“文本”组中单击“文本框”按钮下方的下拉按钮，在打开的下拉列表中选择绘制“横排文本框”选项。

（5）此时鼠标光标呈↓形状，移动鼠标光标到幻灯片右上角单击定位插入点，输入文本“帮助、感恩、成长”，字号设置为“24”，效果如图 9-25 所示。

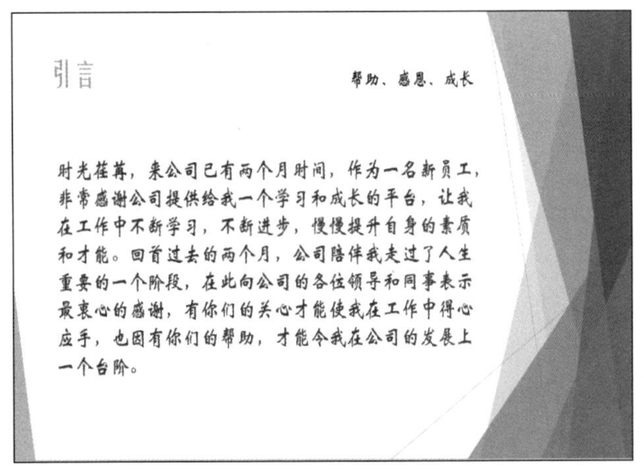

图 9-25　第 3 张幻灯片效果

（五）复制并移动幻灯片

微课 9-5　复制并移动幻灯片

下面将制作第 4～12 张幻灯片，首先新建 8 张幻灯片，然后分别在其中输入需要的内容，再复制第 1 张幻灯片到最后，最后调整第 4 张幻灯片的位置到第 6 张后面，其具体操作如下。

（1）在“幻灯片”浏览窗格中选择第 3 张幻灯片，按 8 次【Enter】键，新建 8 张幻灯片。

（2）分别在 8 张幻灯片的标题占位符和文本占位符中单击并输入需要的内容。

（3）选择第 1 张幻灯片，按【Ctrl+C】组合键，然后在第 11 张幻灯片后按【Ctrl+V】组合键，在第 11 张幻灯片后增加一张幻灯片，其内容与第 1 张幻灯片完全相同，如图 9-26 所示。

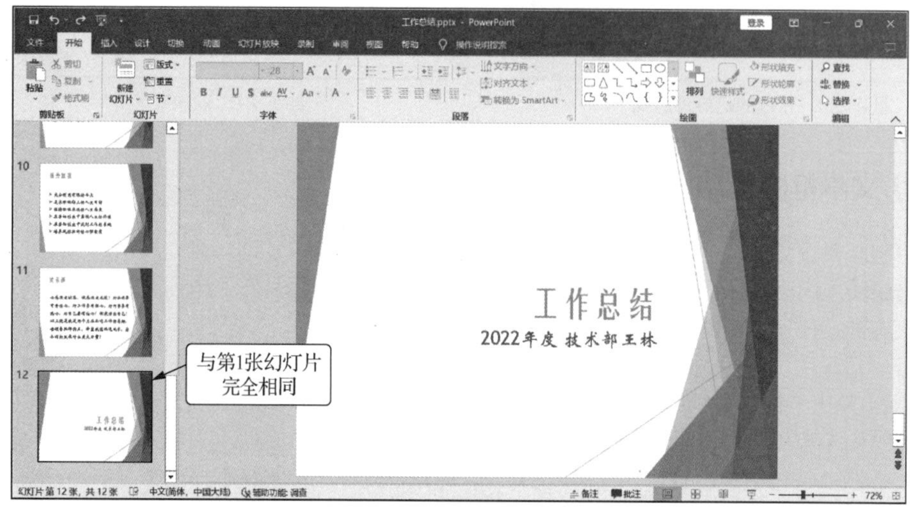

图 9-26　复制幻灯片

（4）选择第 4 张幻灯片，按住鼠标左键不放，拖曳到第 6 张幻灯片后释放，此时第 4 张幻灯片将移动到第 6 张幻灯片后，如图 9-27 所示。

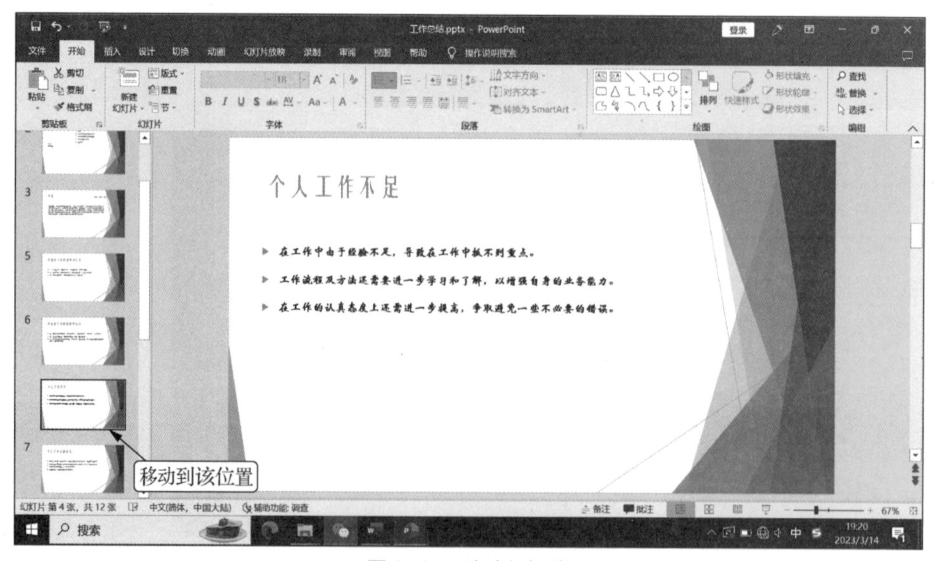

图 9-27　移动幻灯片

（六）编辑文本

下面将编辑第 10 张幻灯片和第 12 张幻灯片。首先在第 10 张幻灯片中移动文本的位置，然后复制文本并对其内容进行修改；在第 12 张幻灯片中对标题文本进行修改，再删除副标题文本。其具体操作如下。

（1）选择第 10 张幻灯片，在右侧幻灯片窗格中选择第一段和第二段文本，按住鼠标左键不放，此时鼠标指针变为 形状，拖曳文本到第四段文本前，将选择的第一段和第二段文本移动到原来的第四段文本前，如图 9-28 所示。

图 9-28 移动文本

（2）选择调整后的第四段文本，按【Ctrl+C】组合键或在选择的文本上右击，在弹出的快捷菜单中选择“复制”命令。

（3）选择第五段文本，按【Ctrl+V】组合键，或在选择的文本上右击，在弹出的快捷菜单中选择“粘贴”命令，将选择的第四段文本复制到第五段，如图 9-29 所示。

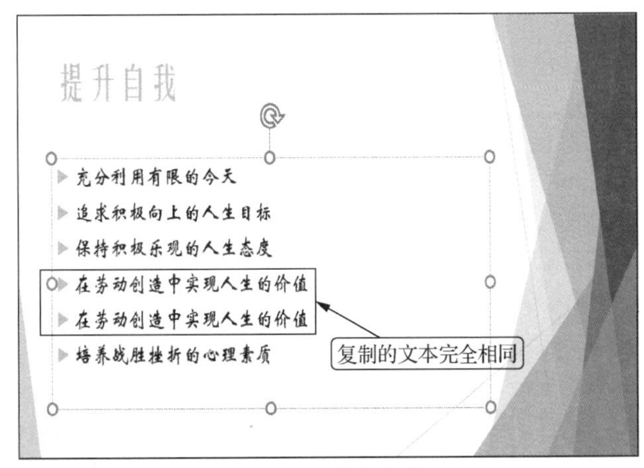

图 9-29 复制文本

（4）将鼠标光标定位到复制后的第五段文本的“中”字后，删除“实现人生的价值”，然后输入“找到工作的乐趣”，最终效果如图 9-30 所示。

（5）选择第 12 张幻灯片，在幻灯片窗格中选择原来的标题“工作总结”，然后输入“谢谢”，将在删除原有文本的基础上修改成新文本；选择副标题中的文本，按【Delete】键或【BackSpace】键删除，如图 9-31 所示，完成演示文稿的制作。

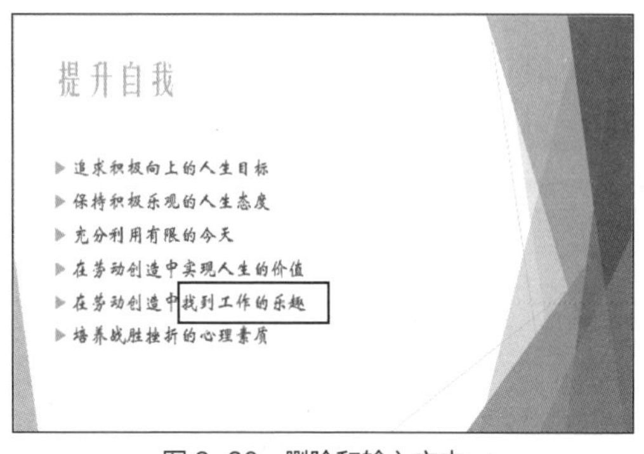

图 9-30　删除和输入文本

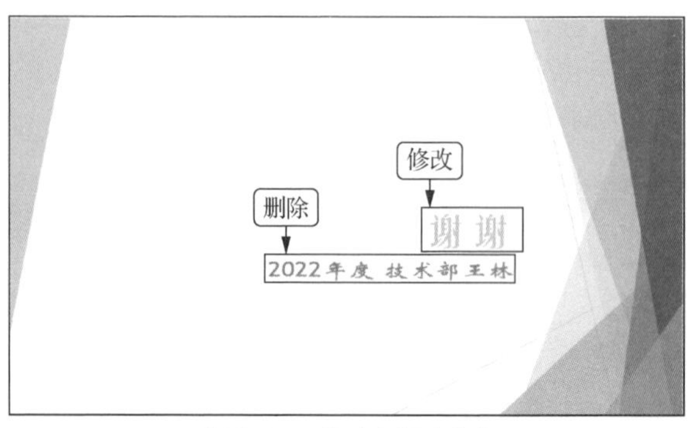

图 9-31　修改和删除文本

提 示　**在副标题占位符中删除文本后，将显示“单击此处添加副标题”文本，此时可不处理，在放映时将不会显示其中的内容。用户也可选择该占位符，按【Delete】键将其删除。**

任务二　编辑产品上市策划演示文稿

任务要求

王林所在的公司最近开发了一款新的果汁饮品，产品在原材料、加工工艺、产品包装等方面都可圈可点，现在产品已准备上市。公司企划部为这次上市的产品进行立体包装，希望产品能迅速打开市场。现在方案已基本制作完成，需要在公司内部审查通过。王林作为企划部的一员，负责将方案制作为演示文稿，王林已编辑完成演示文稿。图 9-32 所示为编辑完成后的“产品上市策划”演示文稿效果。编辑产品上市策划演示文稿的具体要求如下。

- 在第 4 张幻灯片中将第 2、3、4、6、7、8 段正文文本降级，然后设置降级文本的字体格式为“楷体、22”，设置未降级文本的颜色为“红色”。
- 在第 2 张幻灯片中插入一个样式为第 4 行第 3 列的艺术字“目录”。移动艺术字到幻灯片顶部，再设置其字体为“华文琥珀”，使用图片“橙汁”填充艺术字，设置其映像效果为“紧密映像：8 磅偏移量”。
- 在第 4 张幻灯片中插入“饮料瓶”图片，缩小后放在幻灯片右边，图片向左旋转一点，再删除其白色背景，并设置阴影效果为“透视：左上”；在第 11 张幻灯片中插入联机图片。
- 在第 6、7 张幻灯片中新建 SmartArt 图形，分别为“分段循环”“棱锥型列表”，输入文字，为第 7 张幻灯片中的 SmartArt 图形添加形状，并输入文字。接着将第 8 张幻灯片中的 SmartArt 图形布局改为“圆箭头流程”，SmartArt 图形样式为“金属场景”，设置其艺术字样式为第 1 排最后 1 个选项。
- 在第 9 张幻灯片中绘制房子，在矩形中输入“学校”，设置格式为“黑体、20、深蓝”；绘制五边形，输入“分杯赠饮”，设置格式为“楷体、加粗、28、白色、居中”；使文字距离文本框上方 0.5 厘米；设置房子的快速样式为第 3 排第 3 个选项；组合绘制的图形，向下垂直复制两个，再分别修改其中的文字。

- 在第 10 张幻灯片中制作 5 行 4 列的表格，输入内容后增加表格的行距，在最后一列和最后一行后各增加一列和一行，并输入文本，合并最后一行中除最后一个单元格外的所有单元格，设置该行底纹颜色为“浅蓝”；为第一个单元格绘制一条白色的斜线，设置表格单元格凹凸效果为“圆形”。
- 在第 1 张幻灯片中插入一个跨幻灯片循环播放的音乐文件，并设置声音图标在播放时不显示。

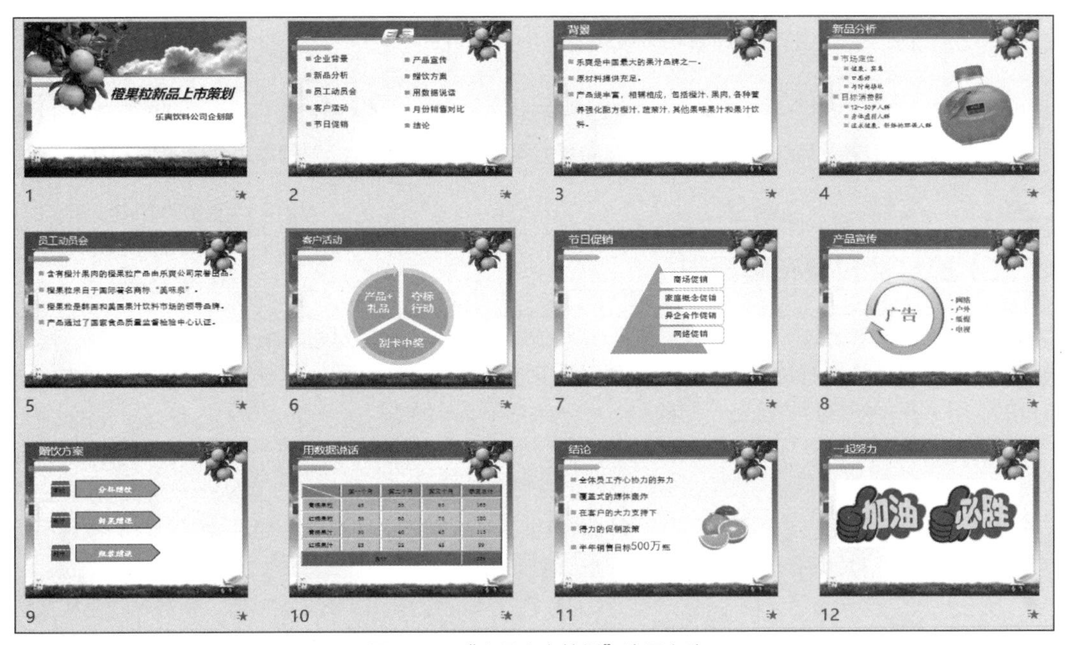

图 9-32 “产品上市策划”演示文稿

相关知识

（一）幻灯片文本设计原则

文本是制作演示文稿重要的元素之一，不仅要美观，还要符合演示文稿的需求，如根据演示文稿的类型设置文本的字体、为了方便查看而设置相对较大的字号等。

1. 字体设计原则

字体搭配效果，与演示文稿的阅读性和感染力息息相关。实际上，字体设计也有一定的原则，下面介绍 5 种常见的字体设计原则。

- 幻灯片标题字体宜为容易阅读的较粗的字体，正文使用比标题更细的字体，以区分主次。
- 在搭配字体时，标题和正文尽量选用常用的字体，而且还要考虑标题字体和正文字体的搭配效果。
- 在演示文稿中如果要使用英文字体，可选择 Arial 与 Times New Roman 两种英文字体。
- PowerPoint 不同于 Word，其正文内容不宜过多，正文中只列出重点标题即可，其余扩展内容可留给演示者临场发挥。
- 在商业会议、培训等较正式的场合，可使用较正规的字体，如标题使用方正粗宋简体、黑体和方正综艺简体等，正文可使用微软雅黑、方正细黑简体和宋体等；在一些相对较轻松的场合，其字体可随意一些，如可使用方正粗倩简体、楷体（加粗）和方正卡通简体等。部分字体需在官方网站下载使用。

2. 字号设计原则

在演示文稿中，字体的大小不仅会影响观众接收信息的多少，还会影响演示文稿的专业度，因此，字号的设计也非常重要。

字号还需根据演示文稿演示的场合和环境来决定，因此在选择字号时要注意以下两点。

- 如果进行演示的场地较大，观众较多，那么幻灯片中的字号就应该较大，要保证处于最远位置的人都能看清幻灯片中的文字。此时，标题建议使用36号以上的字号，正文使用28号以上的字号。为了保证观众更易查看，一般情况下，演示文稿中的字号不应小于20号。
- 同类型和同级别的标题和文本内容要设置同样的字号，这样可以保证内容的连贯性，让观众更容易把信息归类，也更容易理解和接收信息。

注意

除了字体、字号，对文本显示影响较大的元素还有颜色。文本的颜色一般应与背景颜色反差较大，从而方便查看。另外，演示文稿中最好用统一的文本颜色，对需重点突出的文本使用其他的颜色。

（二）幻灯片对象布局原则

幻灯片中除了文本之外，还包含图片、形状和表格等对象，在幻灯片中合理使用这些元素，将这些元素有效地布局在各张幻灯片中，不仅可以使演示文稿更加美观，还可以提升演示文稿的说服力，达到其应有的作用。布局幻灯片中的各个对象时，可考虑如下5个原则。

- 画面平衡。布局幻灯片时应尽量保证幻灯片画面的平衡，避免左重右轻、右重左轻或头重脚轻等现象。
- 布局简单。虽然说一张幻灯片是由多种对象组合在一起的，但在一张幻灯片中对象的数量不宜过多，否则幻灯片就会显得很复杂，不利于信息的传递。
- 统一和谐。同一演示文稿中各张幻灯片的标题文本的位置，以及文字字体、字号、颜色和页边距等应尽量统一，不能随意设置，以避免破坏幻灯片的整体效果。
- 强调主题。要想使观众快速对幻灯片表达的内容产生共鸣，可通过颜色、字体、样式等对幻灯片中要表达的核心内容进行强调。
- 内容简练。幻灯片只是辅助演讲者传递信息的工具，而且人在短时间内可接收并记忆的信息量并不多，因此，在一张幻灯片中只需列出要点或核心内容。

任务实现

（一）设置幻灯片中的文本格式

下面将打开"产品上市策划.pptx"演示文稿，在第4张幻灯片中将第2、3、4、6、7、8段正文文本降级，然后设置降级文本的字体格式为"楷体、22"，设置未降级文本的颜色为"红色"，其具体操作如下。

（1）选择"文件"/"打开"命令，此时将打开"打开"窗口。单击"浏览"按钮，打开"打开"对话框，选择"产品上市策划.pptx"演示文稿，单击 打开(O) 按钮。

（2）在"幻灯片"浏览窗格中选择第4张幻灯片，再在右侧窗格中选择第2、3、4段正文文本，按【Tab】键，将选择的文本降级。

（3）保持文本的选择状态，选择"开始"/"字体"组，在"字体"下拉列表中选择"楷体"选项，在"字号"下拉列表中输入"22"，如图9-33所示。

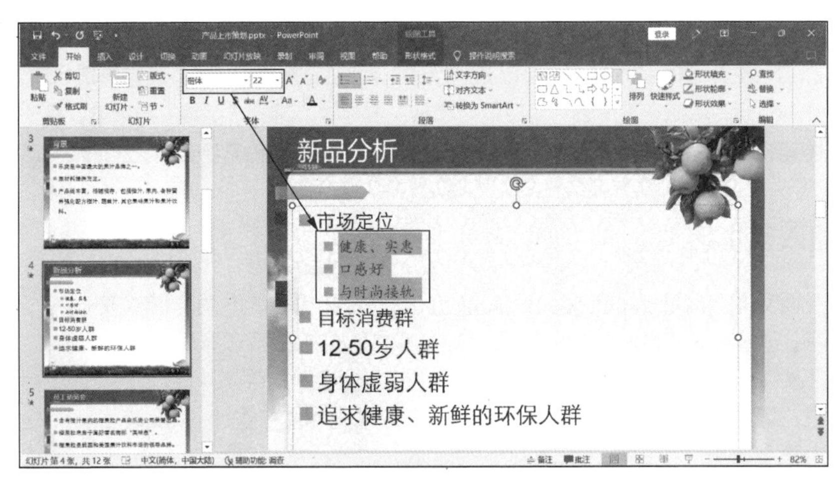

图 9-33 设置字体、字号

（4）保持文本的选择状态，选择“开始”/“剪贴板”组，单击“格式刷”按钮，此时鼠标指针变为形状。

（5）选择第 6、7、8 段正文文本，为其应用 2、3、4 段正文文本格式，如图 9-34 所示。

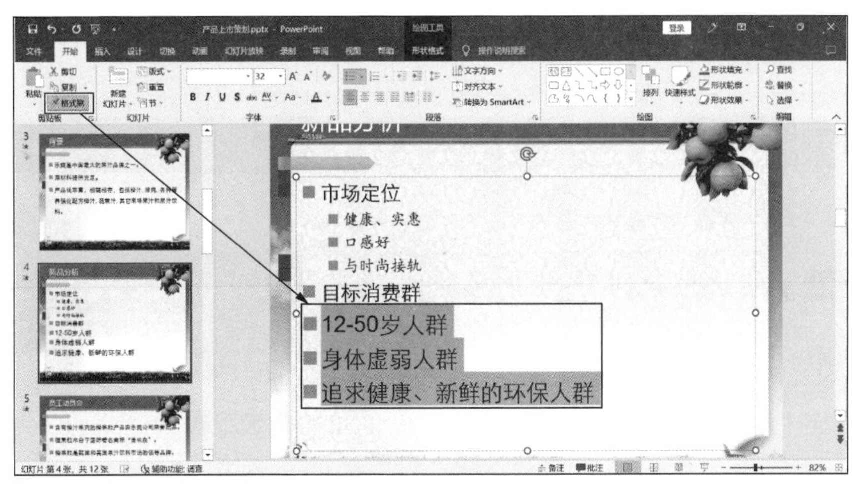

图 9-34 使用格式刷

（6）选中未降级的两段文本，在“开始”/“字体”组中，单击“字体颜色”按钮右侧的下拉按钮，在打开的下拉列表中选择“红色”选项，效果如图 9-35 所示。

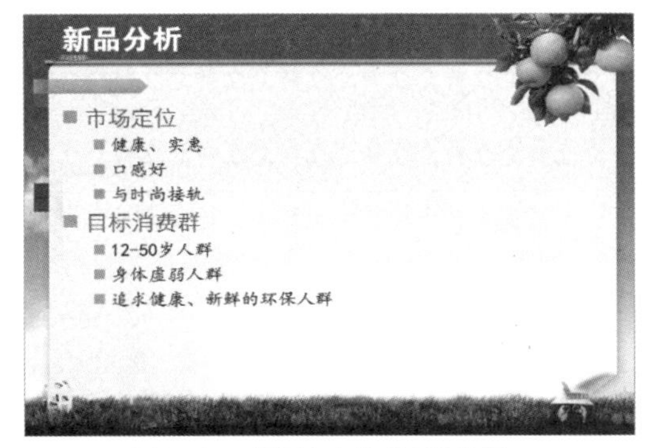

图 9-35 设置文本格式后的效果

微课 9-7 设置幻灯片中的文本格式

提 示 要想设置更详细的字体格式，可以在“字体”对话框中进行设置。其方法是：选择“开始”/“字体”组，单击右下角的“对话框启动器”图标，打开“字体”对话框，在“字体”选项卡中不仅可设置字体格式，在“字符间距”选项卡中还可设置字与字之间的距离。

（二）插入艺术字

微课 9-8　插入艺术字

艺术字比普通文本拥有更多的美化和设置功能，如渐变的颜色，不同的形状效果、立体效果等。艺术字在演示文稿中使用得十分频繁。下面将在第 2 张幻灯片中输入艺术字“目录”，要求样式为第 4 行第 3 列的效果，移动艺术字到幻灯片顶部，再设置其字体为“华文琥珀”，然后设置艺术字的填充效果为图片“橙汁”，设置艺术字映像效果为第 3 行第 1 列的效果，其具体操作如下。

（1）选择第 2 张幻灯片，选择“插入”/“文本”组，单击“艺术字”按钮下方的下拉按钮，在打开的下拉列表中选择第 4 行的第 3 个艺术字效果。

（2）将出现一个艺术字占位符，在“请在此放置您的文字”占位符中单击，输入“目录”。

（3）将鼠标指针移动到“目录”文本框四周的非控制点上，鼠标指针变为形状，按住鼠标左键不放，拖曳艺术字至幻灯片顶部，将艺术字“目录”移动到适当的位置。

（4）选择“目录”艺术字，选择“开始”/“字体”组，在“字体”下拉列表中选择“华文琥珀”选项，修改艺术字的字体，如图 9-36 所示。

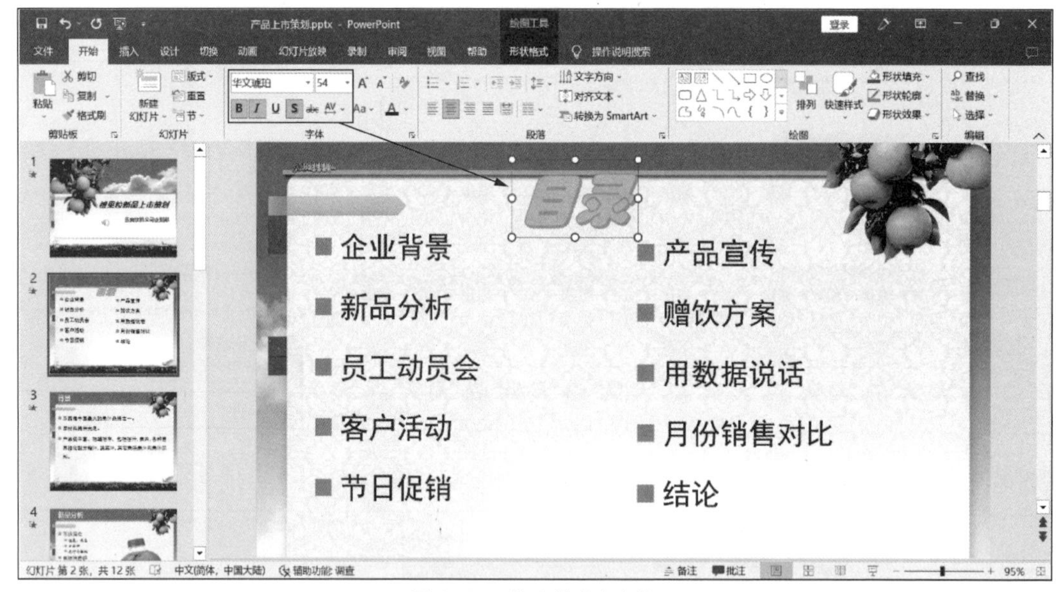

图 9-36　修改艺术字字体

（5）保持文本的选择状态，此时将自动激活“绘图工具-形状格式”选项卡，在“绘图工具-形状格式”/“艺术字样式”组中单击“文本填充”按钮右侧的下拉按钮，在打开的下拉列表中选择“图片”选项，打开“插入图片”对话框，单击“从文件”后面的“浏览”按钮，在打开的对话框中选择需要填充到艺术字的图片“橙汁”，单击 插入(S) 按钮。

（6）在“绘图工具-形状格式”/“艺术字样式”组中单击“文本效果”按钮右侧的下拉按钮，在打开的下拉列表中选择“映像”/“紧密映像：8 磅偏移量”选项，如图 9-37 所示，最终效果如图 9-38 所示。

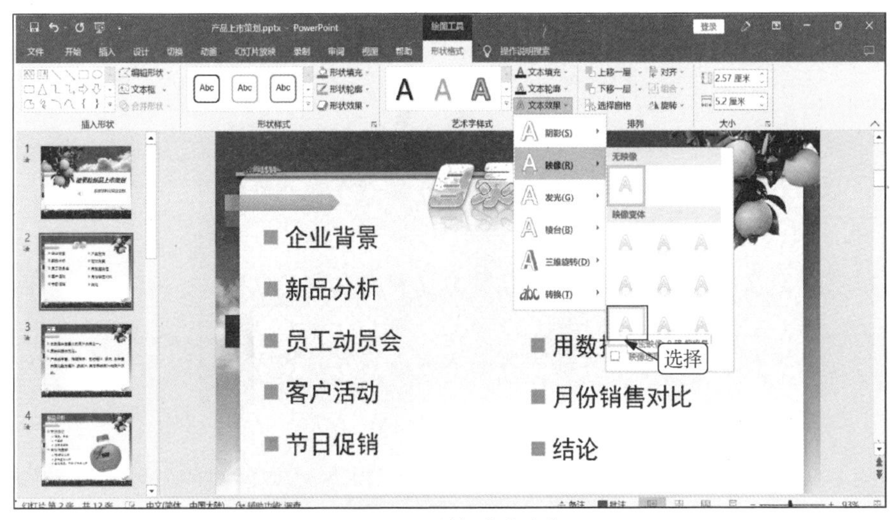

图 9-37 选择文本映像

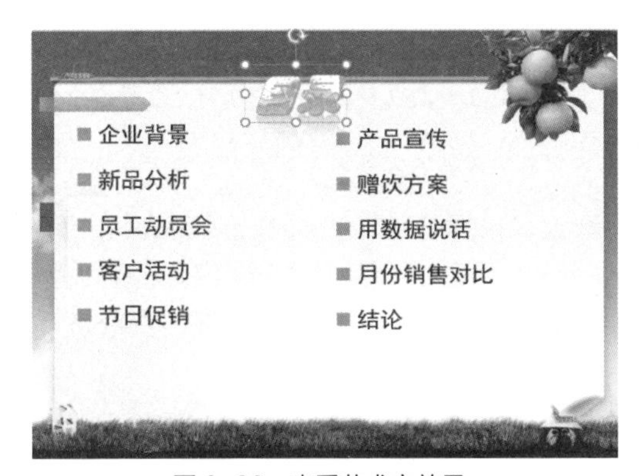

图 9-38 查看艺术字效果

提 示 **选择输入的艺术字，在激活的“绘图工具-形状格式”选项卡中还可设置艺术字的多种效果，其设置方法基本类似，如在“绘图工具-形状格式”/“艺术字样式”组中单击“文本效果”按钮右侧的下拉按钮，在打开的下拉列表中选择“转换”选项，在打开的子列表中将显示所有变形的艺术字效果，选择任意一个，即可为艺术字设置该变形效果。**

（三）插入图片

图片是演示文稿中非常重要的一部分，在幻灯片中可以插入计算机中保存的图片，也可以插入联机图片。下面将在第 4 张幻灯片中插入“饮料瓶”图片，只需选择图片，将其缩小后放在幻灯片右边，图片向左旋转一点，再删除其白色背景，并设置阴影效果为“透视：左上”；在第 11 张幻灯片中插入联机图片，其具体操作如下。

微课 9-9 插入图片

（1）在“幻灯片”浏览窗格中选择第 4 张幻灯片，选择“插入”/“图像”组，单击“图片”按钮，选择插入图片来自“此设备”。

（2）打开“插入图片”对话框，选择需插入图片的保存位置，选择“饮料瓶”图片，单击 插入(S) 按钮，如图 9-39 所示。

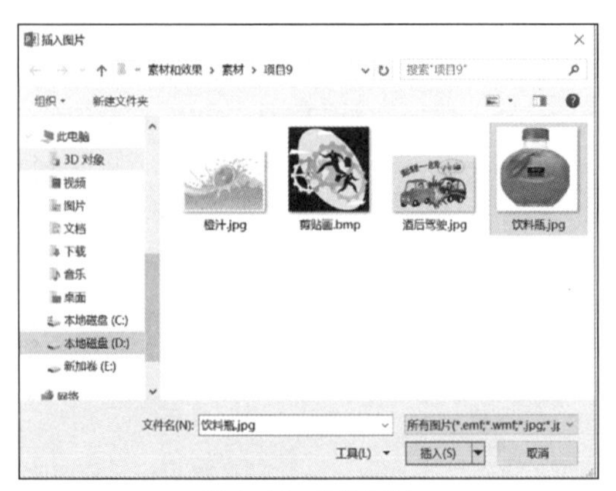

图 9-39　插入图片

（3）返回 PowerPoint 2016 工作界面即可看到插入图片后的效果。将鼠标指针移动到图片四角的圆形控制点上，拖曳调整图片大小。

（4）选择图片，将鼠标指针移到图片任意位置，当鼠标指针变为✥形状时，拖曳图片到幻灯片右侧的空白位置，如图 9-40 所示。

（5）将鼠标指针移动到图片上方的控制点上，当鼠标指针变为⟳形状时，向左拖曳图片使其向左旋转一定角度。

提 示　**除了图片之外，前面讲解的占位符和艺术字，以及后面即将讲到的形状等，被选择后在对象的四周、中间，以及上面都会出现控制点，拖曳对象四角的控制点可放大或缩小对象；拖曳四边中间的控制点，可向一个方向缩放对象；拖曳上方的绿色控制点，可旋转对象。**

（6）保持图片的选择状态，在“图片工具-图片格式”/“调整”组中单击“删除背景”按钮，在幻灯片中拖曳图片每一边中间的控制点，使饮料瓶的所有内容显示出来，如图 9-41 所示。

图 9-40　移动图片

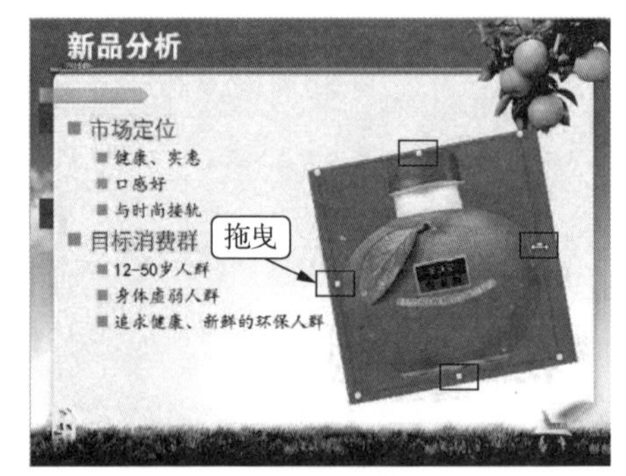

图 9-41　显示饮料瓶所有内容

（7）在“背景消除”/“关闭”组中单击“保留更改”按钮✓，饮料瓶的白色背景将消失。

（8）在“图片工具-图片格式”/“图片样式”组中单击“图片效果”按钮，在打开的下拉列表中选择“阴影”/“透视：左上”选项，为图片设置阴影后的效果如图 9-42 所示。

（9）选择第 11 张幻灯片，在“插入”/“图像”组中单击“联机图片”按钮，打开“插入图片”对话框，在“搜索必应”文本框中，输入“橙子”关键字，单击搜索，将显示搜索结果，选中要插入的图片，单击 插入(S) 按钮，该图片将插入幻灯片的占位符中。选中插入的图片，在“图片工具-图片格式”/“调整”组中单击“删除背景”按钮，最终效果如图 9-43 所示。也可以插入与主题相符的其他在线图片。

图 9-42 设置阴影

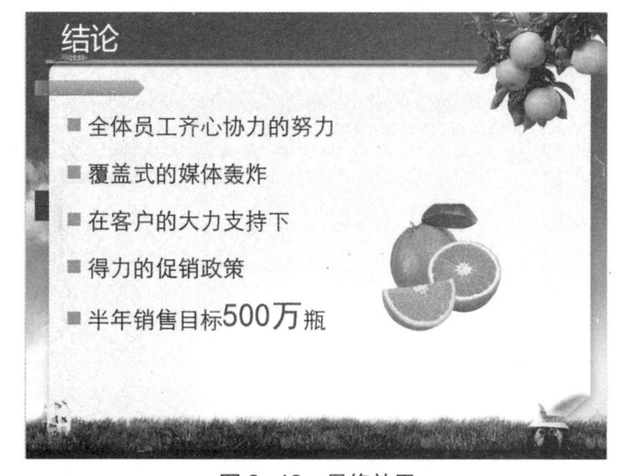

图 9-43 最终效果

注意 **图片、联机图片、SmartArt 图形、表格等都可以通过选项卡或占位符插入，这两种方法是插入幻灯片中各对象的通用方式。**

（四）插入 SmartArt 图形

微课 9-10 插入 SmartArt 图形

SmartArt 图形用于表明各种事物之间的关系，它在演示文稿中使用得非常广泛，SmartArt 图形是从 PowerPoint 2007 开始新增的功能。下面将在第 6、7 张幻灯片中新建 SmartArt 图形，分别为“分段循环”和“棱锥型列表”，然后输入文字，为第 7 张幻灯片中的 SmartArt 图形添加一个形状，并输入文字“网络促销”。接着编辑第 8 张幻灯片已有的 SmartArt 图形，包括更改布局为“圆箭头流程”，设置 SmartArt 图形样式为“金属场景”，设置艺术字样式为第 1 排最后 1 个选项，其具体操作如下。

（1）在“幻灯片”浏览窗格中选择第 6 张幻灯片，在“插入”/“插图”组中单击“SmartArt 图形”按钮。

（2）打开“选择 SmartArt 图形”对话框，在左侧单击“循环”选项，在中间选择第 2 行第 3 列“分段循环”选项，单击 确定 按钮，如图 9-44 所示。

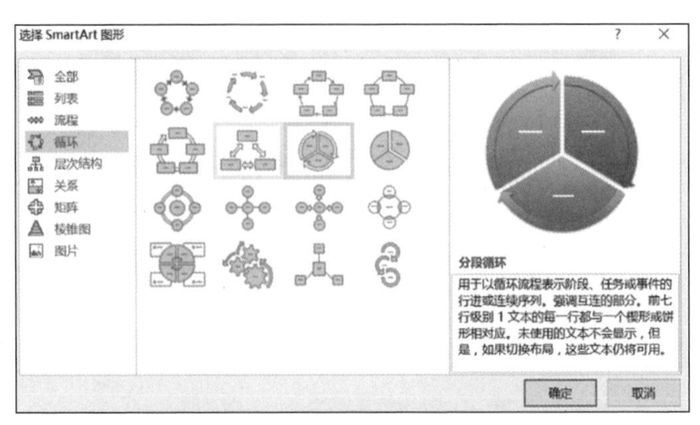

图 9-44　选择 SmartArt 图形

（3）此时在占位符处插入一个“分段循环”样式的 SmartArt 图形，该图形主要由 3 部分组成，在每一部分的“文本”处分别输入“产品+礼品”“夺标行动”“刮卡中奖”，如图 9-45 所示。

图 9-45　输入文本内容

（4）选择第 7 张幻灯片，选中内容文本框，按【Delete】键将其删除，在“插入”/“插图”组中单击“SmartArt”图形按钮 。

（5）打开“选择 SmartArt 图形”对话框，在左侧单击“棱锥图”选项，在中间选择“棱锥型列表”选项，单击 确定 按钮。

（6）在幻灯片中插入了一个棱锥型列表，分别在各个文本提示框中输入对应文字。

（7）在最后一项文本上右击，在弹出的快捷菜单中选择“添加形状”/“在后面添加形状”命令，如图 9-46 所示。

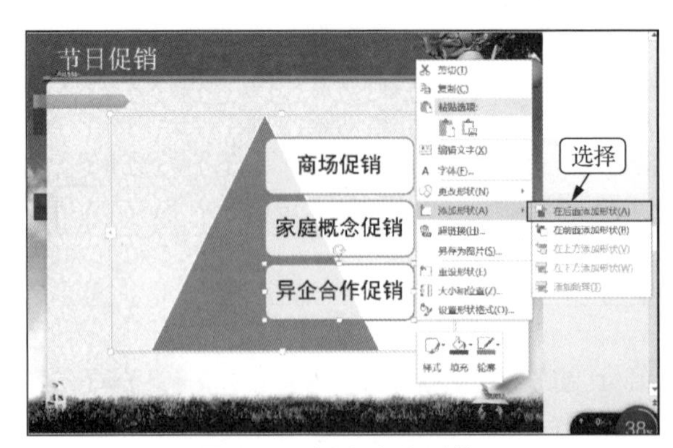

图 9-46　在后面添加形状

（8）插入点自动定位到新添加的形状中，输入文本“网络促销”。

（9）选择第 8 张幻灯片，选中内容文本框，激活“SmartArt 工具-SmartArt 设计”选项卡，在“SmartArt 工具-SmartArt 设计”/“版式”组中间的列表中选择“圆箭头流程”选项。

（10）在“SmartArt 工具-SmartArt 设计”/“SmartArt 样式”组中间的列表中选择“金属场景”选项，如图 9-47 所示。

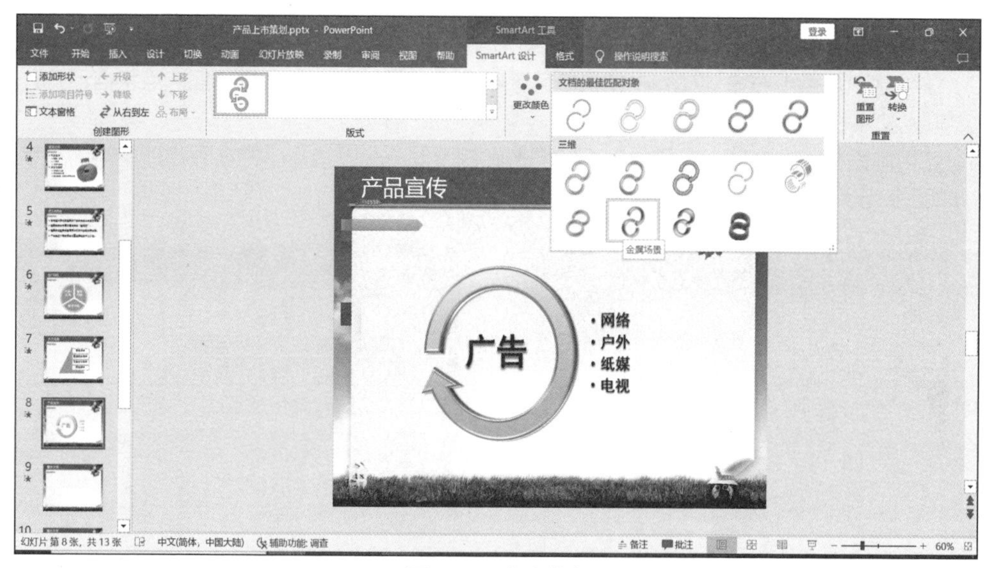

图 9-47　修改样式

（11）在“SmartArt 工具-格式”/“艺术字样式”组中间的列表中选择第 1 排的最后 1 个选项，最终效果如图 9-48 所示。

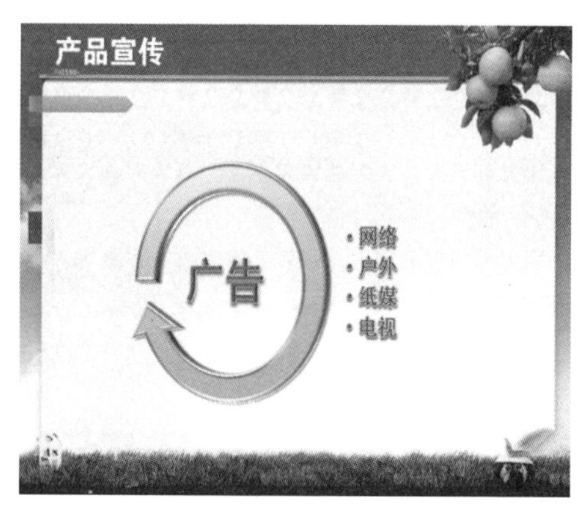

图 9-48　设置艺术字样式

（五）插入形状

微课 9-11　插入形状

形状是 PowerPoint 2016 提供的基础图形，通过基础图形的绘制、组合，有时可达到比图片和系统预设的 SmartArt 图形更好的效果。下面将通过绘制梯形和矩形，组合成房子的形状，在矩形中输入文字“学校”，设置文字的字体为“黑体”，字号为“20”，颜色为“深蓝”，取消“倾斜”；绘制一个五边形，输入文字“分杯赠饮”，设置字体为“楷体”，字形为“加粗”，字号为“28”，颜色为“白色”，段落居中，使文字距离文本框上方 0.5 厘米；设置房子的快速样式为第 3 排的第 3 个选项；组合绘制的几个图形，向下垂直复制两个，再分别修改其中的文字。其具体操作如下。

（1）选择第 9 张幻灯片，选中内容文本框，按【Delete】键将其删除。在“插入”/“插图”组中单击“形状”按钮，在打开的下拉列表中选择“基本形状”栏中的“梯形”选项，此时鼠标指针变为十形状，在幻灯片左上方拖曳鼠标绘制一个梯形，作为房顶，如图 9-49 所示。

（2）在“插入”/“插图”组中单击“形状”按钮，在打开的下拉列表中选择“矩形”栏中的“矩形”选项，然后在绘制的梯形下方绘制一个矩形，作为房子的主体。

（3）在绘制的矩形上右击，在弹出的快捷菜单中选择“编辑文字”命令，插入点将自动定位到矩形中，此时输入文本“学校”。

（4）使用前面相同的方法，在已绘制好的图形右侧绘制一个五边形，并在五边形中输入文字“分杯赠饮”，如图 9-50 所示。

图 9-49　绘制房顶

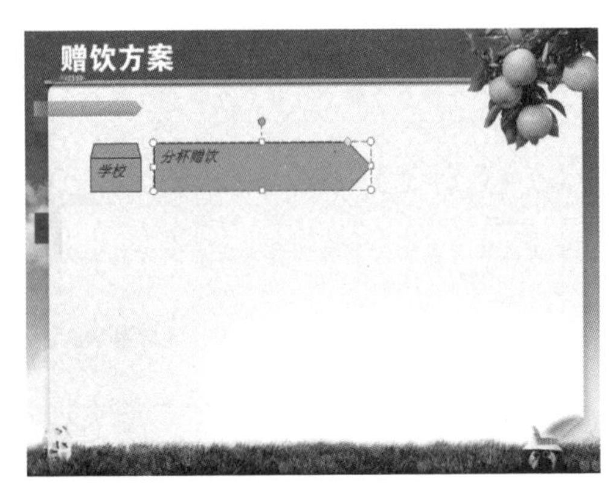

图 9-50　绘制图形并输入文字

（5）选择“学校”文本，在“开始”/“字体”组的“字体”下拉列表中选择“黑体”选项，在“字号”下拉列表中选择“20”选项，单击“颜色”按钮右侧的下拉按钮，在打开的下拉列表中选择“深蓝”选项，单击“倾斜”按钮，取消文本的倾斜状态。

（6）使用相同方法，设置五边形中的文字字体为“楷体”、字形为“加粗”，字号为“28”，颜色为“白色”，取消倾斜。在“开始”/“段落”组中单击“居中”按钮，将文字在五边形中水平居中对齐。

（7）保持五边形中文字的选择状态，右击，在弹出的快捷菜单中选择“设置形状格式”命令，打开“设置形状格式”任务窗格，单击“文本选项”选项卡，单击“文本框”按钮，在“文本框”栏的“上边距”数值框中输入“0.5 厘米”，使文字在五边形中垂直居中，如图 9-51 所示。

图 9-51　设置形状格式

（8）选择左侧绘制的房子图形，在“绘图工具-形状格式”/“形状样式”组中间的列表中选择第 3 排的第 3 个选项，快速更改房子的填充颜色和边框颜色。

（9）选择左侧的房子图形、右侧的五边形图形，右击，在弹出的快捷菜单中选择“组合”/“重新组合”命令，将绘制的 3 个形状组合为一个图形，如图 9-52 所示。

（10）选择组合的图形，按住【Ctrl】键和【Shift】键不放，向下拖曳鼠标，再复制两个组合的图形。

（11）对所复制图形中的文本进行修改，修改后的文本如图 9-53 所示。

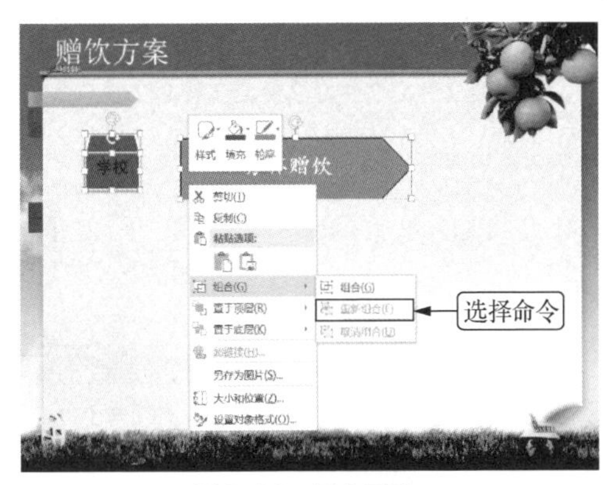

图 9-52　组合图形

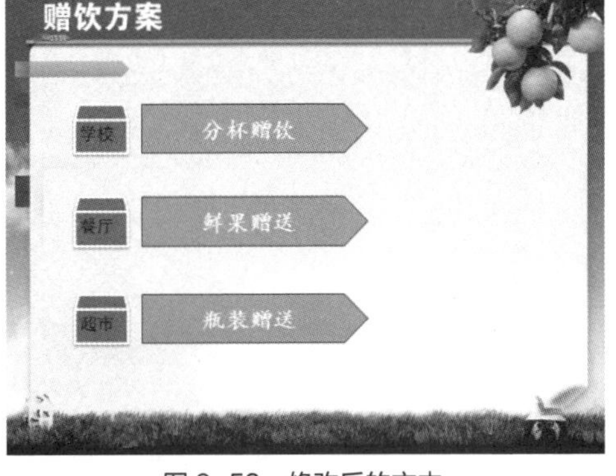

图 9-53　修改后的文本

注意　**选择图形后，在拖曳鼠标的同时按住【Ctrl】键是为了复制图形，按住【Shift】键则是为了复制的图形与原始选择的图形能够在一个方向平行或垂直，从而使最终制作的图形更加美观。在绘制形状的过程中，【Shift】键也是经常使用的一个键，在绘制线和矩形等形状中，按住【Shift】键可绘制水平线、垂直线、正方形、圆。在 PowerPoint 2016 中，“插入形状”组中添加了“合并形状”按钮 。**

（六）插入表格

表格可形象地表达数据情况，在 PowerPoint 2016 中，既能在幻灯片中插入表格，还能对插入的表格进行编辑和美化。下面将在第 10 张幻灯片中制作一个表格，首先插入一个 5 行 4 列的表格，输入表格内容后增加表格的行距，然后在最后一列和最后一行后各增加一列和一行，并在其中输入文本，合并新增加的一行中除最后一个单元格外的所有单元格，设置该行的底纹颜色为“浅蓝”；为第一个单元格绘制一条白色的斜线，最后设置表格的单元格凹凸效果为“圆形”。

微课 9-12　插入表格

（1）选择第 10 张幻灯片，在“插入”/“表格”组中单击“表格”按钮，在打开的下拉列表中选择“插入表格”选项，打开“插入表格”对话框，在“列数”数值框中输入“4”，在“行数”数值框中输入“5”，单击 确定 按钮。

（2）在幻灯片中插入一个表格，分别在各单元格中输入表格内容，如图 9-54 所示。

（3）在表格中的任意位置处单击，此时表格四周将出现一个操作框，将鼠标光标移动到操作框上，当鼠标光标变为形状时，按住【Shift】键不放的同时向下拖曳鼠标，使表格向下移动到适当的位置。

（4）将鼠标光标移动到表格操作框下方中间的控制点处，当鼠标光标变为形状时，向下拖曳鼠标，增加表格各行的行距，如图 9-55 所示。

（5）将鼠标光标移动到“第三个月”所在列上方，当鼠标光标变为⬇形状时单击，选择该列，在选择的区域右击，在弹出的快捷菜单上面选择“插入”/“在右侧插入列”命令。

（6）在“第三个月”列后面插入新列，并输入“季度总计”。

（7）使用相同方法在“红橘果汁”一行下方插入新行，并在第一个单元格中输入“合计”，在最后一个单元格中输入所有饮料的销量合计“559”，如图 9-56 所示。

（8）选择“合计”文本所在的单元格及其后的空白单元格，在“表格工具-布局”/“合并”组中单击“合并单元格”按钮，如图 9-57 所示。

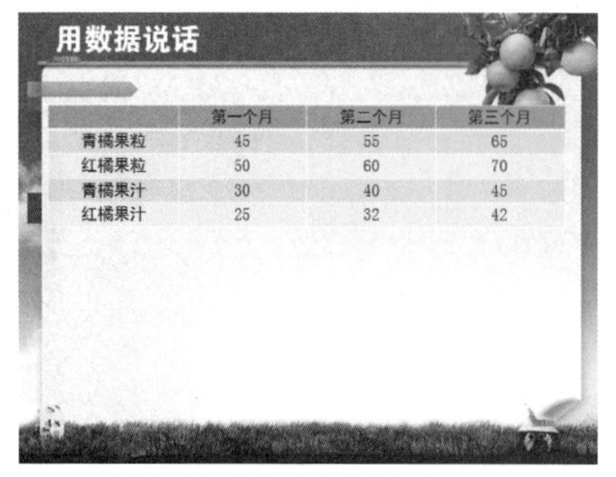

图 9-54　插入表格并输入内容

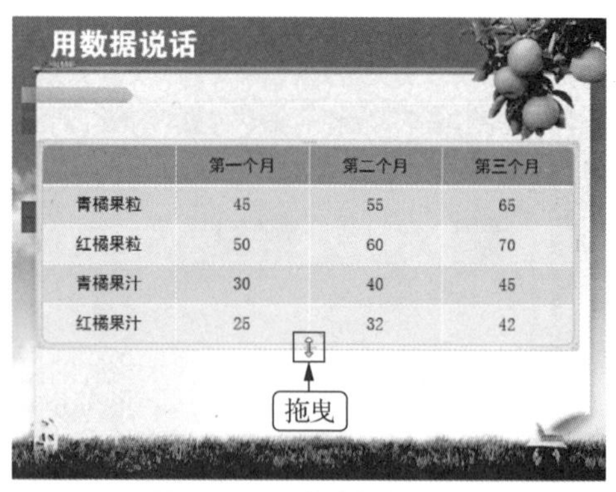

图 9-55　调整表格位置和大小

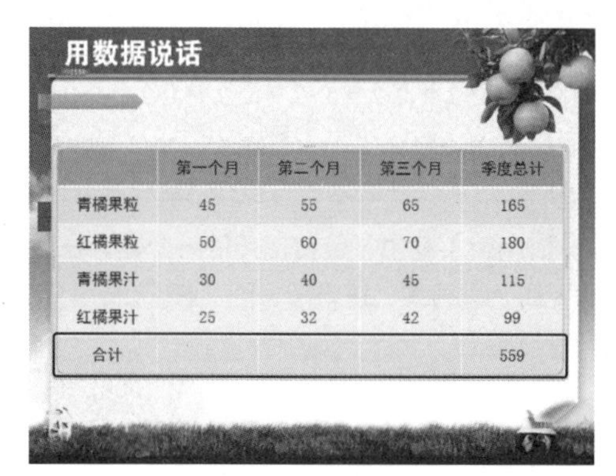

图 9-56　插入行

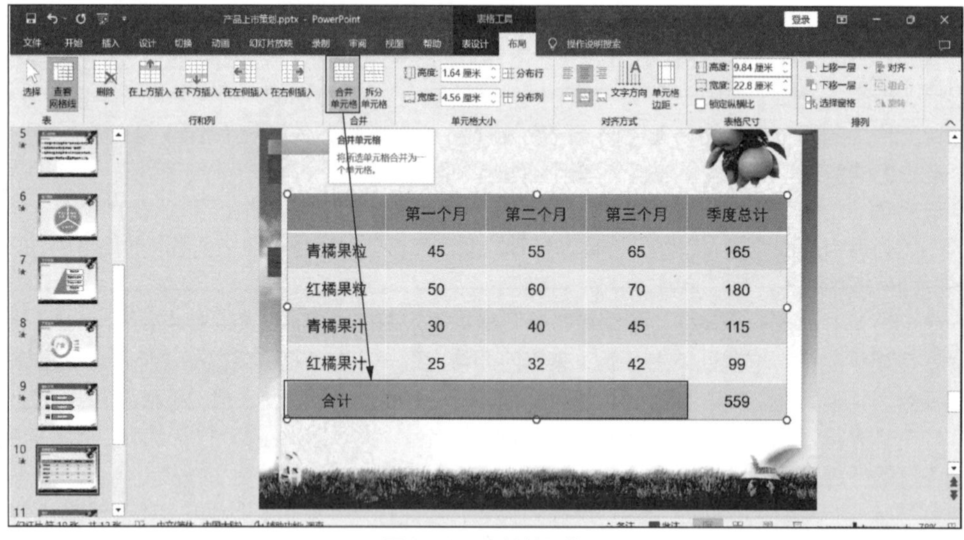

图 9-57　合并单元格

（9）选择“合计”所在的行，在“表格工具-表设计”/“表格样式”组中单击“底纹”按钮右侧的下拉按钮，在打开的下拉列表中选择“浅蓝”选项。

（10）在“表格工具-表设计”/“绘图边框”组中单击“笔颜色”按钮右侧的下拉按钮，在打开的下拉列表中选择“白色”选项，自动激活该组的“绘制表格”按钮。

（11）此时鼠标指针变为形状，移动鼠标指针到第一个单元格，从左上角到右下角按住鼠标不放，绘制斜线表头，如图 9-58 所示。

（12）选择整个表格，在“表格工具-表设计”/“表格样式”组中单击“效果”按钮，在打开的下拉列表中选择“单元格凹凸效果”/“圆形”选项，为表格中的所有单元格都应用该样式，最终效果如图 9-59 所示。

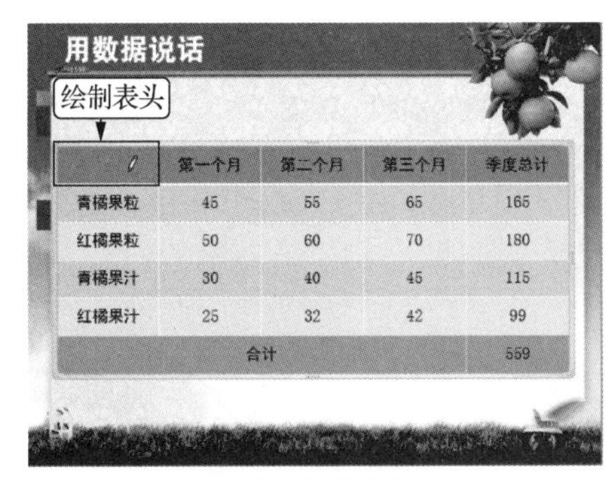

	第一个月	第二个月	第三个月	季度总计
青橘果粒	45	55	65	165
红橘果粒	50	60	70	180
青橘果汁	30	40	45	115
红橘果汁	25	32	42	99
合计				559

图 9-58　绘制斜线表头

	第一个月	第二个月	第三个月	季度总计
青橘果粒	45	55	65	165
红橘果粒	50	60	70	180
青橘果汁	30	40	45	115
红橘果汁	25	32	42	99
合计				559

图 9-59　设置单元格凹凸效果

提 示　**以上将表格的常用操作结合在一起进行了简单讲解，用户在实际操作过程中，制作表格的方法相对简单，只是其编辑的内容较多，此时可选择需要操作的单元格或表格，系统会自动激活“表格工具-表设计”选项卡和“表格工具-布局”选项卡。其中，“表格工具-表设计”选项卡与美化表格相关，“表格工具-布局”选项卡与表格布局相关，在这两个选项卡中通过单击按钮、选择选项即可设置不同的表格效果。**

（七）插入媒体文件

媒体文件即指音频和视频文件，PowerPoint 2016 支持插入媒体文件，和图片一样，用户可根据需要插入媒体文件。下面将在演示文稿中插入一个音乐文件，并设置该音乐跨幻灯片循环播放，在放映幻灯片时不显示声音图标，其具体操作如下。

微课 9-13　插入媒体文件

（1）选择第 1 张幻灯片，在“插入”/“媒体”组中单击“音频”按钮，在打开的下拉列表中选择“PC 上的音频”选项。

（2）打开“插入音频”对话框，在左边选择背景音乐的存放位置（本示例在桌面），在中间的列表框中选择背景音乐，单击“插入(S)”按钮，如图 9-60 所示。

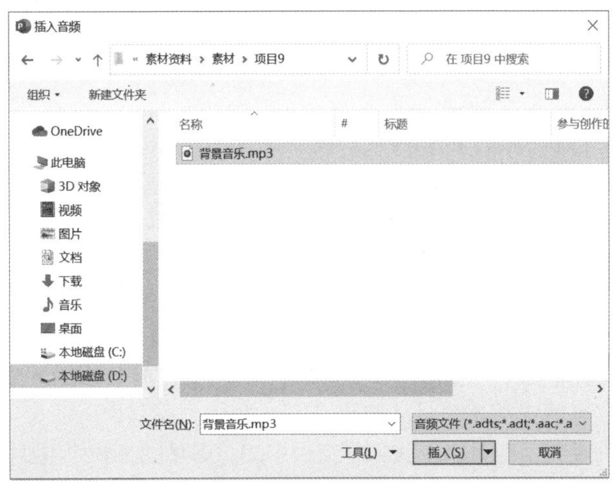

图 9-60　插入音频

（3）自动在幻灯片中插入一个声音图标，选择该声音图标，将激活“音频工具”选项卡，在“音频工具-播放”/“预览”组中单击“播放”按钮▶，将播放插入的音乐。

（4）在“音频工具-播放”/“音频选项”组中单击选中“放映时隐藏”复选框，单击选中“循环播放，直到停止”复选框，单击选中“跨幻灯片播放”复选框，如图9-61所示。

提示 **在“插入”/“媒体”组中单击“音频”按钮，或单击“视频”按钮，在打开的下拉列表中选择相应选项，即可插入相应类型的音频和视频文件。插入音频文件后，选择声音图标，将在图标下方自动显示声音工具栏，单击对应的按钮，可执行播放、前进、后退和调整音量等操作。**

图9-61　设置音频

课后练习

（1）按照下列要求制作一个“yswg.pptx”演示文稿，并保存在桌面上。

① 使用主题“平面”新建演示文稿。

② 在标题幻灯片中的主标题中输入“交通安全知识讲座”，设置字体格式为“楷体、加粗”，在副标题中输入“安全驾驶常识”。

③ 新建一张版式为“两栏内容”的幻灯片，删除标题占位符，插入一个样式为第一种样式的艺术字，输入“第一要求”，并移动到幻灯片的标题位置。

查看具体操作

④ 在左侧文本占位符中输入两段文字，分别是“喝酒不开车”“开车不喝酒”。

⑤ 在右侧插入位于素材文件夹中的图片“酒后驾驶”。

（2）打开“yswg-1.pptx”演示文稿，按照下列要求对演示文稿进行编辑并保存。

① 在标题幻灯片左上方插入一个横排文本框，输入“领导力培训”，设置字体为“黑体”，字号为“40”。

② 在标题幻灯片右上方插入一个上箭头，设置形状样式为“强烈效果-蓝色，强调颜色1”。

③ 调整第7张幻灯片和第8张幻灯片的位置。

④ 在调整后的第8张幻灯片中插入一张素材文件中的“剪贴画.bmp”图片。

项目十　设置并放映演示文稿

PowerPoint作为主流的多媒体演示软件，在易学、易用性方面得到广大用户的肯定，它可以快速美化演示文稿，简化操作。演示文稿的最终目的是放映，PowerPoint的动画与放映是其有别于其他办公软件的重要功能，它可以让呆板的对象变得灵活起来，在某种意义上可以说，动画和放映功能确立了PowerPoint在多媒体软件中的地位。本项目将通过两个典型任务，介绍PowerPoint母版的使用、幻灯片切换动画、幻灯片对象动画，以及放映、输出幻灯片的方法等。

课堂学习目标

- 设置市场分析演示文稿
- 放映并输出课件演示文稿

任务一　设置市场分析演示文稿

任务要求

聂铭在一家商贸城工作，主要从事市场推广方面的工作。随着公司的壮大以及响应批发市场搬离中心主城区的号召，公司准备新建一座商贸城。新建的商贸城应该如何定位，是高端、中端还是低端呢？如何与周围的商家互动？是否可以形成产业链？新建商贸城是公司近 10 年来最重要的变化，公司上上下下都非常重视，在实体经济不大景气的情况下，商贸城的定位，以及后期的运营对公司的发展至关重要。聂铭作为一个在公司工作了多年的员工，接手了该事。他决定好好调查周边的商家和人员情况，为商贸城的正确定位出力。通过一段时间的努力后，聂铭完成了这个任务，并制作了演示文稿，设置、调整后完成的演示文稿效果如图 10-1 所示。设置市场分析演示文稿的具体要求如下。

- 打开演示文稿，应用“木材纹理”主题，“变体”选择第二个选项设置效果为“玻璃磨砂”，颜色为“蓝色”。
- 为演示文稿的标题页设置背景图片“首页背景.jpg”。
- 在幻灯片母版视图中设置正文占位符的字号为“26”，调整正文占位符的高度。插入名为“标志”的图片并去除标志图片的白色背景；插入艺术字，设置字体为“隶书”，字号为“28”；设置幻灯片的页眉和页脚效果；退出幻灯片母版视图。
- 对幻灯片中各个对象进行适当的位置调整，使其符合应用主题和设置幻灯片母版后的效果。
- 为所有幻灯片设置“旋转”切换效果，设置切换声音为“照相机”。
- 为第 1 张幻灯片中的标题设置“浮入”动画，为副标题设置“基本缩放”动画。

● 为第 1 张幻灯片中的副标题添加一个名为“对象颜色”的强调动画，修改效果为“红色”，动画开始方式为“上一动画之后”，“持续时间”为“01:00”，“延迟”为“00:50”。将标题动画的顺序调整到最后，并设置播放该动画时的声音为“电压”。

图 10-1 “市场分析”演示文稿

相关知识

（一）认识母版

母版是演示文稿中特有的概念，通过设计、制作母版，可以快速将设置内容在多张幻灯片、讲义或备注中生效。在 PowerPoint 2016 中存在 3 种母版：幻灯片母版、讲义母版、备注母版。其作用分别如下。

● 幻灯片母版。幻灯片母版用于存储关于模板信息的设计模板，这些模板信息包括字形、占位符大小和位置、背景设计和配色方案等，只要在母版中更改了样式，则对应的幻灯片中的相应样式也会随之改变。

● 讲义母版。讲义母版是指为方便演讲者演示所使用的纸稿，纸稿中显示了每张幻灯片的大致内容、要点等。讲义母版用于设置该内容在纸稿中的显示方式，制作讲义母版主要包括设置每页纸张上显示的幻灯片数量、排列方式以及页面和页脚的信息等。

● 备注母版。备注母版是指演讲者在幻灯片下方输入的内容，根据需要可将这些内容打印出来。要想使这些备注信息显示在打印的纸张上，就需要对备注母版进行设置。

(二)认识幻灯片动画

演示文稿在演示、演讲领域成为主流软件，动画起了非常重要的作用。在 PowerPoint 2016 中，幻灯片动画有两种类型，一种是幻灯片切换动画，另一种是幻灯片对象动画。这两种动画都是在幻灯片放映时才能显示并生效的。

幻灯片切换动画是指放映幻灯片时幻灯片进入及离开屏幕时的动画效果；幻灯片对象动画是指为幻灯片中添加的各对象设置的动画效果，多种不同的对象动画组合在一起可形成复杂而自然的动画效果。在 PowerPoint 2016 中幻灯片切换动画较简单，而对象动画相对较复杂，其类别主要有 4 种。

- 进入动画。进入动画指对象从幻灯片显示范围之外，进入幻灯片内部的动画效果，例如对象从左上角飞入幻灯片中指定的位置，对象在指定位置以翻转效果由远及近地显示等。
- 强调动画。强调动画指对象本身已显示在幻灯片中，然后对其进行突出显示，从而起到强调作用的动画，例如将图片放大显示或旋转等。
- 退出动画。退出动画指对象本身已显示在幻灯片中，然后以指定的动画效果离开幻灯片的动画，例如对象从显示位置左侧飞出幻灯片，对象从显示位置以弹跳方式离开幻灯片等。
- 路径动画。路径动画指对象按用户绘制的或系统预设的路径移动的动画，例如对象按圆形路径移动等。

任务实现

(一)应用幻灯片主题

微课 10-1 应用幻灯片主题

主题是预设的背景、字体格式的组合，可以使用主题新建演示文稿，对于已经创建好的演示文稿，也可对其应用主题。应用主题后还可以修改搭配好的颜色、效果及字体等。微软考虑现在的计算机基本上都可以连接互联网，因此 PowerPoint 2016 自带的主题相对以前的版本就少得多。但是每一个主题都提供了几种变体。

下面将打开“市场分析.pptx”演示文稿，应用“木材纹理”主题，设置效果为“磨砂玻璃”，颜色为“蓝色”，其具体操作如下。

(1)打开“市场分析.pptx”演示文稿，在“设计”/“主题”组中间的列表中选择“木头纹理”选项，为该演示文稿应用“木头纹理”主题，在“变体”组中间的列表中选择第二个选项。

(2)在“设计”/“变体”组中单击“其他”按钮，在打开的下拉列表中选择“效果”/“磨砂玻璃”选项，如图 10-2 所示。

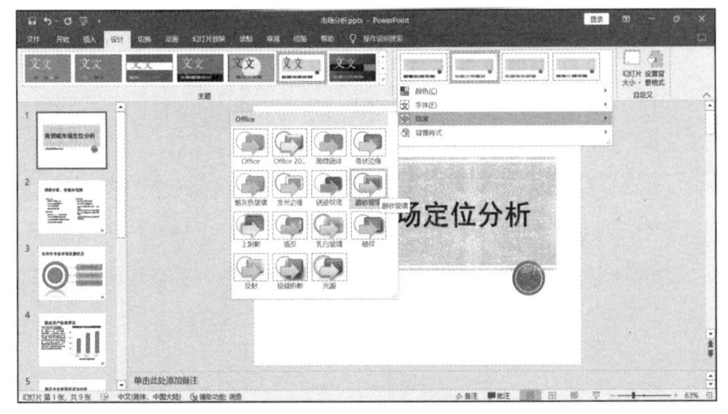

图 10-2 选择主题效果

（3）在“设计”/“变体”组中单击“其他”按钮，在打开的下拉列表中选择“颜色”/“蓝色”选项，如图10-3所示。

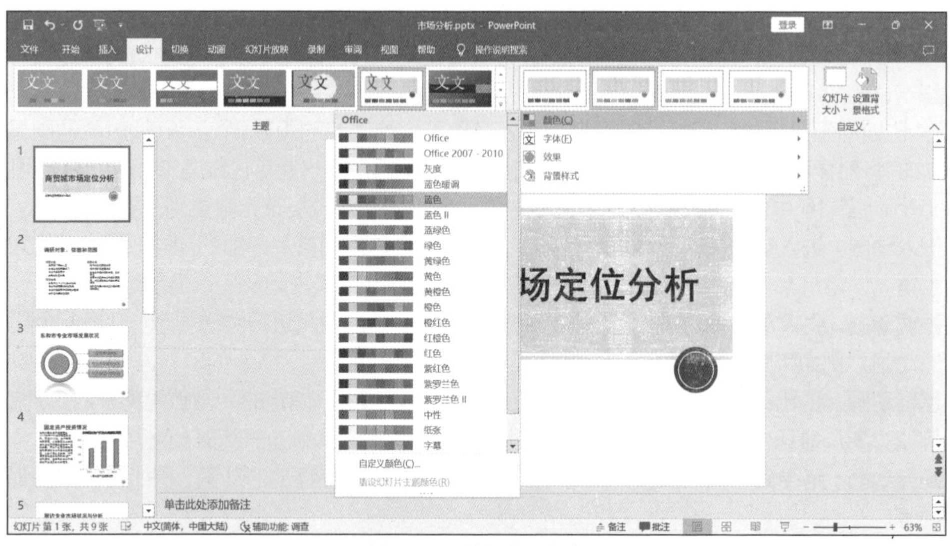

图10-3　选择主题颜色

（二）设置幻灯片背景

幻灯片背景可以是一种颜色，也可以是多种颜色，还可以是图片。设置幻灯片背景是快速改变幻灯片效果的方法之一。下面将“首页背景”图片设置成幻灯片背景，其具体操作如下。

微课10-2　设置幻灯片背景

（1）选择标题幻灯片，在幻灯片的空白处右击，在弹出的快捷菜单中选择“设置背景格式”命令。

（2）打开“设置背景格式”任务窗格，单击“填充”选项卡，单击选中“图片或纹理填充”单选项，在“图片源”栏中单击“插入”按钮，如图10-4所示。

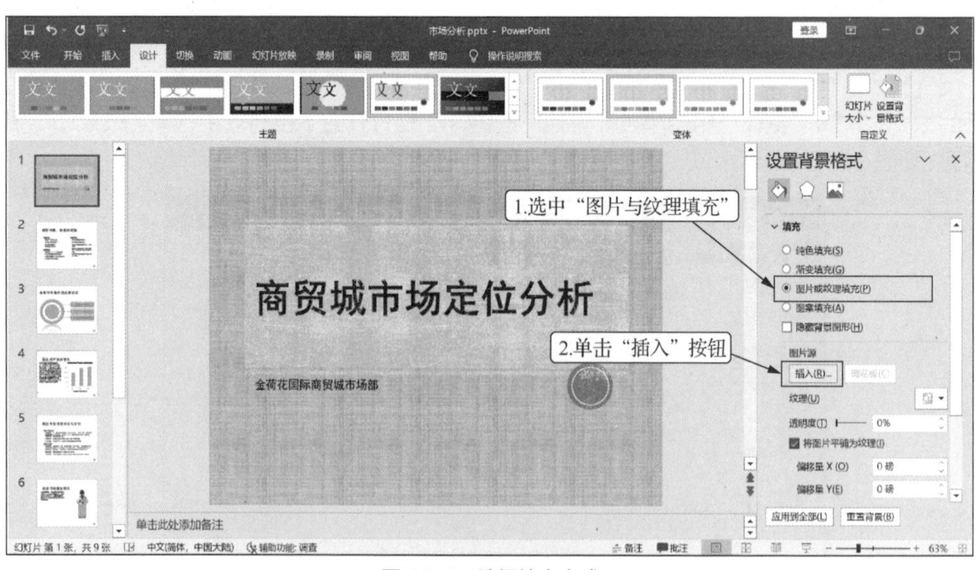

图10-4　选择填充方式

（3）打开“插入图片”窗口，选择“从文件”，打开“插入图片”对话框，选择图片的保存位置后，选择“首页背景.png”，单击 插入(S) 按钮，如图 10-5 所示。

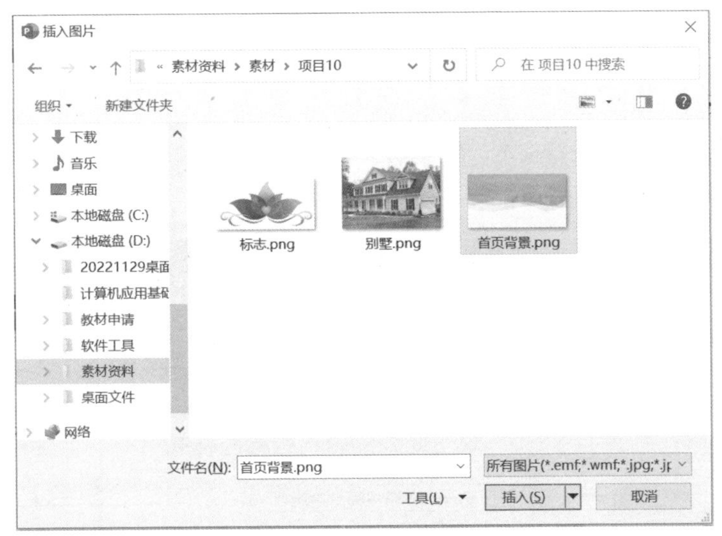

图 10-5　选择背景图片

（4）在“设置背景格式”任务窗格中单击“填充”选项卡，单击选中“隐藏背景图形”复选框，单击 × 按钮，即可看到背景图片已应用于标题幻灯片，如图 10-6 所示。

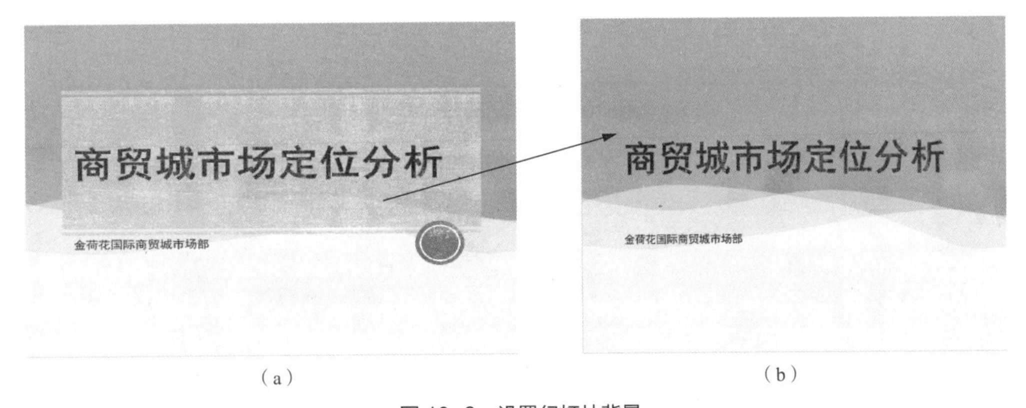

图 10-6　设置幻灯片背景

提示　**设置幻灯片背景后，在“设置背景格式”任务窗格中单击 应用到全部(L) 按钮，可将该背景应用到演示文稿的所有幻灯片中，否则将只应用到选择的幻灯片中。**

（三）制作并使用幻灯片母版

微课 10-3　制作并使用幻灯片母版

母版在幻灯片编辑过程中的使用频率非常高，在母版中进行的每一项操作，都可能影响使用该版式的所有幻灯片。下面将进入幻灯片母版视图，设置正文占位符的字号为“26”，调整正文占位符的高度；插入名为“标志”的图片和艺术字，并编辑“标志”图片，删除白色背景，设置艺术字的字体为“隶书”，字号为“28”；然后设置幻灯片的页眉和页脚。最后退出幻灯片母版视图，查看应用母版后的效果，并调整幻灯片中各对象的位置，使其符合应用主题、幻灯片母版后的效果，其具体操作如下。

（1）在“视图”/“母版视图”组中单击“幻灯片母版”按钮，进入幻灯片母版编辑状态。

（2）选择第 1 张幻灯片母版，表示在该幻灯片下的编辑将应用于整个演示文稿，如果标题文本内容没有显示完整，将鼠标光标移动到标题占位符左侧中间的控制点处，按住鼠标左键再向左拖曳，使占位符中所有的文本内容都显示出来。

（3）选择正文占位符的第一行文本，在“开始”/“字体”组的“字号”下拉列表中输入“26”，将正文的字号放大，如图 10-7 所示。

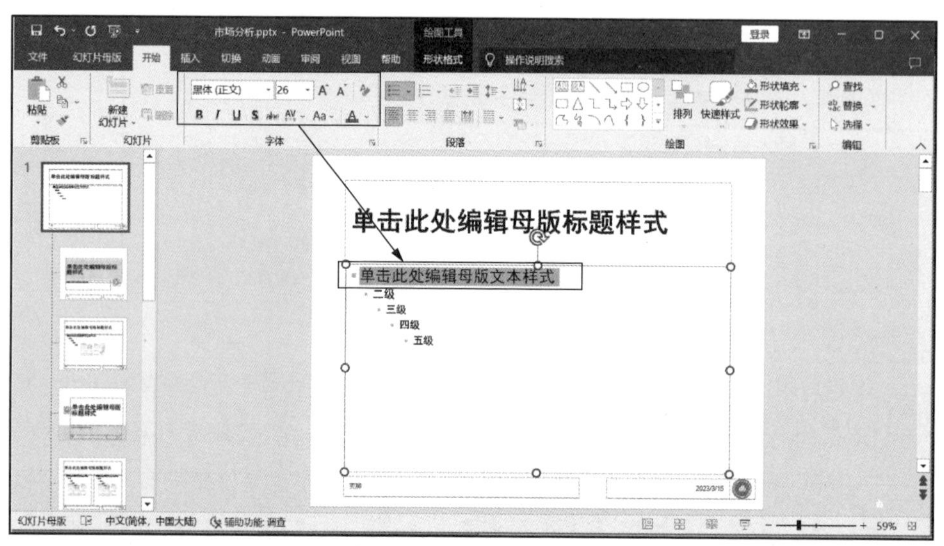

图 10-7　设置正文的字号

（4）在“插入”/“图像”组中单击“图片”按钮，打开“插入图片”对话框，在地址栏中选择图片位置，在中间选择“标志”图片，单击插入(S)按钮，如图 10-8 所示。

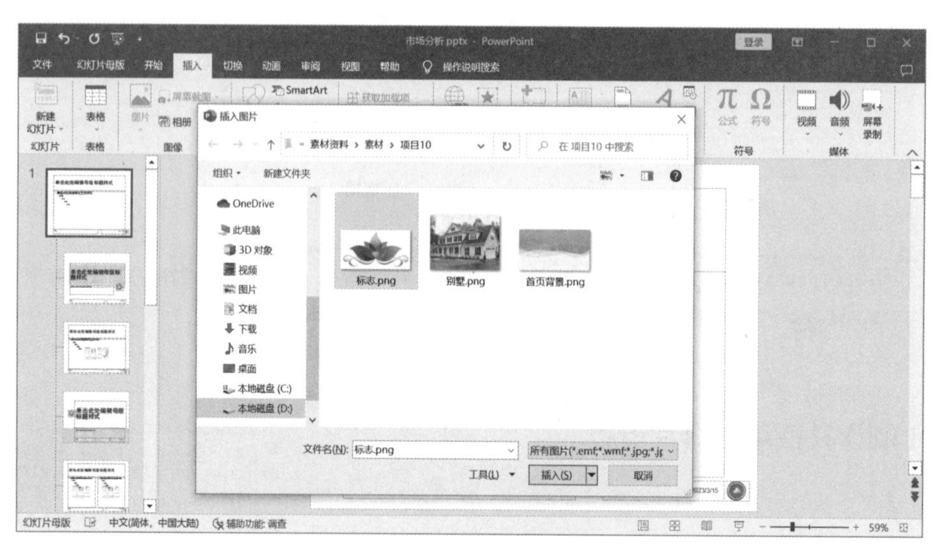

图 10-8　插入图片

（5）将“标志”图片插入幻灯片中，适当缩小后移动到幻灯片右上角。

（6）使图片处于选中状态，在“图片工具-图片格式”/“调整”组中单击“删除背景”按钮，在幻灯片中拖曳图片每一边中间的控制点，使“标志”的所有内容显示出来。

（7）激活“背景消除”选项卡，单击“关闭”组中的“保留更改”按钮✓，“标志”图片的白色背景将消失，如图 10-9 所示。

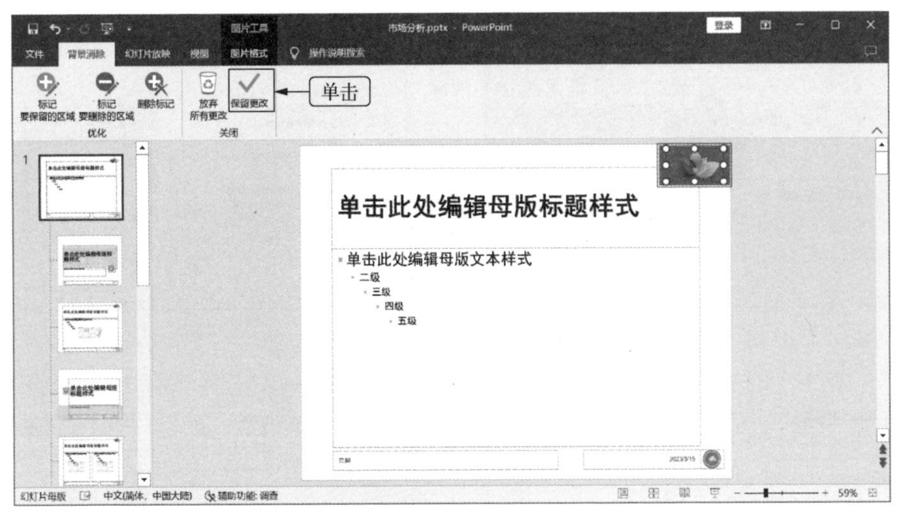

图 10-9　调整标志

（8）在“插入”/“文本”组中单击“艺术字”按钮A，在打开的下拉列表中选择第 1 行第 2 个艺术字效果。

（9）在艺术字占位符中输入“金荷花”，选中艺术字，在“开始”/“字体”组的“字体”下拉列表中选择“隶书”选项，在“字号”下拉列表中选择“28”选项，移动艺术字到“标志”图片下方。

（10）在“插入”/“文本”组中单击“页眉和页脚”按钮，打开“页眉和页脚”对话框。

（11）单击“幻灯片”选项卡，单击选中“日期和时间”复选框，其中的单选项将自动激活，再单击选中“自动更新”单选项，即可在每张幻灯片下方显示日期和时间，并且每次根据打开的日期和时间不同而自动更新日期和时间。

（12）单击选中“幻灯片编号”复选框，将根据演示文稿幻灯片的顺序显示编号。

（13）单击选中“页脚”复选框，下方的文本框将自动激活，在其中输入文本“市场定位分析”。

（14）单击选中“标题幻灯片中不显示”复选框，所有的设置都不在标题幻灯片中生效，然后单击 全部应用(Y) 按钮，如图 10-10 所示。

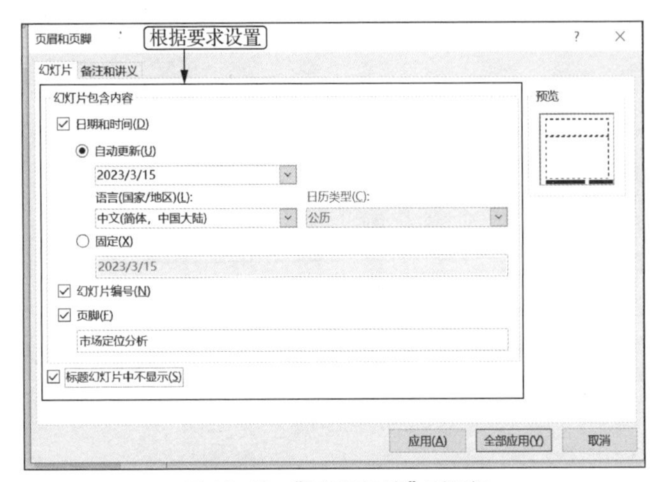

图 10-10　“页眉和页脚”对话框

（15）在“幻灯片母版”/“关闭”组中单击“关闭母版视图”按钮，退出该视图，此时可发现设置已应用于各张幻灯片。图 10-11 所示为前两张幻灯片修改后的效果。

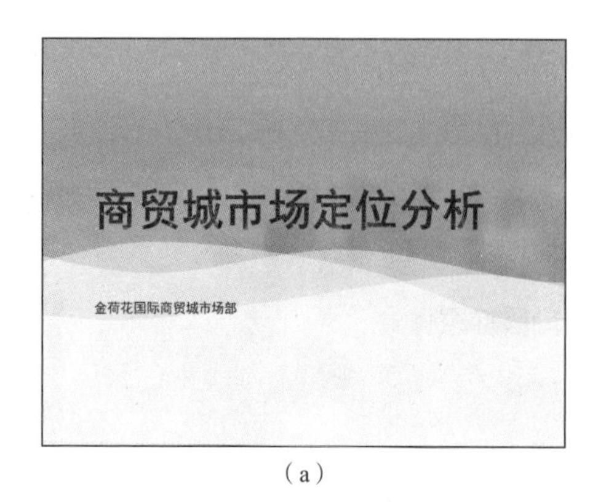

（a）

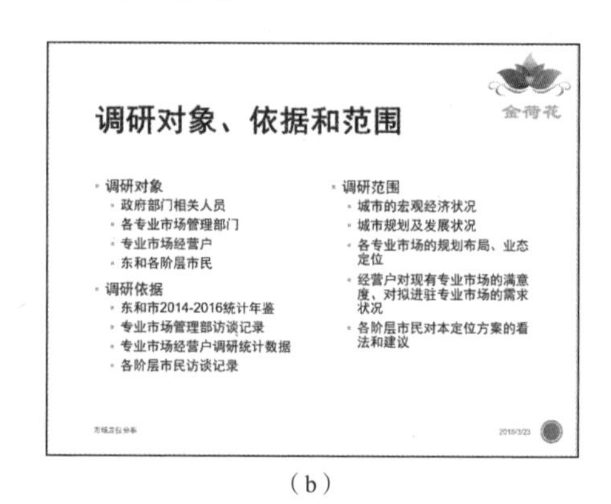

（b）

图 10-11　设置母版后的效果

（16）依次查看每一张幻灯片，适当调整标题、正文和图片等的位置，使幻灯片中各对象的显示效果更和谐。

提示　**在“视图”/“母版视图”组中单击“讲义母版”按钮或“备注母版”按钮，将进入讲义母版视图或备注母版视图，然后在其中可设置讲义页面和备注页面的版式。**

（四）设置幻灯片切换动画

微课 10-4　设置幻灯片切换动画

PowerPoint 2016 中提供了多种预设的幻灯片切换动画效果，在默认情况下，上一张幻灯片和下一张幻灯片之间没有设置切换动画效果，但在制作演示文稿的过程中，用户可根据需要为幻灯片添加切换动画。下面将为所有幻灯片设置“旋转”切换效果，然后设置切换声音为“照相机”，其具体操作如下。

（1）在“幻灯片”浏览窗格中按【Ctrl+A】组合键，选择演示文稿中的所有幻灯片，在“切换”/“切换到此幻灯片”组中间的列表中的“动态内容”栏中选择“旋转”选项，如图 10-12 所示。

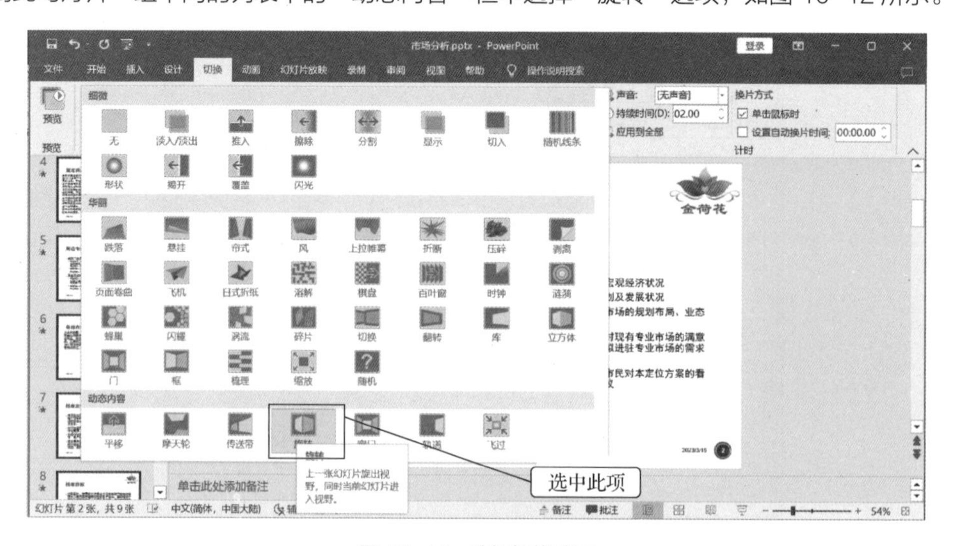

图 10-12　选择切换动画

（2）在“切换”/“计时”组中的“声音”下拉列表中选择“照相机”选项，将设置应用到所有幻灯片中。

（3）在“切换”/“计时”组中的“换片方式”栏中单击选中“单击鼠标时”复选框，表示在放映幻灯片时，单击将进行切换操作。

提 示　在“切换”/“计时”组中单击 应用到全部(L) 按钮，可将设置的切换效果应用到当前演示文稿的所有幻灯片中，与选择所有幻灯片后设置切换效果的效果相同。设置幻灯片切换动画后，在“切换”/“预览”组中单击“预览”按钮，可查看设置的切换动画。

（五）设置幻灯片动画效果

设置幻灯片动画效果即为幻灯片中的各对象设置动画效果，为幻灯片中的各对象设置动画能够很大程度地提升演示文稿的效果。下面将为第 1 张幻灯片中的各对象设置动画，首先为标题设置“浮入”动画，为副标题设置“基本缩放”动画，并设置效果为“从屏幕底部缩小”，然后为副标题再次添加名为“对象颜色”的强调动画，修改效果为“红色”，接着修改新增加的动画的开始方式、持续时间和延迟时间，最后将标题动画的顺序调整到最后，并设置播放该动画时有“电压”声音，其具体操作如下。

微课 10-5　设置幻灯片动画效果

（1）选择第 1 张幻灯片的主标题，在“动画”/“动画”组中单击中间列表右下角的“其他”按钮，在打开的下拉列表中选择“浮入”动画效果。

（2）选择副标题，在“动画”/“高级动画”组中单击“添加动画”按钮，在打开的下拉列表中选择“更多进入效果”选项，如图 10-13 所示。

（3）打开“添加进入效果”对话框，选择“温和”栏的“基本缩放”选项，单击 确定 按钮，如图 10-14 所示。

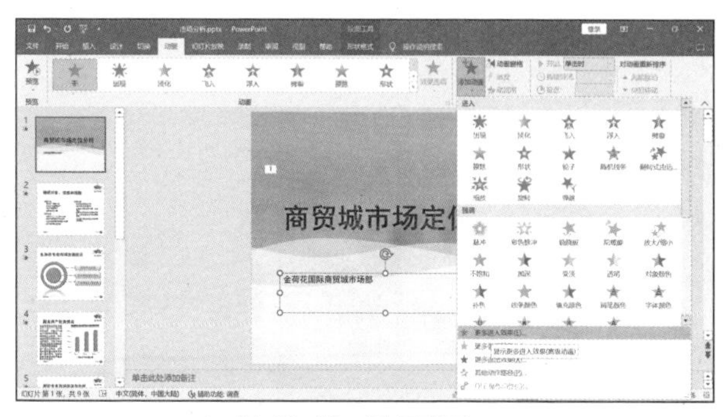

图 10-13　添加动画

图 10-14　添加进入效果

（4）选择副标题，在“动画”/“高级动画”组中单击“添加动画”按钮，在打开的下拉列表中选择“强调”栏的“对象颜色”选项。

（5）在“动画”/“动画”组中单击“效果选项”按钮，在打开的下拉列表中选择“红色”选项。

提 示　通过第 4 步和第 5 步操作，为副标题增加一个名为“对象颜色”的强调动画，用户可根据需要为一个对象设置多个动画。设置动画后，在对象前方将显示一个数字，它表示动画的播放顺序。

（6）在“动画”/“高级动画”组中单击动画窗格按钮，打开“动画窗格”任务窗格，其中显示了当前幻灯片中所有对象已设置的动画。

（7）选择第二个选项，在“动画”/“计时”组中的“开始”下拉列表中选择“上一动画之后”选项，在“持续时间”数值框中输入“01.00”，在“延迟”数值框中输入“00.50”，如图 10-15 所示。

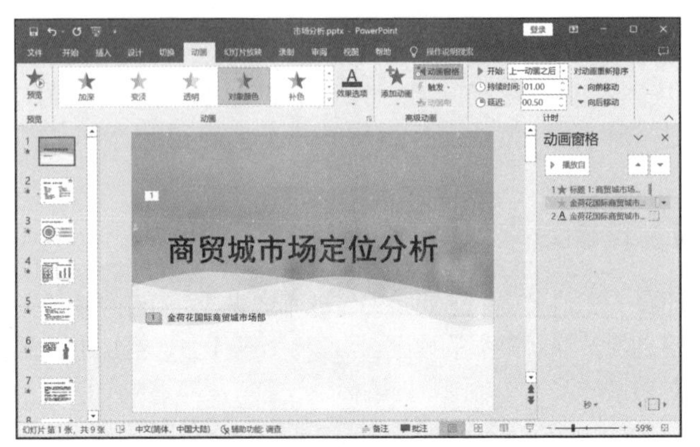

图 10-15　设置动画计时

提 示　**“动画”/“计时”组中的“开始”下拉列表中各选项的含义如下：“单击时”表示单击时开始播放动画；“与上一动画同时”表示播放前一动画的同时播放该动画；“上一动画之后”表示前一动画播放完之后，在约定的时间自动播放该动画。**

（8）选择“动画窗格”任务窗格中的第一个选项，将其拖曳到最后，调整动画的播放顺序。

（9）在调整后的最后一个动画选项上右击，在弹出的快捷菜单中选择“效果选项”命令。

（10）打开“上浮”对话框，在“声音”下拉列表中选择“电压”选项，单击其后的按钮，在打开的列表中拖曳滑块，调整音量大小，单击确定按钮，如图 10-16 所示。

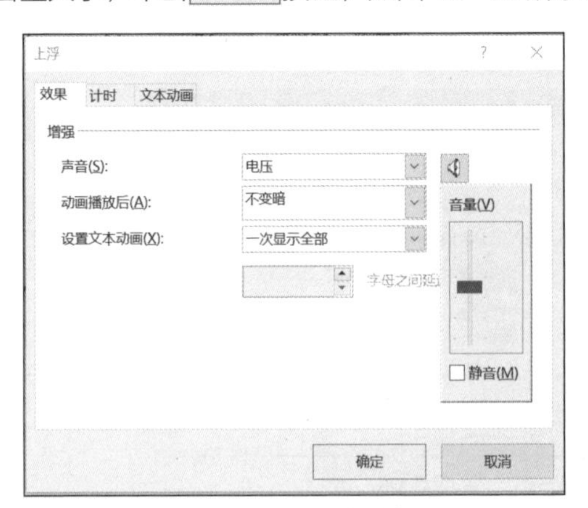

图 10-16　设置动画效果

任务二　放映并输出课件演示文稿

任务要求

刘一是一名刚到学校参加工作的语文老师，作为新时代的老师，她深知不能生搬硬套，填鸭式的教学起不到作用。在学校学习和实习的过程中，刘一喜欢在课堂上借助 PowerPoint 2016 制作课件，将需要讲解的内容以多媒体文件的形式演示出来，学生感到新鲜的同时也更容易接受。这次刘一准备对李清照的重点诗词进行赏析，课件内容已经制作完毕，刘一准备在计算机上放映预演，以免在课堂上出现意外。图 10-17 所示为创建好超链接并准备放映的演示文稿效果。放映并输出课件演示文稿的具体要求如下。

- 根据第 4 张幻灯片的各项文本的内容创建超链接，并链接到对应的幻灯片中。
- 在第 4 张幻灯片右下角插入一个动作按钮，并链接到第 2 张幻灯片。在动作按钮下方插入艺术字“作者简介”。
- 放映制作好的演示文稿，并使用超链接快速定位到“一剪梅”所在的幻灯片，然后返回上次查看的幻灯片，依次查看各幻灯片和对象。
- 在最后一页使用红色的“荧光笔”标记“要求”下的文本，最后退出幻灯片放映视图。
- 隐藏最后一张幻灯片，然后再次进入幻灯片放映视图，查看隐藏幻灯片后的效果。
- 对演示文稿中各动画进行排练。
- 将课件打印出来，要求一页纸上显示两张幻灯片，两张幻灯片四周加框，并且根据纸张的大小调整幻灯片的大小。
- 将设置好的课件打包到文件夹中，并命名为“课件”。

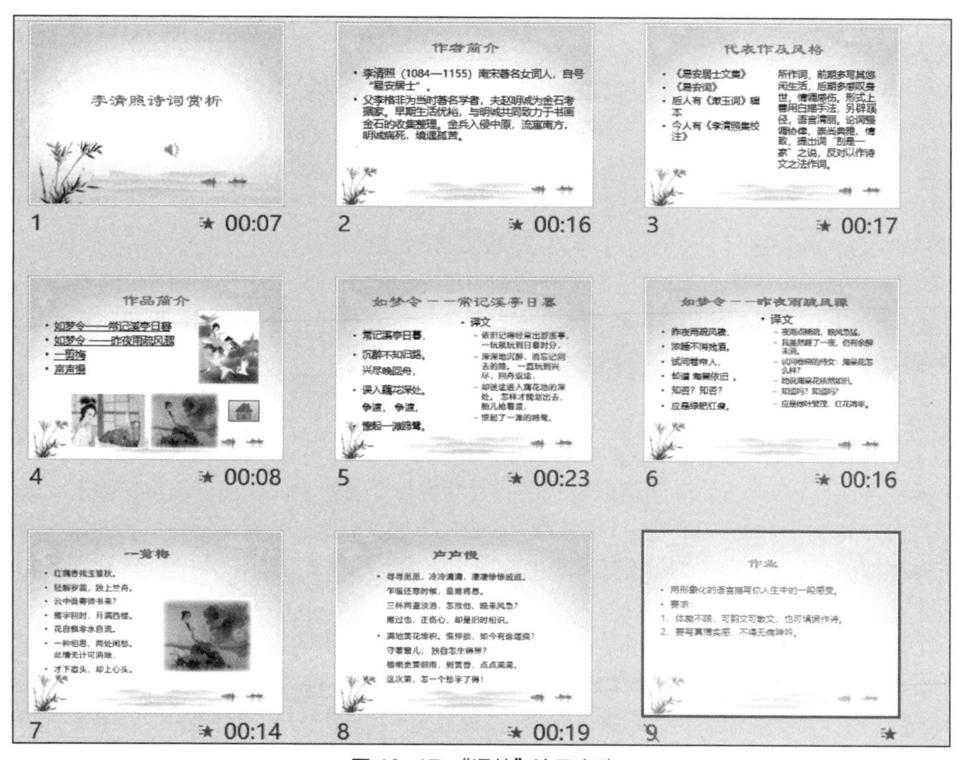

图 10-17 “课件”演示文稿

相关知识

（一）幻灯片放映类型

在 PowerPoint 2016 中，用户可以根据实际的演示场合选择不同的幻灯片放映类型，PowerPoint 2016 提供了 3 种放映类型。其设置方法为：在“幻灯片放映”/“设置”组中单击“设置幻灯片放映”

按钮，打开“设置放映方式”对话框，在“放映类型”栏中单击选中不同的单选项即可选择相应的放映类型，如图 10-18 所示，设置完成后单击 确定 按钮。

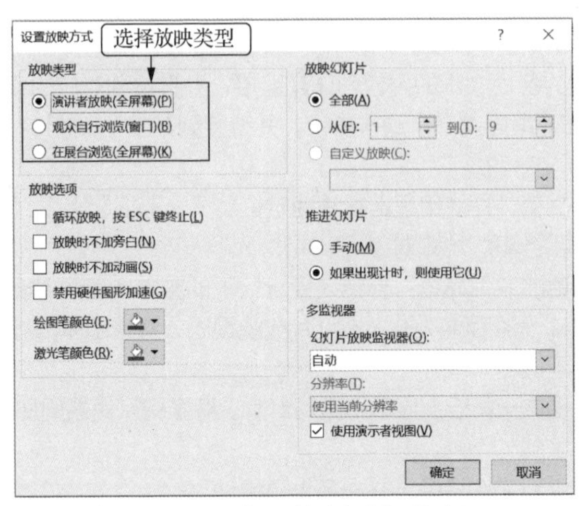

图 10-18 “设置放映方式”对话框

各放映类型的作用和特点如下。

- 演讲者放映（全屏幕）。演讲者放映（全屏幕）是默认的放映类型，此类型将以全屏幕的状态放映演示文稿，在演示文稿放映过程中，演讲者具有完全的控制权，演讲者可手动切换幻灯片和动画效果，也可以将演示文稿暂停、添加会议细节等，还可以在放映过程中录下旁白。
- 观众自行浏览（窗口）。此类型将以窗口形式放映演示文稿，在放映过程中可利用滚动条、【PageDown】键、【PageUp】键对放映的幻灯片进行切换，但不能通过单击放映。
- 在展台浏览（全屏幕）。此类型是放映类型中最简单的一种，不需要人为控制，系统将自动全屏循环放映演示文稿。使用这种类型时，不能单击切换幻灯片，但可以通过单击幻灯片中的超链接和动作按钮来切换，按【Esc】键可结束放映。

（二）幻灯片输出格式

在 PowerPoint 2016 中，除了可以将制作的文件保存为演示文稿，还可以将其输出成其他多种格式。操作方法较简单，选择“文件”/“另存为”命令，单击“浏览”按钮，打开“另存为”对话框，选择文件的保存位置，在“保存类型”下拉列表中选择需要输出的格式选项，单击 保存(S) 按钮。下面讲解 4 种常见的输出格式。

- 图片。选择“GIF 可交换的图形格式（*.gif）”“JPEG 文件交换格式（*.jpg）”“PNG 可移植网络图形格式（*.png）”“TIFF Tag 图像文件格式（*.tif）”选项，单击 保存(S) 按钮，根据提示进行相应操作，可将当前演示文稿中的幻灯片保存为一张张对应格式的图片。如果要在其他软件中使用，还可以将这些图片插入对应的软件中。
- 视频。选择“Windows Media 视频（*.wmv ）”选项，可将演示文稿保存为视频，如果在演示文稿中排练了所有幻灯片，则保存的视频将自动播放这些动画。保存为视频文件后，文件播放的随意性更强，不受字体、PowerPoint 版本的限制，只要计算机中安装了视频播放软件，就可以播放，这对一些需要自动展示演示文稿的场合非常实用。
- PowerPoint 放映的演示文稿。选择“PowerPoint 放映（*.ppsx）”选项，可将演示文稿保存为自动放映的演示文稿，以后双击该演示文稿将不再打开 PowerPoint 2016 的工作界面，而是直接启动放映模式，开始放映幻灯片。

- 大纲文件。选择“大纲/RTF 文件（*.rtf）”选项，可将演示文稿中的幻灯片保存为大纲文件，生成的大纲/RTF 文件中将不再包含幻灯片中的图形、图片以及插入幻灯片的文本框中的内容。

任务实现

（一）创建超链接与动作按钮

在浏览网页的过程中，单击某段文本或某张图片时，就会自动弹出另一个相关的网页，通常这些被单击的对象被称为超链接，在 PowerPoint 2016 中也可为幻灯片中的图片和文本创建超链接。下面将为第 4 张幻灯片的各项文本创建超链接，并链接到第 5 张幻灯片，然后插入一个动作按钮，并链接到第 2 张幻灯片，最后在动作按钮下方插入艺术字“作者简介”。其具体操作如下。

微课 10-6　创建超链接与动作按钮

（1）打开“课件.pptx”演示文稿，选择第 4 张幻灯片，选择第一段正文文本，在“插入”/“链接”组中单击“链接”按钮。

（2）打开“编辑超链接”对话框，单击“本文档中的位置”按钮，在“请选择文档中的位置”列表中选择要链接的第 5 张幻灯片，单击 确定 按钮，如图 10-19 所示。

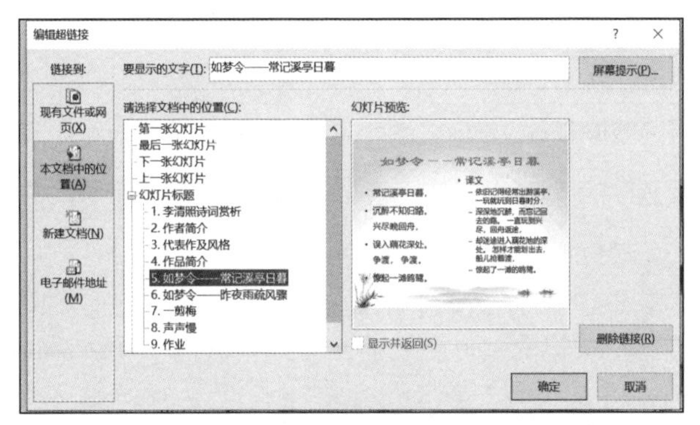

图 10-19　选择链接的目标位置

（3）返回幻灯片编辑区即可看到设置超链接的文本颜色已发生变化，并且文本下方有一条蓝色的线，使用相同方法，依次为各项文本设置超链接。

（4）在“插入”/“插图”组中单击“形状”按钮，在打开的下拉列表中选择“动作按钮”栏的第 5 个选项，如图 10-20 所示。

图 10-20　选择动作按钮类型

（5）此时鼠标指针变为+形状，在幻灯片右下角空白位置按住鼠标左键不放拖曳鼠标，绘制一个动作按钮，如图 10-21 所示。

（6）绘制动作按钮后会自动打开“操作设置”对话框，单击选中“超链接到”单选项，在下方的下拉列表中选择“幻灯片...”选项，如图 10-22 所示。

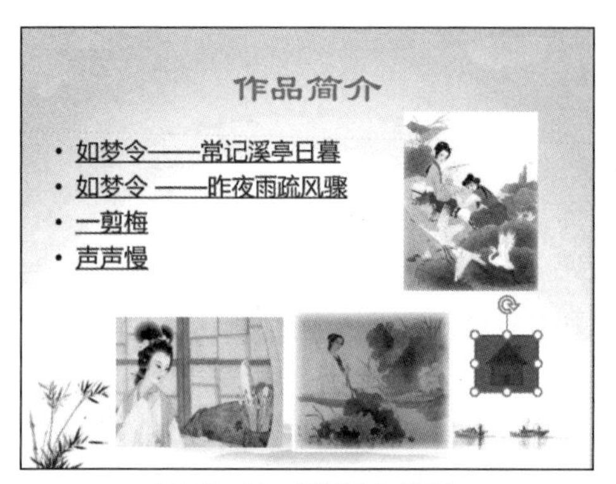

图 10-21　绘制动作按钮

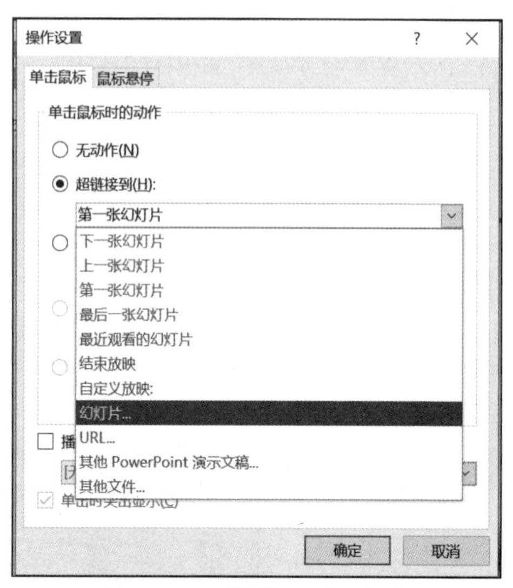

图 10-22　“操作设置”对话框

（7）打开“超链接到幻灯片”对话框，选择第 2 张幻灯片，单击 确定 按钮，使超链接生效，如图 10-23 所示。

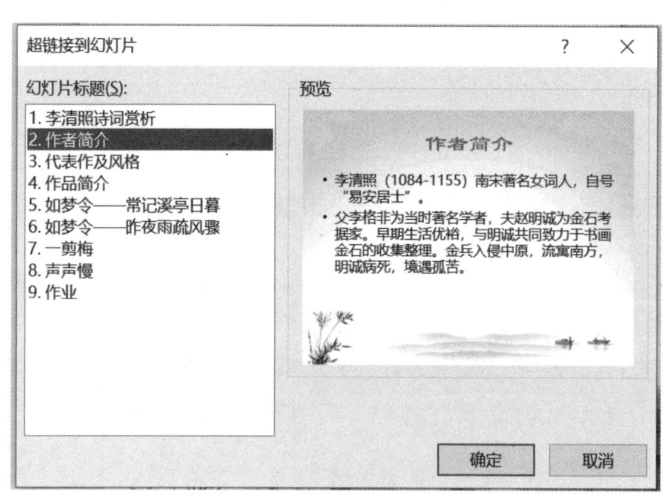

图 10-23　选择超链接到的目标

（8）返回 PowerPoint 2016 工作界面，选择绘制的动作按钮，在“绘图工具-形状格式”/“形状样式”组中间的列表中选择第 4 排的第 2 个样式，如图 10-24 所示。

（9）在“插入”/“文本”组中单击“艺术字”按钮，在打开的下拉列表中选择第 3 行的第 1 个样式。

（10）在艺术字占位符中输入文字“作者简介”，设置其字号为“24”，颜色为“红色”，然后将设置好的艺术字移动到动作按钮下方，如图 10-25 所示。

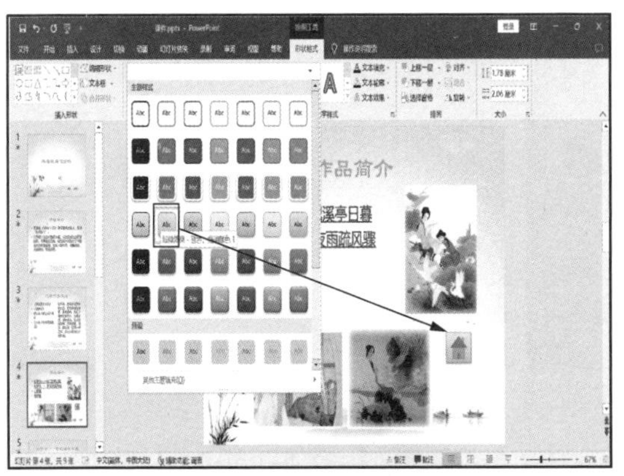

图 10-24 选择形状样式

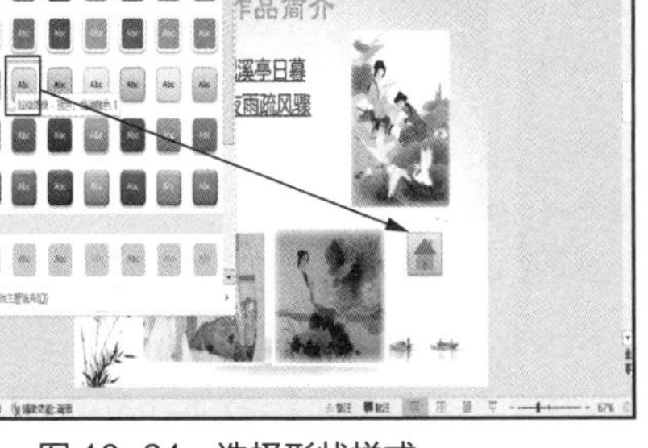

图 10-25 插入艺术字

提 示 **如果进入幻灯片母版，在其中绘制动作按钮，并创建好超链接，该动作按钮将应用到该幻灯片版式对应的所有幻灯片中。**

（二）放映幻灯片

制作演示文稿的最终目的就是要将制作的演示文稿展示给观众，即放映演示文稿。下面将放映前面制作好的演示文稿，并使用超链接快速定位到“一剪梅”所在的幻灯片，然后返回上次查看的幻灯片，依次查看各幻灯片和对象，在最后一页标记重要内容，最后退出幻灯片放映视图，其具体操作如下。

微课 10-7 放映幻灯片

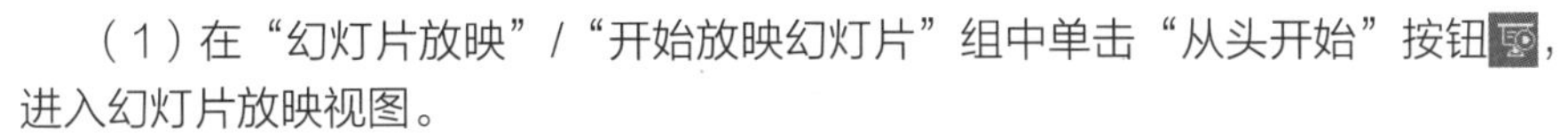

（1）在“幻灯片放映”/“开始放映幻灯片”组中单击“从头开始”按钮，进入幻灯片放映视图。

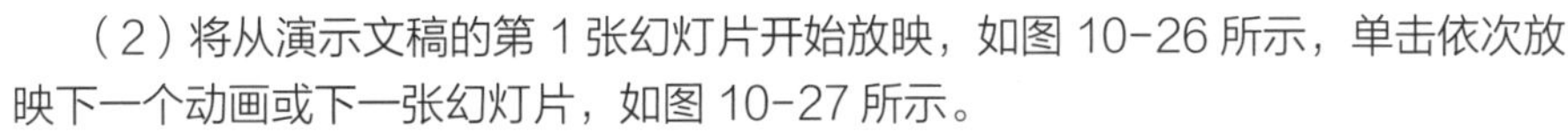

（2）将从演示文稿的第 1 张幻灯片开始放映，如图 10-26 所示，单击依次放映下一个动画或下一张幻灯片，如图 10-27 所示。

图 10-26 进入幻灯片放映视图

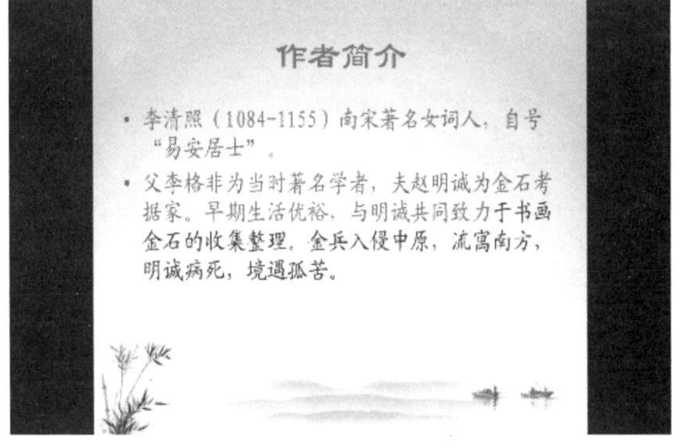

图 10-27 放映幻灯片

（3）当播放到第 4 张幻灯片时，将鼠标指针移动到“一剪梅”文本上，此时鼠标指针变为形状，单击超链接，如图 10-28 所示。

（4）切换到超链接的目标幻灯片，此时可使用前面的方法单击进行幻灯片的放映。在幻灯片上右击，在弹出的快捷菜单中选择“上次查看过的”命令，如图 10-29 所示。

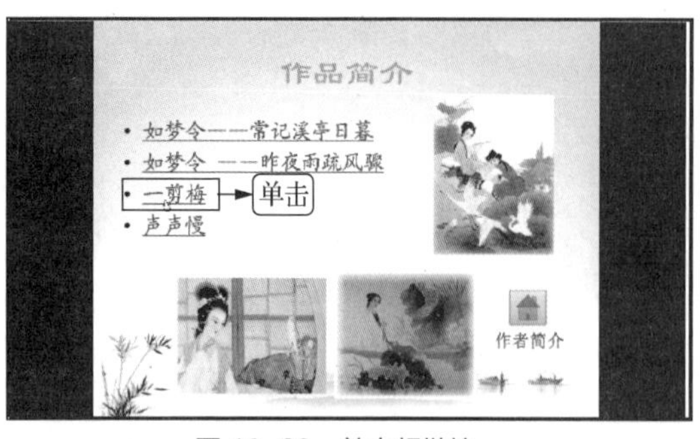

图 10-28　单击超链接

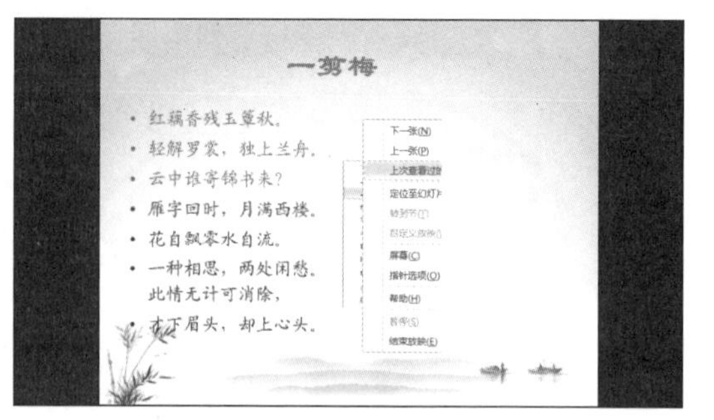

图 10-29　定位幻灯片

（5）返回上一次查看的幻灯片，然后依次播放幻灯片中的各个对象，当播放到某张幻灯片的内容时，右击，在弹出的快捷菜单中选择“指针选项”/“墨迹颜色”/“红色”命令，然后再次右击，在弹出的快捷菜单中选择“指针选项”/“荧光笔”命令，如图 10-30 所示。

（6）此时鼠标指针变为✐形状，按住鼠标左键不放并拖曳鼠标，标记重要的内容，播完最后一张幻灯片后，单击，打开一个黑色页面，提示“放映结束，单击鼠标退出”，单击退出。

（7）由于前面标记了内容，将打开是否保留墨迹注释的提示对话框，单击 放弃(D) 按钮，删除绘制的标注内容，如图 10-31 所示。

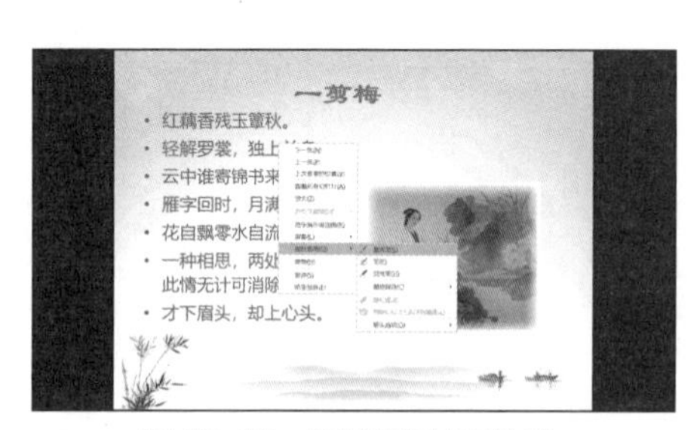

图 10-30　选择标记使用的笔

图 10-31　选择是否保留墨迹注释

提 示　**在“幻灯片放映”/“开始放映幻灯片”组中单击“从当前幻灯片开始”按钮或在状态栏中单击“幻灯片放映”按钮，可从选择的幻灯片开始播放幻灯片。在播放幻灯片的过程中，通过右击打开快捷菜单，可快速定位到上一张幻灯片、下一张幻灯片或具体的某张幻灯片。**

（三）隐藏幻灯片

微课 10-8　隐藏幻灯片

放映幻灯片时，系统将自动按设置的放映方式依次放映每一张幻灯片，但在实际放映过程中，可以将暂时不需要的幻灯片隐藏起来，等到需要时再显示。下面将隐藏最后一张幻灯片，然后查看隐藏幻灯片后的效果，其具体操作如下。

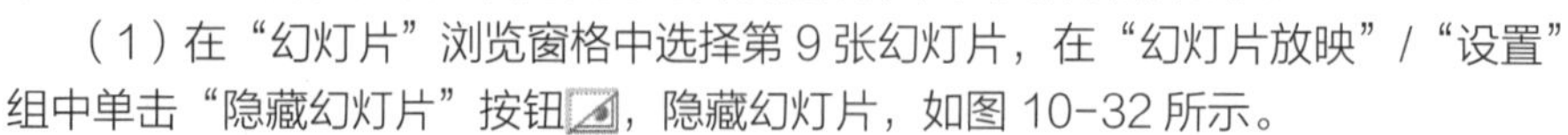

（1）在“幻灯片”浏览窗格中选择第 9 张幻灯片，在“幻灯片放映”/“设置”组中单击“隐藏幻灯片”按钮，隐藏幻灯片，如图 10-32 所示。

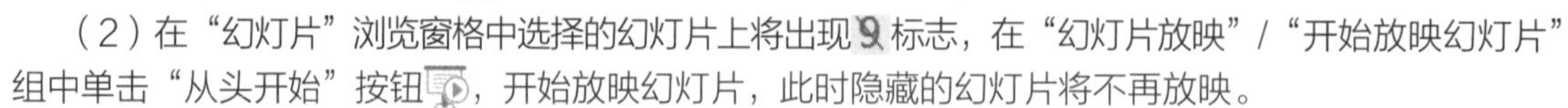

（2）在“幻灯片”浏览窗格中选择的幻灯片上将出现9标志，在“幻灯片放映”/“开始放映幻灯片”组中单击“从头开始”按钮，开始放映幻灯片，此时隐藏的幻灯片将不再放映。

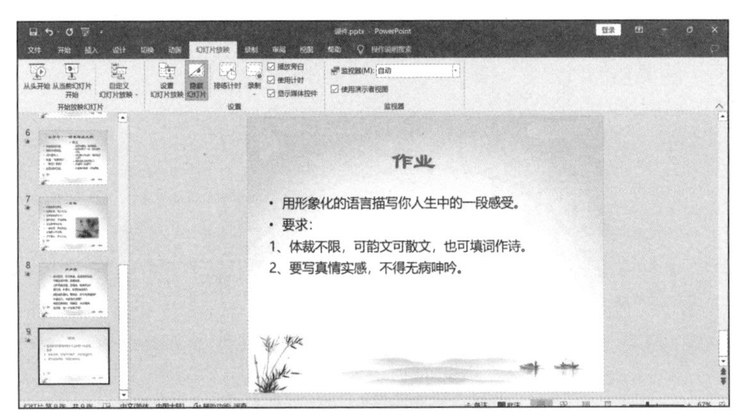

图 10-32　隐藏幻灯片

提 示　**若要显示隐藏的幻灯片，在放映幻灯片时，右击，在弹出的快捷菜单中选择“定位至幻灯片”命令，再在弹出的子菜单中选择隐藏的幻灯片名称。如要取消隐藏幻灯片，可再次执行隐藏操作，即在“幻灯片放映”/“设置”组中单击“隐藏幻灯片”按钮。**

（四）排练计时

微课 10-9　排练计时

对于某些需要自动放映的演示文稿，设置动画效果后，可以设置排练计时，从而在放映时可根据排练的时间和顺序进行。下面将在演示文稿中对各动画进行排练计时，其具体操作如下。

（1）在“幻灯片放映”/“设置”组中单击“排练计时”按钮，进入放映排练状态，同时打开“录制”工具栏，自动为该幻灯片计时，如图 10-33 所示。

图 10-33　“录制”工具栏

（2）通过单击或按【Enter】键控制幻灯片中下一个动画出现的时间，如果用户确认该幻灯片的播放时间，可直接在“录制”工具栏的文本框中输入时间值。

（3）一张幻灯片播放完成后，单击切换到下一张幻灯片，“录制”工具栏将从头开始为该张幻灯片的放映计时。

（4）放映结束后，打开提示对话框，提示排练计时时间，并询问是否保留幻灯片的排练时间，单击 是(Y) 按钮进行保存，如图 10-34 所示。

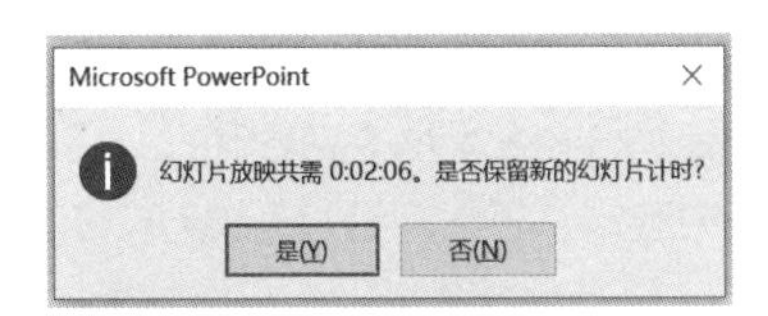

图 10-34　是否保留排练时间

（5）打开幻灯片浏览视图，每张幻灯片的右下角将显示播放时间。图 10-35 所示为前两张幻灯片在幻灯片浏览视图中显示的播放时间。

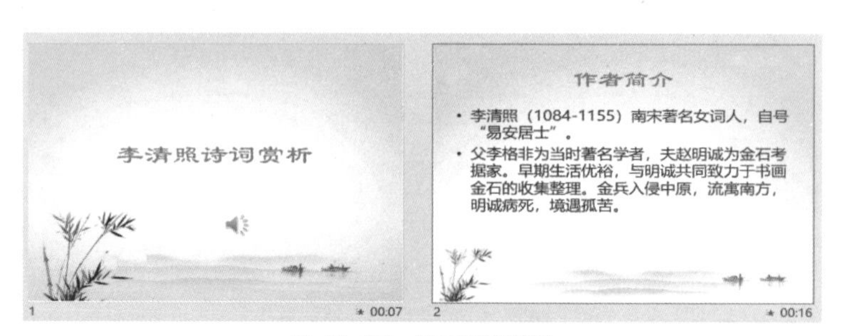

图 10-35　显示播放时间

提 示　**如果不想使用排练好的时间自动放映该幻灯片，可在“幻灯片放映”/“设置”组中取消选中“使用计时”复选框，这样在放映幻灯片时就能手动切换。**

（五）打印演示文稿

微课 10-10　打印演示文稿

演讲者不仅可以现场演示演示文稿，还可以将其打印在纸上，用于演讲时手执或分发给观众作为演讲提示等。下面将前面制作并设置好的课件打印出来，要求一页纸上显示两张幻灯片，其具体操作如下。

（1）选择“文件”/“打印”命令，在“份数”数值框中输入“2”，即打印两份，如图 10-36 所示。

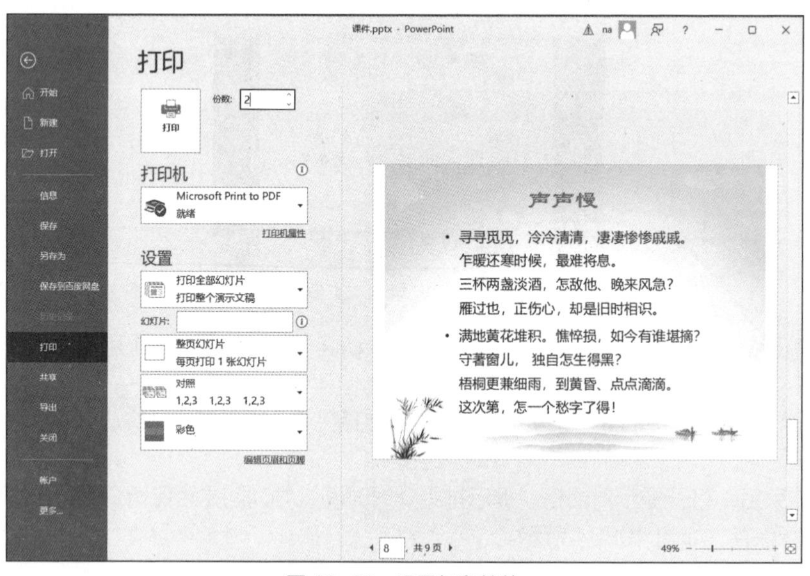

图 10-36　设置打印份数

（2）在“打印机”下拉列表中选择与计算机相连的打印机。

（3）在“整页幻灯片”下拉列表中选择“2 张幻灯片”选项，选中“幻灯片加框”“根据纸张调整大小”复选框，如图 10-37 所示。

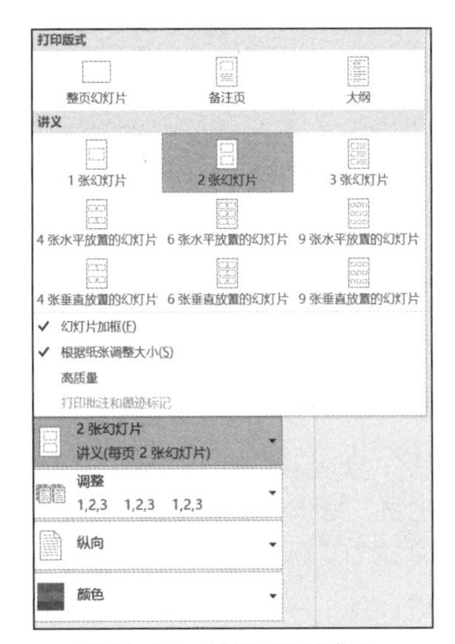

图 10-37 设置幻灯片布局

（4）单击“打印”按钮，开始打印演示文稿。

（六）打包演示文稿

演示文稿制作好后，有时需要在其他计算机上进行放映，要想在其他没有安装 PowerPoint 2016 的计算机上也能正常播放其中的声音和视频等对象，除了将演示文稿保存为视频之外，还可将制作的演示文稿打包。下面将前面设置好的课件打包到文件夹中，并命名为“课件”，其具体操作如下。

微课 10-11 打包演示文稿

（1）选择“文件”/“导出”命令，选择“将演示文稿打包成 CD”选项，在窗口右侧双击“打包成 CD”按钮。

（2）打开“打包成 CD”对话框，单击 复制到文件夹(F)... 按钮，打开“复制到文件夹”对话框，在“文件夹名称”文本框中输入“课件”，在“位置”文本框中输入打包后的文件夹的保存位置，单击 确定 按钮，如图 10-38 所示。

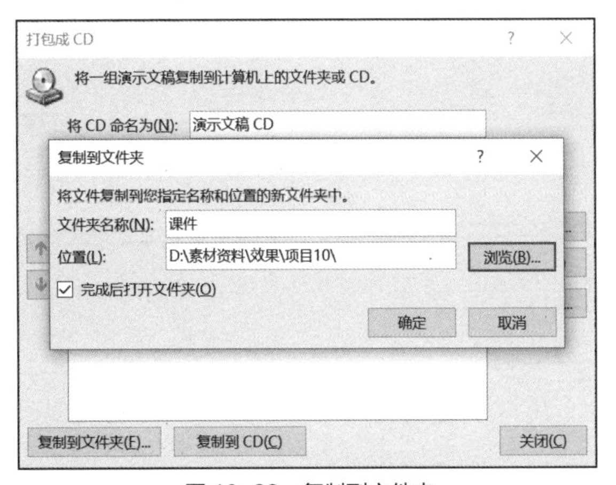

图 10-38 复制到文件夹

（3）打开提示对话框，询问是否保存链接文件，单击 是(Y) 按钮，如图 10-39 所示。稍做等待即可将演示文稿打包到文件夹。

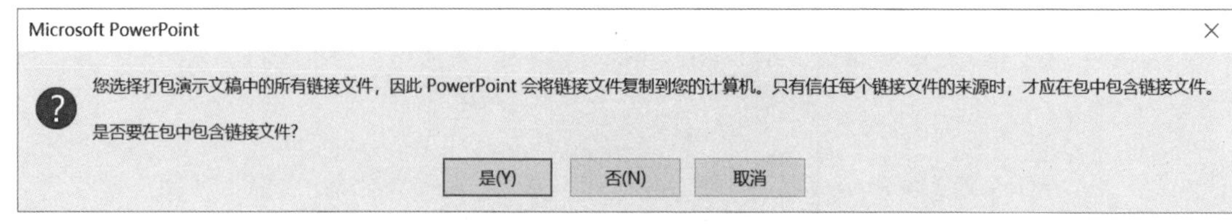

图 10-39　保存链接文件

课后练习

（1）打开“yswg.pptx”演示文稿，按照下列要求对演示文稿进行操作。

① 为所有幻灯片应用“回顾”主题，“变体”选择第二个。

② 在第 1 张幻灯片前添加一张版式为“标题幻灯片”的幻灯片；主标题内容为“销售计划”；副标题内容为“百佳电器产品有限公司”。

③ 进入幻灯片母版，在第 1 张幻灯片的左下角插入一个链接到第 1 张幻灯片的动作按钮。

④ 设置所有幻灯片的切换方式为“揭开”，换片方式为“单击鼠标时”。

⑤ 设置标题幻灯片的主标题的进入动画为“飞入”，副标题的进入动画为“缩放”。

⑥ 从第 1 张幻灯片开始放映幻灯片。

（2）打开“yswg-1.pptx”演示文稿，按照下列要求对演示文稿进行编辑并保存。

①在标题幻灯片中设置标题的字体为“黑体”，字号为“40”；为下方的文本设置超链接，链接到第 4 张幻灯片。

② 在第 5 张幻灯片中插入图片“别墅”，并将其移动到幻灯片右侧。

③ 调整第 5 张和第 6 张幻灯片的位置。

④ 设置所有幻灯片的切换动画为“旋转”，声音为“照相机”。

⑤ 设置标题幻灯片的标题动画为“出现”，开始方式为“单击时”，声音为“爆炸”；再设置标题动画为“画笔颜色”，在“开始”下拉列表中选择“上一动画之后”，在“持续时间”数值框中输入“01.50”，在“延迟”数值框中输入“00.50”。

项目十一 使用计算机网络

随着信息化技术的不断深入发展，计算机网络应用成为计算机应用的常见领域。现在常用的网络是因特网（Internet），它是一个全球性的网络，将全世界的计算机联系在一起。通过这个网络，用户可以实现多种功能。本项目将通过3个典型任务，介绍计算机网络基础知识、Internet基础知识，以及应用Internet。

课堂学习目标

- 计算机网络基础知识
- Internet基础知识
- 应用Internet

任务一 计算机网络基础知识

任务要求

小刘大学毕业后到一家网络公司上班，做行政工作。行政工作的内容本身不太复杂，善用大学学习的内容加上肯学肯干，小刘相信自己一定可以做得很好。在日常工作中，小刘经常需要与网络接触，为了让自己知其然更知其所以然，小刘决定先了解计算机网络基础知识。

本任务要求认识计算机网络、计算机网络的发展、数据通信的概念、网络的类别、网络拓扑结构，以及网络中的硬件、网络中的软件和无线局域网。

任务实现

（一）认识计算机网络

在计算机网络发展的不同阶段，由于对计算机网络的理解和侧重点不同，所以人们对其提出了不同的定义。就目前计算机网络现状来看，从资源共享的观点出发，通常将计算机网络定义为：以能够相互共享资源的方式连接起来的独立计算机系统的集合。也就是说，将相互独立的计算机系统以通信线路相连接，按照全网统一的网络协议进行数据通信，从而实现网络资源共享。

从对计算机网络的定义可以看出，构成计算机网络有以下 4 点要求。

- 计算机相互独立。从分布的地理位置来看，它们是独立的，既可以相距很近，也可以相隔千里；从数据处理功能上来看，它们也是独立的，它们既可以联网工作，也可以脱离网络独立工作，而且联网工作时，也没有明确的主从关系，即网内的一台计算机不能强制控制另一台计算机。

- 通信线路相连接。各计算机系统必须用传输媒介和互连设备实现互连，传输媒介可以为双绞线、同轴电缆、光纤、微波和无线电等。
- 采用统一的网络协议。全网中各计算机在通信过程中必须共同遵守“全网统一”的通信规则，即网络协议。
- 资源共享。计算机网络中一台计算机的资源，包括硬件、软件和数据信息都可以提供给全网其他计算机系统共享。

（二）计算机网络的发展

计算机网络的发展历史不长，但发展迅速，经历了从简单到复杂，从地方到全球的发展过程。计算机网络从形成初期到现在，大致经历了4个阶段。

1. 第一代计算机网络

第一代计算机网络可以追溯到20世纪50年代。人们将多台终端通过通信线路连接到一台中央计算机上，构成“主机—终端”系统。第一代计算机网络又称为面向终端的计算机网络。这里的终端不具备自主处理数据的能力，仅具备简单的输入输出功能，所有数据处理和通信处理任务均由主机完成。从今天对计算机网络的定义来看，“主机—终端”系统只能称得上计算机网络的雏形，还算不上真正的计算机网络，但这一阶段进行的计算机技术与通信技术相结合的研究，奠定了计算机网络发展的基础。

2. 第二代计算机网络

20世纪60年代，计算机的应用日趋普及，如工业、商业机构都开始配置大、中型计算机系统。这些地理位置上分散的计算机之间自然需要进行信息交换。信息交换的结果是多个计算机系统连接，形成计算机通信网络，被称为第二代计算机网络。其重要特征是：通信在计算机与计算机之间进行，计算机各自具有独立处理数据的能力，并且不存在主从关系。计算机通信网络主要用于传输和交换信息，但资源共享程度不高。美国的高级研究计划局网络（Advanced Research Projects Agency Network，ARPANET）就是第二代计算机网络的典型代表。ARPANET为Internet的产生和发展奠定了基础。

3. 第三代计算机网络

20世纪70年代中期开始，许多计算机生产商纷纷开发出自己的计算机网络系统并形成各自不同的网络体系结构，如IBM的系统网络体系结构（System Network Architecture，SNA）、DEC的数字网络体系结构DNA（Digital Network Architecture，DNA）。这些网络体系结构有很大的差异，无法实现不同网络之间的互连，因此网络体系结构与网络协议的国际标准化成了迫切需要解决的问题。1977年国际标准化组织（International Standards Organization，ISO）提出了著名的开放系统互连参考模型OSI/RM，形成了一个计算机网络体系结构的国际标准。尽管因特网上使用的协议是TCP/IP，但OSI/RM对网络技术的发展产生了极其重要的影响。第三代计算机网络的特征是全网中所有计算机遵守同一种协议，强调以实现资源共享（硬件、软件和数据）为目的。

4. 第四代计算机网络

从20世纪90年代开始，Internet实现了全球范围的电子邮件、WWW、文件传输和图像通信等数据服务的普及，但电话和电视仍各自使用独立的网络系统进行信息传输。人们希望利用同一网络来传输语音、数据和视频图像，因此提出了宽带综合业务数字网（Broadband Integrated Services Digital Network，B-ISDN）的概念。“宽带”是指网络具有极高的数据传输速率，可以承载大数据量的传输；“综合”是指信息媒体，包括语音、数据和图像，其可以在网络中综合采集、存储、处理和传输。由此可见，第四代计算机网络的特点是综合化和高速化。支持第四代计算机网络的技术有异步传输模式（Asynchronous Transfer Mode，ATM）、光纤传输介质、分布式网络、智能网络、高速网络和互联网技术等。人们对这些新的技术予以极大的热情和关注，并不断深入研究和应用。

因特网技术的飞速发展以及在企业、学校、政府、科研部门和千家万户的广泛应用，使人们对计算机网络提出了越来越高的要求。未来的计算机网络应能提供目前电话网、电视网和计算机网络的综合服务；能支持多媒体信息通信，以提供多种形式的视频服务；具有高度安全的管理机制，以保证信息安全传输；具有开放统一的应用环境，智能的系统自适应性和高可靠性。计算机网络的使用、管理和维护将更加方便。总之，计算机网络将进一步朝着“开放、综合、智能”方向发展，必将对未来世界的经济、军事、科技、教育与文化的发展产生重大的影响。

（三）数据通信的概念

计算机技术和通信技术相结合，从而形成了一门新的技术——数据通信技术。数据通信指在两台计算机之间或一台计算机与终端之间进行信息交换、数据传输。数据通信中涉及一些专业术语，下面分别进行解释。

1. 信道

信道是指信号传输的通道，即是信号传输的媒介。信道的种类较多，通常分为有线信道和无线信道。有线信道以导线为传输媒介，如双绞线、电话线、电缆或光缆等，信号沿导线进行传输。无线信道看不见摸不着，它是以辐射无线电波为传输媒介的信道，如短波、超短波或地波等。

2. 模拟信号和数字信号

信号分为模拟信号和数字信号。

- 模拟信号。模拟信号是连续变化的信号，如通过电话线传输的声音信号是连续的电波。
- 数字信号。它是一种离散的脉冲信号。在计算机中，数字信号的大小常用有限位的二进制数表示，即 0 和 1。

3. 调制与解调

在现实生活中，计算机网络有时还是通过电话线来连接的。由于电话线是典型的模拟信号传输媒介，而计算机产生的信号是数字信号，那么如何实现电话线传输计算机信号呢？这时就需要进行调制和解调，二者的作用如下。

- 调制。将各种数字信号转换成适合在电话线等信道传输的模拟信号的过程，称为调制。根据所控制的信号参量的不同，调制可分为调幅、调频和调相 3 种方式。其中，调幅是使载波的幅度随着调制信号的大小变化而变化；调频是使载波的瞬时频率随着调制信号的大小变化而变化，而幅度保持不变的调制方式；调相是利用原始信号控制载波信号相位的调制方式。
- 解调。解调的作用与调制相反，是将电话线传输的模拟信号还原为计算机可以识别的数字信号的过程。

提 示 **将调制和解调两个功能合为一体，则产生了一种设备，名叫“调制解调器”（Modem）。该设备是模拟信号通过电话线等连接网络的必备设施。**

4. 带宽与传输速率

带宽与传输速率是模拟信号和数字信号用于表示数据传输能力的参数，其概念及作用如下。

- 带宽。带宽是指模拟信道中用于表示信道传输信号能力的指标，也指能够有效通过该信道的信号的最大频带宽度。它以信号的最高频率和最低频率之差表示，频率是模拟信号每秒的周期数，单位为 Hz（赫兹）、kHz、MHz、GHz。可以说带宽越大，单位时间内可传输的频率范围就越广，传输的数据量也就越大。
- 传输速率。传输速率是指数字信道中用于表示信道传输信号能力的指标，它表示每秒传输的二进制（0 和 1）的位数，单位为 bit/s（比特/秒）、kbit/s、Mbit/s、Gbit/s 和 Tbit/s 等。

在实际生活和工作中，人们通常直接用带宽来表示信道传输信号的能力，即带宽越大，数据传输能力越强。

5. 丢包

数据在通信网络上是以数据包为单位传输的，每个数据包中有表示数据信息和提供数据路由的帧。如果信道传输信号的能力较弱而使数据的传输出现间隔，就会形成“丢包”。

不管网络线路有多好，数据都不是以线性形式连续传输的，所以数据包的传输，不可能绝对完成，可能会造成一定的损失，这时网络会自动根据通信的两端协议来补包。如果线路情况好，数据传输速度快，包的损失就会非常小，补包的工作也会相对容易完成，因此可以将数据包传输看作无损传输。

6. 误码率

在信号传输过程中受到外界的干扰，或通信系统内部各个组成部分的质量不够理想，使数字信号不可避免地产生的差错就是“误码”，如发送方发送的信号是“1”，而接收方接收到的信号却是“0”。

在一定时间内收到的数字信号中产生差错的比特数与同一时间所收到的数字信号的总比特数之比，就叫作“误码率”。传输错误是不可避免的，但应控制在一定范围，在计算机网络系统中，误码率一般要求低于 10^{-6}。

（四）网络的类别

计算机网络根据覆盖的地域范围与规模可以分为 3 类：局域网（Local Area Network，LAN）、城域网（Metropolitan Area Network，MAN）与广域网（Wide Area Network，WAN）。

1. 局域网

局域网是指在较小的地理范围内（一般为几十千米），由有限的通信设备互联起来的计算机网络。局域网的规模相对于城域网和广域网而言较小，常在公司、机关、学校和工厂等有限范围内。将本单位的计算机、终端以及其他的信息处理设备连接起来，可实现办公自动化、信息汇集与发布等功能。

从功能的角度来看，局域网的服务用户有限，但是网络传输速率高（10Mbit/s～10Gbit/s），误码率低，使用费用也低。局域网一般采用广播式或交换式通信。

2. 城域网

城域网所覆盖的地域范围介于局域网和广域网之间，城域网是随着各单位大量局域网的建立而出现的。同一个城市内各个局域网之间需要交换的信息量越来越大，为了解决它们之间信息高速传输的问题，提出了城域网的概念，并为此制定了城域网的标准。一般在一个城市中（几十千米范围内），企业、机关、公司和学校等单位的局域网互连构成城域网，以满足大量用户之间数据和多媒体信息的传输需要。

3. 广域网

广域网在地域上可以覆盖一个地区、国家，甚至横跨几大洲，因此也被称为远程网。目前大家熟知的 Internet 就是一个横跨全球，可供公共商用的广域网。除此之外，许多大型企业以及跨国公司和组织也建立了内部使用的广域网。广域网可以适应大容量、突发性的通信需求，提供综合业务服务，具备开放的设备接口与规范的协议，以及完善的通信服务与网络管理服务。但其传输速率较低，一般为 96kbit/s～2.4Gbit/s。

广域网的通信子网可以利用公用分组交换网、卫星通信网和无线分组交换网，将分布在不同地区的局域网或计算机系统互连起来，达到资源共享的目的。

（五）网络拓扑结构

拓扑结构是决定通信网络性质的关键要素之一。计算机网络拓扑结构是组建各种网络的基础。不同的网络拓扑结构涉及不同的网络技术，对网络性能、系统可靠性与通信费用都有重要的影响。网络拓扑结构分为星形拓扑结构、树形拓扑结构、网状型拓扑结构、总线型拓扑结构和环形拓扑结构，其结构分别如图 11-1 所示。

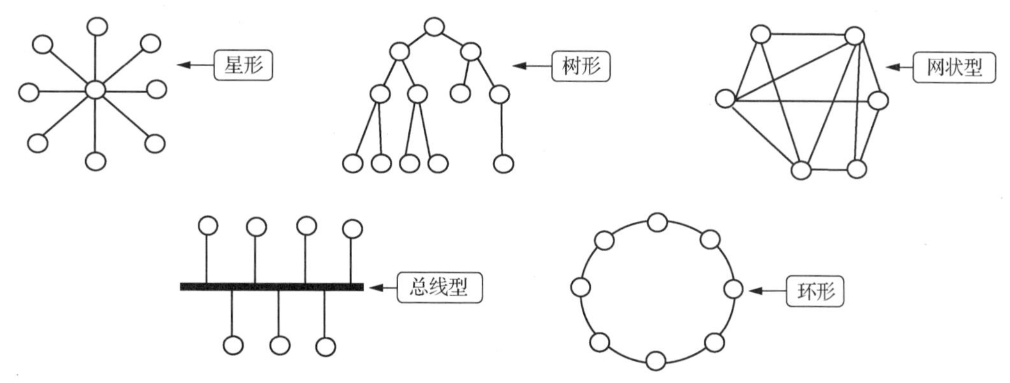

图 11-1 拓扑结构

下面对 5 种网络拓扑结构进行详细介绍。

- 星形拓扑结构。星形拓扑结构中的各节点通过点对点通信线路与中心节点连接。任何两节点之间的数据传输都要经过中心节点的控制和转发。中心节点控制全网的通信。星形拓扑结构简单，易于组建和管理。但中心节点的可靠性是至关重要的，它的故障可能造成整个网络瘫痪。以集线器为中心的局域网是一种常见的星形拓扑结构。
- 树形拓扑结构。树形拓扑结构可以看作星形拓扑结构的扩展。树形拓扑结构中，节点具有层次。全网中有一个顶层的节点，其余节点按上、下层次进行连接，数据传输主要在上、下层节点之间进行，同层节点之间进行数据传输时要经上层转发。这种结构的优点是灵活性好，可以逐层扩展网络，但缺点是管理复杂。
- 网状型拓扑结构。网状型拓扑结构中两节点之间的连接是任意的，特别是任意两节点之间都连接专用链路则可构成全互连型拓扑结构。网状型拓扑结构中两节点之间存在多条路径，因此这种结构的主要优点是系统可靠性高、数据传输快，但是建网费用高、控制复杂，目前常用于广域网中，在主要节点之间实现高速通信。
- 总线型拓扑结构。网络中所有节点连接到一个共享的传输介质上，所有节点都通过这条公用链路来发送和接收数据，因此，必须有一种控制方法（介质访问控制方法）使得任一时刻只允许一个节点使用链路发送数据，而其余的节点只能“收听”到该数据。
- 环形拓扑结构。环形拓扑结构中的节点通过点对点通信线路，首尾连接构成闭合环路。数据将沿环路中的一个方向逐个节点传送，当一个节点使用链路发送数据时，其余的节点也能先后“收听”到该数据。这里也需要一种介质访问控制方法，使得任一时刻只允许一个节点发送数据。环形拓扑结构简单，传输时延确定，但环路的维护复杂。

（六）网络中的硬件

要形成一个能进行信号传输的网络，必须有硬件的支持。由于网络的类型不一样，使用的硬件可能有所差别。总体说来，网络中硬件有传输介质、网卡、路由器和交换机等。

1. 传输介质

传输介质是连接网络中各节点的物理通路。目前，常用的网络传输介质有双绞线、同轴电缆、光纤电缆与无线传输介质。

- 双绞线。双绞线由两根、四根或八根相互绝缘导线组成，两根线为一组作为一条通信链路。为了减少各线对之间的电磁干扰，各线对以均匀对称的方式，呈螺旋状扭绞在一起。线对的绞合程度越高，抗干扰能力越强。
- 同轴电缆。同轴电缆由内导体、外屏蔽层、绝缘层及外部保护层组成。同轴电缆可连接的地理范围比双绞线更广，抗干扰能力较强，使用与维护也方便，但价格较双绞线高。

- 光纤电缆。光纤电缆简称光缆。一条光缆中包含多条光纤。每条光纤由玻璃或塑料拉成极细的能传导光波的丝和多层保护材料构成。光纤通过内部的全反射来传输经过编码的光信号。光缆因其数据传输速率高、抗干扰性强、误码率低及保密性好的特点，而被认为是一种很好的传输介质。光缆价格高于同轴电缆与双绞线。
- 无线传输介质。使用特定频率的电磁波作为传输介质，可以避免有线传输介质（双绞线、同轴电缆、光缆）的束缚，组成无线局域网。目前计算机网络中常用的无线传输介质有无线电、微波、红外线等。

2. 网卡

网卡的全称是网络接口卡（NIC），用于连接计算机和传输介质，从而实现信号传输，包括帧的发送与接收、帧的封装与拆封、介质访问控制、数据的编码与解码以及数据缓存的功能等。网卡是计算机连接到局域网的必备设备，一般分为有线网卡和无线网卡两种。

3. 路由器

路由器（Router），是用于连接各局域网、广域网和因特网的设备，它会根据信道的情况自动选择和设定路径，以最佳路径，按先后顺序发送信号。由此可见，选择最佳路径的策略是路由器的关键作用所在，在路由器中保存着各种传输路径的相关数据——路径表，供选择时使用。路径表可以由系统管理员固定设置好，也可以由系统动态修改；可以由路由器自动调整，也可以由主机控制。

4. 交换机

交换机（Switch）是一种用于转发电信号的网络设备。它可以为接入交换机的任意两个网络节点提供独享的电信号通路，支持端口连接节点之间的多个并发连接（类似于电路中的“并联”效应），从而增加网络带宽，改善局域网的性能。交换机的主要功能包括物理编址、网络拓扑结构、错误校验、帧序列以及流控等。交换机分为以太网交换机、电话语音交换机和光纤交换机等。

提 示

路由器和交换机之间的主要区别是交换机作用于 OSI/RM 第二层（数据链路层），而路由器作用于第三层，即网络层。这一区别决定了路由器和交换机在传输信息的过程中需使用不同的控制信息，所以两者实现各自功能的方式是不同的。

（七）网络中的软件

与硬件相对的是软件，要在网络中实现资源共享以及一些需要的功能就必须得到软件的支持。网络软件一般是指网络操作系统、网络通信协议和提供网络服务功能的专用软件。

- 网络操作系统。网络操作系统用于管理网络软、硬件资源，常见的网络操作系统有 UNIX、Netware、Windows NT 和 Linux 等。
- 网络通信协议。网络通信协议是网络中计算机交换信息时的约定，它规定了计算机在网络中互通信息的规则。互联网采用的协议是 TCP/IP。
- 提供网络服务功能的专用软件。该类软件用于提供一些特定的网络服务功能，如文件的上传与下载服务、信息传输服务等。

（八）无线局域网

随着技术的发展，无线局域网已逐渐代替有线局域网，成为现在家庭、小型公司主流的局域网组建方式。无线局域网（Wireless Local Area Network，WLAN）利用射频技术，使用电磁波取代双绞线所构成的局域网。

WLAN 的实现协议有很多，其中应用最为广泛的是无线保真技术（Wi-Fi），它提供了一种能够将各种终端都可以无线互联的技术，为用户屏蔽了各种终端之间的差异性。要实现无线局域网功能，目前一般需要一台无线路由器、多台有无线网卡的计算机或手机等可以上网的智能移动设备。

无线路由器可以看作一个转发器，它将宽带网络信号通过天线转发给附近的无线网络设备，同时它还具有其他网络管理功能，如 DHCP 服务、NAT 防火墙、MAC 地址过滤和动态域名等。

任务二 Internet 基础知识

任务要求

小刘学习了一些基本的计算机网络知识，但是同事告诉他，计算机网络和因特网（Internet）并不等同，Internet 是使用最为广泛的一种网络，也是现在世界上最大的一种网络，在该网络上可以实现很多特有的功能。小刘决定再好好学习 Internet 基础知识。

本任务要求认识 Internet 与万维网、了解 TCP/IP、认识 IP 地址和域名系统，以及掌握连入 Internet 的方法。

任务实现

（一）认识 Internet 与万维网

Internet 和万维网是两种不同类型的网络，其功能各不相同。

1. Internet

Internet 俗称互联网，也称国际互联网，它是全球最大、连接能力最强、开放的、由遍布世界的众多网络连接而成的计算机网络，由美国创办的阿帕网（ARPANET）发展而来。Internet 主要采用 TCP/IP，它使网络上各个计算机可以相互交换各种信息。目前，Internet 通过全球的信息资源和覆盖五大洲的 160 多个国家的数百万个网点，可以提供数据、电话、广播、出版、软件分发、商业交易、视频会议以及视频节目点播等服务。Internet 在全球范围内提供了极为丰富的信息资源。一旦连接到 Web 节点，就意味着计算机已经连入 Internet。

Internet 将全球范围内的网站连接在一起，形成了一个资源十分丰富的信息库。Internet 在人们的工作、生活和社会活动中起着越来越重要的作用。

2. 万维网

万维网（World Wide Web，WWW），又称环球信息网、环球网和全球浏览系统等。WWW 是一种基于超文本的、方便用户在 Internet 上搜索和浏览信息的信息服务系统，它通过超链接把世界各地不同 Internet 节点上的相关信息有机地组织在一起，用户只需发出检索要求，它就能自动地定位并找到相应的检索信息。用户可用 WWW 在 Internet 上浏览、传递和编辑超文本格式的文件。WWW 是 Internet 上最受欢迎、最为流行的信息检索工具，它能把各种类型的信息（文本、图像、声音和影像等）集成起来供用户查询。WWW 为全世界的人们提供了查找和共享知识的手段。

WWW 还具有连接文件传输协议（FTP）和网络论坛（BBS）等能力。总之，WWW 的应用和发展已经远远超出网络技术的范畴，影响着新闻、广告、娱乐、电子商务和信息服务等诸多领域。可以说，WWW 的出现是 Internet 应用的一座革命性的里程碑。

（二）了解 TCP/IP

每个计算机网络都遵循一套网络协议，并要求网中每个主机系统配置相应的协议软件，以确保网中不同系统之间能够可靠、有效地相互通信和合作。TCP/IP 是 Internet 最基本的协议，是 Internet 的基础。

TCP/IP 由传输层的 TCP 和网络层的 IP 组成。它定义了电子设备如何连入 Internet，以及数据如何在它们之间传输的标准。

TCP 即传输控制协议，位于传输层，负责向应用层提供面向连接的服务，确保网上发送的数据包可以完整地被接收，如果发现传输有问题，会要求重新传输，直到所有数据安全且正确地传输到目的地。IP 即因特网互连协议，负责给每一台连网设备规定一个地址，即常说的 IP 地址。同时，IP 还有另一个重要的功能，即路由选择功能，用于选择从网上一个节点到另一个节点的传输路径。

TCP/IP 共分为 4 层：网络层、互联网层、传输层和应用层，分别介绍如下。

- 应用层（Application Layer）。应用层包含所有的高层协议，用于处理特定的应用程序数据，为应用软件提供网络接口，包括文件传输协议（FTP）、简单邮件传送协议（SMTP）、域名服务（DNS）、网络新闻传送协议（NNTP）等。
- 传输层（Transport Layer）。传输层用于为两台连网设备之间提供端到端的通信，在这一层有传输控制协议（TCP）和用户数据报协议（UDP）。其中，TCP 是面向连接的协议，它提供可靠的报文传输和对上层应用的连接服务；UDP 是面向无连接的不可靠传输的协议，主要用于不需要 TCP 的排序和流量控制等功能的应用程序。
- 互联网层（Internet Layer）。互联网层是整个体系结构的关键部分，用于确定数据包从端到端的路径选择方式。互联网层使用因特网互连协议（Internet Protocol，IP）、互联网控制报文协议（ICMP）。
- 网络层（Network Layer）。网络层用于规定数据包从一个设备的网络层传输到另一个设备的网络层的方法。

（三）认识 IP 地址和域名系统

Internet 上的计算机众多，要有效地分辨这些计算机，就需要认识 IP 地址和域名系统。

1. IP 地址

IP 地址即互联网地址。连接在 Internet 上的每台主机都有一个在全世界范围内唯一的 IP 地址。一个 IP 地址由 4 字节（32 bit）组成，通常用小圆点分隔，每个字节可用一个十进制数来表示。例如 192.168.1.51 就是一个 IP 地址。

IP 地址通常可分成两部分：网络号和主机号。

Internet 的 IP 地址可以分为 A、B、C、D 和 E 五类。其中，0～127 为 A 类地址；128～191 为 B 类地址；192～223 为 C 类地址；D 类地址留给 Internet 体系结构委员会使用；E 类地址保留到今后使用。也就是说，每个字节的数字由 0～255 组成，大于或小于该数字的 IP 地址都不正确，根据数字所在的区域可判断 IP 地址的类别。

提 示

由于网络的迅速发展，已有协议（IPv4）规定的 IP 地址已不能满足用户的需要，IPv6 采用 128 位 IP 地址，几乎可以不受限制地提供地址。在 IPv6 中除解决了地址短缺问题以外，还解决了在 IPv4 中存在的其他问题，如端到端 IP 连接、服务质量（QoS）、安全性、多播、移动性和即插即用等。IPv6 已成为了新一代的网络协议标准。

2. 域名系统

数字形式的 IP 地址难以记忆，故在实际使用时常采用字符形式表示 IP 地址，即域名系统（Domain Name System，DNS）。域名系统由若干子域名构成，子域名之间用小圆点分隔。

域名的层次结构如下。

……三级子域名.二级子域名.顶级子域名

每一级子域名都由英文字母和数字组成（不超过 63 个字符，并且不区分大小写字母），级别最低的子域名写在最左边，而级别最高的顶级域名则写在最右边。一个完整的域名不超过 255 个字符，对其子域级数一般不予限制。

例如，西南财经大学的 www 服务器的域名是：www.swufe.edu.cn。在这个域名中，顶级域名是 cn（中国），二级子域名是 edu（教育部门），三级子域名是 swufe（西南财经大学），最左边的 www 则表示某台主机名称。

提 示 **在顶级域名之下，二级域名又分为类别域名和行政区域名两类。类别域名共 6 个，包括：用于科研机构的 ac；用于工商金融企业的 com；用于教育机构的 edu；用于政府部门的 gov；用于互联网络信息中心和运行中心的 net；用于非营利组织的 org。而行政区域名有 34 个。**

（四）掌握连入 Internet 的方法

用户的计算机要连入 Internet 的方法有多种，一般都是通过联系 Internet 服务提供商（ISP），对方派专人根据当前的情况实际查看、连接后，进行 IP 地址分配、网关及 DNS 设置等，从而实现上网。

目前，连入 Internet 的方法主要有 ADSL 连入和光纤连入两种，下面分别进行介绍。

- ADSL 连入。非对称用户数字线（Asymmetric Digital Subscriber Line，ADSL）可直接利用现有的电话线路，通过 ADSL 调制解调器进行数字信息传输，ADSL 连接速率理论上可达到 1～8Mbit/s。它具有速率稳定、带宽独享、语音数据不干扰等优点；适用于家庭、个人等用户的大多数网络应用需求。它可以与普通电话线共存于一条电话线上，接听、拨打电话的同时能进行 ADSL 传输，而又互不影响。
- 光纤连入。光纤是目前宽带网络中多种传输媒介中比较理想的一种，它具有传输容量大、传输质量好、损耗小、中继距离长等优点。光纤连入 Internet 一般有两种方法：一种是通过光纤接入小区节点或楼道，再由网线连接到各个共享点上；另一种是光纤到户，将光纤一直扩展到每一台计算机终端上。

任务三　应用 Internet

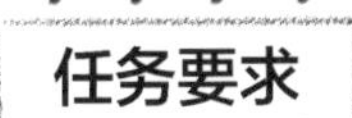

任务要求

通过一段时间的基础知识学习，小刘迫不及待地想应用 Internet。同事告诉他，Internet 可以实现的功能很多，不仅可以进行信息的搜索和查看，还能进行资料的上传与下载、电子邮件的发送等。在信息化技术快速发展的今天，无论是工作还是日常生活，都离不开 Internet。小刘决定系统地学习使用 Internet 的方法。

本任务要求掌握 Internet 应用的相关概念，认识浏览器窗口，了解电子邮箱和电子邮件以及流媒体。

相关知识

（一）Internet 应用的相关概念

Internet 可以实现的功能很多，在使用 Internet 之前，先了解 Internet 应用的相关概念，以帮助后期学习。

1. 浏览器

浏览器是用于浏览 Internet 中信息的工具，Internet 中的信息内容繁多，有文字、图像、多媒体，还有连接到其他网址的超链接。通过浏览器，用户可迅速浏览各种信息，用户反馈的信息能被转换为计算机能够识别的命令。Internet 中的这些信息一般都集中在 HTML 格式的网页上显示。

浏览器的种类众多，一般常用的有 Internet Explorer（简称 IE 浏览器）、QQ 浏览器、Firefox、Safari、Opera 浏览器、百度浏览器、搜狗浏览器、360 浏览器、UC 浏览器、遨游浏览器和世界之窗浏览器等。

2. URL

网页地址（URL），简称网址，是 Internet 上标准的资源的地址。一个完整的 URL 由协议名称、服务器名称或 IP 地址、路径和文件名组成，下面分别进行介绍。

- 协议名称。协议名称用于命令浏览器如何处理将要打开的文件。最常用的模式是超文本传输协议（HTTP），除此之外还有 HTTPS、FTP 等。
- 服务器名称或 IP 地址。服务器名称或 IP 地址用于指定位置，后面有时还跟一个冒号和一个端口号。
- 路径和文件名。路径和文件名用于指定到达目标地址后打开的文件或文件夹，各具体路径之间用斜线（/）分隔。

3. 超链接

超链接是超级链接的简称。超链接是指从一个网页指向一个目标的连接关系，这个目标可以是另一个网页，也可以是相同网页上的不同位置，还可以是一张图片、一个电子邮件地址、一个文件，甚至是一个应用程序。而在一个网页中用来超链接的对象，可以是一段文本或者一张图片。

在一些大型综合网站中，首页一般都有大量的超链接，单击这些超链接，才能一步步进入呈现所关注内容的网页。

4. FTP

FTP 可将一个文件从一台计算机传送到另一台计算机中，而不管这两台计算机使用的操作系统是否相同，相隔的距离有多远。

在使用 FTP 的过程中，经常会遇到两个概念，即“下载”（Download）和“上传”（Upload）。“下载”就是将文件从远程计算机复制到本地计算机上。“上传”就是将文件从本地计算机复制到远程计算机上。用 Internet 语言来说，用户可通过客户机程序向（从）远程主机上传（下载）文件。

提 示

使用 FTP 时必须先登录，在远程主机上获得相应的权限以后，才能下载或上传文件，这就要求用户必须有对应的账号和密码，这样操作虽然安全，但却不太方便使用。通常使用账号“anonymous”，密码为任意的字符串，也可以实现上传和下载功能，这个账号即为匿名 FTP。

（二）浏览器窗口

Windows 10 自带的浏览器有：Microsoft Edge 浏览器，由微软开发的网页浏览器，该浏览器是 Windows 10 的默认浏览器；Internet Explorer 浏览器，默认是未启用状态，可以在程序管理中启用。

1. Microsoft Edge 浏览器

Microsoft Edge（简称 ME）浏览器是由微软开发的基于 Chromium 开源项目及其他开源软件的网页浏览器。

2015 年 4 月 30 日，微软于在美国旧金山举行的 Build 2015 开发者大会上宣布——Windows 10 内置代号为“Project Spartan”的新浏览器被正式命名为“Microsoft Edge”，其内置于 Windows 10 中。2018 年 3 月，微软宣布 ME 浏览器应用于 iPad 和 Android 平板。这意味着 ME 浏览器已经覆盖了桌面平台和移动平台。用户被允许在 Google Play 和 App Store 上下载 ME 浏览器。

2022 年 5 月 16 日，微软官方发布公告，称 IE 浏览器于 2022 年 6 月 16 日正式退役，此后其功能将由 ME 浏览器继承。

ME 浏览器的一些功能细节包括：支持内置 Cortana（微软小娜）语音功能；内置阅读器（可打开 PDF 文件）、笔记和分享功能；设计注重实用和简约；渲染引擎被称为 EdgeHTML。

单击“开始”按钮，在“开始”菜单中选择 Microsoft Edge 图标，打开图 11-2 所示的窗口。

图 11-2 ME 浏览器窗口

2. 启用 IE 浏览器

在 Windows 10 中，IE 浏览器默认是未启用状态，可以在程序管理中启用。

在 Windows 10 中，选择“控制面板”/“程序”/“程序和功能”/“启用或关闭 Windows 功能”选项，在弹出的窗口中单击选中“Internet Explorer 11”复选框，如图 11-3 所示，然后单击确定按钮。IE 浏览器窗口如图 11-4 所示。

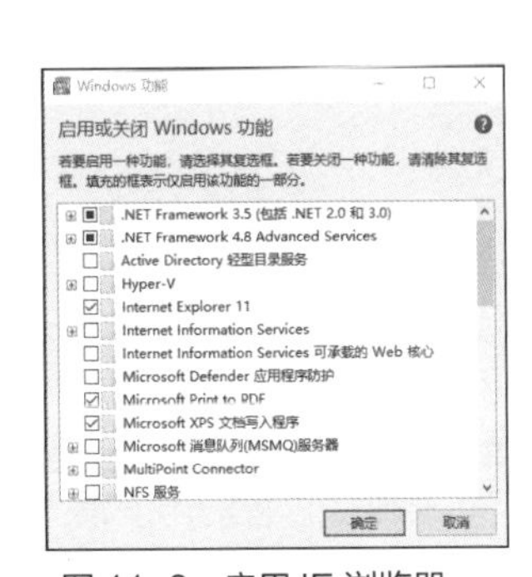

图 11-3 启用 IE 浏览器

图 11-4 IE 浏览器窗口

IE 浏览器窗口中的标题栏、“前进”按钮、“后退”按钮和状态栏的作用与应用程序的窗口类似，下面对 IE 浏览器窗口中的特有部分分别进行介绍。

- 地址栏。地址栏用来显示用户当前所打开网页的地址，也就是常说的网站的网址，单击地址栏右边的下拉按钮 ▾，在打开的下拉列表中可以快速打开访问过的网址；单击地址栏右侧的“刷新”按钮 ↻，浏览器将重新从网上下载当前网页的内容；单击“停止”按钮 × 可以停止对当前网页的下载。

- 搜索下拉列表框。搜索下拉列表框用于在默认搜索网站查找相关内容，在该下拉列表框中输入要搜索的内容后，按【Enter】键或单击“搜索”按钮即可。单击其后的下拉按钮，可在打开的下拉列表中对搜索选项进行详细设置。
- 网页选项卡。网页选项卡可以使用户在单个浏览器窗口中查看多个网页，即当打开多个网页时，通过单击不同的选项卡可以快速在打开的网页间进行切换。
- 工具栏。工具栏用于显示浏览网页时所需的常用工具按钮，单击相应的按钮可以快速对浏览的网页进行相应的设置或操作。
- 网页浏览窗口。网页浏览窗口用于显示网页文字、图片、声音和视频等信息。

（三）电子邮箱和电子邮件

电子邮件是人们在日常生活和工作中频繁使用的工具，电子邮件（E-mail）是一种通过网络在相互独立的地址之间实现传送和接收消息与文件的现代化通信手段。相对于传统的通信方式来说，电子邮件不仅可以传送文本，还可以传送声音、视频和图像等多种类型的文件。

1. 认识电子邮箱地址

电子邮箱是存放和管理电子邮件的场所，每个电子邮箱都具有唯一的地址，从而保证了每封电子邮件可以准确到达。电子邮箱的格式是 user@mail.server.name。其中，user 是用户账号，mail.server.name 是电子邮件服务器名，@用于连接前后两部分。如一个邮箱地址为 hello@163.com，则 hello 是用户的账号，163.com 是电子邮件服务器名，该邮箱地址表示在电子邮件服务器 163.com 上的账号为 hello 的电子邮箱。

2. 电子邮件的专用名词

在撰写电子邮件的过程中，经常会使用一些专用名词，如收件人、主题、抄送、密件抄送、附件和正文等，其含义如下。

- 收件人。收件人指邮件的接收者，在收件人填写处输入收信人的邮箱地址。
- 主题。主题指邮件的主题，即邮件的名称。
- 抄送。抄送指输入收件人的同时输入接收邮件的其他人的地址。在抄送方式下，收件人知道发件人还将该邮件抄送给了其他人。
- 密件抄送。密件抄送指发件人给收件人发出邮件的同时又将该邮件暗中发送给了其他人。与抄送不同的是，收件人并不知道发件人还将该邮件发送给了其他人。
- 附件。附件指随同邮件一起发送的附加文件，附件可以是各种形式的文件。
- 正文。正文指电子邮件的主体部分，即邮件的详细内容。

（四）流媒体

流媒体是以流式传输方式在网络中传输音频、视频等多媒体文件的媒体格式。它将音频和视频等多媒体文件经过特殊的压缩方式分成多个压缩包，由服务器向用户计算机连续、实时传送。在应用流媒体传输方式的系统中，用户不必将整个文件全部下载完毕后才能看到当中的内容，而只需要经过很短的时间即可在计算机上对视频或音频等文件进行边播放边下载。

1. 实现流媒体的条件

实现流媒体需要两个条件，一是传输协议，二是缓存，其作用分别如下。

- 传输协议。流式传输分为实时流式传输和顺序流式传输两种。实时流式传输适用于现场直播，需要另外使用实时流协议（RTSP）或微软媒体服务器协议（MMS）；顺序流式传输适用于已有媒体文件，这时用户可观看已下载的部分，但不能观看还未下载的部分，由于标准的 HTTP 服务器可以直接发送这种形式的文件，所以无须使用其他特殊协议。

- 缓存。流媒体技术之所以可以实现，是因为它首先会在使用者的计算机上创建一个缓冲区，在播放前预先下载一段数据，在网络实际连线速度小于播放所耗用数据的速度时，播放程序就会取用缓冲区内的数据，从而避免播放中断。

2. 流媒体传输过程

流媒体在服务器和客户端之间进行传输的过程如下。

（1）在客户端 Web 浏览器与媒体服务器之间交换控制信息，检索需要传输的实时数据。

（2）Web 浏览器启动客户端的音频/视频程序，并对该程序初始化，包括目录信息、音频/视频数据的编码类型和相关的服务地址等信息。

（3）客户端的音频/视频程序和媒体服务器之间运行流媒体传输协议，交换音频/视频传输所需的控制信息，实时流协议提供播放、快进、快退和暂停等功能。

（4）媒体服务器根据传输协议将音频/视频数据传输给客户端，当数据到达客户端时，客户端程序即可播放流媒体。

（一）使用 ME 浏览器上网

使用 ME（Microsoft Edge）浏览器的最终目的是浏览 Internet 上的信息，并实现信息交换的功能。ME 浏览器作为 Windows 10 自带的浏览器，拥有支持浏览网页、保存网页中的资料、使用历史记录和使用收藏夹等多种功能。

微课 11-1 浏览网页

1. 浏览网页

使用 EM 浏览器对个人用户而言实际上就是打开一个个网页，查看网页中的内容。

【例 11-1】使用 ME 浏览器打开网易网页，然后进入“旅游”专题，查看感兴趣的网页内容。

（1）单击“开始”按钮，在“开始”菜单中选择 Microsoft Edge 图标即可启动 ME 浏览器，在地址栏中输入需打开网页网址的关键部分“www.163.com”，按【Enter】键，ME 浏览器自动补充剩余部分，并打开该网页。

（2）在网页中列出了很多信息的目录索引，将鼠标指针移动到“旅游”超链接上时，鼠标指针变为 形状，单击，如图 11-5 所示。

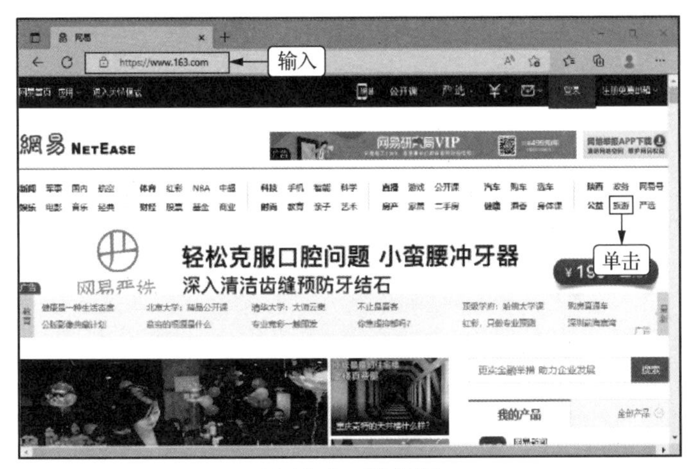

图 11-5 打开网页

提 示　启动 ME 浏览器后自动打开的网页被称为主页，用户可对其进行修改，方法是：单击页面右上角···按钮，在打开的下拉列表中选择“设置”选项，再单击 开始、主页和新建标签页 按钮，在 Microsoft Edge 启动时 选中“打开以下页面”，单击 添加新页面 按钮，在打开的对话框的文本框中输入需要设置的网址，单击 添加 按钮，即可设置主页。

提 示　在浏览网页的过程中，可以通过 ME 浏览器中的→、←按钮浏览前后网页内容。当在同一个窗口中打开两个以上的网页时，单击←按钮，可以快速返回上一个网页；单击←按钮，再单击→按钮，可返回单击←按钮之前的网页。

（3）打开“旅游”专题，滚动鼠标滚轮以实现网页的上下移动，在该网页中浏览到自己感兴趣的内容后，单击相应超链接，如图 11-6 所示，打开的网页中将显示其具体内容，如图 11-7 所示。

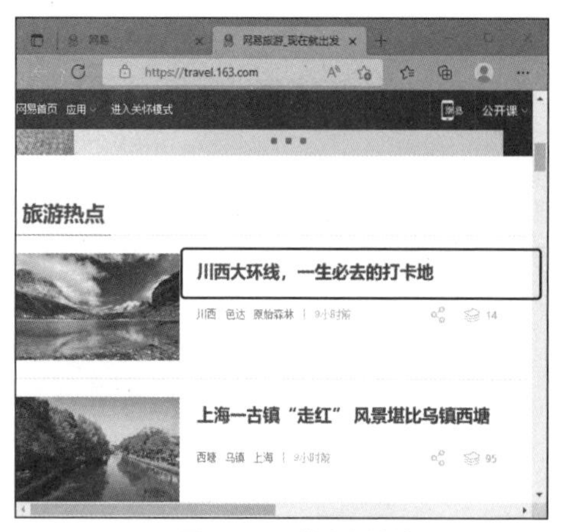

图 11-6　单击超链接

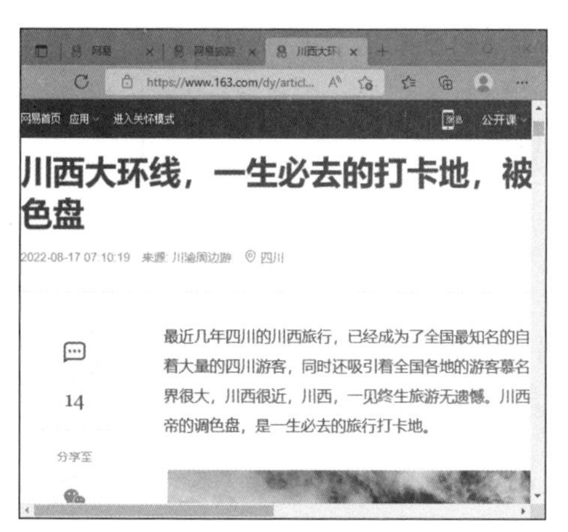

图 11-7　显示具体内容

2．保存网页中的资料

ME 浏览器提供了信息保存功能，当用户浏览到自己需要的内容时，可将其长期保存在计算机中，以备随时调用。

【例 11-2】保存打开的网页中的文字信息和图片信息，最后保存整个网页内容。

（1）打开一个需要保存资料的网页，选择需要保存的文字，在选择的文字区域中右击，在弹出的快捷菜单中选择“复制”命令或按【Ctrl+C】组合键。

（2）启动记事本程序或 Word 软件，选择“粘贴”命令或按【Ctrl+V】组合键，将复制的文字粘贴到该软件中。

（3）选择“文件”/“保存”命令，在打开的对话框中设置保存路径和文件名后，将文档保存在计算机中。

（4）在需要保存的图片上右击，在弹出的快捷菜单中选择“将图像另存为”命令，打开“保存图片”对话框。

（5）在“文件名”文本框中输入要保存图片的名称，这里输入“稻城亚丁”，单击 保存(S) 按钮，将图片保存在计算机中，如图 11-8 所示。

（6）在当前打开的页面中单击右上角···按钮，在打开的下拉列表中选择“更多工具”选项，在打开的下拉列表中选择“将页面另存为”选项，打开“另存为”对话框，选择保存网页的地址，设置名称，默认“保存类型”为“网页，完成”，单击 保存(S) 按钮，系统将显示保存进度，保存完后即可在所保存的文件夹内找到该网页文件。

图 11-8　保存图片

提 示　**保存网页后，在网页的保存位置，将有一个网页文件和与网页文件同名的文件夹，双击网页文件，可快速打开该网页进行浏览。文件夹中保存了该网页中的所有图片和视频等信息。**

3. 使用历史记录

用户使用 ME 浏览器查看的网页将被记录在 ME 浏览器中，当需要再次打开该网页时，可通过历史记录进入。

【例 11-3】使用历史记录搜索曾经打开的一个 Linux 中的 tar 命令网页。

（1）在打开的页面单击右上角 ··· 按钮，在打开的下拉列表中选择“历史记录”选项，在网页右侧打开“历史记录”窗格。

（2）在“历史记录”窗格中单击右上角 ··· 按钮，在打开的下拉列表中选择“打开历史记录页面”选项，单击搜索图标，在搜索历史记录框输入“tar”，即可找到打开过的相关网页，如图 11-9 所示。

（3）选择需要的一个网页文件，单击即可打开该网页。

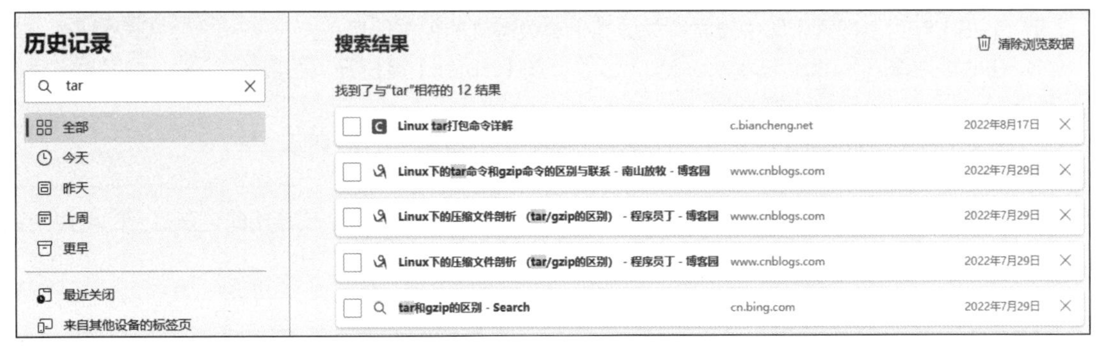

图 11-9　使用历史记录

提 示　**在历史记录中单击 ··· 按钮，在打开的下拉列表中选择“打开历史记录页面”选项，单击 清除浏览数据 按钮，将删除现存的所有历史记录。**

4. 使用收藏夹

对于需要经常浏览的网页，可以将其添加到收藏夹中，以便快速打开。

【例 11-4】将“京东”网页添加到收藏夹的“购物”文件夹中。

（1）在地址栏中输入“www.jd.com”，按【Enter】键打开该网页，单击地址栏中的添加到收藏夹

按钮 。

（2）打开“编辑收藏夹”窗格，在“名称”文本框中输入“京东”，单击 完成 按钮，如图 11-10 所示。

（3）也可在“收藏夹”对话框中单击 按钮新建文件夹，如图 11-11 所示，命名为“购物，再把“京东”等和购物相关的网页拖曳到“购物”文件夹。

（4）再次打开收藏夹，可发现其中多了一个“购物”文件夹，选择该文件夹，下面将显示保存的“京东”等网页，如图 11-12 所示，单击即可将其打开。

微课 11-4　使用收藏夹

图 11-10　添加到收藏夹

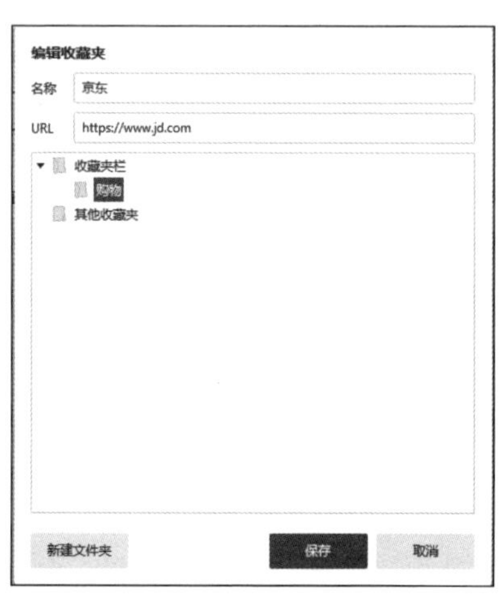

图 11-11　新建文件夹

图 11-12　收藏后的网页

（二）使用搜索引擎

搜索引擎是专门用来查询信息的网站，这些网站可以提供全面的信息。目前，常用的搜索引擎有百度、搜狗、必应、360 搜索、搜搜等。

微课 11-5　使用搜索引擎

【例 11-5】在百度搜索引擎中搜索有关计算机等级考试的相关信息。

（1）在地址栏输入“http://www.baidu.com”，按【Enter】键打开“百度”网站首页。

（2）在文本框中输入搜索的关键字“计算机等级考试”，如图 11-13 所示，单击 百度一下 按钮。

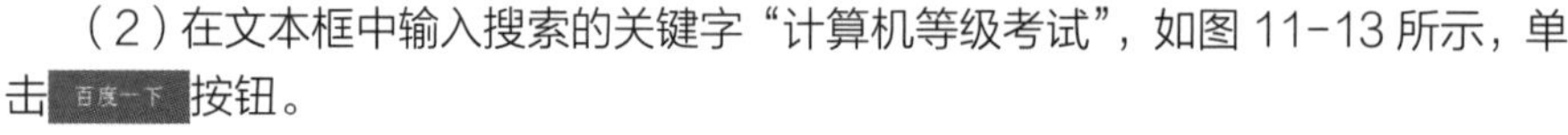

（3）在打开的网页中浏览搜索结果，如图 11-14 所示，单击任意一个超链接即可在打开的网页中查看具体内容。

图 11-13　输入关键字

图 11-14　搜索结果

提 示　**用户在搜索引擎网页中单击不同的超链接可在对应的内容下搜索信息，如搜索视频信息和搜索地图信息等，从而帮助自己更加精确地搜索到需要的信息。**

（三）使用 FTP

微课 11-6 使用 FTP

在实际使用 FTP 中，可以通过 ME 浏览器访问 FTP 站点，然后浏览其中的内容，根据需要，用户可对 FTP 站点中的内容进行上传与下载。

【例 11-6】浏览 FTP 站点，然后下载需要的内容。

（1）启动 ME 浏览器，在地址栏输入 FTP 站点地址“ftp.sjtu.edu.cn”，按【Enter】键，自动补全 FTP 站点地址，打开对应的页面，如图 11-15 所示。

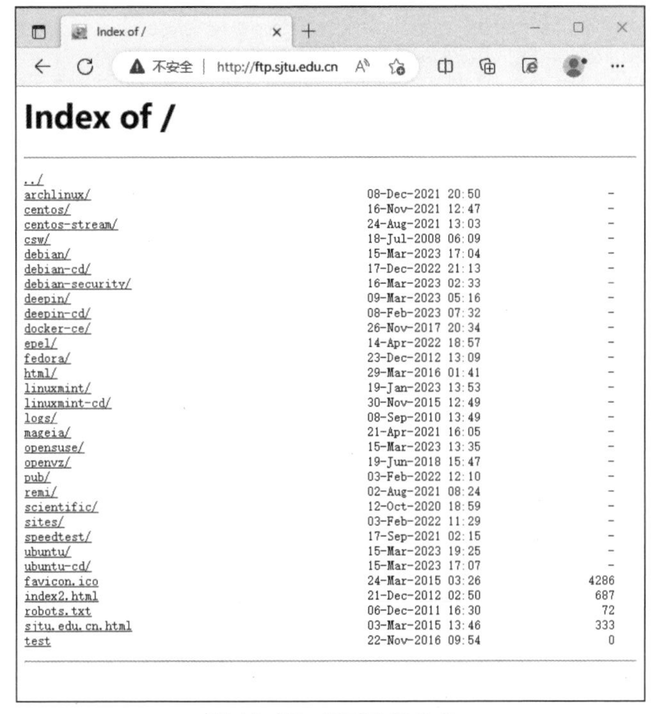

图 11-15 打开 FTP 站点

（2）依次单击需要查看内容的各项超链接，可在打开的页面中详细查看，在需要下载的超链接上右击，在弹出的快捷菜单中选择“将链接另存为”命令。

（3）打开“另存为”对话框，当设置好保存的位置和名称后，单击 保存(S) 按钮，如图 11-16 所示。

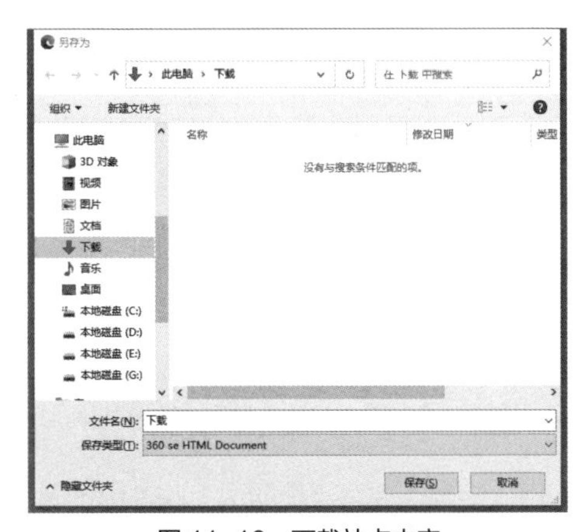

图 11-16 下载站点内容

提 示 一般使用 FTP 上传和下载资源时，都会使用专门的软件，从而提高上传与下载速度。常用的软件有 FlashFXP、8UFTP、CuteFTP 和 SmartFTP 等。

（四）下载资源

微课 11-7 下载资源

Internet 的网站中有很多资源，除了在 FTP 站点中可以下载资源之外，在日常的生活和工作中，人们更多在普通的网站中下载资源。

【例 11-7】在 ZOL 网站下载“搜狗五笔”软件。

（1）在 ME 浏览器中打开 ZOL 网站，在搜索文本框中输入“搜狗五笔”，单击搜索按钮，如图 11-17 所示。

图 11-17 搜索下载资源

（2）打开搜狗五笔搜索网页，找到下载地址后，单击ZOL本地下载按钮，跳转到“本地下载”界面，单击下载地址1按钮，即可开始下载直到完成，如图 11-18 所示。下载完成后，单击“打开文件”选项即可进入安装界面。

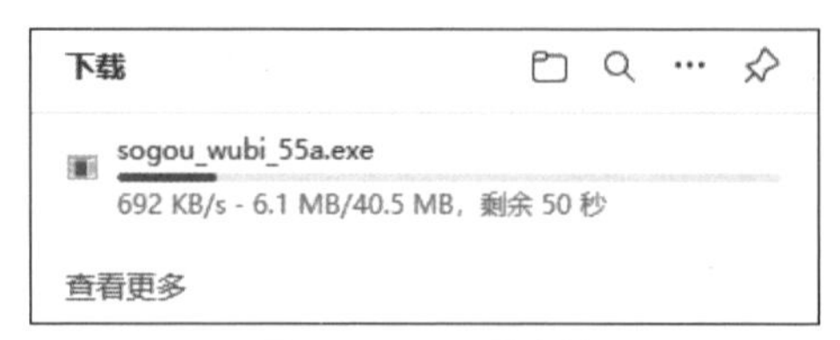

图 11-18 下载文件

（五）收发电子邮件

电子邮件的应用领域广泛，用户根据需要可以在网页上收发电子邮件，也可以使用专门的软件——Outlook 收发电子邮件。

1. 申请电子邮箱

微课 11-8 申请电子邮箱

要使用电子邮件进行信息交流，首先应申请一个电子邮箱。提供电子邮件服务的网站很多，在这些网站中都可以申请一个电子邮箱。

【例 11-8】在网易网页中申请一个免费的电子邮箱。

（1）在 ME 浏览器中输入网易邮箱的网址“mail.163.com”，按【Enter】键打开“网易邮箱”网站首页，单击“注册新账号”超链接。

（2）打开注册网页，根据提示输入电子邮箱的地址、密码、手机号码和验证码等信息，单击立即注册按钮，如图 11-19 所示，将在打开的网页中提示注册成功。

图 11-19 输入注册信息

2. 使用 Outlook 收发电子邮件

Outlook 是微软办公软件套装的组件之一，它作为办公综合管理软件，可以实现日程管理和收发电子邮件等功能。

微课 11-9 使用 Outlook 收发电子邮件

【例 11-9】在 Outlook 中配置一个电子邮箱，然后使用该邮箱发送和接收电子邮件。

（1）选择“开始”/“Outlook 2016”命令，启动该软件，由于是第一次启动，将打开账户配置向导对话框，单击下一页(N) >按钮。

（2）在打开的对话框中会提示是否进行电子邮箱配置，单击选中“是”单选项，单击下一页(N) >按钮。

（3）打开“自动账户设置”对话框，单击选中“手动设置或其他服务器类型”单选项，单击下一页(N) >按钮。

（4）在打开的对话框中单击选中“Internet 电子邮件”单选项，单击下一页(N) >按钮。

（5）在打开的对话框中按要求输入用户姓名、电子邮件地址、密码等信息，单击下一页(N) >按钮，如图 11-20 所示。

提 示　如果根据提示操作，电子邮箱仍然不能配置成功，则可能是电子邮箱没有开启 POP3 和 SMTP 服务，此时可选择手动设置或对其他服务器类型进行相应的设置。

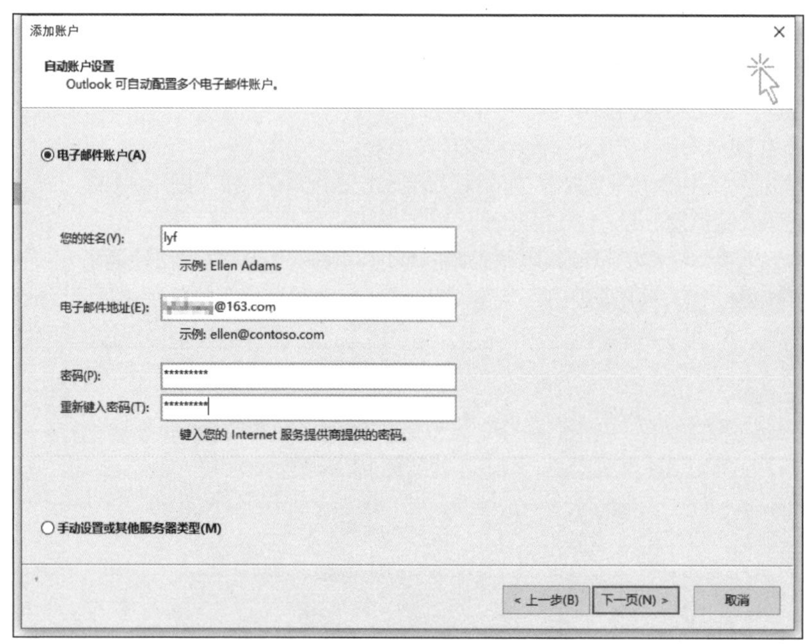

图 11-20 Internet 电子邮件设置

（6）Outlook 自动连接用户的电子邮箱服务器进行账户的配置，稍后将打开提示对话框，提示配置成功，并打开 Outlook 窗口，如图 11-21 所示。

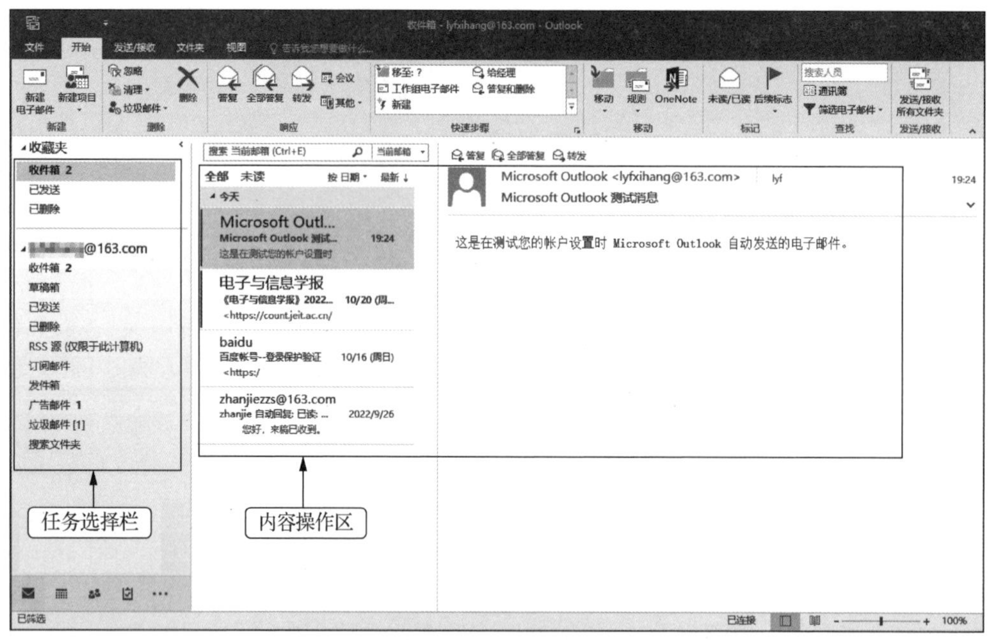

图 11-21 Outlook 窗口

（7）在“开始”/“新建”组中单击“新建电子邮件”按钮，打开新建邮件窗口。

（8）在“收件人”和“抄送”文本框中输入接收邮件的用户电子邮箱地址，在“主题”文本框中输入邮件的标题，在下方的窗口中输入邮件的正文内容。

（9）在“邮件”/“添加”组中单击“附加文件”按钮，如图 11-22 所示。

（10）打开“插入文件”对话框，选择附件文件，单击 插入(S) 按钮，如图 11-23 所示。

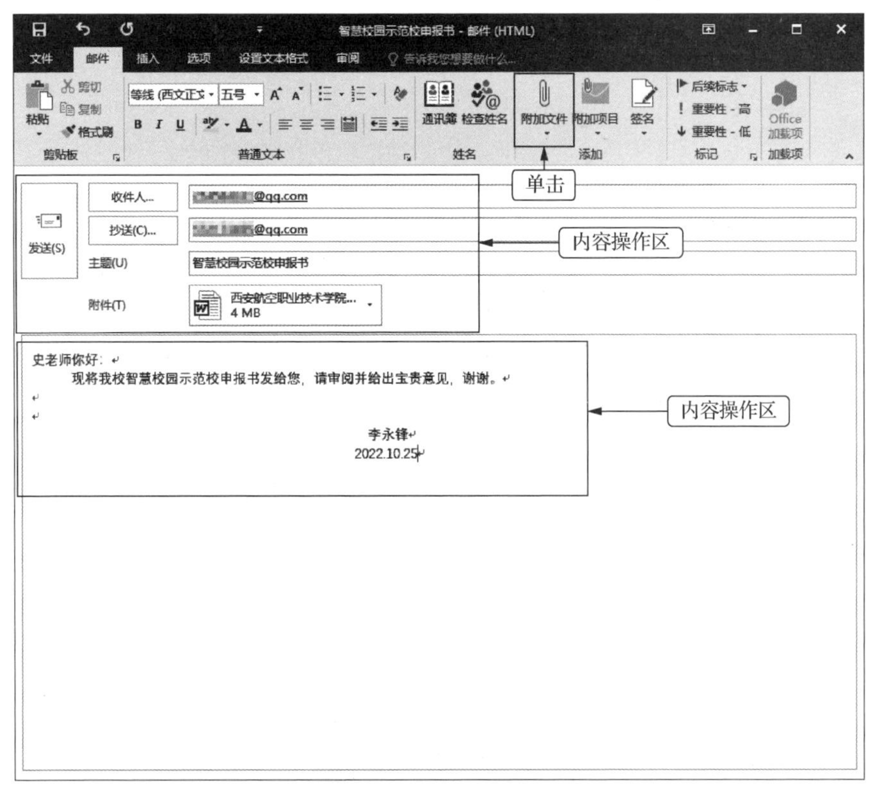

图 11-22　输入邮件内容

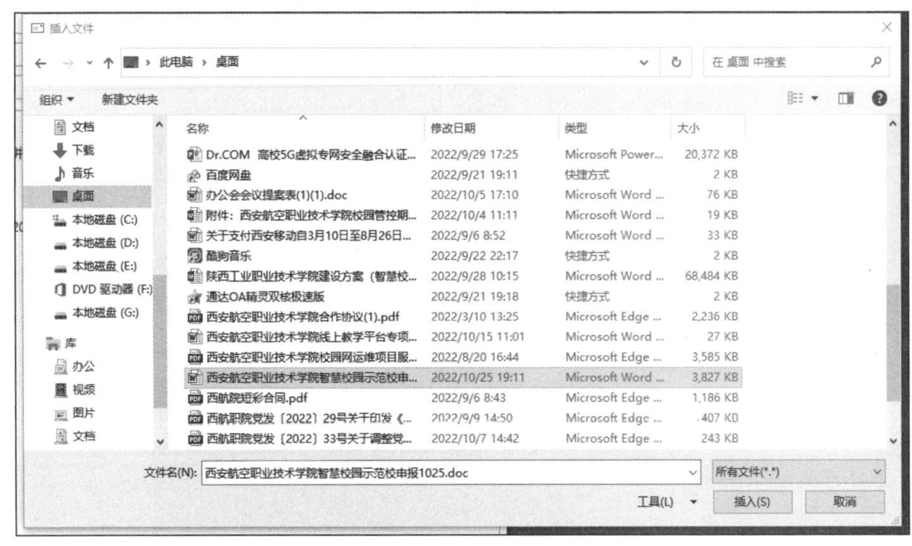

图 11-23　插入附件

（11）单击“发送”按钮，将邮件内容和附件一起发送给收件人和抄送人。

（12）在“发送/接收”/“发送和接收”组中单击“发送/接收所有文件夹”按钮，Outlook 将开始接收配置邮箱中的所有邮件，并打开提示对话框提示接收进度。

（13）接收完成后自动关闭进度对话框，单击 Outlook 窗口左侧的“收件箱”选项卡，在中间的窗格中将显示所有已收到的电子邮件，单击一个需要阅读的电子邮件标题，将在右侧的窗格中显示该电子邮件的内容，如图 11-24 所示。

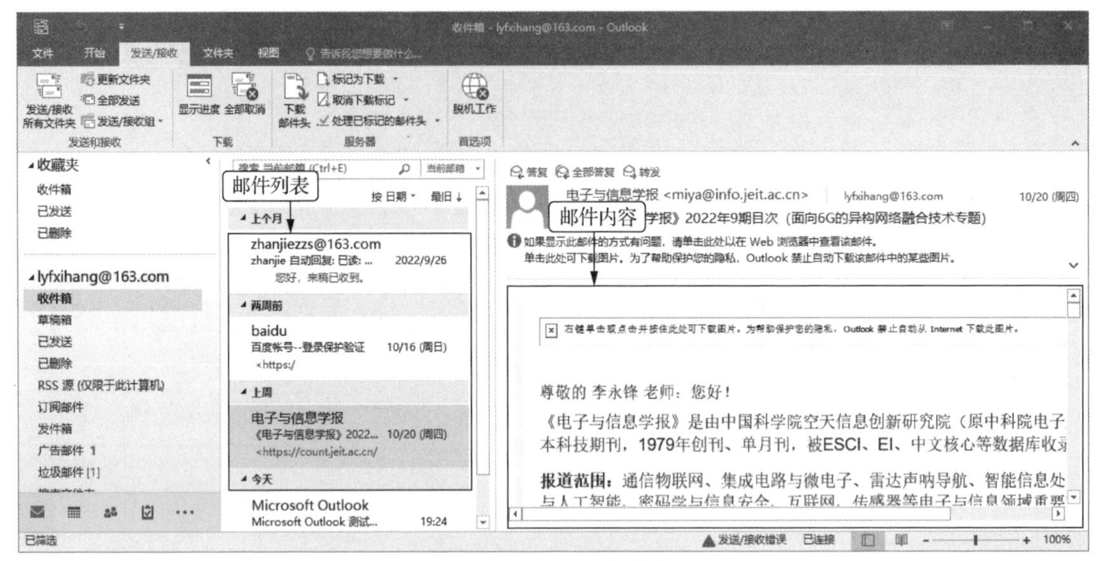

图 11-24　显示电子邮件内容

（14）双击电子邮件标题，将在打开的窗口中显示电子邮件的详细内容，如图 11-25 所示，阅读完之后，在“开始”/“响应”组中单击“答复”按钮。

图 11-25　显示电子邮件详细内容

（15）在打开的窗口中将自动填写收件人电子邮箱地址，输入回复邮件的内容后，单击“发送”按钮。

提示　**用户阅读一封电子邮件后，若发现该电子邮件的内容应该让其他人知道，可在“开始”/“响应”组中单击“转发”按钮，在打开的窗口中将自动提取原电子邮件的所有内容，用户输入接收该电子邮件的电子邮箱地址，即可快速将其发送给收件人。**

（六）即时通信

即时通信即“信息的即时发送与接收”，要实现即时通信，需应用一些专用软件，QQ 就是其中之一。

【例 11-10】使用 QQ 进行消息的发送与接收。

（1）选择“开始”/“腾讯软件”/“腾讯 QQ”命令，启动腾讯 QQ 软件，打开登录窗口，输入 QQ 号码和密码后单击 登录 按钮，如图 11-26 所示。

（2）打开 QQ 窗口，在窗口中双击某个需要即时通信的对象，如图 11-27 所示。

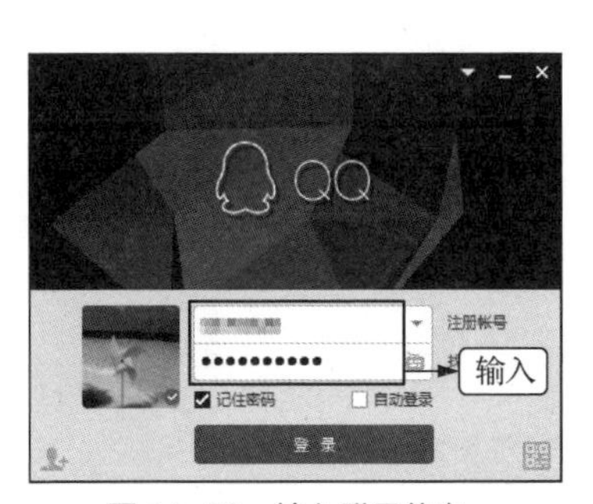

图 11-26　输入登录信息

图 11-27　选择通信对象

微课 11-10　即时通信

（3）打开即时通信窗口，在窗口下方输入通信内容，单击 发送(S) 按钮，如图 11-28 所示。

（4）此时对方将收到消息，对方回复信息后，状态栏的 QQ 图标将不停闪烁，双击该 QQ 图标，将打开聊天窗口，上方会显示对方回复的通信内容，如图 11-29 所示。

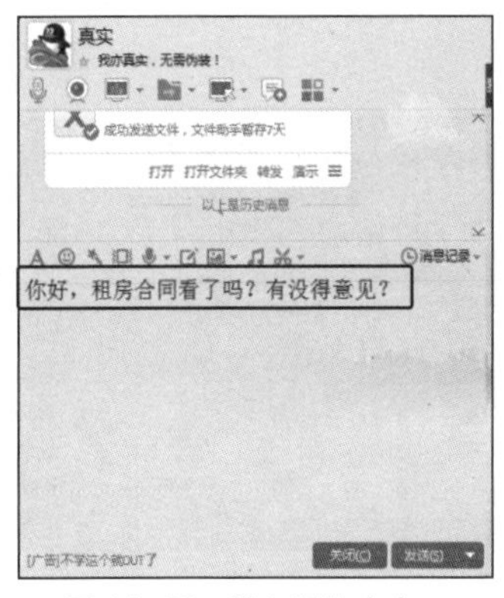

图 11-28　输入通信内容

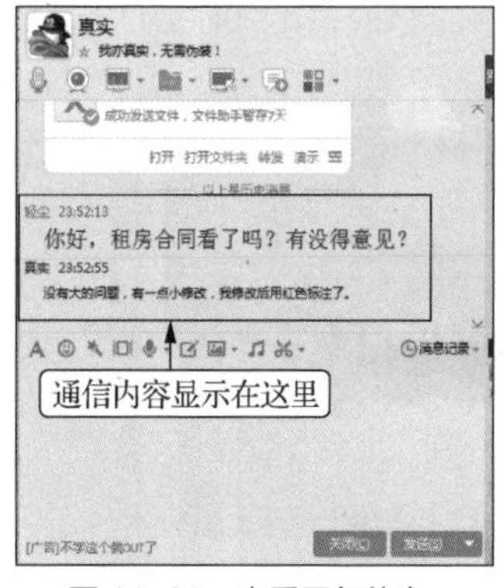

图 11-29　查看回复信息

提示　**如果没有 QQ 账号，需要先注册，在登录窗口中单击“注册账号”超链接，在打开的网页中根据提示进行注册。新注册的账号中没有其他用户，此时可在 QQ 窗口中单击下方的 查找 按钮，然后在打开的窗口中输入对方注册的 QQ 昵称或 QQ 号码添加好友。**

（七）使用流媒体

微课 11-11　使用流媒体

现在很多网站都提供了音频/视频在线播放服务，如优酷和爱奇艺等。它们的使用方法基本相同，只是每个网站中保存的音频/视频文件各有不同。

【例 11-11】在爱奇艺网中看动画片。

（1）在 ME 浏览器中打开爱奇艺网，单击首页的“儿童”超链接，打开儿童频道。

（2）依次单击超链接，选择喜欢看的视频文件，视频文件将在网页中显示，如图 11-30 所示。

图 11-30　选择视频文件

（3）在窗口右侧还可以选择需要播放的视频文件，在视频播放窗口下方拖曳进度条或单击进度条的某一个时间点，可从该时间点开始播放视频文件，如图 11-31 所示。在进度条下方有一个时间表，表示当前视频的播放时长和总时长。

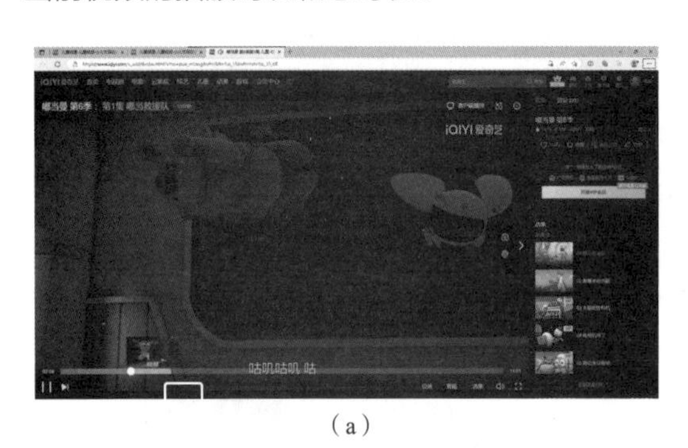

（a）

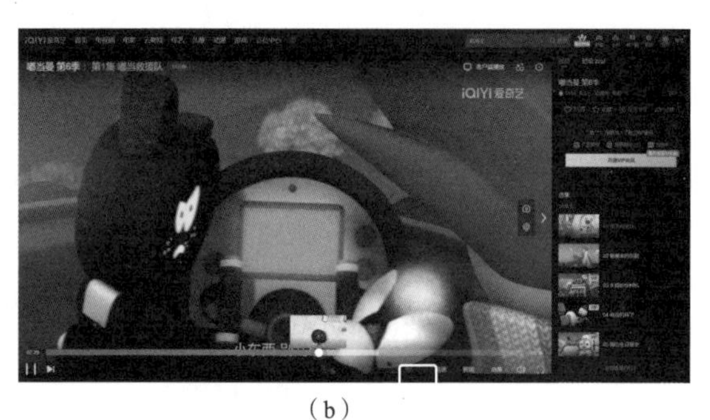

（b）

图 11-31　播放任意时间点的视频

（4）单击按钮，暂停或播放视频文件。

（5）单击“全屏”按钮，将在全屏模式下播放视频文件。

课后练习

1. 选择题

（1）以下关于电子邮件和电子邮箱的说法，不正确的是（　　）。

A. 电子邮件的英文简称是 E-mail

B. 加入因特网的每个用户都可以通过申请得到一个电子邮箱

C. 在一台计算机上申请的电子邮箱，只能通过这台计算机上网才能接收和发送邮件

D. 一个人可以申请多个电子邮箱

（2）以下正确的 IP 地址是（　　）。

A. 323.112.0.1　B. 134.168.2.10.2　C. 202.202.1　D. 202.132.5.168

（3）以下选项中，不属于网络传输介质的是（　　）。

A. 电话线　B. 光纤　C. 网桥　D. 双绞线

（4）以下网络中，属于广域网的是（　　）。

A. ChinaDDN　B. Novell 网　C. ChinaNet　D. Internet

（5）将各种数字信号转换成适合在电话线等信道传输的模拟信号的过程，称为（　　）。

A. 调制　B. 解调　C. 编码转换　D. 线路优化

（6）以下各项中不能作为域名的是（　　）。

A. www.sina.com　B. www.baidu.com　C. ftp.pku.edu.cn　D. mail.qq.com

（7）不属于 TCP/IP 层次的是（　　）。

A. 网络层　B. 交换层　C. 传输层　D. 应用层

（8）下面关于流媒体的说法，错误的是（　　）。

A. 流媒体将视频和音频等多媒体文件经过特殊的压缩方式分成多个压缩包，由服务器向用户计算机连续、实时传送

B. 使用流媒体技术观看视频，用户应将文件全部下载完毕后才能看到其中的内容

C. 实现流媒体需要两个条件，一是传输协议的支持，二是缓存

D. 使用流媒体技术观看视频，用户可以实现播放、快进、快退和暂停等功能

2. 操作题

（1）打开网易网页的主页，进入体育频道，浏览任意一条新闻。

（2）在百度网页中搜索“流媒体”的相关信息，然后将流媒体的信息复制到记事本中，保存到桌面。

（3）将百度网页添加到收藏夹中。

（4）在百度网页中搜索“FlashFXP”的相关信息，然后将该软件下载到计算机的桌面上。

（5）使用 Outlook 给 hello@163.com（收件人）、welcome@sina.com（抄送）发送一封电子邮件，邮件内容为“计算机一级考试的时间为 5 月 12 日”，然后插入一个附件“计算机考试.docx”。

项目十二 做好计算机维护

计算机的功能强大，因而其维护操作更不能缺少。在日常工作中，计算机的磁盘、系统都需要进行相应的维护和优化操作，在保证计算机正常运行的情况下还可适当提高效率。随着网络的深入发展，计算机安全也成为用户关注的重点之一，病毒等是计算机面临的不安全因素。本项目将通过两个典型任务，介绍计算机磁盘和系统维护基础知识、计算机病毒基础知识、磁盘的常用维护操作、设置虚拟内存、管理自启动程序、自动更新系统、启动Windows防火墙以及使用第三方软件保护系统等。

课堂学习目标

- 维护磁盘与计算机系统
- 防范计算机病毒

任务一 维护磁盘与计算机系统

任务要求

王画使用计算机进行办公也有一段时间了，可是她心里知道自己还是一个新手，自己做的只是简单操作。遇到涉及系统及相应设置的问题，就显得有些束手无策，王画决定好好研究磁盘与系统维护的知识。

本任务要求认识磁盘维护和系统维护的基础知识，如认识常见的系统维护的工具，同时要求用户可以进行简单的磁盘与系统维护操作，包括创建硬盘分区、整理磁盘碎片、关闭无响应的程序、设置虚拟内存和关闭随系统自动启动的程序等。

相关知识

（一）磁盘维护基础知识

磁盘是计算机中使用频率非常高的硬件设备，在日常的使用中应注意对其进行维护。下面讲解在磁盘维护过程中需要了解的一些基础知识。

1. 认识磁盘分区

一个磁盘由若干个磁盘分区组成，磁盘分区可分为主分区和扩展分区，其含义分别如下。

- 主分区。主分区通常位于硬盘的第一个分区，即 C 磁盘。主分区主要用于存放当前计算机操作系统的内容，其中的主引导程序用于检测硬盘分区的正确性，并确定活动分区，负责把引导权移交给活动分区的 Windows 或其他操作系统。一个硬盘中最多只能存在 4 个主分区。

- 扩展分区。除了主分区以外的分区都是扩展分区，它不是一个实际的分区，而是一个指向下一个分区的指针。在扩展分区中可建立多个逻辑分区，逻辑分区是可以实际存储数据的磁盘，如 D 盘、E 盘等。

2. 认识磁盘碎片

计算机使用时间长了，磁盘中会保存大量的文件，这些文件并不会保存在连续的磁盘空间，而会被分散在许多地方，这些零散的文件被称作“磁盘碎片”。由于硬盘读取文件需要在多个磁盘碎片之间跳转，所以磁盘碎片过多会减缓硬盘的运行速度，从而降低整个 Windows 的性能。

磁盘碎片产生的原因主要有以下两种。

- 下载。在下载电影之类的大文件时，用户可能也在使用计算机处理其他工作，下载文件被迫分割成若干个碎片存储于磁盘中。
- 文件的操作。在删除文件、添加文件和移动文件时，如果文件空间不够大，就会产生大量的磁盘碎片，随着文件的频繁操作，情况会日益严重。

（二）系统维护基础知识

计算机安装操作系统后，用户还需要时常对其进行维护。下面讲解 4 个常用的系统维护场所。

- “系统配置”窗口。系统配置可以帮助用户确定可能阻止 Windows 正确启动的问题，使用它可以在禁用服务和程序的情况下启动 Windows，从而提高系统运行速度。选择“开始”/“运行”命令，打开“运行”对话框，在“打开”文本框中输入“msconfig”，单击确定按钮或按【Enter】键，将打开“系统配置”窗口，如图 12-1 所示。

图 12-1 “系统配置”窗口

- “计算机管理”窗口。“计算机管理”窗口中集合了一组管理本地或远程计算机的 Windows 管理工具，如任务计划管理器、事件查看器、设备管理器和磁盘管理器等。在桌面的“此电脑”图标上右击，在弹出的快捷菜单中选择“管理”命令；或打开“运行”对话框，在其中输入“compmgmt.msc”，按【Enter】键，将打开“计算机管理”窗口，如图 12-2 所示。
- “任务管理器”窗口。“任务管理器”窗口提供了计算机性能的信息，以及在计算机上运行的程序和进程的详细信息，如果连接到网络，还可以查看网络状态。按【Ctrl+Shift+Esc】组合键或在任务栏的空白处右击，在弹出的快捷菜单中选择“启动任务管理器”命令，均可打开“任务管理器”窗口，如图 12-3 所示。

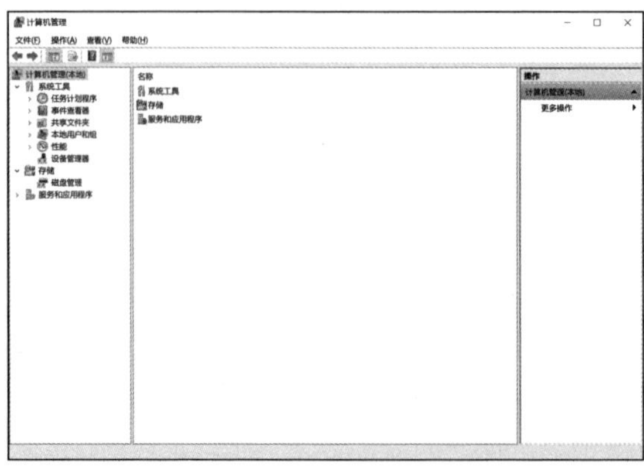

图 12-2 “计算机管理”窗口

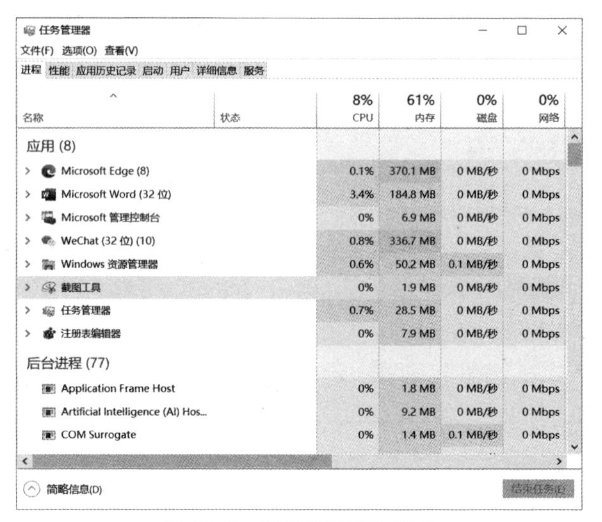

图 12-3 “任务管理器”窗口

- “注册表编辑器”窗口。“注册表编辑器”窗口是 Windows 中的一个重要数据库，用于存储系统和应用程序的设置信息，在整个系统中起着核心作用。选择“开始”/“运行”命令，打开“运行”对话框，在“打开”文本框中输入“regedit”，按【Enter】键，将打开“注册表编辑器”窗口，如图 12-4 所示。

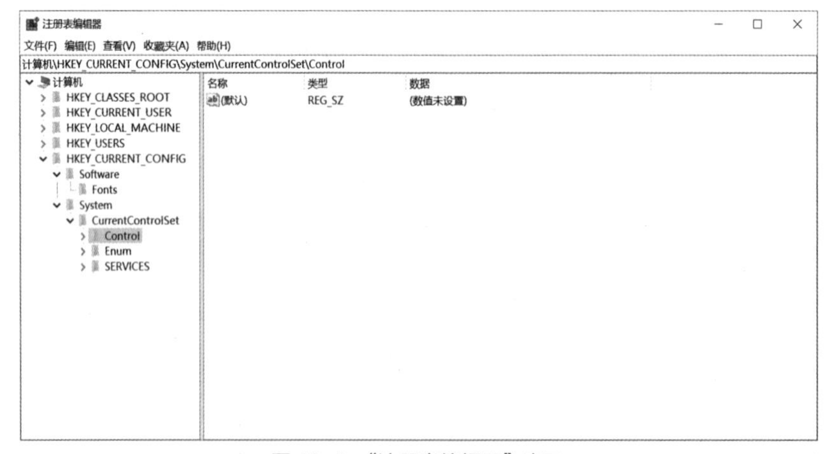

图 12-4 “注册表编辑器”窗口

任务实现

微课 12-1　硬盘分区与格式化

（一）硬盘分区与格式化

一个新硬盘默认只有一个分区，若要使硬盘能够储存数据，需为硬盘分区并进行格式化。

【例 12-1】在“计算机管理”窗口中将 E 盘划分出一部分以新建一个 H 分区，然后对其进行格式化操作。

（1）在桌面的“此电脑”图标上右击，在弹出的快捷菜单中选择“管理”命令，打开“计算机管理”窗口。

（2）展开左侧的“存储”目录，选择“磁盘管理”选项，打开磁盘列表，在 E 盘上右击，在弹出的快捷菜单中选择“压缩卷”命令，如图 12-5 所示。

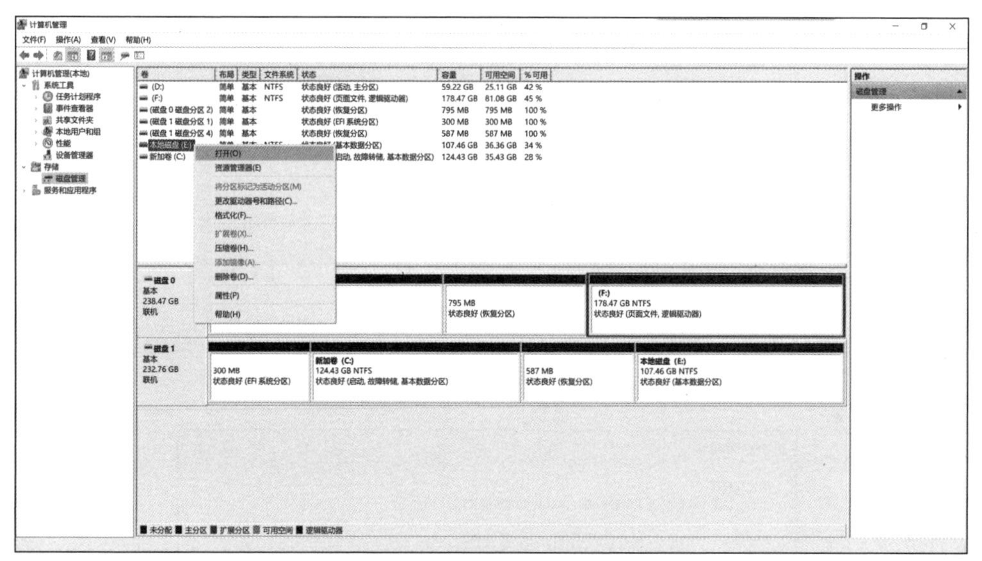

图 12-5　选择需划分空间的磁盘

（3）打开“压缩 E:”对话框，在“输入压缩空间量”数值框中输入划分的空间大小，单击 压缩(S) 按钮，如图 12-6 所示。

压缩 E:

压缩前的总计大小(MB): 110042

可用压缩空间大小(MB): 37185

输入压缩空间量(MB)(E): 23185

压缩后的总计大小(MB): 86857

无法将卷压缩到超出任何不可移动的文件所在的点。有关完成该操作时间的详细信息，请参阅应用程序日志中的 "defrag" 事件。

有关详细信息，请参阅磁盘管理帮助中的"收缩基本卷"

压缩(S)　取消(C)

图 12-6　设置划分的空间大小

（4）返回磁盘列表，此时将增加一个可用空间，在该空间上右击，在弹出的快捷菜单中选择“新建简单卷”命令，打开“新建简单卷向导”对话框，单击 下一页(N) > 按钮。

（5）打开“指定卷大小”对话框，默认新建分区的大小，单击 下一页(N) > 按钮，在“分配驱动器号和路径”界面单击选中“分配以下驱动器号”单选项，在其后的下拉列表中选择新建分区的驱动器号，单击 下一页(N) > 按钮，如图 12-7 所示。

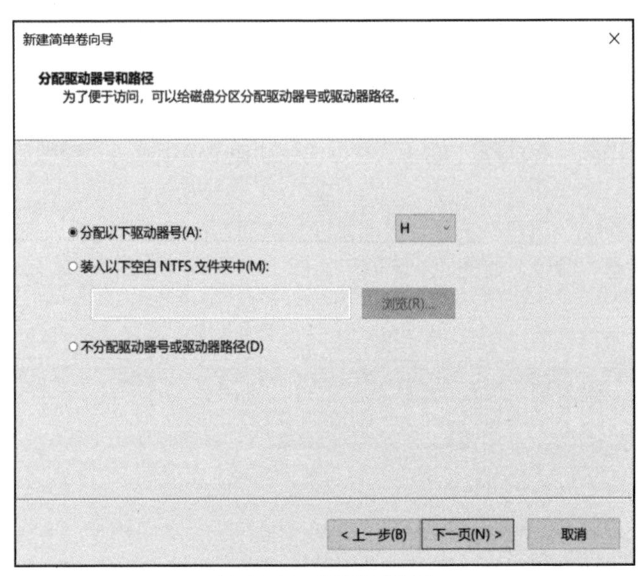

图 12-7　分配驱动器号

（6）打开“格式化分区”界面，保持默认值即使用 NTFS 文件格式化，如图 12-8 所示。单击 下一页(N) > 按钮，打开完成向导对话框，单击 完成(F) 按钮即可。

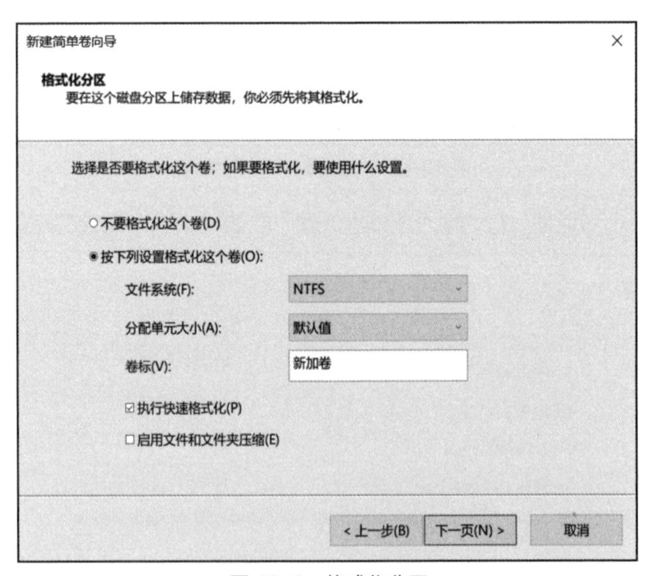

图 12-8　格式化分区

（二）清理磁盘

在使用计算机的过程中会产生一些无用的垃圾文件和临时文件，这些文件会占用磁盘空间，定期清理可提高系统运行速度。

【例 12-2】清理计算机中的 C 盘。

（1）打开“此电脑”窗口，右击“新加卷（C:）”，在弹出的快捷菜单中选择“属性”命令，打开“新加卷（C:）属性”窗口。

（2）在窗口中间位置单击“磁盘清理”按钮，如图 12-9 所示。

（3）在打开的对话框中，在“要删除的文件”列表框中单击选中需要删除文件前面的复选框，单击 确定 按钮，如图 12-10 所示。打开“磁盘清理”对话框，询问是否永久删除这些文件，单击 删除文件 按钮。

（4）系统执行删除命令，并且打开对话框提示文件的清理进度，完成后将自动关闭该对话框。

图 12-9　选择需清理的磁盘

图 12-10　选择清理的文件

（三）整理磁盘碎片

磁盘碎片的存在将影响计算机的运行速度，定期优化磁盘和清理磁盘碎片无疑会提高系统运行速度。

微课 12-3 整理
磁盘碎片

【例 12-3】对 F 盘进行优化和整理磁盘碎片。

（1）打开“此电脑”窗口，在 F 盘上右击，在弹出的快捷菜单中选择“属性”命令。

（2）打开“本地磁盘（F:）属性”对话框，单击“工具”选项卡，单击 优化(O) 按钮，如图 12-11 所示。

（3）打开“优化驱动器”对话框，在中间的列表框中选择 F 盘，单击 优化(O) 按钮，系统将先对磁盘进行分析，然后进行优化，如图 12-12 所示。

（4）优化完成后，在“优化驱动器”对话框中单击 关闭(C) 按钮。

图 12-11　单击“优化”按钮

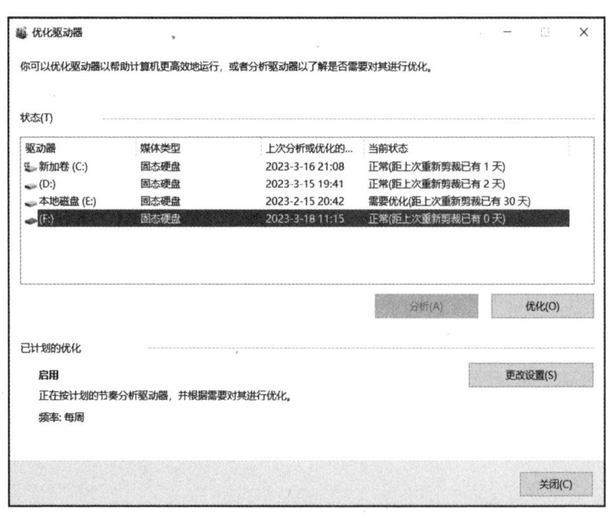

图 12-12　优化磁盘

（四）检查磁盘

当计算机频繁死机、蓝屏或者系统运行速度变慢时，可能是因为磁盘上出现了逻辑错误。这时可以使用 Windows 10 自带的磁盘检查程序检查系统中是否存在逻辑错误，当磁盘检查程序检查到逻辑错误时，还可以使用该程序对逻辑错误进行修正。

微课 12-4　检查磁盘

【例 12-4】对 E 盘进行磁盘检查。

（1）打开“此电脑”窗口，在需检查的 E 盘上右击，在弹出的快捷菜单中选择“属性”命令。

（2）打开“本地磁盘（E:）属性”对话框，单击“工具”选项卡，单击“查错”栏中的“检查(C)”按钮，如图 12-13 所示。

（3）系统开始进行错误检查扫描，如图 12-14 所示。

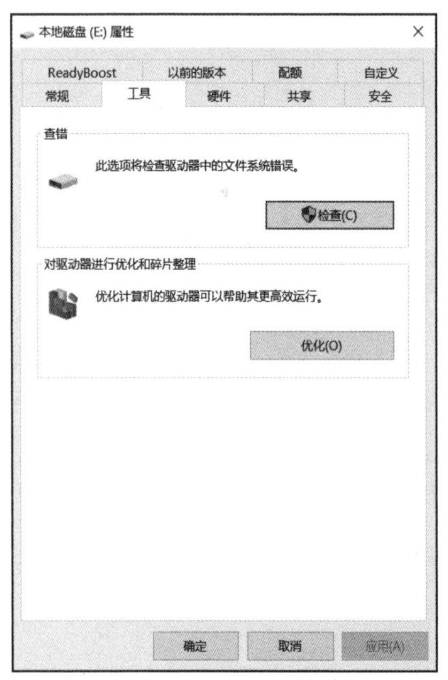

图 12-13　“本地磁盘（E:）属性”对话框

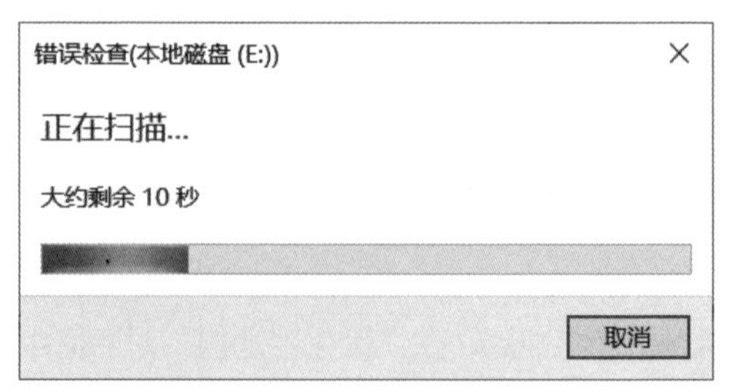

图 12-14　错误检查扫描

（4）扫描结束后，会显示扫描结果，单击 关闭(C) 按钮完成磁盘检查操作。

（五）关闭无响应的程序

在使用计算机的过程中，可能会遇到无法操作某个应用程序的情况，即程序无响应，通过正常的方法已无法关闭程序，程序也无法继续使用，此时，需要使用任务管理器关闭程序。

【例 12-5】使用任务管理器关闭无响应的程序。

（1）按【Ctrl+Shift+Esc】组合键或者【Win+R】组合键，输入 taskmgr 命令后按【Enter】键，打开“任务管理器”窗口。

（2）在“任务管理器”窗口中选择应用程序列表中没有响应的选项，然后单击 结束任务(E) 按钮，如图 12-15 所示。

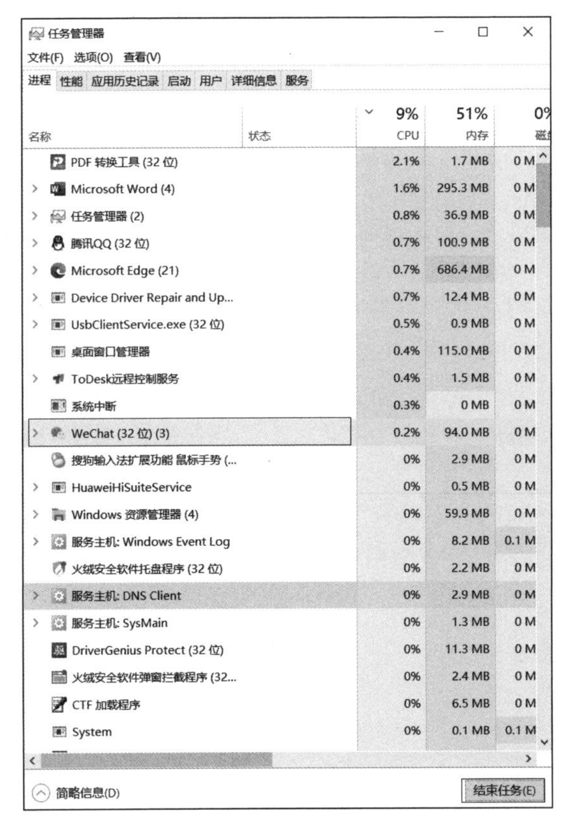

图 12-15　关闭无响应的程序

（六）设置虚拟内存

计算机中的程序均需由内存执行，若执行的程序占用内存过多，则会导致计算机运行缓慢甚至死机，通过设置 Windows 的虚拟内存，可将部分硬盘空间划分出来充当内存使用。

【例 12-6】为 C 盘设置虚拟内存。

（1）在“此电脑”图标上右击，在弹出的快捷菜单中选择“属性”命令，打开“设置”窗口，单击右侧的“高级系统设置”超链接。

（2）打开“系统属性”对话框，单击“高级”选项卡，单击“性能”栏中的 设置(S) 按钮，如图 12-16 所示。

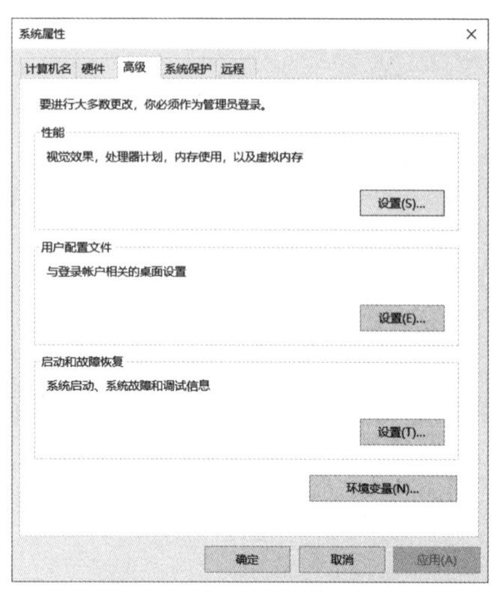

图 12-16 “系统属性”对话框

（3）打开“性能选项”对话框，单击“高级”选项卡，单击“虚拟内存”栏中的 更改(C)... 按钮，如图 12-17 所示。

（4）打开“虚拟内存”对话框，撤销选中“自动管理所有驱动器的分页文件大小”复选框，在“每个驱动器的分页文件大小”栏中选择“C:”选项。单击选中“自定义大小(C)”单选项，在“初始大小”文本框中输入“1000”，在“最大值”文本框中输入“5000”，如图 12-18 所示，依次单击 设置(S) 按钮和 确定 按钮完成设置。

图 12-17 “性能选项”对话框

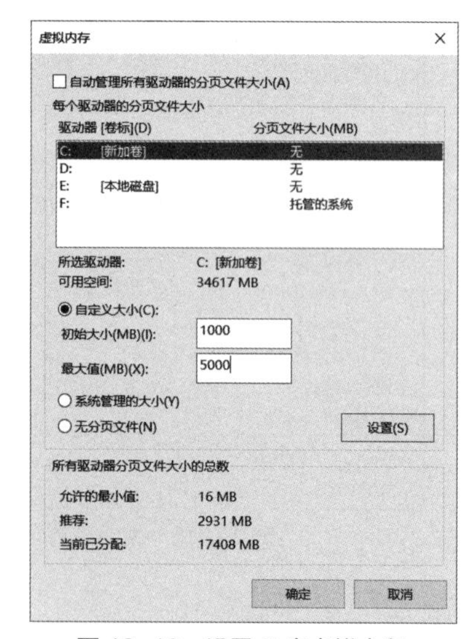

图 12-18 设置 C 盘虚拟内存

（七）管理自启动程序

在安装软件时，有些软件会自动设置随计算机一起启动，这种方式虽然方便了用户的操作，但是如果随计算机启动的软件过多，会使开机速度变慢，而且即使开机成功，也会消耗过多的内存。

【例 12-7】设置部分软件在开机时不自动启动。

（1）选择“开始”/“Windows 系统”/“运行”命令，打开“运行”对话框，在“打开”文本框中输入“msconfig”，单击 确定 按钮或按【Enter】键。

（2）打开“系统配置”对话框，单击“启动”选项卡，如图 12-19 所示。单击“打开任务管理器”超链接打开“任务管理器”窗口，单击“启动”选项卡，在下面的列表中选中不随计算机启动的程序，在其上右击，在弹出的快捷菜单中选择“禁用”命令，即可完成设置，如图 12-20 所示。

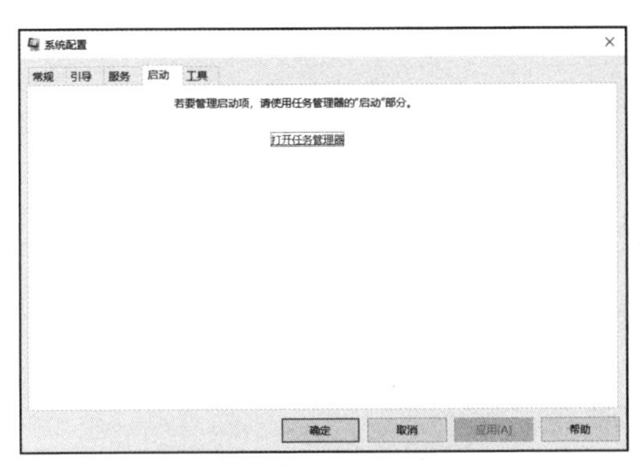

图 12-19 “系统配置”对话框

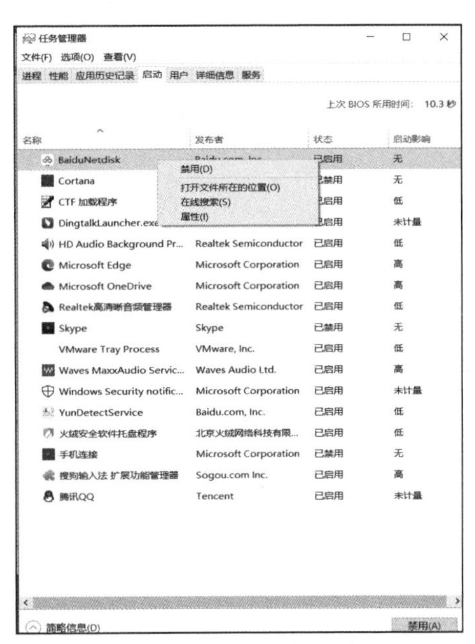

图 12-20 设置禁用程序

（八）自动更新系统

系统的漏洞容易让计算机被病毒或木马程序入侵，使用 Windows 10 提供的 Windows 更新功能可以检查并发现漏洞，从而将其修复，达到保护系统安全的目的。

【例 12-8】使用 Windows 更新功能检查并设置更新功能。

（1）选择“开始”/“设置”命令，在打开的窗口的下方找到“更新和安全”超链接，如图 12-21 所示。

（2）单击“更新和安全”超链接，打开“设置”窗口，在左侧的更新和安全列表中有备份、疑难解答、恢复、激活等选项，可以根据需求选择。单击“Windows 更新”图标，打开“Windows 更新”界面如图 12-22 所示。

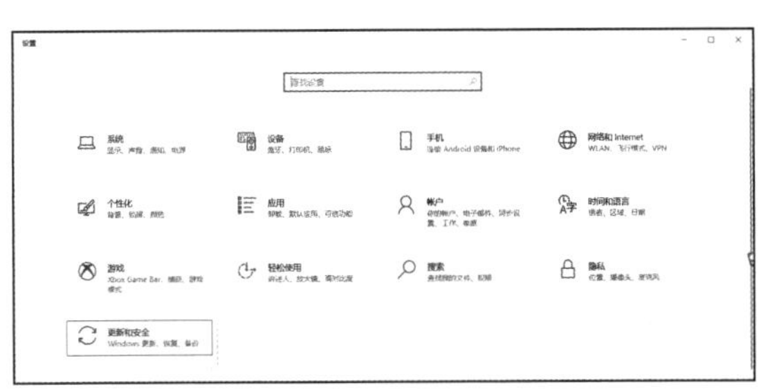

图 12-21 “更新和安全”超链接

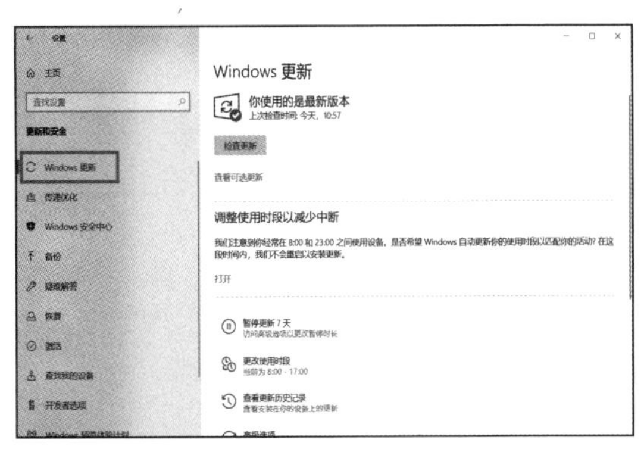

图 12-22 “Windows 更新”界面

（3）Windows 更新以后，在窗口的右侧会显示更新状态。如果有需要更新的，单击更新，计算机就会自动下载和安装，如果没有可更新的就不用处理。

（4）单击“查看更新历史记录”，如图 12-23 所示，在更新历史记录中可以看到之前更新的记录，如图 12-24 所示。

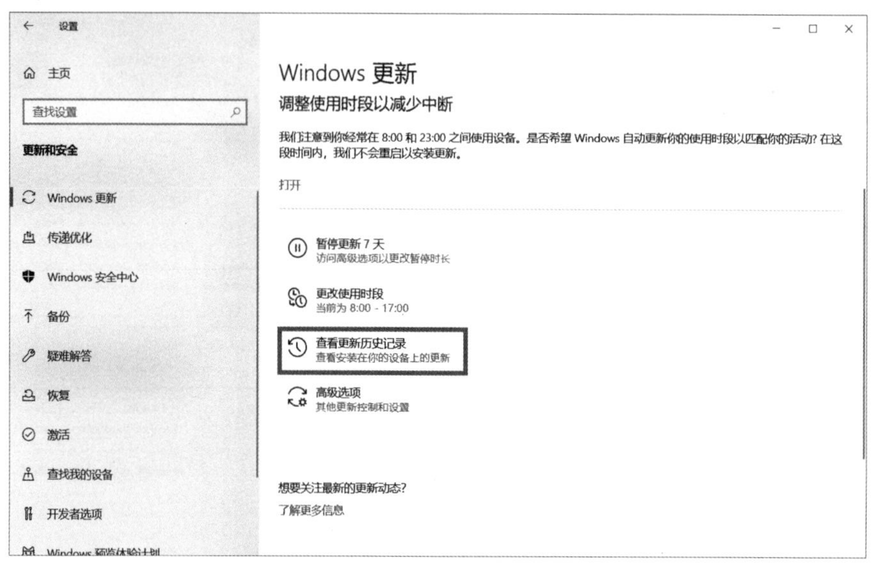

图 12-23　单击“查看更新历史记录”

图 12-24　“查看更新历史记录”界面

（5）在“Windows 更新”界面中还可以选择“暂停更新 7 天”“更改使用时段”“高级选项”，如图 12-25 所示，在此单击“更改使用时段”。

（6）打开“更改使用时段”界面，将“根据活动自动调整此设备的使用时段”设置为“关”，单击“更改”超链接，打开“使用时段”界面，将输入经常使用计算机的时间，计算机将不会在这段时间重启。设置好后单击 保存 按钮，如图 12-26 所示。

对于“暂停更新 7 天”和“高级选项”等其他有关更新内容，大家可以自行尝试，查看效果，在这里不一一说明。

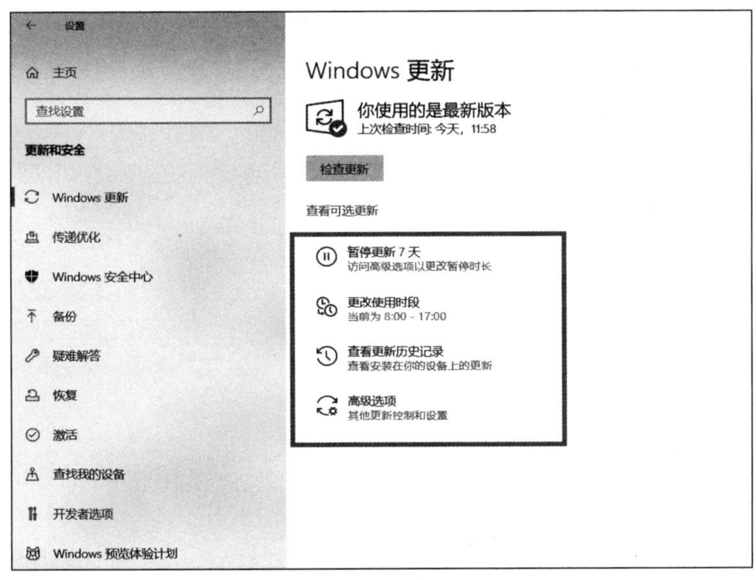

图 12-25 更新选项

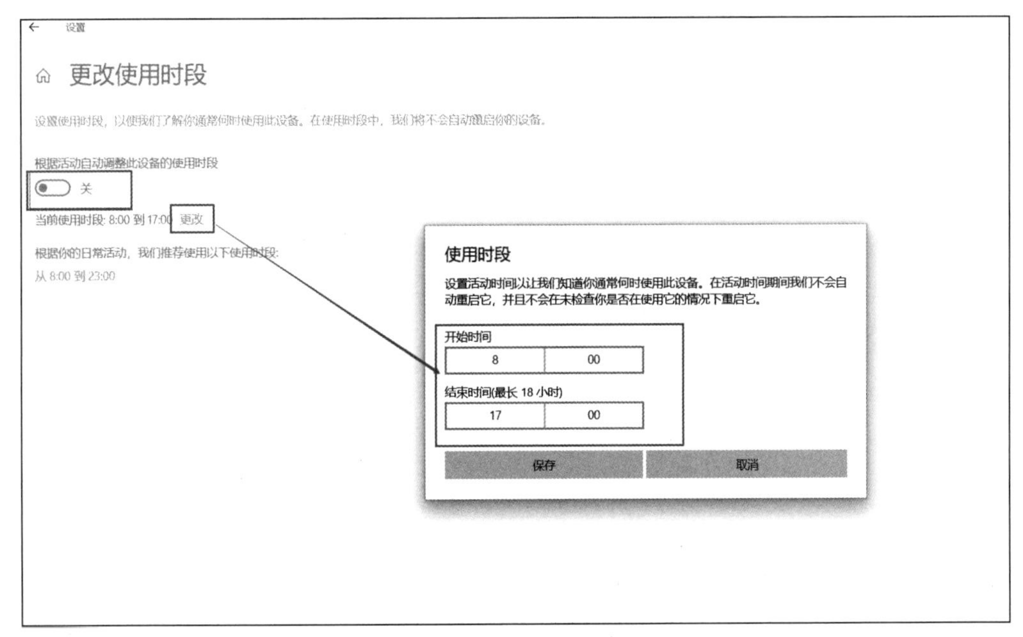

图 12-26 更改使用时段

任务二 防范计算机病毒

任务要求

王画通过前面的学习，对磁盘和系统的维护已经有了一定的认识，可以自行解决简单的问题。在工作中王画需要在网上处理很多事情，因特网给了她一个广阔的空间，提供了许多可共享的资源，可是，因特网也让计算机面临被攻击和被病毒感染的风险。如何让计算机在享用因特网带来的便捷的同时又不受侵害，这是王画面临的新问题。

本任务要求认识计算机病毒的特点和分类、计算机感染病毒的表现，以及计算机病毒的防范方法，然后通过实际操作，了解防范计算机病毒的各种途径。

相关知识

（一）计算机病毒的特点和分类

计算机病毒是一种具有破坏计算机功能或数据、影响计算机使用并且能够自我复制传播的计算机程序，它常寄生于系统启动区、设备驱动程序以及一些可执行文件内，并能利用系统资源进行自我复制传播。计算机中毒后会出现运行速度变慢、自动打开不知名的窗口或者对话框、突然死机、自动重启、无法启动应用程序和文件被损坏等情况。

1. 计算机病毒的特点

计算机病毒虽然是一种程序，但是和普通的计算机程序又有着很大的区别，计算机病毒通常具有以下特点。

- 破坏性。病毒的目的在于破坏系统，主要表现在占用系统资源、破坏数据以及干扰运行，有些病毒甚至会破坏硬件。
- 传染性。当对磁盘进行读写操作时，病毒程序将自动复制到被读写的磁盘或其他正在执行的程序中，以达到传染其他设备和程序的目的。
- 隐蔽性。病毒往往寄生在 U 盘、光盘或硬盘的程序文件中，等待外界触动其发作，有的病毒有固定的发作时间。
- 潜伏性。计算机被感染病毒后，一般不会立刻发作，病毒的潜伏时间有的是固定的，有的是随机的，不同的病毒有不同的潜伏期。

2. 计算机病毒的分类

计算机病毒从产生之日起到现在，发展了多年，产生了很多不同的病毒种类，总体说来，计算机病毒的种类可根据其病毒名称的前缀判断，主要有如下 9 种。

- 系统病毒。系统病毒可以感染 Windows 中的扩展名为“*.exe”和“*.dll”的文件，并通过这些文件进行传播，如 CIH 病毒。系统病毒的前缀名为 Win32、PE、Win95、W32 和 W95 等。
- 蠕虫病毒。蠕虫病毒通过网络或者系统漏洞传播，很多蠕虫病毒都有向外发送带毒邮件、阻塞网络的特性，如冲击波病毒和小邮差病毒。蠕虫病毒的前缀名为 Worm。
- 木马病毒、黑客病毒。木马病毒通过网络或者系统漏洞进入用户的系统，然后向外界泄露用户的信息；黑客病毒则有一个可视的界面，能对用户的计算机进行远程控制。木马病毒和黑客病毒通常是一起出现的，即木马病毒负责入侵用户的计算机，而黑客病毒则会通过该木马病毒控制计算机。木马病毒的前缀名为 Trojan，黑客病毒前缀名一般为 Hack。
- 脚本病毒。脚本病毒是使用脚本语言编写，通过网页进行传播的病毒，如红色代码（Script.Redlof）。脚本病毒的前缀名一般为 Script，有时还会有表明以何种脚本编写的前缀名，如 VBS、JS 等。
- 宏病毒。宏病毒表现为感染 Office 系列文档，然后通过 Office 模板传播，如美丽莎（Macro.Melissa）。宏病毒也可看作为脚本病毒，其前缀名为 Macro、Word、Word97、Excel 和 Excel97 等。
- 后门病毒。后门病毒通过网络传播找到系统，给计算机带来安全隐患。后门病毒的前缀名为 Backdoor。
- 病毒种植程序病毒。该病毒的特征是运行时从病毒体内释放出一个或几个新的病毒到系统目录下，由释放出来的新病毒入侵计算机。如冰河播种者（Dropper.BingHe2.2C）、MSN 射手

(Dropper.Worm.Smibag)等。病毒种植程序病毒的前缀名为 Dropper。

- 破坏性程序病毒。该病毒通过好看的图标诱惑用户单击，从而对计算机产生破坏。如格式化 C 盘(Harm.formatC.f)、杀手命令(Harm.Command.Killer)等。破坏性程序病毒的前缀名为 Harm。
- 捆绑机病毒。该病毒使用特定的捆绑程序将病毒与应用程序捆绑起来，当用户运行这些程序时，表面上在运行应用程序，实际上同时也在运行捆绑在一起的病毒，从而给计算机造成危害。如捆绑 QQ(Binder.QQPass.QQBin)、系统杀手(Binder.killsys)等。捆绑机病毒前缀名为 Binder。

提示

按其寄生场所不同，计算机病毒可分为引导型病毒和文件型病毒两大类；按对计算机的破坏程度不同，计算机病毒可分为良性病毒和恶性病毒两大类。

(二)计算机感染病毒的表现

计算机感染病毒后，根据感染的病毒不同，其症状差异较大。当计算机出现如下情况时，可以考虑计算机是否已感染病毒。

- 计算机系统引导速度或运行速度减慢，经常无故死机。
- Windows 无故频繁出现错误，计算机屏幕上出现异常显示。
- Windows 异常，无故重新启动。
- 计算机存储的容量异常减少，执行命令出现错误。
- 在一些非要求输入密码的时候，要求用户输入密码。
- 不应占用内存的程序一直占用内存。
- 磁盘卷标发生变化，或者不能识别硬盘。
- 文件丢失或文件损坏，文件的大小发生变化。
- 文件的日期、时间和属性等发生变化，无法正确读取、复制或打开文件。

(三)计算机病毒的防范方法

计算机病毒的危害性很大，用户可以采取一些方法来防范病毒的感染。在使用计算机的过程中使用一些方法技巧可减少计算机感染病毒的概率。

- 切断病毒的传播途径。不要使用和打开来历不明的光盘和可移动存储设备，使用前最好先进行查毒操作以确认无病毒。
- 培养良好的使用习惯。网络是计算机病毒最主要的传播途径，因此用户在上网时不要随意浏览不良网站，不要打开来历不明的电子邮件，不要下载和安装未经过安全认证的软件。
- 提高安全意识。在使用计算机的过程中，应该有较强的安全防护意识，如及时更新操作系统、备份硬盘的主引导区和分区表、定时体检计算机、定时扫描计算机中的文件并清除威胁等。

任务实现

微课 12-9 启用 Windows 防火墙

(一)启用 Windows 防火墙

防火墙是协助确保信息安全的硬件或者软件，可以过滤掉不安全的网络访问服务，提高上网安全性。Windows 10 提供了防火墙功能，用户应将其开启。

【例 12-9】启用 Windows 10 的防火墙。

（1）选择“开始”/“设置”命令，打开“设置”窗口，在“查找设置”文本框中输入“控制面板”，打开控制面板。

（2）在控制面板中单击“Windows Defender 防火墙”超链接，打开“Windows Defender 防火墙”窗口。

（3）在“Windows Defender 防火墙”窗口中，单击“启用或关闭 Windows Defender 防火墙”超链接，如图 12-27 所示。

图 12-27　单击超链接

（4）打开“自定义设置”窗口，在“专用网络设置”和“公用网络设置”栏中单击选中“启用 Windows Defender 防火墙”单选项，单击 确定 按钮，如图 12-28 所示。

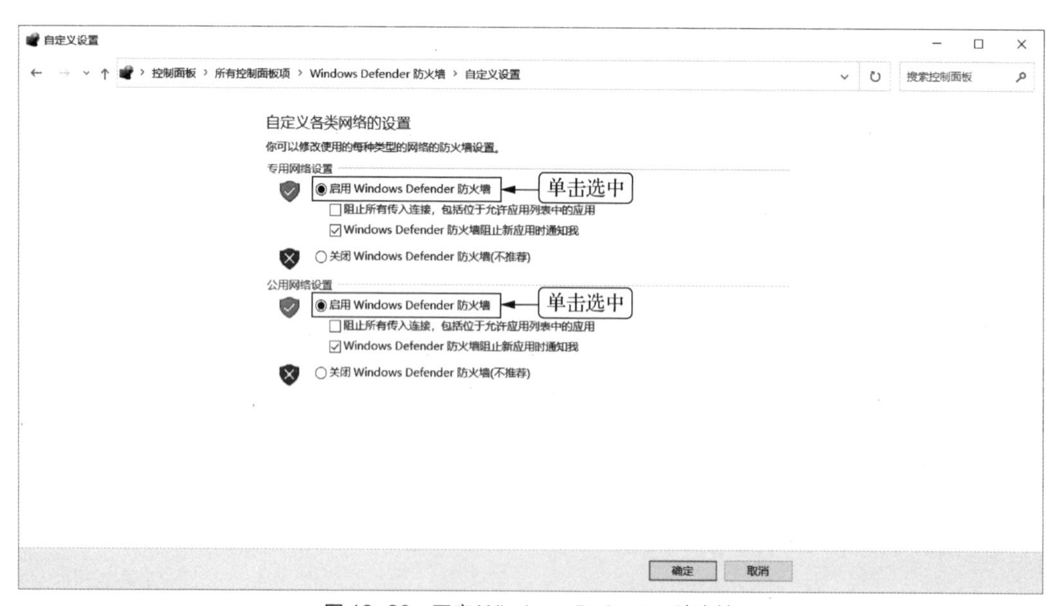

图 12-28　开启 Windows Defender 防火墙

（二）使用第三方软件保护系统

对于普通用户而言，要防范计算机病毒、保护计算机，最有效、最直接的措施是使用第三方软件。一般使用两类软件即可满足需求：一是安全管理软件，如QQ 电脑管家、360 安全卫士等；二是杀毒软件，如 360 杀毒、金山毒霸、百度杀毒和卡巴斯基等。这些杀毒软件的使用方法都类似。

【例 12-10】使用 360 杀毒软件快速扫描计算机中的文件，然后清理有威胁的文件；接着在 360 安全卫士软件中对计算机进行体检，修复后扫描计算机中是否存在木马病毒。

（1）安装 360 杀毒软件后，启动计算机的同时默认自动启动该软件，其图标在状态栏右侧的通知栏中显示，单击状态栏中的 360 杀毒软件图标。

（2）打开 360 杀毒工作界面，选择扫描方式，这里选择"快速扫描"选项，如图 12-29 所示。

图 12-29 选择扫描方式

（3）程序开始对指定位置的文件进行扫描，将疑似病毒文件，或对系统有威胁的文件都扫描出来，并显示在打开的窗口中，如图 12-30 所示。

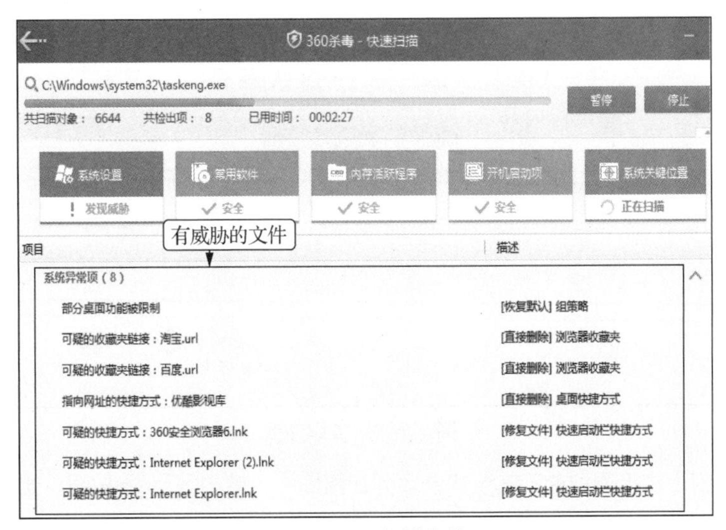

图 12-30 扫描文件

（4）扫描完成后，单击选中要清理的文件前的复选框，单击按钮，如图 12-31 所示，然后在打开的提示对话框中单击按钮确认清理文件。清理完成后，打开对话框提示本次扫描和清理文件的结果。

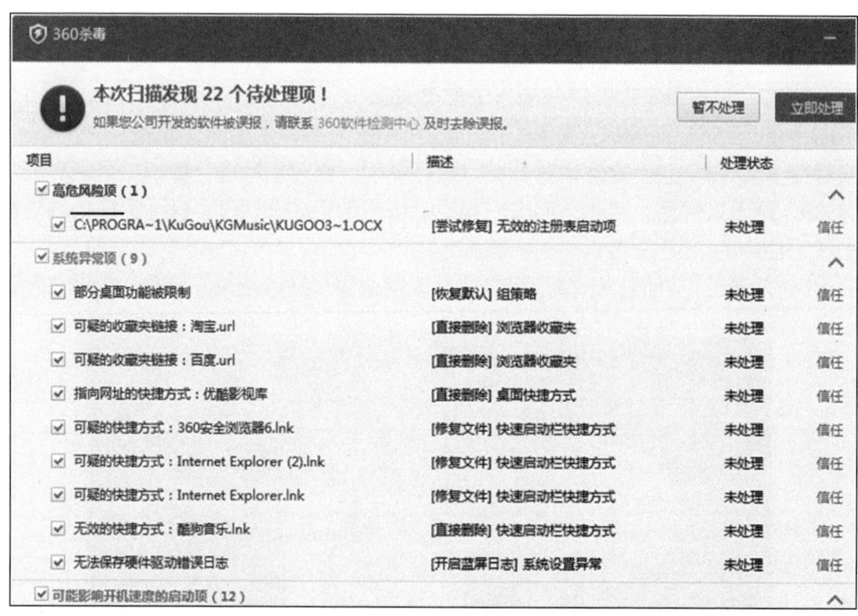

图 12-31　清理文件

（5）单击状态栏中的“360 安全卫士”图标，启动 360 安全卫士并打开其工作界面，单击按钮，如图 12-32 所示，软件自动运行并扫描计算机中的各个位置。

图 12-32　立即体检

（6）360 安全卫士将检测到的不安全的选项列在窗口中，单击按钮，如图 12-33 所示，对其进行清理。

（7）返回360安全卫士工作界面，单击“木马查杀”，在打开的界面中单击“快速查杀”，将开始扫描计算机中的文件，查看其中是否存在木马病毒，如存在木马病毒，则根据提示单击相应的按钮进行清除。

图12-33 修复系统

提 示 **在使用杀毒软件进行杀毒时，用户若怀疑某个位置可能有病毒，可只针对该位置进行病毒查杀。以360杀毒软件为例，其方法是：在软件工作界面中单击“自定义扫描”按钮，打开“选择扫描目录”对话框，单击选中需要扫描文件位置前的复选框，单击 扫描 按钮。**

课后练习

1. 选择题

（1）下列关于计算机病毒的说法中，正确的是（　　）。

A. 计算机病毒发作后，将造成计算机硬件损坏

B. 计算机病毒可通过计算机传染计算机操作人员

C. 计算机病毒是一种有编写错误的程序

D. 计算机病毒是一种影响计算机使用并且能够自我复制传播的计算机程序

（2）硬盘的（　　）不是一个实际的分区，而是一个指向下一个分区的指针。

A. 主分区　　B. 扩展分区　　C. 逻辑分区　　D. 活动分区

（3）计算机执行的程序占用内存过多时，可将部分硬盘空间划分出来充当内存使用，划分出来的内存叫作（　　）。

A. 借用内存　　B. 假内存　　C. 调用内存　　D. 虚拟内存

（4）（　　）是木马病毒名称的前缀。

A. Worm　　B. Script　　C. Trojan　　D. Dropper

2. 操作题

（1）清理 C 盘中的无用文件，然后整理 D 盘的磁盘碎片。

（2）设置虚拟内存的“初始大小”为“2000”，“最大值”为“7000”。

（3）开启计算机的自动更新功能。

（4）扫描 F 盘中的文件，如有病毒，对其进行清理。

（5）使用 360 安全卫士对计算机进行体检，对体检有问题的部分进行修复。